电子设计与嵌入式开发
实践丛书

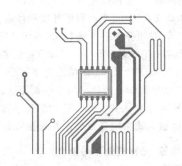

嵌入式Linux系统开发入门宝典

——基于ARM Cortex-A8处理器

◎ 李建祥 编著

清华大学出版社

北京

内 容 简 介

本书从嵌入式系统开发的基础知识开始讲起，全面介绍嵌入式开发过程中的方方面面。内容涵盖宿主机 Linux 操作系统的安装设置以及常用工具的使用、配置，嵌入式编程基础知识(包括基于 Cortex-A8 架构开发环境的制作、配置和使用，ARM 处理器的常用汇编编程及其 ATPCS 规则，Makefile 规则，嵌入式 C 编程等)，常用 IC 部件工作原理及其编程(俗称裸机编程)，U-Boot、Linux 内核的分析、配置和移植，根文件系统的制作，基于 Linux 系统的驱动架构分析、驱动程序开发和移植。

全书共分 3 篇：第 1 篇(第 1～4 章)着重介绍嵌入式 Linux 系统开发前的一些准备知识；第 2 篇(第 5～12 章)着重讲解硬件部件的使用与编程；第 3 篇(第 13～16 章)着重讲解基于 Cortex-A8 处理器的嵌入式 Linux 系统开发中的系统分析、移植以及驱动开发、移植。全书提供了大量的应用实例，并且均在天嵌 TQ210 开发板上调试通过，读者可在清华大学出版社网站本书页面下载。

本书由浅入深、循序渐进，适合刚接触嵌入式 Linux 的初学者学习，同时可作为高等院校嵌入式相关专业本科、研究生教材，亦可作为广大嵌入式系统开发工作者的参考书。

图书在版编目(CIP)数据

嵌入式 Linux 系统开发入门宝典：基于 ARM Cortex-A8 处理器/李建祥编著. --北京：清华大学出版社，2016(2020.11重印)

(电子设计与嵌入式开发实践丛书)

ISBN 978-7-302-42471-0

Ⅰ. ①嵌…　Ⅱ. ①李…　Ⅲ. ①Linux 操作系统－程序设计　Ⅳ. ①TP316.89

中国版本图书馆 CIP 数据核字(2015)第 310882 号

责任编辑：刘　星
封面设计：刘　键
责任校对：李建庄
责任印制：刘祎淼

出版发行：清华大学出版社

　　　　　网　　　址：http://www.tup.com.cn，http://www.wqbook.com
　　　　　地　　　址：北京清华大学学研大厦 A 座　　　　　　邮　　编：100084
　　　　　社 总 机：010-62770175　　　　　　　　　　　　邮　　购：010-83470235
　　　　　投稿与读者服务：010-62776969，c-service@tup.tsinghua.edu.cn
　　　　　质量反馈：010-62772015，zhiliang@tup.tsinghua.edu.cn
　　　　　课件下载：http://www.tup.com.cn,010-83470236

印 装 者：三河市少明印务有限公司

经　　销：全国新华书店

开　　本：185mm×260mm　　印　张：23　　　　　字　　数：568 千字

版　　次：2016 年 4 月第 1 版　　　　　　　　　　印　　次：2020 年 11 月第 6 次印刷

印　　数：6501～7500

定　　价：59.00 元

产品编号：062013-01

一、为什么要写本书

随着芯片制造工艺的不断改进与提升,如今的芯片不仅体积越来越小,而且功能也越来越丰富,速度也成倍提升。比较典型的芯片如大家耳熟能详的 ARM 系列,从我们过去比较熟悉的 ARM7、ARM9 时代,发展到如今的 Cortex 系列,从单核时代升华到多核时代。硬件在飞速发展的同时,为之带来的是电子产品更新换代迅速、应用领域越来越广阔、知识更新也越来越快。

嵌入式 Linux 系统开发是嵌入式领域中非常热门的专业,需求大,但是对嵌入式 Linux 的入门很难,很多人不知道从何入手,迷失了方向,甚至半途而废。还有很多初学者,比如在校学生,对嵌入式的学习认识匮乏,常常为买什么开发板、买到开发板从何入手而发愁。追根究底,很多人是因为对嵌入式开发不了解,或者说缺乏相关的技术帮助资料。

鉴于上述种种原因,作者对如今嵌入式开发市场做了一些调查,发现与 ARM 相关的很多资料都还是基于 ARM7、ARM9 而写的,可 ARM11、Cortex 等资料较少,没有做到与时俱进,或者有一些但又太过专业,不适合初学者。对 ARM 家族的处理器做了一些比较,从 ARM11 往前,属于 ARM 的一个时代,而从 Cortex 开始,可以说是 ARM 公司产品中的一个新亮点,未来基于它的产品会越来越多,而且 Cortex 还兼容前面的 ARM 架构。看来 Cortex 系列应该是未来的一个趋势,因此作者选择基于 Cortex 家族中的 A8,结合自己学习、工作的经历,循序渐进、由浅入深地讲解嵌入式 Linux 系统开发的方方面面,最终完成此书,期望能帮助读者加快嵌入式 Linux 系统开发的入门,并且对嵌入式 Linux 学习产生浓厚兴趣。

二、内容特色

与同类书籍相比,本书有如下特色。

(1) 循序渐进,由浅入深

本书以 TQ210(基于 Cortex-A8 架构、S5PV210 处理器)开发板为例,从开发环境的安

Foreword

装、配置，ARM 基本指令、Linux 常用命令的使用以及嵌入式 C 语言等相关基础知识开始，在读者掌握了基础知识后，结合硬件原理图，逐个分析硬件部件的工作原理以及编程方法，最后带领读者一步步进入嵌入式 Linux 系统开发的殿堂，学习诸如 U-Boot、Linux 内核的移植，根文件系统的制作，驱动开发与移植等各种技术。

（2）例程丰富，解释翔实

古人云：“熟读唐诗三百首，不会做诗也会吟。”本书基于 S5PV210 开发板（TQ210），编写了丰富的实例源代码，并且每一个实例源代码都在 S5PV210 开发板上调试通过。每个代码后面都附有详细的分析注解，帮助读者理解掌握，进而加深对相关理论知识的理解。除此之外，一些编程思想、经验技巧亦可为读者提供借鉴。

（3）资源共享，超值服务

书中用到的所有软件工具、程序源代码、文档学习资料，以及所有基于 S5PV210 开发板的裸机程序、U-Boot 代码、Linux 内核代码、根文件系统等学习资源，读者都可从清华大学出版社网站本书页面下载，并可以直接使用与测试。

另外，作者为此书开通了专用的网站 http://www.qinfenwang.com，读者可以直接与我们交流，共同学习和提高。另外，在国内比较知名的技术交流网站都有作者的博客（ID：js_gary），比如电子工程世界 EEWorld、CSDN、电子技术设计 EDN China 等，读者可以通过博客与作者零距离接触。

（4）传承经典，突出前沿

本书详细探讨了基于 Cortex-A8 架构的嵌入式 Linux 系统开发的始末，对 Cortex-A8 架构处理器的操作顺序、通用 GPIO 接口、内存管理器、中断机制等做了详细的讲解。书中配备了大量新颖的图片，以便提升读者的兴趣，加深对理论的理解。

三、内容结构

本书按照嵌入式 Linux 初学者的学习过程，从简单到复杂，从基本工具使用到系统的开发进行讲解，全书分 3 篇，共 16 章。

第 1 篇（第 1~4 章）为嵌入式 Linux 系统开发环境搭建篇，主要讲解以下内容：

- 第 1 章介绍嵌入式系统的概念、特点、发展历史，重点介绍了 Cortex-A8 的 ARM 架构以及 S5PV210 的处理器。
- 第 2 章讲解嵌入式 Linux 开发环境的搭建，包括在宿主机上安装、配置 Linux 操作系统（Ubuntu），交叉编译工具链制作等。
- 第 3 章介绍在嵌入式开发过程中经常使用的一些开发工具和 Linux 系统常用的命令，比如代码阅读和编辑工具、终端仿真工具等。
- 第 4 章介绍 GNU ARM 常用汇编指令、Makefile 的基本语法以及交叉编译工具的选项，ARM 基本指令集相关知识。本章可作为阅读本书的参考手册。

第 2 篇（第 5~12 章）为 Cortex-A8 嵌入式系统基本裸机编程篇。本篇基于 S5PV210 的数据手册介绍硬件部件的原理与使用方法，然后介绍怎样编写程序（即裸机程序）来操控它们。书中介绍了常用硬件部件的使用技巧，这是上层应用开发人员所不具备的技能。通过读/写各个硬件部件的寄存器来操控硬件，读者可以深刻体会到“软件”和“硬件”是怎么配合工作的。另外,本篇也是第3篇的基础。

第3篇(第13～16章)为嵌入式 Linux 系统移植篇,具体内容如下:

- 第13章分析 U-Boot 代码的结构,最后详细讲解将 U-Boot 移植到 S5PV210 开发板上的方法。
- 第14章分析 Linux 内核代码的结构,以及内核启动过程,最后详细讲解移植内核到 S5PV210 的过程。
- 第15章介绍嵌入式 Linux 文件系统的目录结构,移植 Linux 常用命令工具集 Busybox,建立各个目录和配置文件,最后编译制作文件系统映像文件。
- 第16章为驱动移植篇,先总体介绍嵌入式内核中驱动的编写、移植方法,然后重点介绍怎么在 S5PV210 平台上移植相关功能模块的驱动程序。

四、读者对象

- 对嵌入式 Linux 开发感兴趣的读者;
- 电子信息工程、计算机科学与技术相关专业的本科生、研究生;
- 相关工程技术人员。

五、致谢

本书主要由李建祥编写,同时还有王锋、卞曙旺、瞿苏、史瑞东等参与了本书的编写工作。另外,在本书编写过程中,得到了广州天嵌科技有限公司的大力支持和帮助,他们提供的高质量的开发板和技术资料,使得本书的写作有了很好的硬件平台,事半功倍,在此一并表示感谢。

感谢我的家人,在本书写作过程中给了我强大的精神支持和鼓励,使我能够坚持写完本书。

本书从写作到出版,曾得到刘其明教授的指导,并对书本中的关键章节提出了宝贵意见,在此表示感谢。另外,特别感谢清华大学出版社的工作人员,在本书的资料整理及校对过程中所付出的辛勤劳动。

限于作者的水平和经验,加之时间比较仓促,疏漏或者错误之处在所难免,敬请读者批评指正。有兴趣的朋友可发送邮件到 js_gary@163.com,与作者交流。

作 者

2016 年 2 月

目 录

第一篇 工欲善其事，必先利其器

Contents

第二篇　千里之行，始于足下

XI

第一篇　工欲善其事，必先利其器

嵌入式系统已成为当前较为热门的技术，所以越来越多的人开始学习嵌入式系统开发，而在做开发前，必须要做一些准备工作，磨刀不误砍柴工。

## 第 1 章

嵌 入 式 系 统 概 述

本章学习目标
- 了解嵌入式系统概念、特点及发展历史；
- 了解 ARM 处理器的发展历程；
- 了解常用的嵌入式操作系统。

1.1 嵌入式系统基础知识

1.1.1 嵌入式系统简介

从 20 世纪 70 年代单片机的出现到各式各样的嵌入式微处理器、微控制器的大规模应用，嵌入式系统已经有了 40 多年的发展历史。如今嵌入式系统已经应用到科研、工业设计、军事以及人们日常生活的方方面面。表 1-1 列举了嵌入式系统应用的部分领域。

表 1-1 嵌入式系统应用领域举例

领 域	举 例
工业控制	能源系统、汽车电子、工控设备、智能仪表等
信息家电	通信设备、智能家居、智能玩具、家用电器等
交通管理	车辆导航、信息监测、安全监控等
航空航天	飞行设备、卫星等
国防军事	军用电子设备等
环境工程与自然	水源和空气质量监测、地震监测等

根据电子和电气工程师协会(IEEE)的定义，嵌入式系统为控制、监视或辅助设备、机器或用于工厂运作的设备。这是从嵌入式系统的应用领域来定义的。

另外国内普遍认同的嵌入式系统定义是：以应用为中心，以计算机技术为基础，软硬件可裁剪，适应应用系统对功能、可靠性、成本、体积、功耗等严格要求的专用计算机系统。

1.1.2 嵌入式系统的特点

从上面的定义，可以看出嵌入式系统有如下几个重要特征。

1. 软、硬件可裁剪，量身定制

日常用的个人计算机，同一个操作系统适用于所有的 CPU，反之亦然。而嵌入式系统为了实现低成本、高性能，通常软、硬件的种类繁多、功能各异、系统不具通用性，通常都是一套硬件配一套操作系统，比较有针对性。这些特征就决定了嵌入式系统在设计时需要精心设计、量身定做、去除冗余。

2. 体积小、低成本、低功耗、高可靠性、高稳定性

由于嵌入式系统应用领域广泛，这也就决定了它要适应不同的环境，比如高温、寒冷、长时间不间断运作等，所以在嵌入式系统软、硬件设计时就需要格外谨慎，使其具有低功耗、高可靠性、高稳定性等性能。

另外对嵌入式产品的外形体积、成本也有很高的要求，以使其可以镶嵌到主体设备之中，或者方便人们随身携带等。

3. 实时性、交互性强

很多嵌入式系统都有实时性的要求，在特定的空间或时间内，及时作出处理，比如温度监控系统等。这就要求其软件要固态存储，以提高速度，而且对软件代码的质量和可靠性也有较高要求。

除了实时性，嵌入式系统在很多时候需要人机交互，比如人们用键盘、鼠标操控嵌入式系统，这就要求嵌入式系统在设计时必须考虑其灵活方便性。

4. 对开发环境、开发人员的要求高

开发不同的嵌入式系统需要不同的开发环境，通常称之为交叉开发环境。比如做 ARM 嵌入式开发，就要有适合 ARM 架构的编译环境，做 MIPS 开发，就要有适合 MIPS 架构的编译环境。

另外，嵌入式系统不是一门独立的学科，它是将计算机技术、半导体技术、电子技术以及各行各业的应用结合于一体的产物。这就要求开发人员必须是复合型人才，对这些技术都要有所了解才行。

1.1.3 嵌入式系统的发展历史

在过去几十年的发展中，嵌入式系统主要经历了以下几个发展阶段。

1. SCM（Single Chip Microcomputer）阶段

SCM 中文名称是单片微型计算机，简称单片机。这一阶段系统的特点是芯片结构和功能都比较单一、存储容量较小、速率较低，几乎没有人机交互接口。嵌入式系统也只是一些可编程控制器形式的嵌入式系统，这类系统大部分应用于一些专业性强的工业控制系统中，通常都没有操作系统的支持，软件都通过汇编编写。这一阶段的单片机有 Intel 公司的8048，也是最早的单片机，1976 年 Motorola 也推出了 68HC05 单片机，之后还有很多厂家也陆续研发出了自己公司的单片机产品。

随着大规模集成电路的出现和发展，以及通用计算机的性能不断提升，单片机式的嵌入式系统也随之发展了起来，这就是下一代嵌入式系统。

2. MCU（Micro Controller Unit）阶段

MCU 即微控制器阶段，这一阶段的嵌入式系统是以嵌入式 CPU 为主、以简单操作系统为核心，其中比较著名的有 Ready System 公司的 VRTX 等。其主要特点是：采用占先式调度,响应时间短,开销小,效率高;操作系统具有简单、可裁剪、可扩充和可移植性;较强的实时性和可靠性,适合嵌入式应用;软件较专业化,用户界面不够友好等。

3. SoC(System on a Chip)阶段

随着设计与制造工艺的发展,集成电路设计从晶体管时代发展到逻辑门时代,到 20 世纪 90 年代,又出现了 IP(Intellectual Property)集成,这方面做得非常成功的有 ARM 公司等,满足了嵌入式片上系统(SoC)发展的需求。SoC 追求系统的最大集成,其最大的特点是成功实现了软硬件无缝结合。这一阶段的嵌入式操作系统能运行于各种不同类型的微处理器上,兼容性好;操作系统具有高度的模块化和可扩展性,同时具备了文件管理的功能,支持多任务处理,支持网络功能,具备友好的用户界面;操作系统提供大量应用接口 API,使得应用开发变得简单,从而促进了嵌入式应用软件的发展。

在 SoC 阶段,软件的开发相比单片机阶段也来得容易。在单片机阶段,通常是直接操控硬件,编程逻辑通常是用一个死循环轮询处理各种事件。而在 SoC 阶段,软件都是在操作系统上面运行,不需要直接操控硬件,而操作硬件交由驱动程序去完成。

本书介绍的 S5PV210 就属于 SoC,它集成了处理器、存储控制器、Nand Flash 控制器以及用于复杂算法的 NEON 模块等,其 CPU 就是基于 ARM 公司的 IP 设计的。关于 S5PV210 在后面章节再详细介绍。

1.1.4　嵌入式系统的组成

一个完整的嵌入式系统必定是由硬件与软件两部分组成,其中硬件是基础,软件是灵魂。图 1-1 简单描述了嵌入式系统两大组成部分之间的关系。

1. 嵌入式系统的硬件组成

嵌入式系统的硬件可以简单地分为嵌入式处理器和外围设备。实际上,由于高度集成技术的迅速发展,很多处理器中都集成了丰富的资源,比如时钟电路、电源控制管理电路、多媒体编解码电路、存储器等。其中,存储器可以把操作系统和应用程序存放在其中,而且掉电也不会丢失。

各种外围设备丰富了嵌入式系统的功能,它们可以用于存储、显示、通信、调试等不同用途。目前常用的有存储设备(如 RAM、Flash 等)、通信外设(如 RS-232、RS-485 接口,以太网接口,I2C 接口等)和显示设备(如显示屏等)。

2. 嵌入式系统的软件组成

嵌入式系统的软件分为不同的层次,每一层次具有不同的功能、不同的开发方法,难易程度也都不一样,但层与层之间又是相互联系的。嵌入式系统软件层次结构如图 1-2 所示。

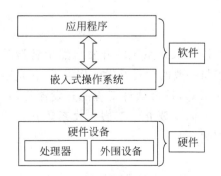

图 1-1　嵌入式系统组成部分

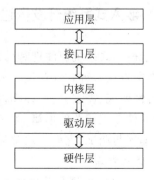

图 1-2　嵌入式系统软件层次结构

从上面对嵌入式系统的介绍知道,嵌入式系统的硬件通常都是可以定制的,这就决定了对于不同的硬件需要有相应的驱动去支持,也就是说驱动软件的开发都是相对于硬件而言的。另外,对于带有操作系统的嵌入式系统,不同的系统又有不同的驱动结构,在此系统上做驱动开发必须遵循其结构规则。处在最顶层的是应用层,比如常见的功能软件、游戏等,它们的开发离不开具体的操作系统和操作系统扩展出来的 API 接口,其中有通用的、操作系统自带的接口,比如图形接口、库函数等,也有一些接口是用户定义的,通常是针对特定的功能而定制的 API 接口。

1.1.5　嵌入式操作系统简介

嵌入式操作系统种类很多,简单可分为开源与非开源两大类。所谓开源就是操作系统源代码可以免费从其官方下载获得,用于学习、研究,如果用于商业,只要遵守它们相关的协议就可以。这种类型的操作系统,从长远来看,必定是未来发展的一个趋势。对于非开源,不用多讲,它是要花钱购买的,而且代码不完全公开。下面就从这两个方面简单介绍几种常用操作系统。

1. 开源操作系统

目前比较流行的开源操作系统有 μC/OS、Linux 等,其中 Linux 最受大家青睐。嵌入式 Linux(Embedded Linux)操作系统是对标准 Linux 进行裁剪,使之可以固化在几 KB 或几 MB 大小的存储器或单片机中,同时改善了系统的实时性,使之适用于不同的应用领域。目前很多智能手机都是基于 Linux 内核开发的,比如非常流行的 Android 系统,其内核就是基于 Linux 的。另外,嵌入式 Linux 操作系统与标准 Linux 一样,也有众多版本,在此就不一一列举了。

2. 非开源操作系统

说到非开源的嵌入式操作系统,大家首先想到的肯定是微软公司的 Windows CE 嵌入式系统,它也是基于标准的 Windows 操作系统精简而来的,所以标准 Windows 操作系统上具有的很多特征,在嵌入式 Windows 系统中也有,比如标准 Windows 上友好的图形界面,在嵌入式 Windows CE 上也同样相当出色。另外,在标准 Windows 上的开发工具(如 Visual C++、Visual Studio 2013 等)、标准 Windows 的 API 函数等,在 Windows CE 平台上同样可以使用,这大大简化了应用程序的开发。除 Windows CE 外,还有 VxWorks 操作系统,也是一种实时操作系统(RTOS),不过其专利费用比 Windows CE 还要高,这导致了其应用不是很多,功能更新滞后等。

1.1.6　嵌入式系统开发概述

由于嵌入式系统由硬件和软件两部分组成,所以嵌入式系统的开发自然也就涉及这两大块,本书重点讲解软件开发部分。整个开发过程与一般的项目开发流程类似,包括系统定义、可行性研究、需求分析、详细设计、系统集成、测试等,符合软件工程的开发流程,具体可以参考软件工程相关的书籍,本节不作重点介绍。下面主要介绍下嵌入式系统开发过程中的软件编译与调试,它们与通常的软件开发有所不同。

1. 交叉编译

嵌入式软件开发采用的编译方式为交叉编译。所谓交叉编译就是在一个平台上生成可以在另一个平台上执行的代码。一般把进行交叉编译的主机称为宿主机,也就是普通的个人计算机,而把程序实际的运行环境称为目标机,也就是嵌入式系统环境。

交叉编译的过程与普通的编译过程一样,包括编译、链接等几个阶段,每一阶段都有不同的工具,所以在做嵌入式系统开发前,要针对特定的 CPU 制作交叉工具链,详细制作过程在后面再介绍。

2. 交叉调试

在嵌入式软件开发过程中对程序调试是不可避免的。嵌入式系统资源紧缺,通常很多调试软件或工具都只能在宿主机上运行或使用,通过特定的通信媒介(JTAG、网络、串口、USB 等)与目标机之间建立调试通道,进而可以控制、访问被调试的进程,并且还可以改变被调试进程的运行状态。在嵌入式 Linux 系统开发中比较常用的是 Gdb 调试,这种调试要求目标操作系统和调试器内分别加入某些功能模块才能进行调试,比如在嵌入式 Linux 系统里安装 GdbServer,在宿主机上启动 Gdb 调试,Gdb 就会自动连到远程的通信进程(GdbServer 所在的进程),目标系统有什么异常都会被 GdbServer 进程捕获,然后它再告诉宿主机上的 Gdb,这样程序员就知道系统哪里发生了异常,从而找到 bug 的所在。

1.2　基于 ARM 架构的 S5PV210 处理器

1.2.1　ARM 微处理器概述

ARM(Advanced RISC Machines),既可以认为是一个公司的名字,也可以认为是一种微处理器的通称,还可以认为是一种技术的名字。

1. ARM 处理器特点

ARM 处理器是一个 32 位精简指令集(RISC)处理器架构,被广泛地使用在许多嵌入式系统设计中。ARM 处理器有如下特点:

(1) 体积小、低功耗、低成本、高性能。

(2) 支持 Thumb(16 位)/ARM(32 位)双指令集,能很好地兼容 8 位/16 位器件。

(3) 大量使用寄存器,指令执行速度更快。

(4) 大多数数据操作都在寄存器中完成。

(5) 寻址方式灵活简单,执行效率高。

(6) 指令长度固定。

2. ARM 处理器体系结构

何谓体系结构?体系结构定义了指令集(ISA)和基于这一体系结构下处理器的编程模型。基于同种体系结构可以有多种处理器,每个处理器性能不同,所面向的应用领域也就不同,但每个处理器的实现都要遵循这一体系结构。

ARM 处理器在不断往前发展,目前,ARM 体系结构共定义了 8 个版本,每一个版本都可以应用于不同领域。

1) V1 结构

V1 结构的 ARM 处理器并没有实现商业化,采用的地址空间是 26 位,寻址空间是

64MB,在目前的版本中已不再使用这种结构。

2）V2 结构

该结构对 V1 结构进行了扩展,例如 ARM2 和 ARM3（V2a）架构。V2 结构包含了对 32 位乘法指令和协处理器指令的支持,地址空间还是 26 位。

3）V3 结构

V3 结构对 ARM 体系结构进行了较大改动,寻址空间增至 32 位（4GB）,增加了 CPSR（Current Program Status Register,当前程序状态寄存器）和 SPSR（Saved Program Status Register,备份程序状态寄存器）、两种异常模式、MRS/MSR 指令以访问 CPSR/SPSR 寄存器等。

4）V4 结构

V4 结构对 V3 进行了进一步扩充,增加了 T 变种——V4T,很多经典结构如 ARM7、ARM8、ARM9 和 StrongARM 都采用该架构。此结构目前使用比较广泛。

5）V5 结构

V5 结构在 V4 基础上又增加了一些新的指令,比如数字信号处理指令（V5TE 版）。这些处理指令为协处理器增加了更多可选择的指令,同时也改进了 ARM/Thumb 状态之间的切换效率,另外还有 E 指令集（增强型 DSP 指令集）和 J 指令集（JAVA）等。

6）V6 结构

V6 结构是 2001 年发布的,首先在 2002 年发布的 ARM11 处理器上使用,不仅降低了能耗,还强化了图表处理性能等。

7）V7 结构

V7 结构是在 V6 基础上诞生的,采用了 Thumb-2 技术,它是在 ARM 的 Thumb 代码压缩技术的基础上发展起来的,并且保存了对已存 ARM 解决方案的完整兼容性。Thumb-2 技术比纯 32 位代码少用了 31% 的内存空间,降低了系统开销,同时却能提供比已有的基于 Thumb 技术的解决方案高出 38% 的性能表现。此外,V7 还采用了 NEON 技术,将 DSP 和媒体处理能力提高了近 4 倍,并支持改良的浮点运算,满足下一代 3D 图形和游戏物理应用及传统的嵌入式控制应用的需求。本书实验使用的处理器 Cortex-A8 就是基于 ARMV7 架构的。

8）V8 结构

V8 架构是基于 V7 架构发展的,于 2011 年发布,其主要特点是实现了一套全新的 64 位指令集,也是未来 64 位处理器的雏形。

1.2.2　ARM 流水线技术的发展

处理器的核心是中央处理器（CPU）和存储器。CPU 负责处理从存储器取出来的指令,这中间需要经过一系列的过程:取指（fetch）、译码（decode）、执行（execute）、访存（memory）、写回（write）等,每一个动作都需要专门的硬件部件去处理。如果上一动作处理结束,比如取指令动作结束,接着做执行动作,这时取指令动作以及执行后面的动作都处于空闲状态,这样就会出现资源浪费、效率低下。

要解决这个问题,可以在一个部件处理结束交给下一个部件时,让它再去处理下一条指令,这就类似于实际生产中的流水线作业方式。所谓处理器中的流水线（pipeline）,是指在程序执行时多条指令重叠进行操作的一种准并行处理技术,这样就大大提高了处理器的效率和吞吐率,当然每一阶段还是做特定的处理任务,只是它们没有一个闲着,都在并行处理。

　　ARM 处理器在设计时也采用了这样的技术。随着 ARM 的不断发展,流水线技术不断改进,常见的有 3 级流水线技术(ARM7)、5 级流水线技术(ARM9)、6 级流水线技术(ARM10)、8 级流水线技术(ARM11)以及 13 级流水线技术(Cortex-A8),相信不久的将来还会有更多级的处理器诞生,下面以图示方式简单说明一下 3 级、5 级、13 级流水线,如图 1-3、图 1-4 和图 1-5 所示。

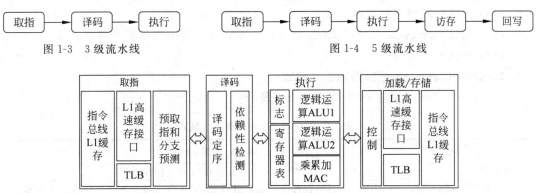

图 1-3　3 级流水线　　　　　　　　　　图 1-4　5 级流水线

图 1-5　13 级流水线

　　13 级流水线较之前的流水线看上去要复杂,其实它是一个并行双发 13 级流水线,但取指、译码、执行和加载/存储,这些环节的回写顺序和功能都没有改变。

　　关于 ARM 流水线更多的讲解,读者可以参考处理器相关的资料。这里提流水线,主要是想告诉读者,在操作系统开发或程序调试时,常常会做一些反汇编的调试分析工作,而因为流水线技术在 ARM 处理器上的应用,在分析程序执行的状态时,常常会遇到 PC=PC+8(注意,这里是针对 32 位处理器而言)之类的公式。这里的 PC 属于一种特别的寄存器,学名叫程序计数器,它的作用是用来取指令的,在软件上可以看为一个指针(地址),它总是指向下一条将要取指的指令地址。至于为什么是+8,而不是+4,这可以从上面的流水线图看出,比如图 1-3 的 3 级流水线,取指(fetch)、译码(decode)、执行(execute),因此执行阶段的 PC 值和取指阶段的 PC 值关系为:PC(execute)=PC(fetch)+8,对于其他流水线,根据上述图示依次类推,不一一列举。

1.2.3　ARM Cortex-A8 处理器介绍

　　ARM Cortex-A8 处理器基于 ARMv7 架构,能够将主频从 600MHz 提高到 1GHz 以上,可以满足需要在 300mW 以下运行的移动设备的功耗优化要求,以及需要 2000 DMIPS(Dhrystone MIPS,百万条指令)的消费类应用领域的性能优化要求。

1. ARM Cortex-A8 处理器的特征

　　Cortex-A8 处理器是一款高性能、低功耗的处理器核,并支持高速缓存、虚拟存取,它有以下一些特征:

　　(1) 完全执行 V7-A 体系指令集。

　　(2) 可配置 64 位或 128 位的 AMBA 高速总线接口 AXI。

　　(3) 对称、超标量流水线(13 级),以便获得完全双指令执行功能。

（4）通过高效的深流水线获得高频率。

（5）高级分支预测单元，具有 95％以上准确性。

（6）集成的 2 级高速缓存，以便在高性能系统中获得最佳性能。

（7）128 位的 SIMD（单指令多数据）数据引擎。

（8）V6SIMD 的 2 倍性能。

（9）通过高效媒体处理节约功耗。

（10）灵活处理将来的媒体格式。

（11）通过 Cortex-A8 上的 NEON 技术可以在软件中轻松集成多个编解码器。

（12）增强用户界面。

2. ARM Cortex-A8 处理器的工作模式

Cortex-A8 共有 8 种工作模式，如表 1-2 所示。

表 1-2　Cortex-A8 处理器工作模式

工 作 模 式	描　　述
用户模式(usr)	正常程序执行模式,大部分任务执行在这种模式下
快速中断模式(fiq)	用于高速数据传输和通道处理,通常高优先级中断产生时进入这一模式
中断模式(irq)	用于通用的中断处理,通常是低优先级中断产生时进入这一模式
管理模式(svc)	操作系统使用的保护模式,通常复位或软件中断时进入这一模式
数据访问中止模式(abt)	数据或指令预取终止时进入该模式,可用于虚拟存储和存储保护
系统模式(sys)	运行具有特权的操作系统任务
未定义指令中止模式(und)	当未定义指令执行时进入该模式,可用于支持硬件协处理器的软件仿真
监控模式(mon)	可以在安全模式与非安全模式之间进行转换

除用户模式，其他 7 种模式都属于特权模式。在特权模式下，程序可以访问所有的系统资源，包括被保护的系统资源，也可以任意地进行处理器模式切换，处理器模式可以通过软件控制进行切换，也可以通过外部中断或异常处理过程进行切换。

其中快速中断模式、中断模式、系统模式、数据访问中止模式和未定义指令中止模式又称为异常模式。当应用程序发生异常中断时，处理器进入相应的异常模式。在每一种异常模式中都有一组专用寄存器以供相应的异常处理程序使用，这样就可以保证在进入异常模式时，用户模式下的寄存器（程序状态寄存器）不被破坏。

大多数程序运行于用户模式，只有少数程序运行于特权模式。处理器工作在用户模式时，应用程序不能访问受操作系统保护的一些系统资源，应用程序也不能直接进行处理器模式的切换。当需要进行处理器模式切换时，应用程序可以产生异常处理，在异常处理过程中进行处理器模式的切换。这种体系结构可以使操作系统控制整个系统资源的使用。

3. ARM Cortex-A8 处理器的存储系统

Cortex-A8 处理器的存储系统与其他 ARM 家族存储系统一样有非常灵活的体系结构，可以使用地址映射，也可以使用其他技术提供更为强大的存储系统，比如高速缓存技术、写缓存技术（Write Buffer）以及虚拟内存和 I/O 地址映射技术等。

其中虚拟空间到物理空间的映射技术，在嵌入式系统中非常重要，比如多进程环境下的程序执行问题，即当它们都读取同一个指定地址上的数据时，它们如何共存，被读的数据如何保护？如果有了虚拟内存的存在，它们就可以运行在各自独立的虚拟空间中，互不干扰。

在较高级的操作系统中常常会采用基于硬件的存储管理单元(MMU)来处理这些多任务，使它们都在各自独立的私有空间中运行。

4. ARM Cortex-A8 处理器的 NEON 技术和安全域(TrustZone)

NEON 技术是在 Cortex 处理器上引入的一种新技术，主要是通过 SIMD 引擎可有效处理当前和将来的多媒体格式，从而改善用户体验。NEON 技术可加速多媒体和信号处理算法(如视频编码/解码、2D/3D 图形、游戏、音频和语音处理、图像处理技术、电话和声音合成等)，其性能至少为 ARMv5 性能的 3 倍，为 ARMv6 SIMD 性能的 2 倍。

ARM TrustZone 技术是系统范围的安全方法，针对高性能计算平台上的大量应用，包括安全支付、数字版权管理(DRM)和基于 Web 的服务。

TrustZone 技术和 Cortex-A8 处理器紧密集成，并通过 AMBA AXI 总线和特定 TrustZone 系统 IP 块在系统中进行扩展。此系统方法意味着，现在可保护外设(包括处理器旁边的键盘和屏幕)，以确保恶意软件无法记录安全域中的个人数据、安全密钥或应用程序，或与其进行交互。这方面通常有如下一些应用：

(1) 实现安全 PIN 输入，在移动支付和银行业务中加强用户身份验证。

(2) 安全 NFC 通信通道。

(3) 数字版权管理。

(4) 软件许可管理。

(5) 基于忠诚度的应用。

(6) 基于云的文档的访问控制。

(7) 电子售票和移动电视。

1.2.4 ARM Cortex-A8 寄存器组介绍

ARM Cortex-A8 处理器有 40 个 32 位的寄存器。

(1) 32 个通用寄存器。

(2) 7 个状态寄存器：1 个 CPSR，6 个 SPSR。

(3) 1 个 PC(Program Counter，程序计数器)。

ARM Cortex-A8 处理器共有 8 种工作模式，每一种模式有一组相应的寄存器组，如表 1-3 所示。

表 1-3　Cortex-A8 各工作模式下的寄存器组

Cortex-A8 通用寄存器和程序计数器						
usr/sys	fiq	irq	svc	und	abt	mon
r0	r0	r0	r0	r0	r0	r0
r1	r1	r1	r1	r1	r1	r1
r2	r2	r2	r2	r2	r2	r2
r3	r3	r3	r3	r3	r3	r3
r4	r4	r4	r4	r4	r4	r4
r5	r5	r5	r5	r5	r5	r5
r6	r6	r6	r6	r6	r6	r6
r7	r7	r7	r7	r7	r7	r7

续表

usr/sys	fiq	irq	svc	und	abt	mon
r8	r8_fiq	r8	r8	r8	r8	r8
r9	r9_fiq	r9	r9	r9	r9	r9
r10	r10_fiq	r10	r10	r10	r10	r10
r11	r11_fiq	r11	r11	r11	r11	r11
r12	r12_fiq	r12	r12	r12	r12	r12
r13(sp)	r13_fiq	r13_irq	r13_svc	r13_und	r13_abt	r13_mon
r14(lr)	r14_fiq	r14_irq	r14_svc	r14_und	r14_abt	r14_mon
r15(pc)	r15(pc)	r15(pc)	r15(pc)	r15(pc)	r15(pc)	r15(pc)
Cortex-A8 程序状态寄存器						
CPSR	CPSR	CPSR	CPSR	CPSR	CPSR	CPSR
	SPSR_fiq	SPSR_irq	SPSR_svc	SPSR_und	SPSR_abt	SPSR_mon

注：阴影＝备份寄存器

表中 r0～r15 可以直接访问，这些寄存器中除 r15 外都是通用寄存器，即它们既可以用于保存数据也可以用于保存地址。另外，r13～r15 稍有不同。r13 又被称为栈指针寄存器，通常被用于保存栈指针。r14 又被称为程序连接寄存器（Subroutine Link Register）或连接寄存器，当执行 BL 子程序调用指令时，r14 中得到 r15（程序计数器）的备份；而当发生中断或异常时，对应的 r14_svc、r14_irq、r14_fiq、r14_und 或 r14_abt 中保存 r15 返回值。

快速中断模式有 7 个备份寄存器 r8～r14（即 r8_fiq～r14_fiq），这使得进入快速中断模式执行程序时，只要 r0～r7 没有被改变，其他的寄存器状态都不需要保存，因为它们是独立的一组寄存器。此外用户模式、管理模式、数据终止访问模式和未定义指令中止模式都含有两个独立的寄存器副本 r13 和 r14，这样可以令每个模式拥有自己的栈指针寄存器和连接寄存器。

第 17 个寄存器是程序状态寄存器 CPSR，此寄存器可以在任何处理器模式下被访问，它包含下列内容：

（1）ALU（Arithmetic Logic Unit，算术逻辑单元）状态标志的备份。

（2）当前的处理器模式。

（3）中断使能标志。

（4）设置处理器的状态。

CPSR 寄存器中各位的意义如图 1-6 所示。

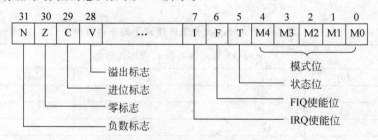

图 1-6   程序状态寄存器的格式

其中 T 为状态控制位，当 T＝0 时，处理器处于 ARM 状态（即执行的是 32 位的 ARM 指令）；当 T＝1 时，处理器处于 Thumb 状态（即执行 16 位的 Thumb 指令）。当然 T 位只有在 T 系列的 ARM 处理器上才有效，在非 T 系列的 ARM 中，T 位将始终为 0。

I 位和 F 位属于中断禁止位,当它们被置 1 时,IRQ 中断、FIQ 中断分别被禁止。

此外,M[4:0]是模式控制位,这些位的组合可以确定处理器处于什么工作模式,所以通过编写这些位可以使 CPU 进入指定的工作模式,其具体含义如表 1-4 所示。

表 1-4　M[4:0]模式控制位

M[4:0]	工作模式	Thumb 状态下可访问寄存器	ARM 状态下可访问寄存器
0b10000	usr	r7～r0,LR,SP,PC,CPSR	PC,r14～r0,CPSR
0b10001	fiq	r7～r0,LR_fiq,SP_fiq,PC,CPSR,SPSR_fiq	PC,r14_fiq～r8_fiq,r7～r0,CPSR,SPSR_fiq
0b10010	irq	r7～r0,LR_irq,SP_irq,PC,CPSR,SPSR_irq	PC,r14_irq～r13_irq,r12～r0,CPSR,SPSR_irq
0b10011	svc	r7～r0,LR_svc,SP_svc,PC,CPSR,SPSR_svc	PC,r14_svc～r13_svc,r12～r0,CPSR,SPSR_svc
0b10111	abt	r7～r0,LR_abt,SP_abt,PC,CPSR,SPSR_abt	PC,r14_abt～r13_abt,r12～r0,CPSR,SPSR_abt
0b11111	sys	r7～r0,LR,SP,PC,CPSR	PC,r14～r0,CPSR
0b11011	und	r7～r0,LP_und,SP_und,PC,CPSR,SPSR_und	PC,r14_und～r13_und,r12～r0,CPSR,SPSR_und
0b10110	mon	r7～r0,LP_mon,SP_mon,PC,CPSR,SPSR_mon	PC,r14_mon～r13_mon,r12～r0,CPSR,SPSR_mon

1.2.5　SAMSUNG S5PV210 处理器介绍

S5PV210 又名"蜂鸟"(Hummingbird),是三星公司推出的一款适用于智能手机和平板电脑等多媒体设备的应用处理器。S5PV210 采用了 ARM Cortex-A8 架构,ARMv7 指令集,主频可达 1GHz,64/32 位内部总线结构,32KB 的数据/指令一级 Cache,512KB 的二级 Cache,可以实现 2000DMIPS(每秒运算 2 亿条指令集)的高性能运算能力。

S5PV210 还支持双通道内存,其中 DRAM 接口可配置支持 DDR、DDR2、LPDDR2,支持更大容量更多型号的内存。

此外还有如下一些功能:

(1) 先进的电源管理模块,可以通过软件动态调节 CPU 功耗。

(2) 用于安全启动的片内 ROM 和片内 RAM。

(3) 具有 AHB/AXI Bus 高速总线,CPU 内部各模块能与 CPU 之间通信。

(4) MFC 多媒体转换模块,支持 MPEG-4/H.263/H.264 的编解码,具有 30 帧/s 的处理能力,JPEG 硬件编解码,最大支持 8192×8192 分辨率。

(5) 支持 2D/3D 多媒体加速技术。

(6) 24 位 TFT LCD 控制器,支持 1024×768(XGA)。

(7) 支持模拟电视信号输出及高清晰多媒体接口 HDMI。

(8) 14×8 矩阵键盘支持。

(9) 4 路 MMC 总线,可接 SD 卡、TF 卡和 SDIO 接口。

(10) TS-ADC(12bit/10ch),12 位数模转换,可以用于电阻屏的触摸功能等。

(11) 4 通道 UART 接口,包括 1 个 4Mb/s 的蓝牙 2.0 接口。

（12）1 个 USB 2.0 OTG 控制器。

（13）1 个 USB 2.0 Host，传输速率可达到 12～16Mb/s。

（14）24 通道 DMA 控制器。

（15）可扩展的 GPIO 接口资源。

（16）2 路 SPI 总线支持。

（17）3 路 I^2C 总线支持。

（18）NEON 信号处理扩展功能，加速 H.264 和 MP3 等多媒体编解码技术。

（19）Jazelle RCT JAVA 加速技术，增强了 JAVA JIA 和动态自适应编译（DAC）性能，同时降低了代码转换所需的存储空间大小，约是原来的 1/3。

（20）TrustZone 技术，用于安全交易和数字权限管理（DRM）。

（21）实时时钟/PLL/看门狗等片上外设。

（22）存储接口模块，支持多种启动方式。

（23）ATA 接口支持。

S5PV210 处理器支持大/小端模式，其寻址空间可达 4GB，对于外部 I/O 设备的数据宽度，可以是 8/16/32 位，具体的结构框图如图 1-7 所示。

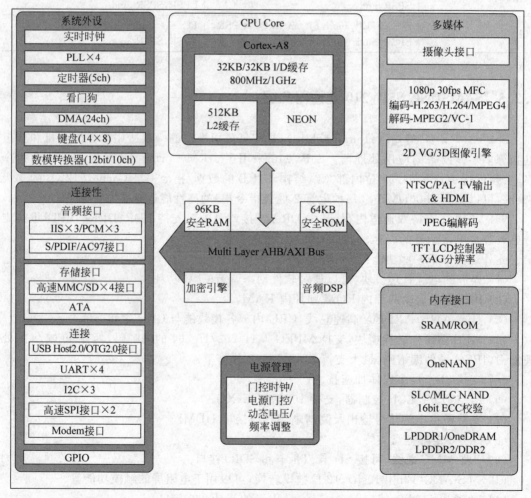

图 1-7　S5PV210 结构框图

1.3 本章小结

　　本章介绍了 ARM 处理器以及 ARM 家族中的 Cortex-A8 处理器的一些基本概念,还介绍了嵌入式开发中常用的一些关键技术,如 ARM 的流水线、工作模式、寄存器组等,并且简单列举了基于 Cortex-A8 架构的 S5PV210 片上系统。通过本章的学习,读者可以对 ARM 架构的一些关键技术有所了解。

第 **2** 章

嵌入式 Linux 开发环境搭建

本章学习目标

- 掌握嵌入式交叉编译环境的搭建；
- 掌握嵌入式主机通信环境的安装与配置；
- 了解 NFS、TFTP、FTP 等服务的配置方法；
- 掌握制作交叉工具链的方法。

2.1 交叉开发模式

2.1.1 嵌入式交叉开发模式介绍

在安装有 Windows 操作系统或者 Linux 操作系统的 PC 上开发软件,程序的编辑、编译、连接、调试以及最终的发布运行都是在 PC 上完成的。而对于嵌入式系统,由于其硬件的特殊性,比如体积小、存储空间很小、处理器的处理能力低等因素,一般不能直接使用普通 PC 上的操作系统和开发工具,而要为特定的目标板定制 Linux 操作系统。定制的过程是在普通的 PC 环境下进行的。人们把这种在 PC 环境下开发编译软件,而在特定目标板上运行的开发模式称为交叉开发模式。

本书中的 S5PV210 开发板就是所谓的目标板,一开始它是一块空板,什么软件都没有安装。以嵌入式 Linux 为例,通常一块目标板需要安装上电引导程序 Bootloader、内核 Kernel 以及文件系统 rootfs,这三部分是最基本的,可能还会有其他一些内容,比如开机 Logo、参数配置等一些定制化的内容。这里的 Bootloader 的作用是对硬件做初始化,加载内核,启动操作系统。而操作系统可以加载各类应用,挂载文件系统。应用程序存放在文件系统上。嵌入式 Linux 系统从启动到应用程序运行这一系列过程,与 PC 的启动过程是相对应的。下面通过一个表格与 PC 系统做个比较,如表 2-1 所示。

表 2-1　PC 系统与嵌入式 Linux 系统类比

PC 系统	嵌入式 Linux 系统
BIOS	Bootloader(U-Boot 等)
操作系统(Windows 7,以下简称 Win7)	Linux 内核
本地磁盘(C 盘、D 盘等)	根文件系统

S5PV210 开发板在进行嵌入式 Linux 开发时,一般可分如下 3 个步骤,且所有开发过程都是在 PC 主机上进行的。

1) Bootloader 开发

通常 Bootloader 就类似于 PC 的 BIOS,这是硬件上的第一个程序,通常只能通过硬件提供的一些可编程接口,比如 JTAG 接口,将编译好的镜像文件通过 JTAG 工具烧到开发板上对应的存储区域。或者,先将程序烧到芯片(比如 Flash 芯片)上,然后再把芯片焊接到目标板上去。

2) 编译 Linux 内核

内核编译好后,一般不再用上述 JTAG 工具直接烧写,这是因为 Linux 内核镜像文件比较大,JTAG 烧写的速度比较慢。通常可以在 Bootloader 程序中增加一些功能,比如通过 USB 或网络将镜像烧写到板上的存储器件。

3) 制作文件系统

文件系统的大小也很大,有的文件系统可能会有几十兆或上百兆,所以一般也不会用 JTAG 直接烧写,通常也是通过 Bootloader 去烧写。除此之外,在开发调试时,为了避免频繁烧写系统,可以使用操作系统提供的 NFS 网络文件系统,这样就可以远程挂载文件系统,将要调试的程序放在 PC 主机上对应的文件系统目录下就可以。

下面用一张图简单描述主机与目标板之间的交叉开发模式,如图 2-1 所示。

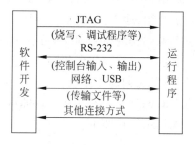

图 2-1　交叉开发模式

2.1.2　硬件需求

1) 宿主机 PC 要求

台式机或笔记本电脑均可以。现在的电脑配置应该都比较高,不存在不满足需求的问题。原则上需要有一个串口或 USB 接口,另外有上网功能。

2) 目标板要求

本书是基于三星 S5PV210 芯片讲解的,例子均在天嵌 TQ210 开发板上调试通过。对于其他的 S5PV210 开发板,原理都是一样的,不同的只是一些寄存器的设置,所以本书的例子也同样适用于这些开发板。

2.2　软件环境搭建与配置

2.2.1　宿主机 Linux 操作系统的安装

因为本书讲的是嵌入式 Linux 系统开发,所以所有的程序开发都要在 Linux 操作系统上进行,因此必须要在我们的 PC 上安装 Linux 操作系统。由于大多数读者都习惯于在 Windows 操作系统上操作,作者也不例外,Windows 友好的图形操作界面还是很方便的,所以选择将 Linux 操作系统安装在虚拟机上,这样就不会影响我们正常使用 Windows 操作系统。

虚拟机(Virtual Machine)指通过软件模拟的具有完整硬件系统功能的、运行在一个完全隔离环境中的完整计算机系统。流行的虚拟机有 VMware、Virtual Box 和 Virtual PC 等。

Linux 操作系统选用 Ubuntu12.04 LTS,这是一个稳定的版本,另外 Ubuntu 的资源也比较丰富。Ubuntu 可以从其官方网站下载: http://releases.ubuntu.com/12.04/。虚拟机选择 VMware 9.0,VMware 可以从它的官方网站下载: http://www.vmware.com。

1. 在 Windows 上安装虚拟机

关于 VMware,读者也可以选择其他版本,本书以 VMware 9.0 为例。从官网下载后,先解压,然后直接运行 .exe 安装文件进行安装。关于这个软件的具体安装过程,本书不作重点介绍,通常都是"下一步"式的安装,不过一般默认安装是安装在计算机 C 盘下,如果读者不希望安装在 C 盘下,可以手动指定安装路径。下面重点讲解怎么建立一个虚拟机。

创建过程以作者的环境为例。作者的 PC 是 4GB 内存、512GB 硬盘,Win7 32 位操作系统,所以在创建虚拟机时,配置 1GB 内存(建议虚拟机内存大小为实际内存的四分之一),硬盘 32GB(通常不小于 15GB 即可)。下面安装示例图仅列出关键步骤,其他步骤比较简单,根据提示操作即可。

(1) 启动 VMware,选择 Create a New Virtual Machine,如图 2-2 所示。

(2) 选择 Custom 进行定制安装,单击 Next 按钮进入虚拟机硬件兼容性选择框,选择 Workstation 9.0,单击 Next 按钮,进入客户操作系统安装方式画面,选择 I will install the operating system later,单击 Next 按钮进入选择客户操作系统页面,这里选择 Linux,单击 Next 按钮,如图 2-3 所示。

(3) 设置虚拟机名及存放路径(注意:剩余磁盘空间要大于 30GB),如图 2-4 所示。

(4) 依次设置下面各配置项所对应的画面:

- 处理器配置——选择默认;
- 虚拟机内存——直接拖动滑标或输入内存大小数值;
- 网络类型——选择 NAT 方式(即默认方式);
- I/O 控制器类型——选择默认;
- 创建虚拟机——选择 Create a new virtual disk(第一次创建必选);
- 硬盘类型——选用默认即可。

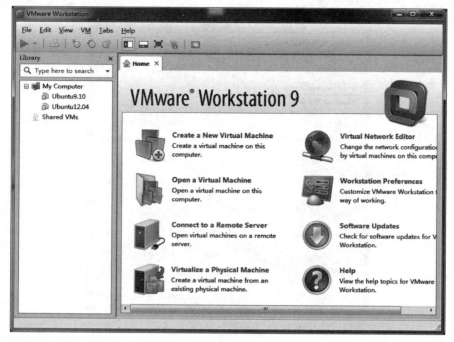

图 2-2　启动 VMware

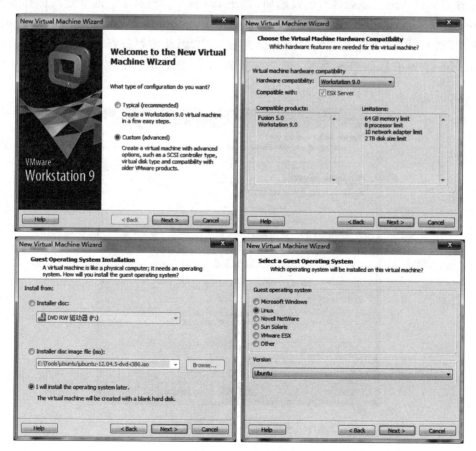

图 2-3　安装方式

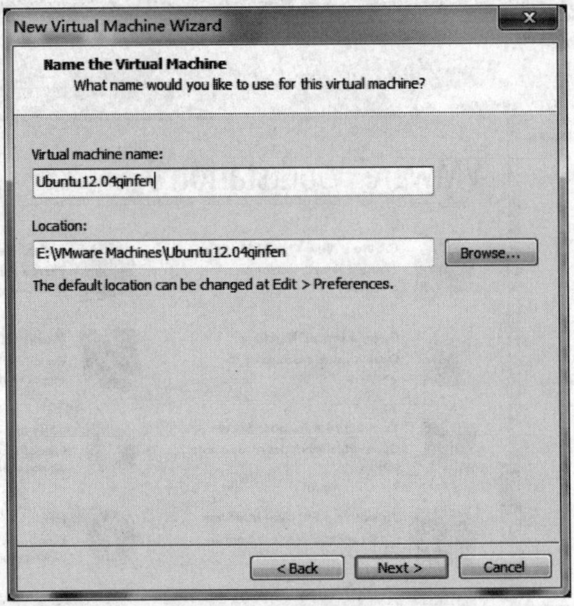

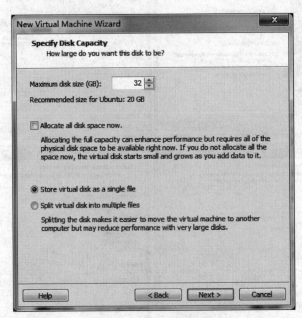

图 2-4　虚拟机名称、存放路径

　　设置完后进入虚拟硬盘容量设置画面,如图 2-5 所示。通常 PC 每个分区都有数据,所以一般不建议选择 Allocate all disk space now,以免造成数据丢失。如果 Windows 磁盘格式是 FAT32 格式,因为它支持的最大文件只有 4GB,因此需要选择 Split virtual disk into multiple files;如果是 NTFS 格式,单个文件可以大于 4GB。本书的硬盘分区是 NTFS 格式。

图 2-5　虚拟硬盘容量设置

（5）随后单击 Next 按钮进入虚拟硬盘名称设置画面，一般默认是与虚拟机名称一致，读者也可修改为其他名称。单击 Next 按钮进入下一画面，显示上述设置的所有信息，如果发现有的信息设置不对，可以单击 Back 按钮回去修改，没有问题，直接单击 Finish 按钮创建虚拟机，如图 2-6 所示。

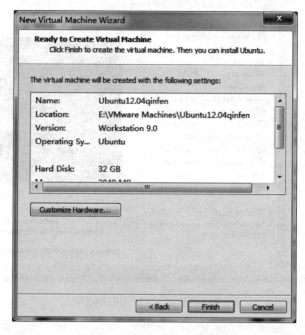

图 2-6　虚拟机配置参数一览

2. 在虚拟机上安装 Linux 操作系统

本书选 Ubuntu12.04 LTS 版作为范例，在作者写此书时，Ubuntu14.04 LTS 也已发行，所以读者也可以选择其他版本的 Ubuntu，这里没有特别要求，但建议选择 LTS 版本，这样可以从官方获得软件支持。下面操作示例图只列举关键步骤，其他都比较简单，读者可按提示选择或采用默认设置即可。

注：在虚拟操作系统 Ubuntu12.04 中，可以按 Ctrl＋Alt 组合键释放当前鼠标光标，回到 Windows 操作系统中。

（1）打开上面创建好的虚拟机 Ubuntu12.04qinfen，选择 Edit virtual machine settings，如图 2-7 所示。

（2）如图 2-8 所示，选择 CD/DVD（IDE），选择 Use ISO image file（ISO 文件为 Ubuntu12.04 安装文件），单击 OK 按钮保存设置回到图 2-7。

（3）在图 2-7 上单击 Power on this virtual machine，进入 Ubuntu12.04 安装画面，选中文（简体），按 Enter 键进入下一个安装界面，选择安装 Ubuntu(I)，按 Enter 键进入下一个安装画面（注：语言选择、安装选项选择都可通过键盘方向键选择）。选择"中文（简体）"，单击"继续"进入下一个画面，将"安装中下载更新"和"安装这个第三方软件"都取消选择，否则会延长安装时间，单击"继续"按钮，在随后画面选择"其他选项"进行手动分区（注：建议选此项，否则会将硬盘全部格式化掉），如图 2-9 所示。

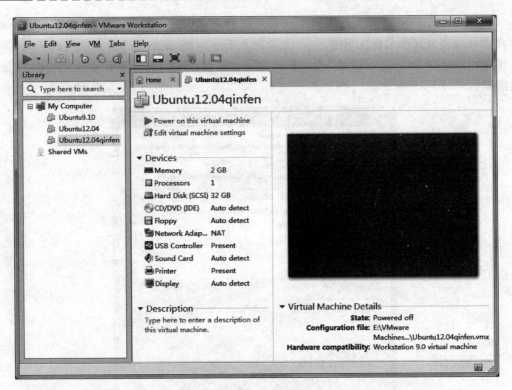

图 2-7 虚拟机 Ubuntu12.04qinfen

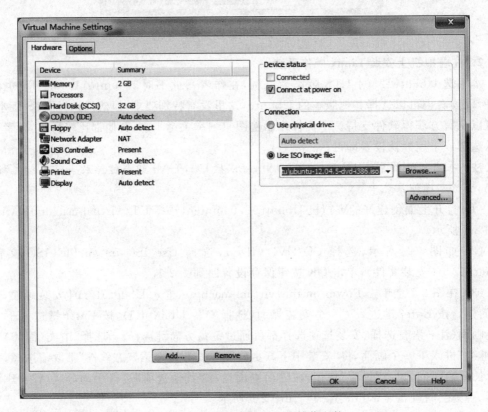

图 2-8 虚拟光驱中选择 ISO 镜像文件

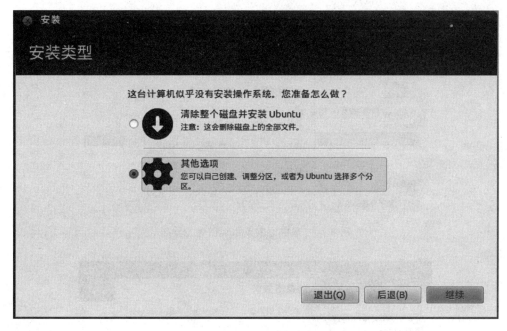

图 2-9　安装类型选择

（4）接下来要对虚拟硬盘分区、选择文件格式以及选择挂载点类型。本书配置的虚拟硬盘分为三个区：一个主分区，两个逻辑分区（Swap 分区和工作分区）。主分区挂载点为"/"，文件格式为 Ext4，大小设为 12GB；Swap 分区不需要设置挂载点与文件格式，大小设为 2GB；工作分区用于存放私有数据（本书所有程序代码等），挂载点设为"/opt"，这是自定义的一个挂载点，文件格式为 Ext4，大小设为 20GB。具体操作不细讲，可以参考安装提示信息，分别如图 2-10～图 2-13 所示。

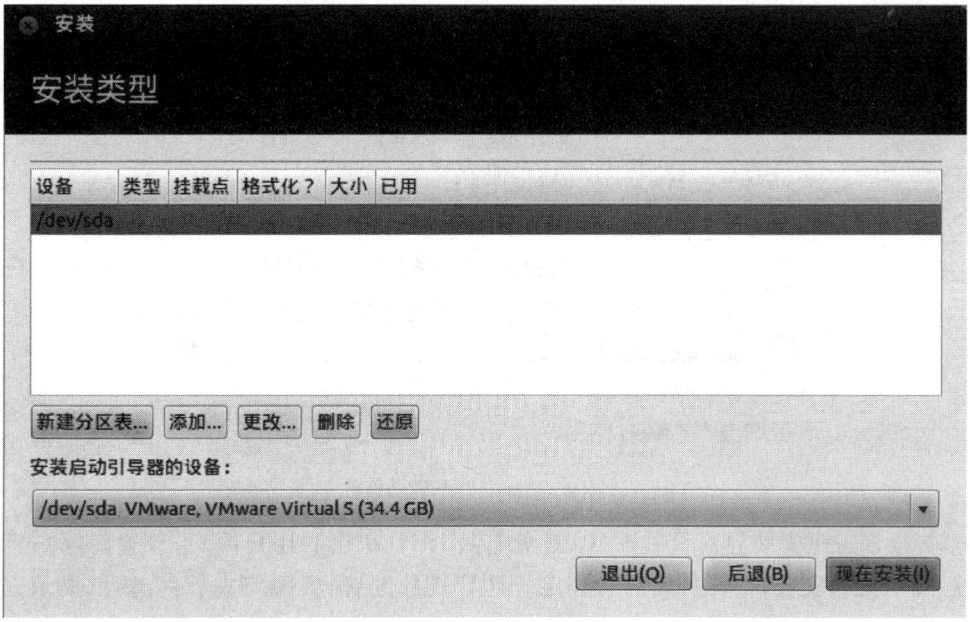

图 2-10　选择"新建分区表"

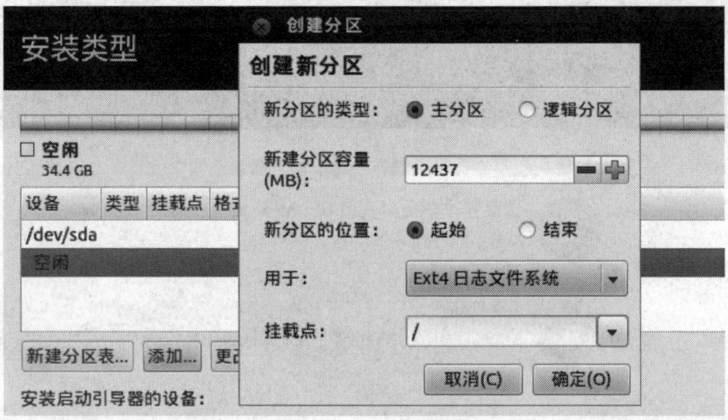

图 2-11　选中空闲点添加创建主分区

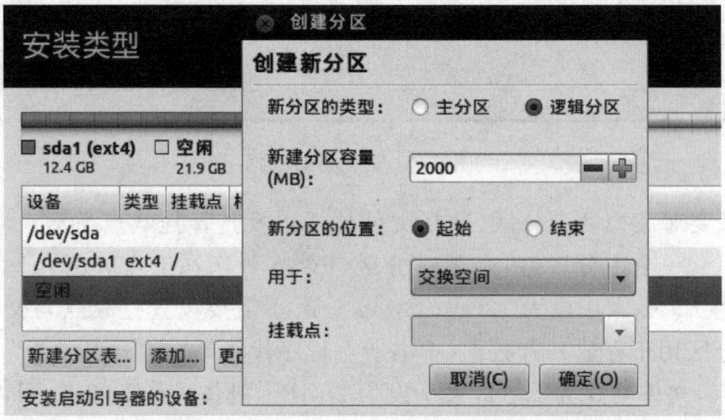

图 2-12　创建 Swap 分区

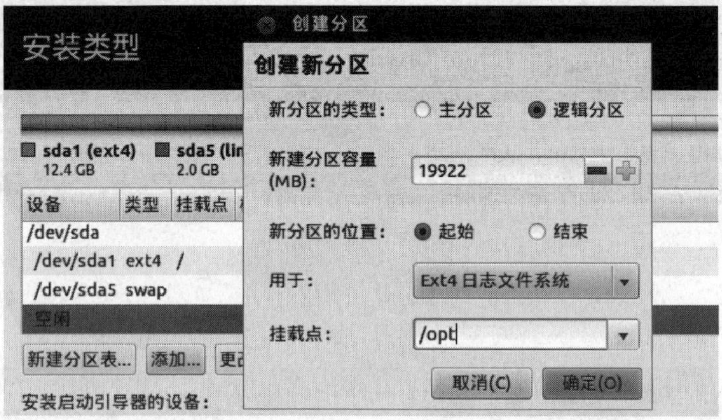

图 2-13　创建工作分区

（5）接来三个安装界面设置时区、键盘布局、计算机名和用户账户，设置好账户后单击"继续"按钮开始安装，安装所需时间决定于计算机的配置，安装完成后，会弹出提示框提示重启系统，如图 2-14 所示。

图 2-14　安装完成

2.2.2　配置宿主 Linux 操作系统

为方便 Windows 操作系统与虚拟机上的 Ubuntu 操作系统(即宿主操作系统)相互访问,以及目标开发板与宿主操作系统之间的通信,需要配置宿主操作系统。下面主要介绍宿主操作系统网络配置,以及设置网络服务。对于 Windows 操作系统的网络设置,主要是设置网络 IP 地址和网关。通常家庭网络、学校局域网等,IP 地址都是以 192.168.x.x 的形式设置的,读者只需确认本机的 IP 是什么,然后将宿主操作系统的 IP 地址和网关设置与 Windows 操作系统的保持一致即可。本书 Windows 操作系统的 IP 为 192.168.1.102,网关为 192.168.1.1。

1. 宿主操作系统网络设置

VMware 虚拟机提供了 3 种网络连接方式:桥接方式(Bridged)、网络地址转译方式(NAT)和主机网络方式(Host-only)。打开 VMware 虚拟机,进入图 2-15 所示界面,然后选择 Network Adapter。在 Network connection 栏可以选择 3 种网络连接方式中的 1 种,前面安装 VMware 时,是以默认的 NAT 方式设置的。

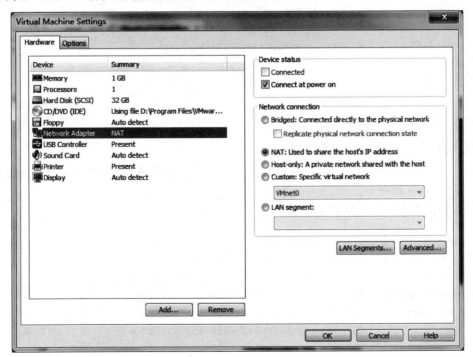

图 2-15　VMware 网络连接方式

对于嵌入式交叉开发模式,需要将 Windows 操作系统、宿主 Linux 操作系统(即 Ubuntu)和目标开发板的 IP 地址设为同一个网段,所以这里我们需要选择桥接方式。选择好后,单击 OK 按钮保存退出。打开 Ubuntu 操作系统。接下来介绍怎么设置 Ubuntu 的网络。

(1) 在 Ubuntu 的控制台上打开/etc/network/interfaces,在里面添加静态 IP 设置。

```
♯设置静态 IP by gary on 2014-08-21
auto eth0
iface eth0 inet static
♯设置 IP
address 192.168.1.106
♯设置子网掩码
netmask 255.255.255.0
♯设置网关
gateway 192.168.1.1
♯设置 dns-nameservers 通过 host 访问 Internet
dns-nameservers 210.6.10.11      //这是作者本地的 DNS 域名
```

注:

① 必须设置 dns-nameservers,否则无法访问 Internet,dns-nameservers 后面跟的是网关地址和本地实际的 DNS。

② 如果读者访问 Internet 是通过代理服务器进行的,那么上述配置无法访问 Internet,但不影响嵌入式交叉开发,目标板、Windows 操作系统和 Ubuntu 三者之间仍可互通。如果要访问外网,需要安装代理软件并配置,这里不作介绍。

(2) 在/etc/network/interfaces 设置完后,需要重启网络服务,设置才会生效。可以用如下方式重启服务:

```
qinfen@JXES:~ $  sudo service network-manager restart
```

或者

```
qinfen@JXES:~ $  sudo ifdown eth0
qinfen@JXES:~ $  sudo ifup eth0
```

或者直接重启 Ubuntu 操作系统。

注:配置时需要有 root 权限,而 qinfen 是一个普通管理员账户,所以需要用 sudo 命令执行 root 权限下的命令。

(3) 验证宿主机网络是否配置成功:

```
qinfen@JXES:~ $  ping www.baidu.com
PING www.a.shifen.com (119.75.217.56) 56(84) bytes of data.
64 bytes from 119.75.217.56: icmp_req=1 ttl=128 time=35.8 ms
64 bytes from 119.75.217.56: icmp_req=2 ttl=128 time=31.7 ms
64 bytes from 119.75.217.56: icmp_req=3 ttl=128 time=31.9 ms
64 bytes from 119.75.217.56: icmp_req=4 ttl=128 time=31.3 ms
64 bytes from 119.75.217.56: icmp_req=5 ttl=128 time=44.2 ms
64 bytes from 119.75.217.56: icmp_req=6 ttl=128 time=32.5 ms
```

2. 打开 FTP、SSH 和 NFS 服务

1) 更新软件源列表和系统

虽然 Ubuntu 的系统资源比较丰富,但不保证所有软件都事先为我们安装配置好了,所以在安装这 3 个服务前先将 Ubuntu 做如下更新。

更新软件源列表:

qinfen@JXES:~ $ sudo apt-get update

更新系统:

qinfen@JXES:~ $ sudo apt-get dist-upgrade
qinfen@JXES:~ $ sudo apt-get autoremove

注:这里更新完成后,在后续开发过程中,如果 Ubuntu 系统有任何更新提示,都可忽略,而且也不建议随便更新系统,以免破坏我们配置好的交叉开发环境。

2) 安装、设置、启动 FTP 服务

执行以下命令安装 FTP 服务:

qinfen@JXES:~ $ sudo apt-get install vsftpd

修改 vsftpd 的配置文件/etc/vsftpd.conf,去掉下面两个选项前面的"#":

local_enable=YES   #是否允许本地用户登录
write_enable=YES   #是否允许上传文件

重启 FTP 服务,使设置生效:

qinfen@JXES:~ $ sudo /etc/init.d/vsftpd restart

3) 安装、设置、启动 SSH 服务

执行以下命令安装 SSH 服务,安装后就会自动运行,无须配置:

qinfen@JXES:~ $ sudo apt-get install openssh-server

4) 安装、设置、启动 NFS 服务

执行以下命令安装 NFS 服务:

qinfen@JXES:~ $ sudo apt-get install nfs-kernel-server portmap

设置/etc/exports,添加以下内容,这样后续就可通过网络文件系统访问/opt/nfs_root 目录了:

/opt/nfs_root   *(rw,sync,no_root_squash)   (注:no_root_squash 表示关掉 root 限制)

重启 NFS 服务使设置生效:

qinfen@JXES:~ $ sudo /etc/init.d/nfs-kernel-server restart

查看本地对外共享的目录:

qinfen@JXES:~ $ showmount-e
qinfen@JXES:~ $

2.2.3　在宿主机上安装、配置开发环境

本小节主要介绍一些常用 C/C++ 开发环境的安装，以及 Linux 下常用的编辑工具，为后面学习嵌入式 C 编程做准备。这些工具在 Ubuntu12.04 版本都已自带，所以下面重点了解它们的用途。

1. 安装编译环境

安装主要编译工具 gcc、g++和 make：

```
qinfen@JXES:~ $ sudo apt-get install build-essential
```

安装语法、词法分析器：

```
qinfen@JXES:~ $ sudo apt-get install bison flex
```

安装 C 函数库的 man 手册：

```
qinfen@JXES:~ $ sudo apt-get install manpages-dev
```

安装 autoconf、automake 用于制作 makefile：

```
qinfen@JXES:~ $ sudo apt-get install autoconf automake
```

安装帮助文档（可不安装，仅供参考）：

```
qinfen@JXES:~ $ sudo apt-get install binutils-doc cpp-doc gcc-doc glibc-doc stl-manual
```

2. 安装编辑工具 vim

执行以下命令安装：

```
qinfen@JXES:~ $ sudo apt-get install vim
```

修改 vim 配置文件/etc/vim/vimrc，在最后添加以下内容。安装并配置完成后，下次输入 vim 工具命令就会直接调用 vim 命令。

```
set nu "显示行号"
set tabstop=4   "制表符宽度"
set cindent "C/C++语言的自动缩进方式"
set shiftwidth=4   "C/C++语言的自动缩进宽度"
```

3. 修改工作目录 opt 的所有者

本书中 opt 默认所有者是 root，所以用 qinfen 账户登录后，无法用 FTP 工具上传文件，为此需要修改 opt 的所有者（所属组 root 可以不修改），用命令 chown 修改：

```
qinfen@JXES:~ $ sudo chown -R qinfen /opt
```

修改后：

```
qinfen@JXES:~ $ ls -l
drwxr-xr-x    3 qinfen root   4096   8月 7 23:54 opt
```

2.2.4　制作交叉编译工具链

本书介绍的交叉工具链主要是针对 ARM 处理器的,相关的工具链有两种途径获得:一种是直接用官方制作好的工具链,可以省去制作过程;另一种就是自己手工制作。为了使读者全面了解工具链,本书对这两种途径分别进行介绍。

1. 使用制作好的工具链

制作好的工具链可以从所选芯片官方获得,比如使用 S5PV210 的芯片,可以从官方获得相关工具和程序源码等。另外,也可直接从 crosstool-ng 官方下载,相应的网址是 http://www.crosstool-ng.org。本书下载的工具链是基于目前的最新版本 crosstool-ng1.19.0 制作的。

解压下载好的工具链:

```
$ cd /opt
$ tar xjf arm-cortex_a8-linux-gnueabi.tar.bz2
```

在环境变量 PATH 里添加工具链的 bin 目录,以便直接使用 bin 下面的工具:

```
$ export PATH=$PATH:/opt/tools/arm-cortex_a8-linux-gnueabi/bin
```

以上设置只适用于当前终端(即当前控制台),重启系统后,设置就自动失效。要想当前用户不失效,可以在/etc/environment 文件里添加 bin 目录:

```
PATH = "/usr/local/sbin:/usr/local/bin:/usr/sbin:/usr/bin:/sbin:/bin:/usr/games:/opt/tools/
arm-Cortex-a8-linux-gnueabi/bin"
```

2. 自己制作工具链

本书制作的工具链是基于 crosstool-ng1.19.0 的,其源代码可以从官方下载,下载后的压缩包为 crosstool-ng-1.19.0.tar.bz2。将下载后的文件通过 FTP 上传到/opt/tools 目录下。

1) 解压

```
$ cd /opt/tools
$ tar xjf crosstool-ng-1.19.0.tar.bz2
```

2) 安装 crosstool-ng 的软件依赖包

安装 crosstool-ng 需要相关软件包支持,如果不先安装所需的软件包而直接进入 crosstool-ng 的安装,安装将无法进行下去,会提示缺少某软件。下面提供的软件包是作者制作时收集的一些软件包,如果读者选用其他版本的 crosstool-ng 制作,可能会提示缺少某个软件,此时可以暂时退出安装,把缺少的软件安装好后再安装。

所需软件包汇总安装:

```
sudo apt-get install autoconf automake libtool libexpat1-dev libncurses5-dev bison flex patch curl cvs texinfo build-essential subversion gawk python-dev gperf g++ libexpat1-dev
```

缺少相关软件包(libexpat1-dev)时的安装提示信息:

```
[INFO ]    Installing cross-gdb
[EXTRA]       Configuring cross-gdb
[EXTRA]       Building cross-gdb
[ERROR]       configure: error: expat is missing or unusable
[ERROR]       make[2]: *** [configure-gdb] Error 1
[ERROR]       make[1]: *** [all] Error 2
```

3）编译安装 crosstool-ng

制作交叉工具前先要配置、安装 crosstool-ng，在安装前先创建两个目录分别用于安装和制作工具链。

```
$ mkdir crosstool_install crosstool_build
```

配置 crosstool-ng：

```
$ cd crosstool-ng-1.19.0
$ ./configure --prefix=/opt/tools/crosstool_install
```

注：

① prefix 自定义安装的路径，如果路径的所有者不是当前用户或非 root 用户，则配置不会成功。

② cosstool-ng 默认是非 root 用户安装，root 用户安装需要修改/scripts/crosstool-ng.sh.in 这个文件，在"#Check running as root"这句上面添加"CT_ALLOW_BUILD_AS_ROOT_SURE=ture"。

安装 crosstool-ng：

```
$ make && make install
```

4）将 crosstool-ng 工具命令添加到环境变量 PATH

```
$ export PATH=$PATH:/opt/tools/crosstool_install/bin
```

之后在当前终端就可以直接使用 ct-ng 命令了：

```
$ ct-ng help
This is crosstool-NG version 1.19.0
...
Configuration actions:
  menuconfig      - Update current config using a menu based program
  oldconfig       - Update current config using a provided .config as base
  extractconfig   - Extract to stdout the configuration items from a
...
```

上述信息说明 crosstool-ng 的配置与安装是成功的。另外，通过帮助提示，可以看到 crosstool-ng 有点类似于 linux kernel，也有 menuconfig 用于配置工具链。

5）选择配置文件

用命令 ct-ng list-samples 可以查看此版本的 crosstool-ng 默认支持哪些处理器及其配置文件。

```
$ ct-ng list-samples
...
```

［G..］　　arm-cortex_a8-linux-gnueabi

…

此版本已支持 Cortex-A8 的处理器,接下来直接使用这个默认配置文件制作交叉工具链。

复制默认配置文件到 crosstool_build,并复制 crosstool.config 为.config:

```
$ cd /opt/tools/crosstool-ng-1.19.0/samples/arm-cortext_a8-linux-gnueabi
$ cp * /opt/tools/crosstool_build
$ cd /opt/tools/crosstool_build
$ cp crosstool.config .config
```

6) 执行 menuconfig 配置工具链

```
$ cd /opt/tools/crosstool_build
$ ct-ng menuconfig
```

针对打开的默认配置,做如下修改:

Paths and misc options　→
　　　(/opt/tools/crosstool/src)Local tarballs directory

此项指定软件安装包的目录,制作时就不需要重新下载安装包。

(/opt/tools/ crosstool/ ${CT_TARGET})Prefix directory

此项指定交叉编译器的安装路径。

(4) Number of parallel jobs

此项指定同时执行 4 个工作,提高编译速度。(注:由计算机配置决定,作者的处理器是双核,所里这里设为 4,如果读者的是 4 核,这里设 8 也可以。)

Target options　→
　　　Floating point: (Softfp(FPU))　→

此项表明使用软浮点技术,具体要视处理器情况而定。

Toolchain options　→
　　　(cortex_a8)Tuple's vendor string

由于本书选用默认配置,此处默认亦为 cortex_a8。这样制作后的交叉编译器名前缀即为 arm-cortex_a8-linux-gnueabi-,如果此处不设置,那么编译器名前缀为 arm-unknown-linux-gnueabi-。

(arm-linux)Tuple's alias

设置别名,这样会给每个工具创建一个软件链接,比如 arm-linux-gcc 将链接到 arm-cortex_a8-linux-gnueabi-gcc。

Operating System　→
　　　Linux kernel version(3.10.2)　→

指定内核版本。

```
C compiler  →
    gcc version(4.4.6)  →
```

指定 gcc 软件包的版本。

[∗]Compile libmudflap

这是一个软件调试工具，可以检查内存泄露，不是必选项。

其他选项本书都沿用默认配置，最后选择 Save an Alternate Configuration 将上面的修改保存并退出，所有修改的信息会自动保存在 .config 文件里。

注：配置软件包版本时一定要注意软件包之间的匹配性，否则制作过程中会出错，一旦出错，可以退出制作，重新打开 menuconfig 修改相应软件包的版本。

7) 下载工具链所依赖的软件包

创建 crosstool/src 目录：

```
$ cd /opt/tools
$ mkdir crosstool/src
```

打开 .config 查找所需的软件包及其版本信息，然后逐一下载，都下载完成后，通过 FTP 上传到 /opt/tools/crosstool/src 目录。下面是本书工具链所需软件包：

```
cloog-ppl-0.15.9.tar.gz libelf-0.8.13.tar.gz glibc-2.9.tar.bz2 ltrace_0.5.3.orig.tar.gz
glibc-ports-2.9.tar.bz2 dmalloc-5.5.2.tgz duma_2_5_15.tar.gz expat-2.1.0.tar.gz
binutils-2.20.1a.tar.bz2 strace-4.5.19.tar.bz2 ncurses-5.9.tar.gz gdb-6.8a.tar.bz2
gmp-4.3.2.tar.bz2 mpfr-2.4.2.tar.bz2 ppl-0.10.2.tar.bz2 gcc-4.4.6.tar.bz2
expat-2.1.0.tar.gz linux-3.10.2.tar.bz2
```

8) 编译

进入 crosstool_build 目录执行 build 编译，整个编译过程主要是安装软件包。

```
$ cd /opt/tools/crosstool_build
$ ct-ng build
```

编译成功后会看到如下提示信息：

```
[INFO]  ===================================================
[INFO ]   Cleaning-up the toolchain's directory
[INFO ]     Stripping all toolchain executables
[EXTRA]       Installing the populate helper
[EXTRA]       Installing a cross-ldd helper
[EXTRA]       Creating toolchain aliases
[EXTRA]       Removing access to the build system tools
[EXTRA]       Removing installed documentation
[INFO ]   Cleaning-up the toolchain's directory: done in 8.76s (at 88:54)
[INFO ]   Build completed at 20140828.164522
[INFO ]   (elapsed: 88:53.08)
[INFO ]   Finishing installation (may take a few seconds)...
[88:54] / qinfen@JXES:/opt/tools/crosstool_build $
```

整个编译过程，作者花费近 89 分钟，实际制作时间取决于读者计算机的配置。

9）修改环境变量 PATH 并测试工具链

本书制作好的工具链 bin 目录为/opt/tools/crosstool/arm-cortex_a8-linux-gnueabi/bin,具体怎么修改环境变量,可以参考前面所讲,方法一致。

在环境变量 PATH 里添加好新制作的工具链后,可以用如下方法测试,如果看到工具的版本信息,说明制作成功。

```
$ arm-linux-gcc -v
…
gcc version 4.4.6 (crosstool-NG 1.19.0 - For www.qinfenwang.com)
```

2.3　本章小结

本章对嵌入式交叉开发模式进行了一些概念性的介绍,并详细介绍了宿主操作系统的安装与配置、交叉编译工具链的制作。读者通过本章的学习,可以独立完成一个嵌入式开发环境的制作。

第 3 章

常用开发工具和命令的使用

本章学习目标
- 掌握 Windows 下的代码阅读、编辑工具 Source Insight；
- 掌握 Windows 下与 Linux 进行交互的工具：cuteFTP 和 SecureCRT；
- 掌握一些常用的 Linux 操作命令。

3.1　Windows 环境下的工具介绍

3.1.1　代码阅读、编辑工具 Source Insight

Source Insight 是一个功能强大的代码浏览器，它拥有 C、C++、C♯、JAVA 等多种语言分析器，可以分析源码并在工作的同时动态维护它自己的符号数据库，包括函数、方法、全局变量、结构和类等，并自动显示上下文信息。当把鼠标指针移到函数或变量上时，Source Insight 会自动显示相关函数或变量的定义，如果配合键盘上的 Ctrl 键，选择相应的函数或变量，还可以直接跳到定义其的文件中去。对一些关键字，比如函数名、全局变量、宏等都会以特定颜色显示，在编辑代码时，会根据输入的信息自动判定是否要缩进、补齐等。

Source Insight 作为 Windows 环境下的一款强大的代码阅读、编辑工具，读者可以从其官方网站下载：http://www.sourceinsight.com。（注：下载下来的只是一个试用版本，如需正式版本需要购买。）

下面以官方发行的 u-boot-2014.04 为例，介绍 Source Insight 的使用。

1. 创建 Source Insight 工程

打开 Source Insight，它默认的文件过滤器中不支持.S 后缀的汇编文件，为了便于阅读汇编文件，选择菜单 Options→Document Options，在弹出的对话框中选择 Document Type 为 C Source File，在 File filter 里添加 ∗.S 类型，如图 3-1 所示。

直接选择 Close 按钮退出文件类型设置对话框，再选择菜单 Project→New Project 创建一个新工程，如图 3-2 所示。

在创建新工程的对话框中输入工程的名称和工程存放的路径。本书中假设工程存放的路径是 D:\jxes\boot_projects\u-boot-2014.04\si，工程名为 u-boot-2014.04，然后单击 OK

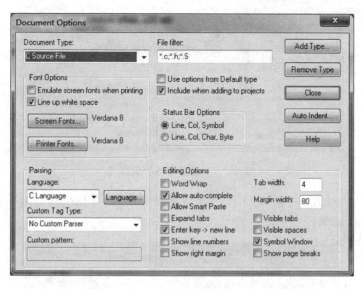

图 3-1　Source Insight 文件类型设置

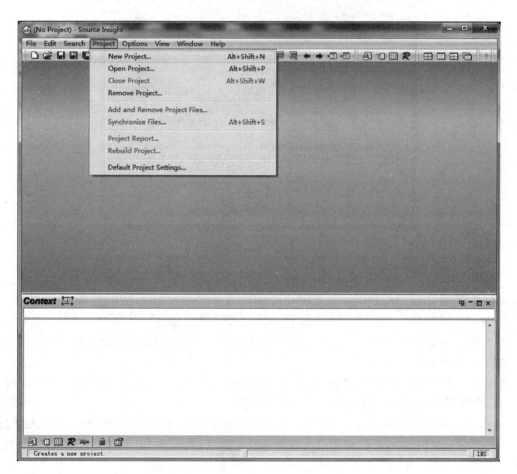

图 3-2　创建 Source Insight 工程

按钮,如图 3-3 所示。

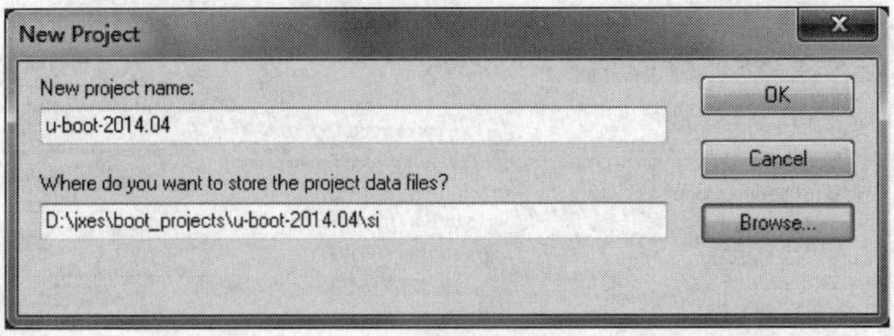

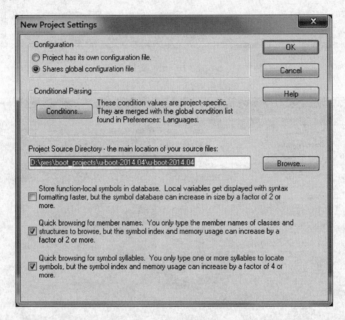

图 3-3　工程名称与存放路径

　　在随后弹出的对话框中设置 U-Boot 源代码所在路径,其他配置项用默认设置即可,然后单击 OK 按钮,如图 3-4 所示。

图 3-4　工程设置

　　在随后弹出的 Add and Remove Project Files 对话框中,单击 Add All 按钮,在弹出的对话框中选择 Include top level sub-directories(表示添加第一层子目录里的文件)和 Recursively add lower sub-directories(表示递归添加底层目录),如图 3-5 所示。单击 OK 按钮开始添加源文件到工程,添加完成后直接单击 Close 按钮退出对话框,至此 Source Insight 工程创建完成。

　　现在虽然将所有源码文件都添加成功,但由于 U-Boot 实际支持多种 CPU 架构和 Board 类型,而现在我们只关心 S5PV210 的开发板和 Cortex-A8,所以为了方便代码的阅读,则要把不需要的目录从工程中移除。在图 3-5 所示界面上(或者选择 Project→Add and Remove Project Files 打开此界面),选择要移除的目录,然后单击 Remove Tree 将整个目录下的文件从工程中移除。要移除的目录如下,操作如图 3-6 所示。

　　(1) arch 目录下除 arm 外所有目录。

　　(2) arch/arm/cpu 下除 Armv7 以外的所有目录。

图 3-5 添加文件到工程

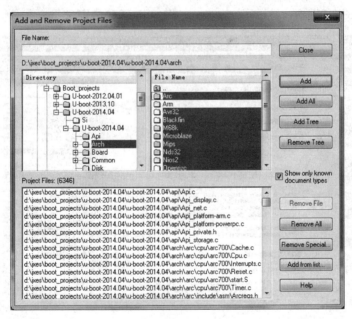

图 3-6 从工程中移除文件

（3）arch/arm/cpu/Armv7 下除 S5p-common 和 S5pc1xx 以外的所有目录。

（4）arch/arm/include/asm 下以 Arch-开头的目录（除 Arch-s5pc1xx）。

（5）board 目录下除 samsung 外所有目录。

（6）board/Samsung 下除 Common 和 Smdkc100 以外的所有目录。

（7）include/configs 下除 smdkc100.h 以外的所有文件。

2. 同步 Source Insight 工程

同步的目的是在 Source Insight 工程中建立一个数据库，它里面保存了源文件中的各个变量、函数、宏等之间的关系，便于代码阅读、编辑时快速提供各种提示信息，比如快速跳转到函数定义文件中，变量、函数名以特殊颜色显示等。

选择 Project→Synchronize Files 弹出一个对话框，如图 3-7 所示，选中 Force all files to be re-parsed（表示强制解析所有文件），然后单击 OK 按钮开始同步并生成关系数据库。

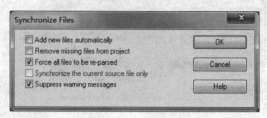

图 3-7 同步工程文件

3. Source Insight 使用简介

Source Insight 可以用来阅读、编辑代码。编辑时只需选择 File→New 新建一个空白文件即可在里面写代码，比较简单，所以不过多介绍。下面主要介绍阅读代码时的一些使用技巧。

将光标定位到函数名或变量名，在上下文窗口可以看到函数或变量的具体定义。双击上下文窗口可以跳到函数或变量定义处，或者按住 Ctrl 键，选择函数或变量名，也可跳到它们的定义处，如图 3-8 所示，显示了 s5p_gpio_cfg_pin 函数的定义。

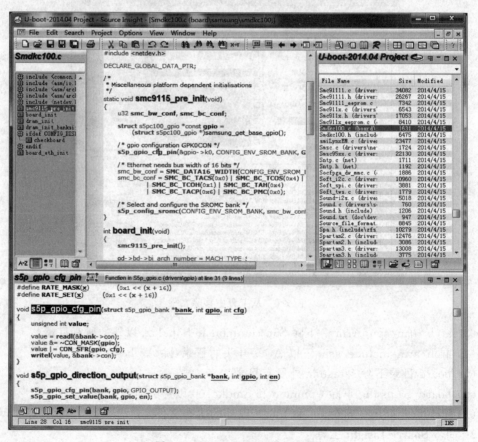

图 3-8 Source Insight 使用示例

按 Alt 和","组合键可以退到上一个画面,按 Alt 和"."组合键可以前进到下一个画面,便于在不同源文件之间切换。

右击函数、变量、宏,在弹出的快捷菜单里选择 Lookup References,可以在整个工程中找到哪些文件引用了它,此方法比直接搜索工程要快多了。

以上是一些常用的使用技巧,其他的使用技巧读者可以通过帮助文档以及菜单上的提示信息了解。

3.1.2　文件传输工具 CuteFTP

为了方便 Windows 与安装在虚拟机上的宿主 Linux 操作系统传输文件,比如把修改好的 u-boot-2014.04 代码上传到宿主系统上编译,可以借助 FTP 工具进行上传与下载。FTP 工具很多,本书选择 CuteFTP 作为例子,相关的安装文件可以从 CuteFTP 官方网站下载:http://www.cuteftp.com,下载的是试用版本,但具有正式版的所有功能。

在 Windows 上安装 CuteFTP 非常简单,这里不过多说明,本书使用的 CuteFTP 工作界面如图 3-9 所示。宿主操作系统的 IP 是 192.168.1.106,用户名为 qinfen,密码为 123456,端口号为 21。

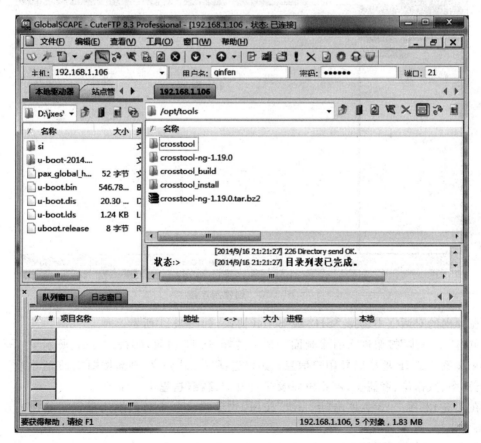

图 3-9　CuteFTP 工作界面示例

3.1.3　终端仿真工具 SecureCRT

SecureCRT 是一款支持 SSH1、SSH2、Telnet、Serial、Rlogin 等多种协议的终端仿真工具,本书用它来连接宿主 Linux 系统,作为对 Linux 系统进行操作的一个远程控制台,这样我们就可以完全脱离 Linux 系统,仅把 Linux 系统作为一个服务器。对于不习惯 Linux 系统界面操作的用户,使用 SecureCRT 仿真会非常方便,本书介绍的版本是 V7.2,它同时支持 32 位与 64 位 Win7,如果使用旧版有时会遇到对 Win7 的支持不够稳定的情况。

SecureCRT 可以从 http://www.vandyke.com/products/securecrt/下载它们的试用版本,试用版具有和正式版一样的功能。下载后直接安装,具体安装步骤非常简单,下面主要介绍如何连接远程宿主 Linux 系统以及如何通过串口接收信息。

运行 SecureCRT.exe,打开的界面如图 3-10 所示,在左侧 Session Manager 栏单击 New Session 按钮创建新连接。

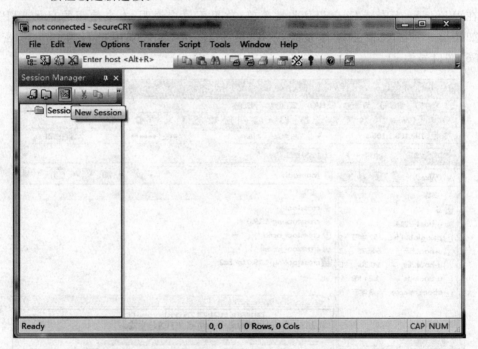

图 3-10　创建新连接

在弹出的对话框中选择 SSH2 或 Serial 协议,如图 3-11 所示。

单击"下一步"按钮进入后续画面。如果选择 SSH2 协议,则按图 3-12 所示设置远程宿主 Linux 系统的 IP 地址以及用户信息;如果选择 Serial 协议,则需按图 3-13 所示设置串口号、波特率、数据位、奇偶位、停止位以及是否开启流控(这里不开流控)。

在图 3-12、图 3-13 中单击"下一步"按钮,均会弹出一个对话框用于设置新建的连接名称,如图 3-14、图 3-15 所示。

单击"完成"按钮结束连接的创建,在随后的对话框中会看到刚才创建的连接,如图 3-16 所示,双击任意连接都可打开它。

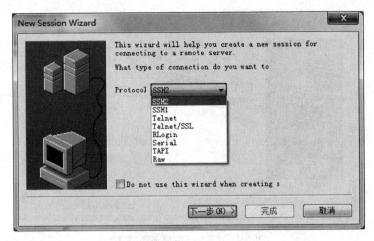

图 3-11 协议选择

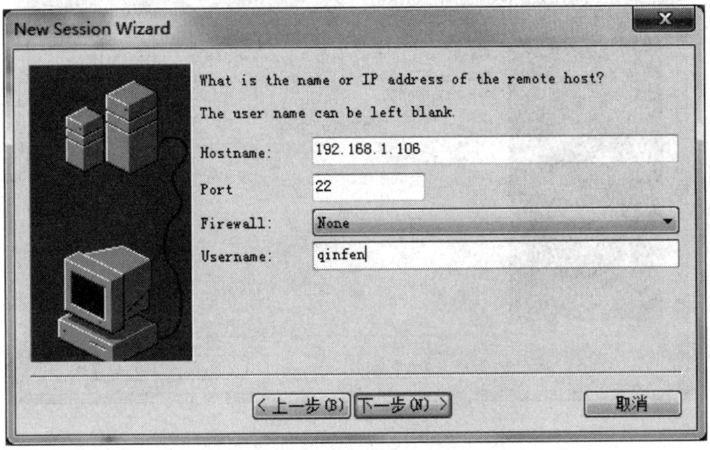

图 3-12 创建 SSH2 连接

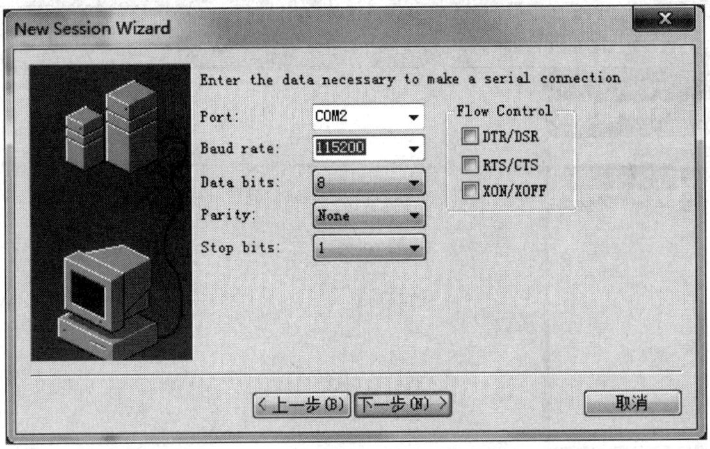

图 3-13 创建 Serial 连接

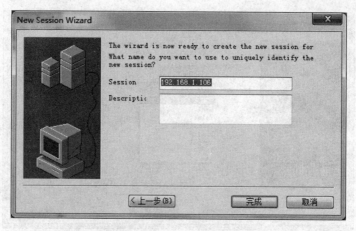

图 3-14　设置 SSH2 连接名称

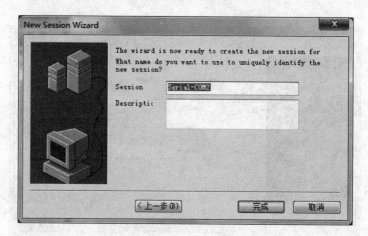

图 3-15　设置 Serial 连接名称

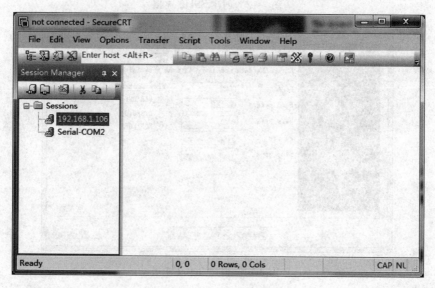

图 3-16　启动连接

3.2　Linux 环境下的工具介绍

在 Linux 环境下也有代码阅读、编辑以及远程访问工具,不过本书的代码编写都是在 Windows 环境下完成的,因此本书对 Linux 系统下的工具只进行简单介绍。

3.2.1　代码阅读、编辑工具

Linux 系统是开源的,所以其代码阅读、编辑工具也很多,而且百花齐放,各有千秋,常见的有 vi、cscope、global、sourcenav、KScope 等。如果读者习惯于 UNIX/Linux 系统,这里推荐使用 KScope,它的界面做得非常好,与 Windows 下的 Source Insight 有很多相似之处,只是这个工具目前没有再去升级维护。读者可以从 http://sourceforge. net/projects/kscope/下载使用。此外,作者再推荐一款 IDE 工具 Esclipse,此工具除了可以编译代码外,也可以用来作代码的阅读与编辑用,而且它还是跨平台的,在 Windows 和 Linux 环境下都可使用。

3.2.2　终端访问工具

直接在 Linux 环境下做开发,终端工具具有串口通信即可,比较常用的有 Cutecom、Minicom、C-Kermit 等,其中 C-Kermit 除具有串口通信功能外,还具有网络通信功能,类似于 Windows 下的 SecureCRT;Minicom 是一款类似于超级终端的工具,在 Ubuntu 系统下可以直接用命令"sudo apt-get install minicom"安装这个工具。

3.3　嵌入式 Linux 系统常用命令介绍

3.3.1　编辑命令 vi(vim)

vi 是 UNIX 系统里极为普遍的文本编辑器,vim 是它的改进版本,通常安装了 vim,使用 vi 命令与 vim 命令都调用 vim 编辑器。vi 没有任何菜单操作,只能通过命令,它的命令相当多。还可以安装一些 vi 插件,使其可以对不同语言的代码进行分析,其功能不亚于 Source Insight、KScope。

vi 可以对文本进行添加、删除、查找、替换等各种操作,若在 vi 执行时没有指定一个文件,那么 vi 命令会自动产生一个空的工作文件;若指定的文件不存在,那么就按指定的文件名创建一个新的文件;若对文件修改不保存,不会改变原文件内容。(注:vi 命令并不会锁住所编辑的文件,因此多个用户可以同时编辑同一个文件,那么最后保存的文件将会被保留。)

由于只能用命令操作,vi 通常有三种工作模式:命令行模式、文本输入模式和末行模式。

1) 命令行模式

vi 刚被打开的时候就处于命令行模式，另外，在任何模式下，按键盘上的"Esc"键都可进入此模式。命令行模式的操作命令很多，比如移动光标命令、屏幕翻滚类命令、文本删除命令、搜索命令等，如表 3-1 所示。

表 3-1 vi(vim)常用命令

命　　令	作　　用	命　　令	作　　用
移动光标类命令			
h/Backspace	光标左移一个字符	)	光标移至段落开头
l/Space	光标右移一个字符	(	光标移至段落结尾
k/Ctrl+p	光标上移一行	nG	光标移至第 n 行首
j/Ctrl+n	光标下移一行	n+	光标下移 n 行
)	光标移至句尾	n−	光标上移 n 行
(	光标移至句首	n$	光标移至第 n 行尾
H	光标移至屏幕顶行	0(注意是数字零)	光标移至当前行首
M	光标移至屏幕中间行	$	光标移至当前行尾
L	光标移至屏幕最后行	Enter	光标下移一行
屏幕翻滚类命令			
Ctrl+u	向文件首翻半屏	Ctrl+d	向文件尾翻半屏
Ctrl+f	向文件尾翻一屏	Ctrl+b	向文件首翻一屏
插入文本类命令			
i	在光标前	a	在光标后
I	在当前行首	A	在当前行尾
o	在当前行之下新开一行	O	在当前行之上新开一行
文本删除类命令			
d0	删至行首	x	删除光标后的一个字符
d$ 或 D	删至行尾	X	删除光标前的一个字符
ndd	删除当前行及其后 n−1 行	Ctrl+u	删输入方式下所输的文本
搜索及替换类命令			
/pattern	从光标开始处向文件尾搜索 pattern	? pattern	从光标开始处向文件首搜索 pattern
n	在同一方向重复上一次搜索命令	N	在反方向上重复上一次搜索命令
: s/p1/p2/g	将当前行中所有 p1 均用 p2 替代	: n1,n2s/p1/p2/g	将第 n1 至 n2 行中所有 p1 均用 p2 替代
: g/p1/s//p2/g	将文件中所有 p1 均用 p2 替换		
退出保存类命令			
: w	保存当前文件	: q	退出 vi
: wq	先保存当前文件再退出 vi	: q!	不保存文件并退出 vi

2) 文本输入模式

在命令行模式下输入文件输入命令就进入文件输入模式，命令如表 3-1 所示，在此模式下可以输入任何文本内容保存到相应文件中，在此模式下按 Esc 键退回命令行模式。

3）末行模式

在命令行模式下按"："即进入末行模式，"："是末行模式的提示符，等待用户输入命令，输完后按回车即可执行命令，执行完后，又自动回到命令行模式。

3.3.2　常用 13 个命令介绍

Linux 是典型的以命令操作的系统，其命令相当庞大，对于嵌入式开发人员来说，并不需要对每一个命令都要精通，只需对一些常用操作命令熟悉即可。下面介绍一些常用的 Linux 命令。

1. cd 命令

这是每一个使用 UNIX/Linux 的用户都要使用的命令，它用于切换当前目录，它的参数是要切换到的目录的路径，可以是绝对路径，也可以是相对路径，比如：

cd /opt/tools　　♯ 切换到目录/opt/tools；

cd ./crosstool　　♯ 切换到当前目录下的 crosstool 目录中（即/opt/tools/crosstool），"."表示当前目录；

cd ../KScope　　♯ 切换到上层目录中的 KScope 目录中（即/opt/tools/KScope），".."表示上一层目录。

2. ls 命令

用于查看文件或目录的命令，根据不同的参数可以显示更多文件或目录的属性，常用的参数有：

-l　显示文件的属性、权限、大小等；

-a　列出全部文件，连同隐藏文件（即开头为"."的文件）；

-d　仅列出目录本身，而不是列出目录的文件数据；

-h　将文件大小以较易读的方式（比如 KB，GB 等）列出来；

-R　连同子目录的内容一起列出来（递归列出），相当于该目录下所有文件都显示出来。

注：以上这些参数还可以组合使用，以显示更多信息。

3. grep 命令

常用此命令列出含有某个字符串的文件，也可与管道命令一起使用，用于对一些命令的输出进行筛选加工等，它的语法为：

grep［option］'待查找字符串'［filename...］　　♯filename 可以省略，省略表示在当前目录查找

常用参数有：

-a　将 binary 文件以 text 文件的方式查找数据；

-c　计算找到的"待查找字符串"的次数；

-i　忽略大小写；

-R　递归查找子目录。

举例：

grep -Ri"待查找的字符"＊

＊表示查找当前目录下的所有文件、目录，＊也可以替换为具体的目录名，-Ri 表示递

归查找子目录,并且忽略大小写。

4. find 命令

find 查找命令功能非常强大,参数也很多,只要用它查找指定文件名的文件即可,语法格式:

find [path...] [option] [expression]　　♯path 省略代表在当前目录下查找

常用参数有:

-name filename　　找出文件名为 filename 的文件,此处文件名可以带有通配符"＊"、"?";

-user name　　列出文件所有者为 name 的文件。

举例:

find -name "＊filename＊"

默认如果没有指定被查找目录,则表示在当前目录下查找文件名中含有 filename 字样的文件,如果要指定当前目录下的具体目录查找,可以写成:find pathname -name "＊filename＊",其中 pathname 为目录路径。

5. cp 命令

该命令用于复制文件,也可以一次把多个文件复制到一个目录下,常用参数如下:

-a　　将文件的特性一起复制;

-p　　连同文件的属性一起复制;

-i　　若目标文件已经存在时,在覆盖前会先询问;

-r　　递归复制,常用于目录的复制;

-u　　目标文件与源文件有差异时才复制。

6. mv 命令

该命令用于移动文件、目录或更名,也可以将多个文件一起移到一个目录下。

-f　　force 强制的意思,如果目标文件已经存在,不会询问直接覆盖;

-i　　若目标文件已经存在,就会询问是否覆盖;

-u　　若目标文件已经存在,且比目标文件新,才会更新。

7. rm 命令

该命令用于删除文件或目录,常用参数有:

-f　　force 强制的意思,强制删除;

-i　　在删除前会询问;

-r　　递归删除,常用于目录删除。

注:此命令及其参数使用时一定要谨慎,以免误删。

8. ps 命令

该命令用于将某个时间点的进程(process)运行情况列出来,常用参数有:

-A　　所有的进程均显示出来;

-a　　不与 terminal 有关的所有进程;

-u　　有效用户的相关进程;

-x　　一般与 a 参数一起使用,可列出较完整的信息;

-l　　较长、较详细地将 PID 的信息列出。

注：以上命令也可搭配使用。

9．kill 命令

该命令用于向某个任务(job)或进程(PID)传送一个信号,比如杀掉进程等,它常与 jobs 或 ps 命令一起使用,语法格式如下:

kill -signal PID

常用的信号有:

SIGHUP　启动被中止的进程;

SIGINT　相当于输入 Ctrl+c,中止一个进程;

SIGKILL　强制中止一个进程运行;

SIGTERM　以正常的结束方式中止进程;

SIGSTOP　相当于输入 Ctrl+z,暂停一个进程的执行。

10．man 命令

该命令用于查看 Linux 各种命令、函数的帮助手册,语法格式如下:

man [section] name

其中的 section 被称为区号,当直接用"man name"时,由于 man 会到默认区号里查找,如果没有查到,可以指定区号再查,表 3-2 是 Linux 帮助手册的区号说明。

表 3-2　Linux 帮助手册区号说明

区号	说　　明	区号	说　　明
1	Linux 常用命令,例如 cd、ls、grep 等	6	游戏命令
2	系统调用,例如 open、read、write 等	7	其他命令
3	库调用,例如 fopen、fread、fwrite 等	8	系统惯例命令,只有系统管理员才能执行的命令
4	特殊文件,例如/dev/目录下文件等	9	内核命令(基本不被使用)
5	文件格式和惯例,例如/etc/passwd 等		

为了便于在手册里查找,man 也提供一些按键命令,如表 3-3 所示。

表 3-3　man 按键命令

命　　令	说　　明	命　　令	说　　明
h	显示帮助信息	G	跳转到手册的最后一行
j	前进一行	? string	向后搜索字符串 string
k	后退一行	/string	向前搜索字符串 string
f 或空格	向前翻页	r	刷屏
b	向后翻页	q	退出
g	跳转到手册的第一行		

11．tar 命令

该命令用于打包、解包、压缩和解压缩,常用的压缩或解压缩方式有 gzip 和 bzip2 两种,以".gz"、".z"后缀的文件用 gzip 方式进行解压缩,以".bz2"后缀的用 bzip2 进行解压缩,后缀中有 tar 字样的表示它是一个打包文件。tar 命令有 5 种常用选项,如表 3-4 所示。

表 3-4　tar 常用参数选项

参 数 选 项	说　　明
c	表示创建,用来生成文件包
x	表示提取,从文件包中提取文件
z	使用 gzip 方式进行处理,它与"c"结合表示压缩,与"x"结合表示解压缩
j	使用 bzip2 方式进行处理,它与"c"结合表示压缩,与"x"结合表示解压缩
f	表示文件,后面接着一个文件名

举例(假设当前目录为"/opt/tools"):

1)将"crosstool"目录制作为压缩包

```
$ tar czf crosstool.tar.gz crosstool        //以 gzip 方式进行压缩
$ tar cjf crosstool.tar.bz2 crosstool       //以 bzip2 方式进行压缩
$ tar -Jcf linux-3.6.tar.xz linux-3.6/      //以 xz 方式进行压缩
```

2)将压缩包解压到当前目录下

```
$ tar xzf crosstool.tar.gz        //以 gzip 方式解压
$ tar xjf crosstool.tar.bz2       //以 bzip2 方式解压
$ tar -Jxf linux-3.6.tar.xz       //以 xz 方式解压
```

12. diff 命令

该命令用于比较文件、目录,还可以用来制作补丁文件(修改前与修改后文件的差别),本书主要使用此命令来制作补丁文件。常用的参数选项如下:

-u　表示在比较结果中显示两文件中的一些相同行,这有利于人工定位;

-r　表示递归比较各个子目录下的文件;

-N　将不存在的文件当作空文件;

-w　忽略对空格的比较;

-B　忽略对空行的比较。

假设在"/opt/tools"下有两个目录 A1 和 A2,每个目录下都有一些文件,A2 是基于 A1 修改后的目录,现在制作 A1.diff 的补丁文件(原始目录在前,修改后目录在后):

```
$ diff -urNwB A1 A2 > A1.diff
```

13. patch 命令

该命令与 diff 命令相对应,上述是制作补丁,这里就是为原始文件打补丁,使其成为修改后的文件。patch 命令也有一些参数选项,主要介绍-pn,表示忽略路径中第 n 个斜线之前的目录。

仍以上述 A1、A2、A1.diff 为例,且它们处于同一目录下:

```
$ cd A1
$ patch -p1 < ../A1.diff
```

14. mount 命令

该命令的作用是加载文件系统,它的用户权限是超级用户或/etc/fstab 中允许的使用者,其语法格式如下:

Mount -a[-fv][-t vfstype][-n][-o option][-F]device dir

常用参数有：

-h　　显示帮助信息；

-v　　显示详细信息，通常和-f 用来除错；

-V　　显示版本信息；

-f　　通常用于除错，它会使 mount 不执行实际挂上的动作，而是模拟整个挂上的过程；

-a　　将/etc/fstab 中定义的所有文件系统挂上；

-F　　任何在/etc/fstab 中配置的设备会被同时加载，可加快执行速度，需与-a 参数同时使用；

-t vfstype　　指定加载文件系统的类型，例如：NFS 网络文件系统等；

-n　　通常 mount 挂上后会在/etc/mtab 中写入一些信息，在系统中没有可写入文件系统的情况下，可以用这个选项取消这个动作；

-o　　主要用来描述设备或档案的挂接方式，通常有：rw、ro、loop（把一个文件当成硬盘分区挂接上系统）和 iocharset（指定访问文件系统所用字符集）；

device　　要挂接（mount）的设备；

dir　　设备在系统上的挂接点（mount point）。

3.3.3　SD 卡烧写命令 df、dd

df 命令用于显示文件系统的信息及使用情况，语法格式是：

df [-option]

常用参数有：

-a　　显示所有文件系统的磁盘使用情况，包括 0 块的文件系统，如/proc 文件系统；

-k　　以 K 字节为单位显示。

dd 命令通常用于复制文件，并且可以在复制的同时转换文件为指定的格式，功能非常强大，其语法格式是：

dd[option]

常用参数有：

bs＝Bytes　　同时设置读/写缓冲区的字节数，即通常说的扇区大小（相当于设置 ibs 和 obs）；

if＝filename　　指定输入文件；

of＝filename　　指定输出文件；

iflag＝flag[,flag]　　指定访问输入文件的方式，比如 dsync 同步 I/O 方式访问数据；

oflag＝flag[,flag]　　指定访问输出文件的方式，比如 dsync 同步 I/O 方式访问数据；

seek＝num　　num 为扇区号，常用来指定烧写扇区。

举例，将 led.bin 烧写到 SD 卡的扇区 1：

$ dd bs＝512 iflag＝dsync oflag＝dsync if＝led.bin of＝/dev/sdb seek＝1

3.4 本章小结

本章主要介绍 Windows 与 Linux 环境下一些常用的代码编辑、阅读工具、终端仿真工具，以及 Linux 常用命令的使用。读者通过本章的学习，可以熟练使用这些工具和命令进行嵌入式代码的编写，以及熟练切换 Windows 与 Linux 工作环境。

第 **4** 章

嵌入式编程基础知识

本章学习目标

- 掌握嵌入式开发中一些常见的 GNU ARM 汇编指令；
- 了解汇编中调用 C 函数所遵循的 ATPCS 规则；
- 了解交叉编译工具的各种参数选项；
- 掌握 Makefile 文件的规则；
- 了解嵌入式 C 编程中的一些关键知识点的用法。

4.1 GNU ARM 常用汇编指令介绍

在嵌入式系统开发过程中,汇编代码并不是很多,但由于其执行效率高,所以是必不可少的。在一些非常关键的地方常常用汇编去实现,比如系统一上电时的初始化、中断环境变量的保护与恢复,以及需要特殊处理的功能函数等。下面介绍嵌入式系统开发中常见的一些高频汇编指令,这些命令在 ARM 参考手册中也都有详细介绍。

4.1.1 相对跳转指令 b 和 bl

跳转(b)和跳转连接(bl)指令是改变指令执行顺序的一种方式,它们的不同之处在于 bl 指令除了跳转之外,还将返回地址(bl 指令下面一条指令的地址)保存在 lr 寄存器中。

b 和 bl 指令只能实现 ±32MB 的跳转,并且是位置无关指令。

```
22  .globl _start
23  _start: b    reset
...
94  reset:
95     bl   save_boot_params
...
163    save_boot_params:
...
```

4.1.2 数据传送指令 mov 和地址读取伪指令 ldr

mov 指令可以把一个立即数或寄存器的值(注意:这里不能是内存)赋给另一个寄存器,例如:

```
mov r1, r2                  /* r2 中的内容赋给 r1 */
mov r1, #123                /* r1＝123 */
```

立即数是由一个 8 位的常数循环右移偶数位得到,其中循环右移的位数由一个 4 位二进制数的两倍表示,所以这里的立即数并不是任何 32 位数都可以表示的。此外,mov 指令本身就是一个 32 位指令,除指令本身,它不可能再带一个可以表示 32 位的数,所以用了其中的 12 位来表示所带的数(立即数)。

ldr 指令可以是大范围的地址读取伪指令(第二个参数前面有"="时),也可以是内存访问指令。对于 ldr 伪指令的第二个参数,没有立即数范围的限制,如果第二个参数是一个立即数,则编译器会自动将其用一条 mov 指令实现,否则将用内存读取指令实现,所以在某种意义上来说,ldr 指令弥补了 mov 指令不能访问内存的不足。

例如:

```
ldr r1, =123                /* r1＝123,系统会自动用 mov 指令代替 */
ldr r1, =0x12345678         /* r1＝0x12345678 */
ldr r1, 0x12345678          /* 将 0x12345678 地址处的值赋给 r1 寄存器 */
```

4.1.3 内存访问指令 ldr、str、ldm、stm

ldr 指令在上面已介绍,它除伪指令外还有内存访问的功能,比如从某个地址读取数值,而 str 也是内存访问指令,它的功能正好与 ldr 相反,它是把数据存到内存中去,例如:

```
ldr r1, [r2 + 4]            /* 将地址为 r2+4 的内存单元数据读取到 r1 寄存器 */
str r1, [r2 + 4]            /* 将 r1 寄存器的内容保存到地址为 r2+4 的内存单元中 */
```

ldm 和 stm 属于批量内存加载和存储指令,可以实现在一组寄存器和一块连续的内存单元之间传输数据。语法格式如下:

```
ldm{cond}< mode> <rn>{!} <register list>{^}
stm{cond}< mode> <rn>{!} <register list>{^}
```

其中,{cond}表示指令的执行条件,参考表 4-1。大多数 ARM 指令都可以有条件地执行,即根据 cpsr 寄存器中的条件标志位决定是否执行该指令,如果条件不成立,该指令就相当于一条 nop 指令(空指令)。每条 ARM 指令包含 4 位的条件码域,这表明可以定义 16 种执行条件,可以将这些条件的助记符附加在汇编指令后,例如 ldmeq、ldmlt 等。

表 4-1 指令的条件码

条件码(cond)	助 记 符	含 义	cpsr 中条件标志位
. 0000	eq	相等	Z = 1
0001	ne	不相等	Z = 0
0010	cs/hs	无符号数大于/等于	C = 1
0011	cc/lo	无符号数小于	C = 0
0100	mi	负数	N = 1
0101	pl	非负数	N = 0
0110	vs	上溢出	V = 1
0111	vc	没有上溢出	V = 0
1000	hi	无符号数大于	C = 1 且 Z = 0
1001	ls	无符号数小于等于	C = 0 且 Z = 1
1010	ge	带符号数大于等于	N = 1,V = 1 或 N = 0,V = 0
1011	lt	带符号数小于	N = 1,V = 0 或 N = 0,V = 1
1100	gt	带符号数大于	Z = 0 且 N = V
1101	le	带符号数小于/等于	Z = 1 且 N != V
1110	al	无条件执行	—
1111	nv	从不执行	—

注：表中的 cpsr 条件标志位 N、Z、C、V 分别表示 Negative、Zero、Carry、Overflow。影响条件标志位的因素很多,比如比较指令 cmp、teq、tst 等。

<mode>表示地址变化模式,如下所示,其中前面 4 种用于数据块的传输,后面 4 种是堆栈操作。

(1) ia(Increment After)：每次传送后地址加 4。

(2) da(Decrement After)：每次传送后地址减 4。

(3) ib(Increment Before)：每次传送前地址加 4。

(4) db(Decrement Before)：每次传送前地址减 4。

(5) fa(Full Ascending)：满递增堆栈。

(6) fd(Full Descending)：满递减堆栈。

(7) ea(Empty Ascending)：空递增堆栈。

(8) ed(Empty Descending)：空递减堆栈。

<rn>表示基址寄存器,保存内存的地址,{!}表示指令执行后,<rn>的值会更新,等于下一个内存单元的地址,这里 rn 不允许为 r15。

<register list>表示寄存器列表,用","隔开,如{r1,r2,r4-r8},寄存器由小到大顺序排列。

{^}有两种含义：如果<register list>中有 pc 寄存器,则它表示指令执行后,spsr 寄存器的值将自动复制到 cpsr 寄存器中,这常用于从中断处理函数中返回；如果<register list>中没有 pc 寄存器,{^}表示操作的是用户模式下的寄存器,而不是特权模式的寄存器。

指令中寄存器列表和内存单元的对应关系为：编号低的寄存器对应内存中的低地址单元,编号高的寄存器对应内存中的高地址单元。

下面是一个中断现场保护与恢复的例子：

```
stmdb sp!, {r0-r12,lr}    /* 将 r0～r12,lr 寄存器的内容保存到 sp 表示的内存中,并且指令执行
                             后 sp＝sp－14＊4 */
ldmia sp!, {r0-r12,pc}^   /* 将 sp 表示的内存里的数据依次读取到寄存器 r0～r12 和 pc 中,并且指
                             令执行后将 spsr 的值复制到 cpsr,sp＝sp＋14＊4 */
```

4.1.4　加减指令 add、sub

add 的语法格式如下:

1) add 寄存器,数据

```
add r1, 8                  /* r1＝r1＋8 */
```

2) add 寄存器,寄存器

```
add r1, r2                 /* r1＝r1＋r2 */
```

3) add 寄存器,内存单元

```
add r1, [0x12345678]       /* r1 等于 r1 寄存器的值加内存 0x12345678 中的值 */
```

4) add 内存单元,寄存器

```
add [0x12345678], r1       /* 内存 0x12345678 中的值加 r1 再写回到 0x12345678 中 */
```

sub 指令不进行详细介绍,与 add 指令的用法一致,也有类似的 4 种格式。

4.1.5　程序状态寄存器访问指令 msr、mrs

msr 和 mrs 用来对程序状态寄存器 cpsr 和 spsr 进行读/写操作,通常在设置处理器工作模式、开关 cache、屏蔽中断等中常用此命令。

```
msr cpsr, r1               /* 将 r1 中的内容写回到 cpsr */
mrs r1, cpsr               /* 读取 cpsr 到 r1 */
```

4.1.6　其他伪指令

下面主要介绍嵌入式 Linux 系统开发中常用的一些伪指令。

(1) .word expressions:定义一个字,并为之分配 4B 空间,expressions 表示当前地址存放的值。此外,还有.byte、.short、.int、.long,它们用法类似。

(2) .extern:定义一个外部符号(可以是变量也可以是函数),例如:.extern main,main 是一个外部函数。

(3) .text:表示下面语句都属于代码段,类似地还有数据段.data、bss 段.bss 等。

(4) .global:表示定义一个全局的标号,比如下面这段代码就声明_start 为全局的函数。

```
.global   _start
```

```
_start:
    …
```

（5）.align absexpr1,absexpr2：以某种对齐方式在未使用的存储区域填充数值,第一个表达式的值表示对齐方式为 4、8、16 或 32 字节,第二个表达式的值表示填充的数值。

（6）.marcro：宏定义标记,以.marcro 表示开始,以.endm 表示宏定义结束,.exitm 表示跳出宏定义。

4.2 ARM-Thumb 子程序调用（ATPCS）规则介绍

为了能够在 ARM 汇编代码中调用其他子程序（比如用 C 编写的函数）,在调用时必须要遵守特定的规则,这个规则就是 ARM-Thunmb 子程序调用（ATPCS）规则。这些基本规则主要包括子程序调用过程中寄存器使用规则、数据栈使用规则以及参数传递规则。

4.2.1 寄存器使用规则

对于 ARM 和 Thumb 指令集来说,可见的寄存器有 16 个 32 位内部寄存器,可以用 r0～r15 或 R0～R15 表示,此外,它们还有一些通用的别名,并且每个寄存器在子程序调用过程中都有不同的用途,如表 4-2 所示。

表 4-2 ATPCS 中各寄存器使用规则及别名

寄存器	别名	在 ATPCS 中的规则
r15	pc	程序计数器
r14	lr	连接寄存器
r13	sp	栈寄存器
r12	ip	内部子程序调用 scratch 寄存器
r11	v8(fp)	ARM 状态局部变量寄存器 8（ARM 状态帧指针）
r10	v7(sl)	ARM 状态局部变量寄存器 7（在支持数据栈检查的 ATPCS 中为数据栈限制指针）
r9	v6(sb)	ARM 状态局部变量寄存器 6（在支持 RWPI 的 ATPCS 中为静态基址寄存器）
r8	v5	ARM 状态局部变量寄存器 5
r7	v4(wr)	ARM 状态局部变量寄存器 4（Thumb 状态工作寄存器）
r6	v3	ARM 状态局部变量寄存器 3
r5	v2	ARM 状态局部变量寄存器 2
r4	v1	ARM 状态局部变量寄存器 1
r3	a4	参数/结果/scratch 寄存器 4
r2	a3	参数/结果/scratch 寄存器 3
r1	a2	参数/结果/scratch 寄存器 2
r0	a1	参数/结果/scratch 寄存器 1

这些寄存器的使用规则如下：

（1）前 4 个寄存器 r0～r3 可以用于传递参数给子程序和返回子程序结果,在 ARM 状态下,寄存器 r12(ip)也能被用于在子程序调用间传递立即数。

（2）寄存器 r4～r11 被用于保存子程序的局部变量，也可用别名 v1～v8，对于 Thumb 指令集只能用寄存器 r4～r7 保存子程序的局部变量。

（3）寄存器 r12～r15 有特殊用途，可以作为 ip、sp、lr 和 pc，另外寄存器 r9、r10 也可用作 sb、sl 这些特殊用途。在 Thumb 指令集下，r7 寄存器还可作为 wr 工作寄存器用。

4.2.2　数据栈使用规则

数据栈有两种：一种是 DESCENDING 栈，这种栈向内存地址减少的方向增长；另一种是 ASCENDING 栈，它向内存地址增长的方向增长。通常 ARM 中的栈是 DESCENDING 栈。

数据栈增长是通过移动栈指针来实现，当栈指针指向栈顶元素（最后一个入栈的数据）时，称为 FULL 栈；当栈指针指向栈顶元素相邻的一个空的数据单元时，称为 EMPTY 栈。

ATPCS 规定数据栈为满递减栈（FD 栈），并且对数据栈的操作是 8 字节对齐的，常使用 stmdb/ldmia 批量内存访问指令来操作 FD 数据栈，这正好符合 ARM 的 DESCENDING 栈的特点。这里补充一下 stm/ldm 对数据块和栈操作的关系，它们实质上都是对内存进行访问，换句话说，它们可以互用，不同的是对栈操作要先设置堆栈指针 sp，然后才可以用堆栈寻址指令。

1）入栈

```
stmfd = stmdb
stmfa = stmib
stmed = stmda
stmea = stmia
```

2）出栈

```
ldmfd = ldmia
ldmfa = ldmda
ldmed = ldmib
ldmea = ldmdb
```

4.2.3　参数传递规则

如果参数个数不超过 4 个，可以用 r0～r3 这 4 个寄存器来传递参数；否则，超出的参数用栈来传递。对于子程序的返回结果，可以用 r0～r3 来传递。

假设函数 Fun 有 3 个参数：arg1、arg2 和 arg3，按参数传递的规则，它们分别用 r0、r1 和 r2 传递。

4.3　ARM 交叉工具链介绍

何谓交叉工具链在前面介绍交叉开发模式已有介绍，就是在宿主机 Linux 系统下开发程序，在 ARM 平台上运行，因此编译工具不能再用 x86 下的 gcc、ld、objcopy 等命令，而要用 ARM 平台的编译工具，也就是交叉工具。下面分别介绍编译、链接、生成和反汇编工具的使用规则。

4.3.1　编译工具 arm-linux-gcc

对交叉编译工具和 x86 平台下的 gcc 编译工具来说，这里讲的"编译"是一个统称，实际把 C/C++ 代码编译生成可执行文件需要经过以下 4 个步骤。

1）预处理（pre-processing）

在 C/C++ 源文件中，以"♯"开头的命令被称为预处理命令，比如包含命令"♯include"、宏定义命令"♯define"、条件编译命令"♯if"、"♯ifdef"等。预处理就是将要包含的文件插入源文件中，将宏定义展开，根据条件编译命令选择要使用的代码，最后将这些代码输出到一个".i"文件中等待进一步处理，对应的预处理工具是 arm-linux-cpp。

2）编译（compiling）

这里就是把上面预处理生成的".i"文件"翻译"为汇编代码，对应的处理工具为 ccl（注：这里不是 arm-linux-ccl）。

3）汇编（assembling）

汇编的过程就是把汇编代码"翻译"成对应格式的机器代码，在 Linux 系统上一般指 ELF 目标文件（OBJ 文件），对应的处理工具是 arm-linux-as。

4）链接（linking）

将生成的 OBJ 文件和系统库的 OBJ 文件、库文件链接起来，最终生成可以在特定平台运行的可执行文件，用到的工具为 arm-linux-ld。有的书上有把链接说成连接，它们表示的意义是一样的。

以上这 4 个步骤并不是每个文件都需要的，编译器会自动根据文件的后缀类型决定用哪个，详细过程参考表 4-3。

表 4-3　文件后缀名与编译器执行动作的关系

后　缀　名	语　言　种　类	编译器执行动作
.c	C 源文件	预处理、编译、汇编
.C	C++ 源文件	预处理、编译、汇编
.cc	C++ 源文件	预处理、编译、汇编
.cxx	C++ 源文件	预处理、编译、汇编
.m	Objective-C 源文件	预处理、编译、汇编
.mi	预处理后的 Objective-C 文件	编译、汇编
.i	预处理后的 C 文件	编译、汇编
.ii	预处理后的 C++ 文件	编译、汇编
.s	汇编语言源文件	汇编
.S	汇编语言源文件	预处理、汇编
.h	预处理头文件	通常不出现在命令行上，编译器会自动包含

其他后缀的文件被传送给链接器(linker),通常包括以下两种。

(1).o：目标文件(Object File,OBJ 文件)；

(2).a：归档库文件(Archive File)。

在 arm-linux-gcc 命令中,以上这些步骤可通过命令选项来控制,除此之外,还有一些其他控制选项,比如警告信息显示、优化选项等。下面对这些常用选项逐一介绍,读者也可以通过帮助手册查看更详细的介绍。

1.总体选项(Overall Options)

1)-c

此选项作预处理、编译和汇编源文件,不作链接处理,编译器根据源文件生成 OBJ 文件。默认情况下,编译器 gcc 通过用".o"替换源文件名的后缀".c"、".i"、".s"等,产生 OBJ 文件名。也可以用"-o"选项自定义为其他名字的".o"后缀文件,gcc 忽略"-c"选项后面任何无法识别的输入文件。

2)-S

将".i"、".c"文件"翻译"成同名的".s"后缀的汇编文件。同样,用"-o"选项可以自定义生成的汇编文件名,gcc 忽略任何不需要汇编的输入文件。

3)-E

预处理选项,预处理结束即停止,不做编译,也可用"-o"命令自定义预处理后的文件名,gcc 忽略任何不需要预处理的输入文件。

4)-o file

此选项自定义输出文件的名称,上述三类选项都可使用此选项重命名输出文件。此外,在链接生成可执行文件时,如果没有用"-o"选项指明输出文件名,则编译器默认输出可执行文件为 a.out。

5)-v

这是一个打印选项,可以列出 gcc 编译器的驱动程序、预处理器版本以及编译器本身的版本信息。

下面通过一个例子来学习这些命令选项的用法(代码在/opt/examples/ch4/options 目录下),源码如下：

```
//File: main.c
01 #include <stdio.h>
02 #include "fun.h"
03
04 int main(int argc, char * argv[])
05 {
06    int i;
07    printf("I'm main!\n");
08    fun();
09    return 0;
10 }
11

//File: fun.h
01 void fun(void);
```

```
02
```

```
//File: fun.c
01  #include <stdio.h>
02  void fun(void)
03  {
04    printf("I'm fun!\n");
05  }
06
```

首先用 gcc 工具将 main.c 与 fun.c 预处理、编译和汇编,最终生成 main.o、fun.o 的 OBJ 文件,命令如下:

```
$ gcc -c -o main.o main.c
$ gcc -c -o fun.o fun.c
```

再使用下面的命令,将上面生成的 OBJ 文件链接生成可执行文件 test:

```
$ gcc -o test main.o fun.o
```

运行可执行文件,验证测试结果:

```
$ ./test
I'm main!
I'm fun!
```

如果想查看 C 代码对应的汇编代码,可以用下面命令:

```
$ gcc -S -o main.s main.c
```

注:ARM 交叉工具链接的用法与 x86 下面的 gcc、ld 等工具用法类似。另外,Linux 下的可执行文件不同于 Windows 下的可执行文件,对文件后缀没有特别要求。

2. 警告选项(Warning Options)

通过"-Woptions"形式可以指定很多警告选项,种类非常繁多,不建议去强记,需要用时查找 GNU 的手册即可。下面只介绍一种常用的选项"-Wall",它基本可以打开一些常见的警告信息,比如上面的例子,在 main 函数中定义的变量 i 没有被用到,但是使用"gcc -c -o main.o main.c"进行编译时并没有出现警告提示或错误提示,如果加上"-Wall"选项,编译的命令如下所示:

```
$ gcc -Wall -c -o main.o main.c
```

执行上述命令后,就会看到编译器显示的警告信息:

```
main.c: 在函数'main'中
main.c:7:6: 警告:未使用的变量'i' [-Wunused-variable]
```

通常一些警告信息对最终程序的执行并没有什么影响,可以忽略这些警告信息,但也不是所有警告信息都能忽略,比如指针与整型零比较、类型不匹配等。

3. 调试选项(Debugging Options)

gcc 拥有各种特定的调试选项来调试程序,编译时加上"-g"调试选项就能以操作系统的本地格式(stabs、COFF、XCOFF 或者 DWARF 2)产生调试信息,GDB 可以用这些调试信息。大多操作系统使用 stabs 格式的调试信息,GDB 可以用这些信息调试,如果要产生其他格式的调试信息,可以使用命令选项"-gstabs+、-gstabs、-gxcoff+、-gxcoff 或者-gvms"。关于更多调试介绍可以参考 GNU 手册,本书中涉及的调试只需要用"-g"选项即可。

4. 优化选项(Optimization Options)

优化可以提高程序的执行效率或者减少文件的大小,不过不是什么时候都可以优化的,比如调试程序,编译时就不可以添加优化选项。此外,优化分为不同等级,等级不同,优化的程度也不一样,而且优化需要更多的内存和编译时间,下面分别介绍这些优化选项。

1) -O0

无优化,此方式默认不指定任何优化选项。

2) -O 或-O1

主要是减少目标文件的大小及执行时间,并且不会使编译时间明显增加,另外,如果程序比较庞大,也会显著增加编译时内存的消耗。当指定此优化级别后,编译器就会自动打开此级别下的优化项,比如"-fno-defer-pop",总是从栈中 pop 出参数给每一个函数调用,直到函数返回为止;而与之对应的"-fdefer-pop",就是延时 pop 出参数。除这些选项外还有许多选项被打开,可以参考 GNU 使用手册,另外还有针对机器的选项,只有此类机器才会打开等。

3) -O2

包含-O1 的优化,几乎执行所有支持的优化选项但不包含空间和速度之间的权衡,并且编译器不执行循环展开以及函数内联,较"-O1"此优化需要更多的编译时间,同时也会产生更优的可执行文件。

4) -O3

除打开"-O2"的优化选项外,还增加了"-finline-functions"、"-funswitch-loops"等选项。

在实际编程中,通常用"-O2"比较常见,如果在一个命令行上指定多个优化,则只有最后一个优化项有效。

5. 链接选项(Linker Options)

下面这些链接选项决定将哪些 OBJ 文件链接进可执行文件或库文件中,具体如下。

1) object-file-name

如果文件没有特别明确的后缀,gcc 就认为它是一个 OBJ 文件或库文件(根据文件内容链接器可以区分 OBJ 文件和库文件),如果执行链接操作,这些文件就作为链接器的输入文件。

2) -llibrary

自定义目标文件,其文件名为 library 的库文件给链接器进行 Link,链接时链接器会在标准目录中搜索这个库文件,库文件真正的文件名是 liblibrary.a。除搜索标准目录外,还可在"-l"选项指定的路径里搜索。

除用"-l"指定的库文件外,链接器在链接的时候还会自动添加一些系统相关的默认库,这些库有些是系统的函数库,另外一些是启动相关的库,这些库很关键,如果没有启动库,程序就不会被加载运行。这些默认库信息可以用"-v"选项查看。

```
$ gcc -v -o test main.o fun.o
```

输出如下信息：

```
/usr/lib/gcc/i686-linux-gnu/4.6/collect2 --sysroot＝/ --build-id --no-add-needed --as-needed --eh-
frame-hdr -m elf_i386 --hash-style＝gnu -dynamic-linker /lib/ld-linux.so.2 -z relro -o test /usr/lib/
gcc/i686-linux-gnu/4.6/../../../i386-linux-gnu/crt1.o /usr/lib/gcc/i686-linux-gnu/4.6/../../../
i386-linux-gnu/crti.o /usr/lib/gcc/i686-linux-gnu/4.6/crtbegin.o -L/usr/lib/gcc/i686-linux-gnu/4.6
-L/usr/lib/gcc/i686-linux-gnu/4.6/../../../i386-linux-gnu       -L/usr/lib/gcc/i686-linux-gnu/4.6
/../../../../lib -L/lib/i386-linux-gnu -L/lib/../lib -L/usr/lib/i386-linux-gnu -L/usr/lib/../lib
-L/usr/lib/gcc/i686-linux-gnu/4.6/../../.. main.o fun.o -lgcc --as-needed -lgcc_s --no-as-needed
-lc -lgcc --as-needed -lgcc_s --no-as-needed /usr/lib/gcc/i686-linux-gnu/4.6/crtend.o /usr/lib/gcc/
i686-linux-gnu/4.6/../../../i386-linux-gnu/crtn.o
```

从输出信息可以看到除了 main.o 与 fun.o 这两个 OBJ 文件外，系统还自动链接了一些库文件-lgcc_s、-lgcc、-lc，还链接了一些启动相关的 OBJ 文件 crt1.o、crti.o、crtbegin.o、crtend.o、crtn.o。

3）-nostartfiles

此选项告诉链接器不要链接系统启动文件，仅链接标准库文件。例如：

```
$ gcc -v -nostartfiles -o test main.o fun.o
```

输出信息如下：

```
/usr/lib/gcc/i686-linux-gnu/4.6/collect2 --sysroot＝/ --build-id --no-add-needed --as-needed --eh-
frame-hdr -m elf_i386 --hash-style＝gnu -dynamic-linker /lib/ld-linux.so.2 -z relro -o test -L/usr/lib/
gcc/i686-linux-gnu/4.6 -L/usr/lib/gcc/i686-linux-gnu/4.6/../../../i386-linux-gnu -L/usr/lib/gcc/
i686-linux-gnu/4.6/../../../../lib -L/lib/i386-linux-gnu -L/lib/../lib -L/usr/lib/i386-linux-gnu
-L/usr/lib/../lib -L/usr/lib/gcc/i686-linux-gnu/4.6/../../.. main.o fun.o -lgcc --as-needed -lgcc_
s --no-as-needed -lc -lgcc --as-needed -lgcc_s --no-as-needed
/usr/bin/ld: warning: cannot find entry symbol _start; defaulting to 0000000008048230
```

输出信息中没有看到 crt1.o、crti.o、crtbegin.o、crtend.o、crtn.o 这些启动文件，这些启动文件通常作为程序运行时的入口，所以这些启动文件都是必需的，这里仅演示一下，因此上面编译的程序 test 执行会报错。另外，此选项一般在编译 bootloader、内核时也都会用到。

4）-nodefaultlibs

不链接系统标准库文件，语法格式与-nostartfiles 类似。

5）-nostdlib

不链接系统标准启动文件和库文件，此选项要慎用，如果程序中有某些函数、宏依赖于系统库文件，编译时就会出错，例如：$ gcc -v -nostdlib -o test main.o fun.o。

输出信息如下：

```
/usr/bin/ld: warning: cannot find entry symbol _start; defaulting to 00000000080480d8
main.o: In function 'main':
main.c:(.text＋0x11): undefined reference to 'puts'
fun.o: In function 'fun':
fun.c:(.text＋0xe): undefined reference to 'puts'
collect2: ld 返回 1
```

出现了很多错误，因为函数 printf 是系统库函，它们是在系统库中定义的。为了避免自包含的函数、宏等与系统库中的重复定义,此选项一般在编译 Bootloader、内核时会被用到。

6) -static

在支持动态库链接的系统上阻止链接共享库。用此选项,在链接时会把系统库链接到可执行文件中去,其好处是此程序可以不用依赖于系统中的库运行,但可执行文件的大小会变得很大。

7) -shared

生成一个共享 OBJ 文件,它可以和其他 OBJ 文件链接产生可执行文件,注意不是所有系统都支持此选项,在 Linux 系统下看到的".so"文件就是共享库文件。

8) -pie

用于生成位置无关的可执行文件,这在 Bootloader 编译时经常会用到,用这种方法编译出来的程序可以不受位置空间的限制。

6. 目录选项(Directory Options)

这些选项指定搜索路径用于查找头文件、库文件以及编译器相关文件。

1) -Idir

在头文件搜索路径中添加搜索路径 dir,编译器处理头文件的方法是:如果以"#include <file>"包含文件,则仅在标准目录中搜索(包括用-Idir 定义的目录);如果以"#include "file""包含文件,则先从用户的工作目录中搜索,再搜索系统的标准库目录。

2) -I-

任何在"-I-"前面用"-I"选项指定的搜索路径仅适用于"#include"file""这种情况,不能用来搜索"#include<file>"包含的头文件。如果用"-I"选项指定的搜索路径位于"-I-"选项之后,就可以在这些路径中搜索所有"#include"包含的头文件。

"-I-"不影响使用系统标准目录,因此,"-I-"与"-nostdinc"是不同的选项。

3) -Ldir

在"-I"选项的搜索路径列表("#include"file""或"#include<file>")中添加 dir 目录,此选项常用于自定义目录。

4.3.2　链接工具 arm-linux-ld

此工具用于将多个目标文件、库文件链接成可执行文件,它也有很多选项参数,很多与 arm-linux-gcc 的选项类似,本节主要介绍"-T"选项用法,此选项可以直接用来指定代码段、数据段、bss 段的起始地址,也可以用来指定一个链接脚本,在链接脚本中进行更复杂的地址设置。

"-T"选项仅用于链接 Bootloader、内核等与底层硬件相关的软件,当链接运行于操作系统上的应用程序时,不需指定"-T"选项,它们使用默认的方式进行链接。

1. 指定段起始地址

格式如下:

```
-Ttext startaddress
-Tdata startaddress
-Tbss startaddress
```

这里的 startaddress 表示各段的起始地址,它是一个十六进制数。下面以代码段为例,在/opt/examples/ch6/led_on/Makefile 里,有如下语句:

```
arm-linux-ld -Ttext 0xD0020010 led_on.o -o led_on_elf
```

它表示代码段的运行起始地址为 0xD0020010,由于没有定义数据段、bss 段的起始地址,因此它们被依次放在代码段的后面。

2. 在链接脚本中指定地址

链接脚本的命令很多,其中最基本的命令是 SECTIONS 命令,它描述了输出文件的布局情况,SECTIONS 命令的语法格式如下:

```
SECTIONS
{
    ...
    secname start ALIGN(align)(NOLOAD) : AT (ldadr)
    { contents } >region: phdr = fill
    ...
}
```

secname 和 contents:它们是必需的。前者用来命名这个段,例如.data、.text 等段名,当然也可以自定义创建一个段名来放特定的内容;后者用来描述输出文件的这个段从哪些文件里抽取而来。下面这个例子将所有目标文件的.data 段链接到输出文件中:

```
.data: {
        * (.data)
}
```

start:表示强制链接地址,也称为运行地址。如果代码中有位置无关的指令,则程序在运行时,这个段必须放在这个地址上。

ALIGN(align):指定地址对齐,对齐后的地址才是真正运行的地址,比如常见的 ALIGN(4)表示 4 字节对齐,对齐的目的就是为了存取指令时速度加快。

(NOLOAD):用来告诉加载器,在运行时不用加载这个段。显然,这个选项只有在有操作系统的情况下才有意义。

AT(ldadr):指定这个段在编译出来的映像文件中的地址,即加载地址(load address)。如果没有用此选项,则加载地址与运行地址一致。通过这个选项可以控制各段在输出文件中的位置,需要说明的是,这样指定后,生成文件的大小可能会变大。

>region: phdr=fill:用于指定段在内存中的位置信息,比如起始地址、访问权限等,这些信息由 MEMORY 命令指定,此命令不是必需的,可以省略不用,所以这里不作介绍。

4.3.3　对象生成工具 arm-linux-objcopy

arm-linux-objcopy 被用来复制一个目标文件的内容到另一个文件中,可以使用不同于源文件的格式来输出目的文件,即可以进行格式转换。比如将 ELF 格式的可执行文件转换为二进制文件:

```
arm-linux-objcopy -O binary -S Led_on_elf Led_on.bin
```

语法格式如下：

```
arm-linux-objcopy [ -F bfdname  |  --target＝bfdname ]
                  [ -I bfdname  |  --input-target＝bfdname ]
                  [ -O bfdname  |  --output-target＝bfdname ]
                  [ -S | --strip-all ] [ -g  |  --strip＝debug ]
                  [ -R sectionname | --remove-section＝sectionname ]
                  ...
                  [ -V | --version ] [ --help ]
                  input-file [outfile]
```

arm-linux-objcopy 的选项参数很多，以上只列一些常用选项，更加全面的内容可以参考 GNU 手册。下面介绍这些常用选项的用法。

1）input-file、outfile

input-file 表示输入文件，即源文件；outfile 表示输出目标文件，即转换后的文件。从上面的语法格式可知，outfile 不是必需的，如果默认 outfile，则 arm-linux-objcopy 将创建一个临时文件来存放目标结果，然后使用 input-file 的名字来重命名这个临时文件，同时原来的 input-file 将会被覆盖。

2）-I bfdname 或--input-target＝bfdname

用来指明源文件的格式，bfdname 是 BFD 库中描述的标准格式名。如果不指明源文件格式，则 arm-linux-objcopy 会自己去分析源文件的格式，然后与各 BFD 中描述的各种格式比较，从而得知源文件的目标格式名。

3）-O bfdname 或--output-target＝bfdname

使用指定的格式来输出文件，bfdname 是 BFD 库中描述的标准格式名，比如二进制格式 binary 等。

4）-F bfdname 或--target＝bfdname

同时指明源文件、目标文件的格式。将源文件复制到目标文件中时，只进行复制不进行格式转换，即源文件是什么格式，目标文件就是什么格式。

5）-R sectionname 或--remove-section＝sectionname

从输出文件中删掉所有名为 sectionname 的段。

6）-S 或--strip-all

不从源文件中复制重定位信息和符号信息到目标文件中去。

7）-g 或--strip-debug

不从源文件中复制调试符号到目标文件中去。

4.3.4　反汇编工具 arm-linux-objdump

arm-linux-objdump 用于显示二进制文件信息，通常是以汇编形式显示。下面两个例子将 ELF 格式的文件和二进制文件分别转换为反汇编文件：

```
arm-linux-objdump -D Led_on_elf ＞ Led_on.dis
```

arm-linux-objdump -D -b binary -m arm Led_on. bin ＞ Led_on. dis

语法格式如下：

```
arm-linux-objdump  [-a] [-b bfdname | --target＝bfdname] [-j name | --section＝name]
                   [-d | --disassemble] [-D | --disassemble-all]
                   [-EB | -EL | --endian＝{big | little}] [-f | --file-headers]
                   [-h |--section-headers | --headers] [-i | --info]
                   [-l] [-m machine | --architecture＝machine] [--prefix-addresses]
                   …
                   [--version] [--help]
                   Objfile …
```

关于 arm-linux-objdump 的详细用法可以参考 GNU 手册，下面介绍常用选项的用法。

1）-b bfdname 或--target＝bfdname

指定目标码格式，此选项不是必需的，arm-linux-objdump 可以自动识别许多格式，可以用 arm-linux-objdump -i 查看所有支持的目标码格式。

2）--disassemble 或-d

反汇编可执行段。

3）--disassemble-all 或-D

与"-d"类似，反汇编所有段。

4）-EB 或-EL 或--endian＝{big|little}

指定字节序。

5）--file-headers 或-f

显示文件的整体头部摘要信息。

6）--section-headers 或--headers 或-h

显示目标文件各个段的头部摘要信息。

7）--info 或-i

显示支持的目标文件格式和 CPU 架构，它们在"-b"、"-m"选项中用到。

8）--section＝name 或-j name

显示指定 section 的信息。

9）--architecture＝machine 或-m machine

指定反汇编目标文件时使用的 CPU 架构。

4.4 Makefile 简介

在用 make 命令进行编译时，make 会依赖于所指定的 Makefile 文件中定义的规则对源文件进行编译，Makefile 就像一个 shell 脚本在被执行，所以想了解编译器 make 的过程，就需要对 Makefile 有所了解。关于 Makefile 的详细内容仅本书这一节是介绍不完的，读者可以参考 GNU 的 Make 手册，下面仅介绍一些基本的语法。

4.4.1 基本规则

Makefile 文件的基本规则格式如下：

目标(target)…: 依赖(prerequiries)…
<tab>命令(command)

目标文件可以是 OBJ 文件，也可以是执行文件，还可以是一个标签(Label)，可以使用通配符，一般来讲目标文件只有一个文件，但也可以是多个文件。

依赖文件是所要生成的目标文件所需要的文件，比如源文件，一个目标可以有多个依赖。

命令就是 make 需要执行的命令(任意的 shell 命令)，一个规则可以含有几个命令，每个命令占一行，且每行命令必须以 Tab 键开头，否则会报错。

通常一个依赖发生变化，就需要规则调用命令以更新或创建目标，但并非所有的目标都有依赖，例如，目标 clean 的作用是清除文件，它没有依赖。

make 命令会根据文件更新的时间戳决定哪些文件需要重新编译，这可以避免编译已经编译过的、没有变化的程序，提高编译效率。

4.4.2 make 是如何工作的

当直接输入 make 命令时，其工作方式如下：

（1）make 命令默认在工作目录中寻找名为 GNUmakefile、makefile、Makefile 的文件作为 makefile 输入文件。此外，可以用"-f filename"或"--file filename"参数指定 filename 文件为 makefile 文件。

（2）如果找到 makefile 文件，则它会找文件中的第一个目标文件。

（3）检查目标文件是否存在，以及判断依赖文件是否被更新。

（4）如果目标文件不存在，或依赖文件被更新，则执行后面的命令生相应目标文件，可能依赖文件又作为另一个目标文件，那就需要嵌套执行步骤（3）、（4）的动作，直至最终编译出第一个目标文件。

4.4.3 变量的用法

在 GNU make 中，根据变量的定义方式和展开时机，有两种变量定义(赋值)。

1. 递归展开式变量

递归展开式变量的定义是通过"＝"或使用指示符 define 定义的，此类变量在引用它的地方才替换展开，所以这类变量在定义时，可以引用其他之前没有定义的变量(可能在后续部分定义，或者是通过 make 的命令行选项传递的变量)，例如：

```
foo = $(bar)
bar = $(ugh)
```

```
ugh ＝ Huh?
all:;echo ＄(foo)
```

此方式的缺点是会出现变量的递归定义而导致 make 陷入无限的变量展开过程中,最终使 make 执行失败;另外,如果变量定义中使用了函数,则会导致函数在变量被引用的地方总是被执行(变量被展开时)。

用 define 定义变量的语法格式如下:

```
define two-lines          //变量名 two-lines 与指示符 define 在同一行
echo foo                  //变量的值
echo ＄(bar)              //变量的值
endef                     //结束
```

上述命令相当于"two-lines ＝ echo foo;echo ＄(bar)"。

2. 直接展开式变量

此变量避免了"递归展开式"的不足,它用"：＝"定义,在使用"：＝"定义变量时,变量值中对其他变量或者函数的引用在定义变量时就被展开(对变量进行替换),所以变量被定义后就是一个实际需要的文本串,其中不再包含任何变量的引用。例如:

```
x := foo
y := ＄(x) bar
x := later
```

就等价于:

```
y := foo bar
x := later
```

而下面这种定义就是错误的:

```
y := ＄(x) bar    (变量 x 还未定义)
x := foo
```

使用直接展开式的变量在定义时还应注意,变量后面的空格也认为是变量的一部分,比如:

```
dir := /foo/bar      # directory to put the frobs in
```

上述变量 dir 的值是"/foo/bar　　"(后面有 4 个空格)。

3. "?＝"操作符

在 GNU make 中,此操作符被称为条件赋值的赋值操作符,这是因为只有此变量在之前没有赋值的情况下才会对这个变量进行赋值。例如:

```
FOO ?= bar
```

等价于:

```
ifeq (＄(origin FOO), undefined)
FOO = bar
Endif
```

4. "＋＝"操作符

对于操作符"＋＝",右边变量如果在前面使用(:＝)定义为直接展开式变量,则它也是直接展开式变量,否则都为递归展开式变量。

5. 自动化变量

$?:代表依赖文件列表中被改变过的所有文件(即更新的文件);

$^:代表规则中通过目录搜索得到的所有依赖文件;

$@:代表规则的目标文件;

$<:代表规则中通过目录搜索得到的依赖列表的第一个依赖文件。

4.4.4 常用函数介绍

GNU make 函数的调用格式类似于变量的引用,以"$"开始表示一个函数,语法格式如下:

$(FUNCTION ARGUMENTS)或者 ${FUNCTION ARGUMENTS}

FUNCTION 是函数名,ARGUMENTS 是函数的参数,它们之间以空格或 Tab 隔开,如果有多个参数,则它们之间用逗号隔开。

函数可以使 Makefile 变得更加灵活和健壮,所以 GNU make 提供了大量的函数,下面对一些常用的函数进行简单介绍,更多函数的用法请参考 GNU make 相关手册。

1. 文本处理函数

1) $(subst FROM,TO,TEXT)

字符替换函数 subst 把字符串 TEXT 中的 FROM 字符替换为 TO,返回替换后的字符串。例如:

$(subst ee,EE,feet on the street)   //结果为"fEEt on the strEEt"

2) $(patsubst PATTERN,REPLACEMENT,TEXT)

模式替换函数 patsubst 搜索 TEXT 中以空格分开的单词,将符合模式 PATTERN 替换为 REPLACEMENT、PATTERN 和 REPLACEMENT,可以使用通配符"%"。例如:

$(patsubst %.c,%.o,x.c.c bar.c)   //结果为"x.c.o bar.o"

3) $(strip STRINT)

去空格函数 strip 去掉字符串(若干单词,使用若干空字符分割)STRINT 开头和结尾的空字符,并将其中多个连续空字符合并为一个空字符。例如:

STR =   a   b c
LOSTR = $(strip $(STR))   //结果为"a b c"

4) $(findstring FIND,IN)

查找字符串函数 findstring 在字符串 IN 中查找 FIND 字符串,如果存在 FIND,则返回 FIND,否则返回空。例如:

$(findstring a,a b c)   //结果为"a"
$(findstring a, b c)   //结果为空字符

5) $(filter PATTERN⋯,TEXT)

过滤函数 filter 返回空格分割的 TEXT 字符串中所有符合模式 PATTERN 的字符串，存在多个模式时，模式之间用空格隔开，模式中可以包含通配符"%"。例如：

```
sources := foo.c bar.c baz.s ugh.h
foo : $(sources)
    cc $(filter %.c %.s, $(sources)) -o foo    //结果为"foo.c bar.c baz.s"
```

6) $(filter-out PATTERN⋯,TEXT)

反过滤函数 filter-out 返回空格分割的 TEXT 字符串中所有不符合模式 PATTERN 的字符串，功能与 filter 相反。例如：

```
objects = main1.o foo.o main2.o bar.o
mains = main1.o main2.o
$(filter-out $(mains), $(objects))    //结果为"foo.o bar.o"
```

7) $(sort LIST)

排序函数 sort 以字母顺序排序(升序)，同时去掉重复的，例如：

```
$(sort foo bar lose foo)              //结果为"bar foo lose"
```

8) $(word N，TEXT)

取单词函数 word 从 TEXT 中取第 N 个单词("N"的值从 1 开始)。例如：

```
$(word 2, foo bar baz)               //结果为"bar"
```

此外还有 $(wordlist S,E,TEXT)，取从 S 开始到 E 结束的单词串，其中 S、E 都是从 1 开始的数字；$(words TEXT)用于统计单词数目；$(firstword NAMES⋯)用于取首单词。

2. 文件名处理函数

1) $(dir NAMES⋯)

提取"NAMES⋯"中每一个文件名的路径部分，文件名的路径部分包括从文件名的首字符到最后一个斜杠(含斜杠)之前的所有字符。例如：

```
$(dir src/foo.c hacks)               //结果为"src/ ./"
```

2) $(notdir NAMES⋯)

此函数功能与 dir 函数相反，提取文件名序列"NAMES⋯"中非目录部分(不包括斜杠)。例如：

```
$(notdir src/foo.c hacks)            //结果为"foo.c hacks"
```

3) $(suffix NAMES⋯)

提取文件名序列"NAMES⋯"中各文件名的后缀，且后缀是文件名中最后一个以"."开始的部分(包括点号)。例如：

```
$(suffix src/foo.c src-1.0/bar.c hacks) //结果为".c .c"
```

4) $(basename NAMES⋯)

提取文件名序列中各文件名的前缀部分(点号之后的部分，不包括点号)，例如：

```
$(suffix src/foo.c src-1.0/bar.c hacks)  //结果为"src/foo src-1.0/bar hacks"
```

5）$(addsuffix SUFFIX,NAMES…)

为文件序列中每一个文件名添加后缀"SUFFIX"。例如：

$(addsuffix .c, foo bar)　　　　　　　//结果为"foo.c bar.c"

6）$(addprefix PREFIX,NAMES…)

为文件序列中每个文件名添加前缀 PREFIX。例如：

$(addprefix src/, foo bar)　　　　　　//结果为"src/foo src/bar"

7）$(wildcard PATTERN)

列出当前目录下所有符合模式 PATTERN 格式的文件名，通常以列表形式显示结果。例如：

$(wildcard *.c)

3. 其他处理函数

1）$(foreach VAR,LIST,TEXT)

这是一个循环函数，首先展开变量 VAR 和 LIST 的引用，而表达式 TEXT 中的变量引用不展开。执行时把 LIST 中使用空格分割的单词依次取出赋值给变量 VAR，然后执行 TEXT 表达式，重复直到 LIST 的最后一个单词（为空时结束）。例如：

dirs := a b c d
files := $(foreach dir, $(dirs), $(wildcard $(dir)/*))

执行结果是：第一次展开为"$(wildcard a/*)"，第二次展开为"$(wildcard b/*)"，以此类推。其实现可以用下面这个语句等价替代：

Files := $(wildcard a/* b/* c/* d/*)

2）$(if CONDITION,THEN-PART[,ELSE-PART])

此函数首先忽略第一个参数 CONDITION 的前导和结尾空字符串，然后展开，如展开为非空字符串，则表示条件 CONDITION 为真，否则为假。

如果条件 CONDITION 为真，那么计算第二个参数 THEN-PART 作为函数的计算表达式；如果条件为空，则将第三个参数 ELSE-PART 作为函数的表达式，其值作为整个函数的结果。例如：

SUBDIR += $(if $(SRC_DIR) $(SRC_DIR),/home/src)

函数的结果是：如果 SRC_DIR 变量值不为空，则将变量 SRC_DIR 指定的目录作为一个子目录，否则将目录/home/src 作为一个子目录。

4.5　本章小结

本章主要介绍嵌入式编程的一些基础知识，使读者对 GNU ARM 常用汇编命令以及 ARM-Thumb 子程序调用规则有所了解，并熟悉如何使用嵌入式交叉工具链和编写常用的 Makefile 文件。

第二篇　千里之行，始于足下

嵌入式系统开发最终给原本冰冷的元器件赋予了"灵魂"，使其有了"生机"，所以在进行系统开发前，必须要了解各种元器件的工作原理、编程方式。

## 第5章

基于 Cortex-A8 的 S5PV210 启动流程介绍

本章学习目标
- 了解 S5PV210 的启动流程及内存分布情况；
- 掌握 S5PV210 上的程序烧写方法。

5.1 S5PV210 启动流程概述

5.1.1 外部启动介质介绍

S5PV210 的 iROM(internal ROM)启动方式支持的外部启动介质有 MoviNAND/iNand、MMC/SD Card、pure Nand、eMMC、eSSD、UART 和 USB，因此，S5PV210 提供了如下一些硬件功能来支持这些启动方式：

(1) S5PV210 微处理器基于 ARM Cortex-A8 架构；

(2) 64KB 的 iROM；

(3) 96KB 的片内 SRAM；

(4) SDRAM 及其控制器；

(5) 4/8 位高速 SD/MMC 控制器；

(6) Nand 控制器；

(7) OneNand 控制器；

(8) eSSD 控制器；

(9) UART/USB 控制器。

5.1.2 iROM 启动的优势

S5PV210 采用 iROM 方式启动有如下的优点：

(1) 减少 BOM 成本。

S5PV210 通过 Movinand、INAND、MMC、eMMC Card、eSSD 启动，不需要其他启动 ROM，比如 Nor Flash。

（2）提高读取的准确度。

当通过 Nand Flash 启动时，S5PV210 可以支持 8/16 位的 H/W ECC 校验，需要注意的是，Nand 方式启动都支持 8 位 H/W ECC 校验，而 16 位 ECC 只有 4KB 5 周期的 Nand 支持。

（3）启动设备可选性，减少产品开发的成本（可选）。

5.2　S5PV210 上电初始化及内存空间分布

5.2.1　启动流程

1. 启动流程

按照芯片手册上的启动分析图及描述，S5PV210 的启动流程可概括为图 5-1 所示，具体总结如下：

（1）S5PV210 上电后执行 iROM 中的固化代码，即 BL0（Bootloader0），这个代码是厂家出厂前烧写好的，不提供源代码，但提供相应的功能说明，比如进行一些时钟初始化、设备控制器初始化和启动相关的初始化等。

（2）iROM 继续执行加载 Bootloader 到片内 SRAM（总大小 96KB）中，即 BL1（最大不超过 16KB），并跳到 BL1 中执行。

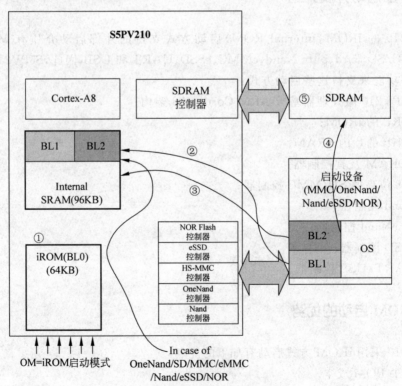

图 5-1　S5PV210 启动框图

（3）执行 BL1 加载 Bootloader 剩余部分到 SRAM 中，即 BL2（最大不超过 80KB），并跳到 BL2 中执行。

（4）执行 BL2 初始化 DRAM 控制器，并加载 OS 到 SDRAM。

（5）跳转到 OS 起始地址处执行。

2. BL0 启动序列

（1）关看门狗时钟；

（2）初始化指令缓存；

（3）初始化栈、堆；

（4）初始化块设备复制函数；

（5）初始化 PLL 及设置系统时钟；

（6）根据 OM 引脚设置，从相应启动介质复制 BL1 到片内 SRAM 的 0xD002_0000 地址处（其中 0xD002_0010 之前的 16 个字节存储的是 BL1 的校验信息和 BL1 的大小），并检查 BL1 的 checksum 信息，如果检查失败，iROM 将自动尝试第二次启动（从 SD/MMC 通道 2 启动）；

（7）检查是否是安全模式启动，如果是，则验证 BL1 完整性；

（8）跳转到 BL1 起始地址处。

注：关于第二次启动的序列，通常建议在调试时使用，所以这里不进行详细介绍，有兴趣的读者可以参考 S5PV210 手册。

3. S5PV210 启动流程不是固定的

在实际应用中，上述启动流程有时并不适用，比如在后面章节介绍 U-Boot 时，编译好的 U-Boot 在 200KB 以上，大于片内 SRAM 96KB 的限制，所以实际操作时，需要修改流程，比如在 BL1 中初始化时钟、SDRAM 控制器等，并复制 BL2 到外部的 SDRAM 中，跳转到 SDRAM 中执行 BL2，然后 BL2 加载 OS 到 SDRAM 中，并跳转到 OS 起始地址执行。这里的 BL1 可以是一段独立的程序，也可以是 U-Boot 的开头一部分，同理，BL2 可以是完整的 U-Boot 程序，或者是 U-Boot 剩余部分，详细过程在后面章节中再介绍。

5.2.2　空间分布

关于 S5PV210 地址空间分布，下面通过一个表格详细说明其地址映射情况，如表 5-1 所示。

表 5-1　S5PV210 设备地址空间

地　　址		大　　小	描　　述
0x0000_0000	0x1FFF_FFFF	512MB	启动区域，由启动模式决定的镜像文件映射区域
0x2000_0000	0x3FFF_FFFF	512MB	DRAM 0
0x4000_0000	0x7FFF_FFFF	1024MB	DRAM 1
0x8000_0000	0x87FF_FFFF	128MB	SROM Bank 0
0x8800_0000	0x8FFF_FFFF	128MB	SROM Bank 1
0x9000_0000	0x97FF_FFFF	128MB	SROM Bank 2
0x9800_0000	0x9FFF_FFFF	128MB	SROM Bank 3

续表

地　　　址		大　　小	描　　　述
0xA000_0000	0xA7FF_FFFF	128MB	SROM Bank 4
0xA800_0000	0xAFFF_FFFF	128MB	SROM Bank 5
0xB000_0000	0xBFFF_FFFF	256MB	OneNand/Nand 控制器和 SFR
0xC000_0000	0xCFFF_FFFF	256MB	MP3_SRAM 输出缓存
0xD000_0000	0xD000_FFFF	64KB	iROM
0xD001_0000	0xD001_FFFF	64KB	保留
0xD002_0000	0xD003_7FFF	96KB	iRAM
0xD800_0000	0xDFFF_FFFF	128MB	DMZ ROM
0xE000_0000	0xFFFF_FFFF	512MB	特殊功能寄存器区域

　　S5PV210 还提供了许多功能函数，可以将镜像文件从外部启动设备复制到内存 SDRAM 中执行，这些功能函数的代码都固化在片内只读 ROM 的区块中，相应函数的入口地址被映射到片内存储区域的相应位置，用户可以通过这些映射地址调用合适的功能函数。此外，还提供了一些全局变量用于记录启动设备的信息，比如 SD 卡的信息，详细介绍可以参考 S5PV210 手册。下面重点介绍一下 iROM 与 iRAM 的内存空间映射，如图 5-2 所示。

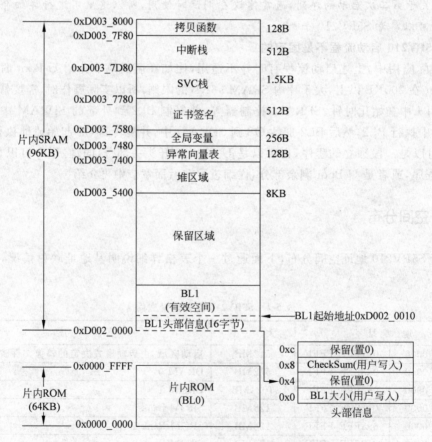

图 5-2　iRAM 与 iROM 内存映射示例图

5.2.3　SD 卡引导块分配情况介绍

前面介绍过 SD 卡烧写相关的命令,具体要将镜像文件(比如 U-Boot、Kernel、Filesystem 等)烧写到 SD 卡什么区块,S5PV210 也有严格的定义,下面通过图 5-3 来介绍 SD 卡引导块的分布情况。

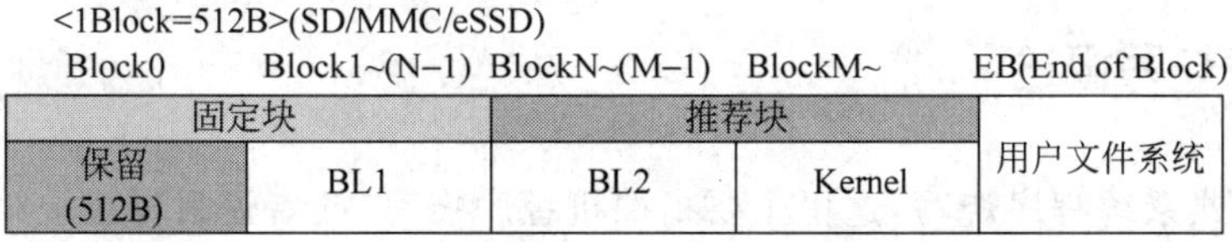

<1Block=512B>(SD/MMC/eSSD)

Block0	Block1~(N−1)	BlockN~(M−1)	BlockM~	EB(End of Block)
固定块		推荐块		
保留 (512B)	BL1	BL2	Kernel	用户文件系统

图 5-3　SD 卡引导块布局示例图

上图 Block0～Block(N−1)为固定区块,不建议往此区块写其他的数据,且不能写 Block0,作为保留块用,另外,BL1 的镜像需写到块 Block1～(N−1)。推荐区块里的内容可以根据需要写入相应的内容,这里推荐将 BL2 镜像与 Kernel 镜像写到此区块。剩下的区块可以写入其他数据,比如文件系统的镜像。

最后,在使用 SD 卡作为启动设备时,SD 卡需要用 FAT32 方式格式化,且每个分区的大小为 512 字节,即 1Block＝512B。

5.2.4　iROM 中的时钟配置

S5PV210 上电后,iROM 中的固化代码会以 24MHz 的外部晶振配置系统时钟,详细配置介绍如下。

1) APLL

其中 M＝200,P＝6,S＝1,由公式 $F_{\text{OUT}} = (\text{MDIV} \times F_{\text{IN}})/(\text{PDIV} \times 2^{\text{SDIV}-1})$ 可知 APPL 的频率为 800MHz,由 APLL 产生的时钟如表 5-2 所示。

表 5-2　iROM 中配置的 APLL 时钟

类别	ARMCLK	ACLK200	HCLK200	PCLK100	HCLK100
频率/MHz	400	133	133	66	66

2) MPLL

其中 M＝667,P＝12,S＝1,由公式 $F_{\text{OUT}} = (\text{MDIV} \times F_{\text{IN}})/(\text{PDIV} \times 2^{\text{SDIV}})$ 可知 MPLL 的频率为 667MHz,由 MPLL 产生的时钟如表 5-3 所示。

表 5-3　iROM 配置的 MPLL 时钟

类别	HCLK166	PCLK83	SCLK_FIMC	ARMATCLK	HCLK133	PCLK66
频率/MHz	133	66	133	133	133	66

3）EPLL

其中 M＝80，P＝3，S＝3，K＝0，由公式 $F_{OUT} = ((MDIV + KDIV) \times F_{IN})/(PDIV \times 2^{SDIV})$ 可知 EPLL 的频率为 80MHz。

5.3　S5PV210 上的程序烧写介绍

5.3.1　程序烧写概述

关于嵌入式系统程序烧写，这里主要指裸机程序烧写，或者说目标机上第一个程序的烧写，在以前的平台上，通常用得比较多的是通过 JTAG 口向目标机上烧写，比如之前的 S3C2440 平台。对于 S5PV210 平台，除支持传统的 JTAG 烧写外，还支持用 SD 卡烧写裸机程序，所以本书后面章节的实验程序也都是通过 SD 卡烧写到开发板上运行测试的。

根据前面 S5PV210 启动流程的介绍，iROM 中的程序是厂家提供并且固化在片内 ROM 中的，上电后就会先执行这段固化程序，然后根据 OM 配置的启动方式，从对应的介质中读取程序到片内 RAM 中执行，这个程序就是 BL1，然后通过 BL1 再引导其他程序的执行，比如操作系统等，所以先要理清如下两件事（假设已写好 BL1 代码）。

（1）怎么为 BL1 添加 16 字节头部信息？

（2）怎么将处理后的 BL1 烧写到 SD 卡？

5.3.2　制作 BL1 头信息

大家知道 BL1 头信息的大小是 16 字节，第 0～3 字节存放 BL1 的大小，第 8～11 字节存放 BL1 的 CheckSum 信息，其他字节都设为 0。关于 BL1 的大小的计算比较简单，下面主要介绍 CheckSum 的计算方法，可参考 S5PV210 手册。

```
for(count＝0;count＜dataLength;count＋＝1)
{
    buffer＝(＊(volatile u8＊)(uBlAddr＋count));
    checksum＝checksum＋buffer;
}
```

count 是无符号整型变量；dataLength 是无符号整型变量，表示 BL1 的大小（字节为单位）；buffer 是无符号短整型变量，用于存放从 BL1 读取的 1 字节数据；checkSum 是无符号整型变量，表示 BL1 中各字节的和。

根据以上方法，可以写一个小工具将 BL1 转换为 my_BL1（添加了 16 字节头信息），本书为大家准备了两个工具：工具 1 适用于 Linux 系统（存放在/books/Tools/sd_fusing/AddheaderToBL1）；工具 2 适用于 Windows 系统（存放在/books/Tools/SDCardMaker）。

5.3.3　烧写 SD 卡

将制作好的 my_BL1 烧写到 SD 卡，这里介绍在宿主机 Ubuntu 系统下使用 dd 命令烧写 SD 卡的方法。

首先，将 SD 卡插入读卡器中，打开 VMware 软件，然后将读卡器插入 PC。在 VMware 的菜单中选择 VM→Removable Devices，找到新出现的 USB 存储设备，比如作者的是 Alcor Micro Mass Storage Device，然后选择 Connect，这样在 Linux 操作系统下就可以识别到 SD 卡。

注：

① 如果在 VMware 菜单中没有显示新设备，原因是 VMware 的 USB 服务未启动。启动方式是选择"控制面板"→"系统和安全"→"管理工具"→"服务"，双击 VMware USB Arbitration Service 启动此服务，然后重启 VMware 软件。

② VMware9.0 以前的版本不支持 USB3.0(包含 VMware9.0)，可以升级 VMware 到 10.0 版本或在支持 USB2.0 的计算机上操作，或者外接一个 USB2.0 转接器。

在 Linux 系统下输入命令"df"，可以看到 SD 卡设备已挂载到/media/54EB-CA10，如下所示：

```
$ df
文件系统        1K-块        已用        可用        已用%        挂载点
/dev/sda1      7688360     6176936    1120872     85%         /
udev           505820      4          505816      1%          /dev
tmpfs          205132      800        204332      1%          /run
none           5120        0          5120        0%          /run/lock
none           512828      180        512648      1%          /run/shm
/dev/sda6      11028744    193844     10274672    2%          /home
.host:/        31600636    26947588   4653048     86%         /mnt/hgfs
/dev/sdb1      243278      1          243277      1%          /media/54EB-CA10
```

或者输入"ls /dev/sd＊"，通常最后一个不带数字的设备节点为 SD 卡的设备名(即/dev/sdb)，执行后显示如下信息：

```
$ ls /dev/sd＊
/dev/sda  /dev/sda1  /dev/sda2  /dev/sda5  /dev/sda6  /dev/sdb  /dev/sdb1
```

使用"dd"命令烧写 SD 卡，命令格式如下：

```
$ dd bs＝512 iflag＝dsync oflag＝dsync if＝led_on.bin of＝/dev/sdb seek＝1
```

bs 参数指定扇区大小为 512 字节，dsync 表示为数据使用同步 I/O，if 指定输入文件，of 指定输出设备，seek 指定起始扇区号。

5.3.4　制作 Shell 脚本

通过上面的介绍，可以为 BL1 添加头信息，并成功烧入 SD 卡。这样有点繁琐，下面将添加头信息和烧写 SD 卡合并到一个 Shell 脚本中执行，代码存放在/opt/tools/sd_fusing/shell/sd_fusing.sh，这样每次只需执行此脚本就可以将开发的程序自动处理后烧写到 SD 卡中，使用脚本烧写只需执行如下命令即可：

```
$ ./sd_fusing.sh /dev/sdb led_on.bin 1
```

/dev/sdb device is identified.

BL1 fusing...
记录了 0＋1 的读入
记录了 0＋1 的写出
68 字节(68 B)已复制,0.110619 秒,0.6 KB/秒
flush to disk

-----cheer!!!fused successfully------
Copyright (c) 2014 qinfenwang.com

注：使用前为 sd_fusing.sh 添加可执行权限 $ chmod ＋x sd_fusing.sh,否则会提示命令找不到的错误。

脚本代码如下所示：

```
1    #
2    # Copyright (c) 2014 qinfenwang.com
3    # Make SD card for booting
4    # Usage:
5    #        sd_fusing.sh <SD device node> <src file> <section> [not bl1]
6    ###############################################
7    #!/bin/sh
8
9    if [ -z $1 ]    #判断参数 1 的字符串是否为空,如果为空,则打印出帮助信息
10   then
11       echo "usage: sd_fusing.sh <SD device node> <src file> <section> [not bl    1]"
12       exit 0
13   fi
14
15   if [ -z $2 ]    #判断参数 2 的字符串是否为空,如果为空,则打印出帮助信息
16   then
17       echo "usage: sd_fusing.sh <SD device node> <src file> <section> [not bl    1]"
18       exit 0
19   fi
20
21   if [ -b $1 ]    #判断参数 1 所指向的设备节点是否存在
22   then
23       echo "$1 device is identified."
24   else
25       echo "$1 is NOT identified."
26       exit -1
27   fi
28
29   ###############################################
30
31   #检查 SD 卡容量
32
33   BDEV_NAME=`basename $1`
34   BDEV_SIZE=`cat /sys/block/${BDEV_NAME}/size`
35
36   #如果卡的容量小于 0,则打印失败信息,并退出
```

```
37  if [ ${BDEV_SIZE} -le 0 ]; then
38      echo "Error: NO media found in card reader."
39      exit 1
40  fi
41
42  ##########################################
43  if [ -z $4 ]  #判断参数4的字符串是否为空,如果为空,烧写对象是BL1
44  then
45      echo "Add 16bytes header info for BL1..."
46      #为 BL1 添加 16bytes 头信息
47
48      SOURCE_FILE= $2
49      MKBL1=/opt/tools/shell/AddheaderToBL1
50
51      #检查 src file 是否存在
52      if [ ! -f ${SOURCE_FILE} ]; then
53       echo "Error: $2 NOT found."
54       exit -1
55      fi
56
57      #使用 AddheaderToBL1 工具处理传入的 bin 文件,从而生成新的 bin 文件 my_bl1.bin
58      ${MKBL1} ${SOURCE_FILE} my_bl1.bin
59
60      # 如果失败则退出
61      if [ $? -ne 0 ]
62      then
63          echo "make BL1 Error!"
64          exit -1
65      fi
66
67  else
68      echo "This is BL2."
69  fi
70  ##########################################
71
72  # 烧写镜像到 SD 卡
73
74  echo "-----------------------------------"
75  if [ -z $4 ]
76  then
77      #BL1 镜像烧写到 SD 卡的第 1 个扇区
78      echo "BL1 fusing..."
79
80      # 烧写 MY_BL1 到 SD 卡 512 字节处
81      sudo dd bs=512 iflag=dsync oflag=dsync if=./my_bl1.bin of=$1 seek=$3
82
83      # 如果失败则退出
84      if [ $? -ne 0 ]
85      then
86          echo Write BL1 Error!
87          exit -1
```

```
88      fi
89  else
90      echo "fusing $3..."
91      sudo dd bs=512 iflag=dsync oflag=dsync if=./$2 of=$1 seek=$3
92      # 如果失败则退出
93      if [ $? -ne 0 ]
94      then
95          echo Write $3 Error!
96          exit -1
97      fi
98  fi
99
100 ##############################################
101
102 # 同步文件
103 echo "flush to disk"
104 sync
105
106 ##############################################
107
108 # 删除生成的 my_bl1.bin
109 rm my_bl1.bin
110
111 ##############################################
112
113 # 打印烧写成功信息
114 echo "---------------------------------------"
115 echo "-----cheer!!!fused successfully------"
116 echo "Copyright (c) 2014 qinfenwang.com"
```

注：如果/sd_fusing.sh 的第 4 个参数（即最后一个参数）为空，则会自动添加 BL1 头部信息，否则不会添加。在本书后面移植 U-Boot 时，对于 SPL（BL1）需要添加头部信息，而 u-boot.bin 不需要添加，它们就是通过第 4 个参数是否为空来决定的。

5.4　本章小结

本章主要介绍了 S5PV210 的启动流程以及地址分布情况，读者通过本章学习可以整体了解 S5PV210 的启动方式，并掌握 SD 启动卡的制作方法，为接下来章节的学习做准备。

第**6**章

通 用 输 入/输 出 接 口 GPIO

本章学习目标

• 了解 GPIO 控制技术；
• 了解 S5PV210 芯片的 GPIO 控制器及其应用。

6.1 GPIO 控制技术概述

6.1.1 GPIO 的介绍

GPIO(General Purpose Input/Output,通用输入/输出接口),通俗点讲就是一些引脚,可以通过它们向外输出高低电平,或者读入引脚的状态,这里的状态也是通过高电平或低电平来反应,所以 GPIO 接口技术可以说是众多接口技术中最为简单的一种。

GPIO 接口具有更低的功率损耗、布线简单、封装尺寸小、控制简单等优点,故其使用非常广泛,在嵌入式系统中占有很大的比重。GPIO 接口通常至少有两个寄存器,即"通用 I/O 控制寄存器"和"通用 I/O 数据寄存器",数据寄存器的各位直接引到芯片外部供外部设备使用,各位上对应的信号是输入还输出,可以通过设置控制寄存器中的对应位独立地控制。除这两种基本的寄存器外,有时还有上拉寄存器,通过它可以设置 I/O 输出模式是高阻态的,还是带上拉电平输出的,或不带上拉电平输出的。在 S5PV210 中,还引入了驱动强度控制寄存器来调节输出电流的强度,此外,还有功耗控制寄存器用来设置相应引脚的功耗。这些额外增加的寄存器可以使电路设计变得简单,在信号控制上也方便很多。

6.1.2 S5PV210 的 GPIO 寄存器

S5PV210 的 GPIO 寄存器在数量和功能上比之前的 S3C2440 增加了许多,有些 PIN 脚不能作为通常的输入/输出引脚来用,比如不能直接用作 OneNand 控制信号和数据信号、I2S 接口等。另外,GPIO 接口组寄存器由 4 位来控制,扩展了 GPIO 引脚的功能。

所以 S5PV210 的 GPIO 已不仅仅只有 GPIO 的功能,同时向后也是兼容的。本章只讨论常用的 GPIO 相关的知识,对于其他的功能引脚不做介绍,在后续章节用到时再做分析。

1. S5PV210 的 GPIO 寄存器总览

GPA0:8 in/out port——带流控的 2×UART;

GPA1:4 in/out port——带流控的 2×UART 或 1×UART;

GPB:8 in/out port——2×SPI 总线接口;

GPC0:5 in/out port——I2S 总线接口、PCM 接口、AC97 接口;

GPC1:5 in/out port——I2S 总线接口、SPDIF 接口、LCD_FRM 接口;

GPD0:4 in/out port——PWM 接口;

GPD1:6 in/out port——3×I2C 接口、PWM 接口、IEM 接口;

GPE0、1:13 in/out port——Camera 接口;

GPF0、1、2、3:30 in/out port——LCD 接口;

GPG0、1、2、3:28 in/out port——4×MMC 通道(通道 0 和 2 支持 4 位、8 位模式,通道 1 和 3 仅支持 4 位模式);

GPI:低功率 I2S 接口、PCM 接口(不使用 in/out port),通过 AUDIO_SS PDN 寄存器配置低功耗 PDN;

GPJ0、1、2、3、4:35 in/out port——Modem 接口、CAMIF、CFCON、KEYPAD、SROM ADDR[22:16];

MP0_1,2,3:20 in/out port——外部总线接口(EBI)信号控制(SROM、NF、OneNand);

MP0_4_5_6_7:32 in/out memory port——EBI;

MP1_0~8:71 DRAM1 port(不使用 in/out port);

MP2_0~8:71 DRAM2 port(不使用 in/out port);

ETC0、ETC1、ETC2、ETC4:28 in/out ETC port——JTAG、Operating Mode、RESET、CLOCK(ETC3 保留)。

2. 特征介绍

S5PV210 关键特征如下:

- 支持 146 个可控的 GPIO 中断;
- 支持 32 个可控外部中断;
- 支持 237 个多功能输入/输出接口;
- 支持在系统睡眠模式下引脚可控(除 GPH0、GPH1、GPH2 和 GPH3)。

3. S5PV210 的 GPIO 功能介绍

S5PV210 的 GPIO 包含两部分,即带电部分(alive-part)和不带电部分(off-part),对于 alive-part 模式下的 GPIO 寄存器,在睡眠模式时由于提供电源,所以寄存器中的值不会丢失;在 off-part 模式下则不同。S5PV210 的功能如图 6-1 所示。

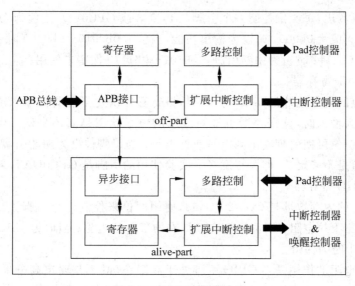

图 6-1 GPIO 功能模块图

6.1.3 实验用到的寄存器详解

S5PV210 的 GPIO 寄存器非常多,每个接口组有两种类型的控制寄存器,一种工作在正常模式,另一种工作在掉电模式(STOP、DEEP-STOP、SLEEP mode),下面只针对本章实验用到的 GPIO 接口 GPC0 进行介绍,其他的 GPIO 接口用法可以依葫芦画瓢。GPC0 的控制寄存器有 GPC0CON、GPC0DAT、GPC0PUD、GPC0DRV、GPC0CONPDN 和 GPC0PUDPDN,前面 4 类工作在正常模式,后面 2 类工作在掉电模式。

1) GPC0CON 寄存器

此寄存器为 GPC0 引脚的控制寄存器,主要用途是配置各引脚的功能,此引脚对应的内存地址是 0xE020_0060。表 6-1 是 S5PV210 手册里列出的关于 GPC0_3、GPC0_4 引脚的配置信息。

表 6-1 ATPCS 中各寄存器使用规则及别名

GPC0CON	位	描 述	初 始 状 态
GPC0CON[4]	[19:16]	0000 =输入 0001 =输出 0010 = I2S_1_SDO 0011 = PCM_1_SOUT 0100 = AC97SDO 0101~1110 =保留 1111 = GPC0_INIT[4]中断	0000
GPC0CON[3]	[15:12]	0000 =输入 0001 =输出 0010 = I2S_1_SDI 0011 = PCM_1_SIN 0100 = AC97SDI 0101~1110 =保留 1111 = GPC0_INIT[3]中断	0000

从表中可以看出,每 4 位控制一个引脚(GPC0_3 或 GPC0_4),当值为 0b0000 时引脚被设为输入功能,当值为 0b0001 时设为输出功能,当值为 0b0010~0b0100 时引脚设为特殊功能引脚,当值为 0b1111 时设为中断引脚,0b0101~0b1110 保留未使用。

2) GPC0DAT 寄存器

此引脚对应的内存地址是 0xE020_0064,该寄存器决定了引脚的输入或输出电平的状态,即当引脚设为输入时,读寄存器可知对应引脚电平状态是高还是低。当引脚设为输出时,写寄存器对应位可使引脚输出高电平或低电平;当引脚被设为功能引脚时,如果读寄存器对应引脚的值是不确定的,即没有意义。实验使用的引脚是 GPC0DAT[4:3]。

3) GPC0PUD 寄存器

此引脚对应的内存地址是 0xE020_0068,使用两位来控制 1 个引脚。当值为 0b00 时,对应引脚无上拉/下拉电阻;当值为 0b01 时,有内部下拉电阻;当值为 0b10,有内部上拉电阻;当值为 0b11 时为保留。

上拉/下拉电阻的作用是当 GPIO 引脚处于高阻态(既不是输出高电平,也不是输出低电平,即相当于没接芯片)时,它的电平状态由上拉电阻、下拉电阻决定。

4) GPC0DRV 寄存器

此引脚对应的内存地址是 0xE020_006C,该寄存器为接口组驱动能力控制寄存器,主要用于调节引脚的电流强度,S5PV210 给出了 4 种强度,由 2 比特位控制,数值越大强度越大。通常对于高速信号或较弱的周边装置,可调大对应引脚的强度值,在实际使用中需要合理使用该寄存器,强度越大电流消耗也越大。

5) GPC0CONPDN 寄存器

此引脚对应的内存地址是 0xE020_0070,用 2 位来控制引脚的功能。当值为 0b00 时,引脚输出低电平;当值为 0b01 时,输出高电平;当值为 0b10 时,对应引脚被设为输入;当值为 0b11 时,引脚保持原来的状态。

6) GPC0PUDPDN 寄存器

此引脚对应的内存地址是 0xE020_0074,用 2 位来控制引脚。当值设为 0b00 时,无上拉/下拉电阻;当值为 0b01 时,有下拉电阻;当值为 0b10 时,有上拉电阻;当值为 0b11 时保留。GPC0PUDPDN 寄存器的功能与 GPC0PUD 类似,不再重复。

6.2 S5PV210 的 GPIO 应用实例

6.2.1 实验介绍

1. 实验目的

利用 S5PV210 的 GPC0_3、GPC0_4 这两个 GPIO 引脚控制 2 个 LED 发光二极管,分别用汇编语言和 C 语言实现。

2. 实验原理

如图 6-2 所示,LED1、LED2 分别与 GPC0_3、GPC0_4 相连,中间接两个 NPN 型三极管。当 GPIO 引脚输出高电平时三极管与地(GND)导通,LED 灯亮;反之,输出低电平,

LED 灯就灭。这里的三极管有点像"开关",控制着 LED 的亮灭。

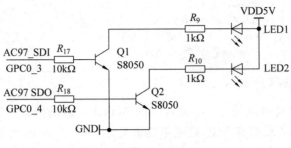

图 6-2　GPIO 功能模块图

注:从本章开始所有的实验都是基于天嵌 TQ210 开发板进行设计与测试。

6.2.2　程序设计与代码详解

1. 用汇编实现点亮 LED1

在上一章对 S5PV210 的启动过程以及 SD 启动卡的制作都进行了详细的分析,下面主要分析程序设计部分,源代码存放在/opt/examples/ch6/led_on,下面先来看 led_on.S 的汇编代码。

```
01 .text
02 .global _start                    /* 声明一个全局的标号 */
03 _start:
04  ldr  r0, =0xE0200060             /* GPC0CON 寄存器的地址为 0xE0200060 */
05  ldr  r1, [r0]                    /* 读出 GPC0CON 寄存器原来的值 */
06  bic  r1, r1, #0xf000             /* bit[15:12]清零 */
07  orr  r1, r1, #0x1000             /* 设置 GPC0_3[15:12]=0b0001 */
08  str  r1, [r0]                    /* 写入 GPC0CON,配置 GPC0_3 为输出引脚 */
09
10  ldr  r0, =0xE0200064             /* GPC0DAT 寄存器的地址为 0xE0200064 */
11  ldr  r1, [r0]                    /* 读出 GPC0DAT 寄存器原来的值 */
12  bic  r1, r1, #0x8                /* bit[3]清零 */
13  orr  r1, r1, #0x8                /* bit[3]=1 */
14  str  r1, [r0]                    /* 写入 GPC0DAT,GPC0_3 输出高电平 */
15
16 halt_loop:
17  b  halt_loop                     /* 死循环,不让程序跑飞 */
```

整个代码量很少也很简单,这里只提两个注意点。

(1) 过去在 S3C2440 等平台上,都要先关看门狗,如果是用 C 语言实现,则还要设置栈。而在 S5PV210 中,这些动作都已在厂家固化的代码 BL0 里做好了,如对此不清楚,可以再回顾第 5 章的内容。

(2) 对寄存器位的修改,通常都是先读出寄存器,然后修改对应位,再写回寄存器,其他位保持不变,这样做的目的是不改变其他位,因为其他位可能在其他地方被用到。

下面再看一下 Makefile 文件:

```
01 led_on.bin:led_on.S
02   arm-linux-gcc -c -o led_on.o led_on.S
03   arm-linux-ld -Ttext 0xD0020010 led_on.o -o led_on_elf
04   arm-linux-objcopy -O binary -S led_on_elf led_on.bin
05   arm-linux-objdump -D led_on_elf > led_on.dis
06 clean:
07   rm -f led_on.bin led_on_elf *.o
```

这个 Makefile 文件可以说是一个最基本的 Makefile 语法格式（目标-依赖-命令），各编译工具及其参数在第 4 章都有介绍，这里不再重复。0xD002_0010 为程序的链接地址（即运行地址，也是 BL1 的有效地址）。这里要再次提醒的是，命令前面一定要有一个 Tab 制表符，这是 Makefile 语法上的规定，否则 make 工具就不认识你了！

接下来就可以用 FTP 将所有代码上传到宿主机（Ubuntu 系统）编译，编译非常简单，只要在代码所在的目录下执行 make 命令就完事了，最终生成二进制格式的 bin 文件。

```
$ cd /opt/examples/ch6/led_on
$ make
```

最后将生成好的 bin 文件按第 5 章介绍的步骤烧写到 SD 卡中，将目标板拨到 SD 卡启动，插入 SD 卡上电即可看到 LED1 灯被点亮。

关于本书所使用的 TQ210 开发板的 SD 卡启动方式和 Nand 启动方式，对应拨码开关的设置如图 6-3 所示。

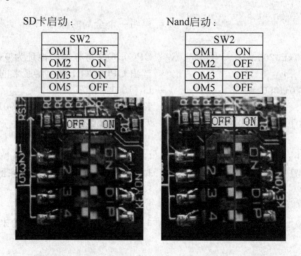

SD卡启动：

SW2	
OM1	OFF
OM2	ON
OM3	ON
OM5	OFF

Nand启动：

SW2	
OM1	ON
OM2	OFF
OM3	OFF
OM5	OFF

图 6-3　TQ210 开发板启动方式拨码开关设置

2. 用 C 语言实现循环点亮两个 LED

在第 4 章介绍编译工具时已经知道，编译 C 语言代码时，操作系统都会自动在生成的可执行文件前加上启动代码，比如 crt1.o、crti.o、crtbegin.o、crtend.o、crtn.o，这些文件都是系统标准库文件，为执行 C 语言的 main 函数设置栈等，它们依赖于具体的操作系统，所以在裸板上就没法执行这些程序，需要自己设计。

现在分三步来实现 C 语言循环点亮两个 LED 灯，代码存放在/opt/examples/ch6/led_on_c。

1) 启动代码 start. S

```
01 .text
02 .global _start                /* 声明一个全局的标号 */
03 _start:
04   bl main                     /* 跳转到 C 函数中执行 */
05
06 halt_loop:
07   b  halt_loop                /* 死循环,不让程序跑飞 */
```

2) 循环点亮 LED 灯

```
01 #define GPC0CON    *((volatile unsigned int * )0xE0200060)
02 #define GPC0DAT    *((volatile unsigned int * )0xE0200064)
03
04 #define  GPC0_3_out   (1<<(3 * 4))
05 #define  GPC0_4_out   (1<<(4 * 4))
06
07 #define  GPC0_3_MASK  (0xF<<(3 * 4))
08 #define  GPC0_4_MASK  (0xF<<(4 * 4))
09
10 void delay(volatile unsigned long dly)
11 {
12    volatile unsigned int t = 0xFFFF;
13    while (dly--)            //由于 Cortex-A8 默认时钟频率都达到了 667MHz,
13      for(; t > 0; t--);     //故循环次数必须设大一点,否则看不出闪烁效果
14 }
15
16 int main(void)
17 {
18    unsigned long i = (1 << 3);
19    GPC0CON &= ~(GPC0_3_MASK | GPC0_4_MASK);//清 bit[15:12]和 bit[19:16]
20    GPC0CON |= (GPC0_3_out | GPC0_4_out);        //配置 GPC0_3 和 GPC0_4 为输出引脚
21
22    while (1)
23    {
24      delay(0x50000);                              //延时
25      GPC0DAT &= ~(0x3 << 3);                      //LED1 和 LED2 熄灭
26      if (i == 0x08)
27        i = (1 << 4);
28      else
29        i = (1 << 3);
30      GPC0DAT |= i;                                //循环点亮 LED 灯
31    }
32
33    return 0;
34 }
```

上述代码的功能实现比汇编稍复杂,这里是循环点亮了两个 LED,不过基本原理是一样的,都是配置寄存器和往寄存器写入数值。在操作方法上,C 语言对寄存器的操作是通过一个宏实现的,这个宏就代表了寄存器的地址,往这个地址中写入数据就可以配置 GPIO 引

脚的功能。下面通过一个 C 语言指针的例子来理解这里的宏。

```
int a;                                          //定义一个整型变量 a
int * p;                                        //定义一个整型指针变量 p
p = &a;                                         //指针指向变量 a
*p = 6                                          //变量 a 的值等于 6
```

上面几行代码是 C 语言指针最基本的用法,通常可以把指针看作一个地址,比如这里指针 p 就等于变量 a 的地址,假设变量 a 的地址为 0x12345678,对指针 p 操作就相当于操作地址:

```
int * p;
p = 0x12345678;
```

为方便理解,实际 p = (int *)0x12345678,这里的(int *)是将地址转换为 int 类型。

*p 表示地址中的内容,比如上面的 6,换句话说,变量 a 的值与 *p 是同一个值,现在修改地址 0x12345678 的内容为 8,只需要如下操作即可:

```
*p = 8;                                         //与 a = 8 是等价的
```

也就相当于:

*(0x12345678) = 8;或者严格写成 *((int *)0x12345678) = 8;

上面这样写看上去有点别扭,可以定义一个宏来表示:

```
#define A *((int *)0x12345678)
A = 8;
```

分析到这里,再看看程序中定义的宏与这里的宏是不是很相似了。这里还有一个关键字 volatile 需要说明下,它的本意是“易变的”,由于访问寄存器要比访问内存单元快得多,所以编译器一般都会进行减少存取内存的优化,这样会有一个问题,即可能会读取到“脏”数据。当用 volatile 声明的时候,其实就是告诉编译器对访问该地址的代码不要优化了,使用的时候系统总是重新从它的内存读取数据,以保证不“脏”。

3)编写 Makefile

```
01 objs := start.o leds.o
02
03 leds.bin: $(objs)
04   arm-linux-ld -Ttext 0xD0020010 -o leds.elf $^
05   arm-linux-objcopy -O binary -S leds.elf $@
06   arm-linux-objdump -D leds.elf > leds.dis
07
08 %.o : %.c
09   arm-linux-gcc -c -O2 $< -o $@
10
11 %.o : %.S
12   arm-linux-gcc -c -O2 $< -o $@
13
14 clean:
15   rm -f *.o *.elf *.bin *.dis
```

　　这里的 Makefile 文件看似比上一个 Makefile 要复杂,主要是引入了一些变量的用法,目的是巩固前面介绍的知识点,读者如有不清楚的,可以复习一下第 4 章的内容。

　　最后就是编译与烧写,具体步骤与上一个实验类似,这里不再重复介绍。

6.3　本章小结

　　本章主要介绍了 GPIO 技术以及 S5PV210 的 GPIO 寄存器的使用方法,读者通过本章的学习,可以独自操作 GPIO 寄存器,并掌握使用 GPIO 引脚控制外设的方法。

第 7 章

通用异步收发器 UART

本章学习目标
- 了解 UART 通信的基本原理；
- 掌握 S5PV210 的 UART 控制器的使用方法。

7.1 UART 的原理及 S5PV210 的 UART 介绍

7.1.1 UART 通信的基本原理

1. UART 简介

UART(Universal Asynchronous Receiver/Transmitter,通用异步收发器),通常计算机与外部设备通信的端口分为并行与串行,并行端口是指数据的各个位同时进行传送,其特点是传输速度快,但当传输距离远、位数多时,通信线路变得复杂且成本提高。串行通信是指数据一位位地顺序传送,其特点是适合于远距离通信,通信线路简单,只要一对传输线就可以实现全双工通信,从而大大降低成本。

串行通信又分为异步与同步两种类型,两者之间最大的差别是前者以一个字符为单位,后者以一个字符序列为单位。采用异步传输,数据收发完毕后,可通过中断或置位标志位通知微控制器进行处理,大大提高微控制器的工作效率。

提到 UART 就会想到 RS-232。RS-232 是一个标准,表示数据终端设备和数据通信设备之间串行二进制数据交换的接口标准,所谓数据终端设备,就是通常说的 DTE(Data Terminal Equipment),数据通信设备即 DCE(Data Communication Equipment)。通常,将通信线路终端一侧的计算机或终端称为 DTE,而把连接通信线路一侧的调制解调器称为 DCE。但 RS-232 标准中提到的"发送"和"接收"是相对于 DTE 而言的,这也符合了计算机系统中全双工通信的需求,双方都可以收发。

UART 使用标准的 TTL/CMOS 逻辑电平(0~5V、0~3.3V、0~2.5V 或 0~1.8V)来表示数据,高电平表示 1,低电平表示 0。为了提高数据的抗干扰能力,增加传输长度,通常将 TTL/CMOS 逻辑电平通过合适的电平转换器转换为 RS-232 逻辑电平,3~12V 表示 0,−3~−12V 表示 1。UART 除可将电平转换为 RS-232 外,还可以转换为 RS-485 等,所以它们在手持设备、工业控制等领域应用广泛。

2. UART 的数据传输

1）发送/接收逻辑介绍

发送逻辑对从发送 FIFO（先进选出的缓存）读取的数据执行"并→串"转换，并且根据控制寄存器中已编程的设置（即数据位、校验位、启停位的个数等设置），将数据按一定格式组好发出。接收逻辑对接收到的位流执行"串→并"转换，并且对校验错误、帧错误、溢出错误和线中止（line-break）错误进行检测，并将检测到的状态附加到被写入接收 FIFO 的数据中（通过状态寄存器可以读出检测到的状态），而且可以通过中断告诉 CPU 去执行相应的处理。

2）UART 的信号时序

目前常用的串口有 9 针串口和 25 针串口，最简单且常用的是三线制接法，即信号地、接收数据和发送数据三引脚相连，信号地通常是为收发双方提供参考电平。数据线以"位"为最小单位传输数据，帧（Frame）由具有完整意义的、不可分割的若干位组成，它包括开始位、数据位、校验位（可有可无）和停止位。发送数据之前收发双方要约定好数据的传输速率（即传送一位所需的时间，其倒数称为波特率）和数据的传输格式（即多少个数据位，是否校验，有多少个停止位）。UART 的数据传输过程如图 7-1 所示。

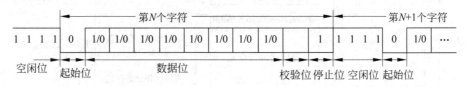

图 7-1 UART 传输时序图

（1）数据线上没有数据传送时处于"空闲"状态，对应的电平为高，即 1 状态。

（2）当要发送数据时，UART 改变发送数据线的状态，即变为 0 状态。

（3）UART 一帧中可以有 4、5、6、7 或 8 位的数据，发送端一位一位地改变数据线的电平状态将其发送出去，最低位先发送。

（4）数据位加上校验位后，使得"1"的位数为偶数（偶校验）或奇数（奇校验），以此来校验数据传送的正确性。

（5）最后，发送停止位，数据线恢复到"空闲"状态，即 1 状态。停止位的长度有 3 种：1 位、1.5 位和 2 位。

7.1.2 S5PV210 的 UART 介绍

1. S5PV210 的 UART 概述

S5PV210 有 4 个 UART 模块，提供了 4 个独立的异步串行输入/输出端口。它们可工作于中断模式或 DMA 模式，支持 3Mbps 的位速率，每一个 UART 通道包含 2 个 FIFO 缓存，用于接收和发送数据，其中通道 0 的 FIFO 支持 256 个字节，通道 1 支持 64 个字节，通道 2 和通道 3 支持 16 个字节。

UART 还包含可编程的波特率、红外收发、1 或 2 个停止位、5～8 位数据位和校验位，并且每一个 UART 模块都由波特率产生装置、发送装置、接收装置和控制单元组成。其中波特率可由外部时钟或系统时钟提供,发送/接收装置分别由各自的 FIFO 和数据移位寄存器组成。图 7-2 所示为 S5PV210 的 UART 结构框图。

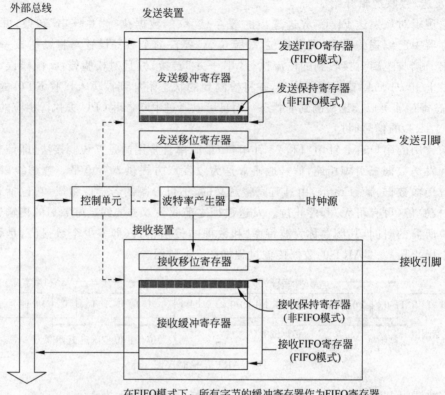

在FIFO模式下,所有字节的缓冲寄存器作为FIFO寄存器
在非FIFO模式,只有1个字节的缓冲寄存器作为保持寄存器

图 7-2　S5PV210 的 UART 结构框图

关于 S5PV210 的 UART 的操作,比如数据收发、中断产生、波特率产生、回环(loop-back)模式、红外模式和自动流控的详细介绍,可以参考 S5PV210 的使用手册。

2. S5PV210 的 UART 使用

S5PV210 的 UART 有 4 个,本书讲解的开发板使用了通道 0 和通道 1,它们的使用方法类似。下面以通道 0 为例详细介绍 UART 的操作步骤。

1）将 UART 通道的引脚配置为 UART 功能

所谓引脚配置,也就是第 6 章所讲的 GPIO 引脚设置,这里需要将 GPA0_0、GPA0_1 设置为 UART 的接收功能(RXD0)和发送功能(TXD0)。

2）时钟源选择及工作模式设置

由图 7-3 可知,S5PV210 的时钟由外部时钟 PCLK 或系统时钟 SCLK_UART 提供,本书的开发板用的是 SCLK_UART,在未配置系统时钟时,由于 S5PV210 上电从 iROM 固化的代码开始执行,iROM 固化的代码会以 24MHz 晶振为时钟源配置系统时钟,分配给 UART0 的时钟源频率为 66MHz(可参考 S5PV210 的启动流程)。

S5PV210 的 UART0 时钟及其工作模式都可以通过配置 UCON0 寄存器(起始地址为 0xE290_0004)选择时钟源,如表 7-1 所示。

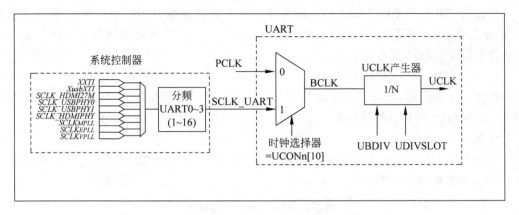

图 7-3 UART 时钟源

表 7-1 UCON0 寄存器格式

UCON0	位	描述	初始状态
保留	[31:21]	保留	000
发送 DMA 突发大小	[20]	0＝1 字节(Single)；1＝4 字节	0
保留	[19:17]	保留	000
接收 DMA 突发大小	[16]	0＝1 字节(Single)；1＝4 字节	0
保留	[15:11]	保留	0000
时钟选择	[10]	选择 PCLK 或 SCLK_UART(来自系统时钟控制器)作为 UART 波特率的时钟源 0＝PCLK；DIV_VAL1)＝(PCLD/(bps×16))－1 1＝SCLK_UART；DIV_VAL1)＝(SCLK_UART/(bps×16))－1	00
发送中断类型	[9]	中断请求类型：0＝脉冲；1＝电平(参考 S5PV210 手册)	0
接收中断类型	[8]	中断请求类型：0＝脉冲；1＝电平(参考 S5PV210 手册)	0
接收超时使能	[7]	如果启用 UART 的 FIFO 才能使用接收超时功能中断。0＝禁止；1＝允许	0
接收错误状态中断使能	[6]	产生异常中断，比如 break 错误、帧错误、校验错误等。0＝禁止；1＝允许	0
回环模式	[5]	此模式为测试所提供。0＝正常模式；1＝回环模式	0
发送 Break 信号	[4]	此位用于开启发送一帧数据后发一个 break 信号，发送完后此位自动清零。0＝正常发送；1＝发送 break	0
发送模式	[3:2]	选择如何将数据发送到 UART 发送缓冲区：00＝禁止；01＝中断或轮询方式；10＝DMA 方式；11＝保留	00
接收模式	[1:0]	选择如何从 UART 接收缓冲区读取数据：00＝禁止；01＝中断或轮询方式；10＝DMA 方式；11＝保留	00

3) 设置波特率

根据设置的波特率和选择的时钟频率，利用下面的公式计算 UBRDIV0 寄存器的值：

$$DIV\_VAL＝(PCLK/(bps×16))－1$$

上面公式计算出来的 UBRDIV0 寄存器值不一定是整数,UBRDIV0 寄存器取其整数部分,小数部分由 UDIVSLOT0 寄存器设置,这样产生的波特率更加精确。利用下面的公式计算 UDIVSLOT0 寄存器的值:

$$(\text{num of 1's in UDIVSLOT0})/16 = 小数部分$$

由公式计算得到(num of 1's in UDIVSLOT0)的值后,再查表(参考 S5PV210 手册)可知 UDIVSLOT0 寄存器的具体值。它们的地址分别为 0xE290_0028、0xE290_002C。

4)设置数据传输格式

通过 ULCON0 寄存器设置红外模式、校验模式、停止位宽度、数据位宽度,其地址为 0xE290_0000,如表 7-2 所示。

表 7-2　ULCON0 寄存器格式

ULCON0	位	描　　述	初始状态
保留	[31:7]	保留	0
红外模式	[6]	0=正常模式(非红外模式);1=红外模式	0
校验模式	[5:3]	0xx=无校验;100=奇校验;101=偶校验;110=发送数据时强制设置为1,接收数据时检查是否为1;111=发送数据时强制设为0,接收数据时检查是否为0	000
停止位	[2]	0=1帧中有1位停止位;1=1帧中有2位停止位	0
数据位	[1:0]	00=5位;01=6位;10=7位;11=8位	00

5)启用或禁止 FIFO

通过配置 UFCON0 寄存器配置是否使用 FIFO,设置各 FIFO 的触发阈值,即发送 FIFO 中有多少个数据时产生中断,接收 FIFO 中有多少个数据时产生中断,还可配置 UFCON0 寄存器复位 FIFO 功能。读取 UFSTAT0 寄存器可知 FIFO 是否已经满,其中有多少个数据。

不使用 FIFO 时,可以认为 FIFO 的深度为 1,使用 FIFO 时 S5PV210 的 FIFO 深度最高可达 256。

UFSTAT0 寄存器的地址为 0xE290_0018,UFCON0 寄存器的地址为 0xE290_0008。

6)设置流控(UMCON0 寄存器和 UMSTAT0 寄存器)

UMCON0 寄存器用于设置流控,UMSTAT0 用于侦测流控状态,本章实验不使用它们,这里不进行介绍,有兴趣可以参考 S5PV210 手册。

7)收发数据(UTXH0 寄存器和 URXH0 寄存器)

CPU 将数据写入 UTXH0 寄存器,UART0 即将数据保存到缓冲区中,并自动发送出去。当 UART0 接收到数据时,CPU 读取这个寄存器,即可获得数据。

UTXH0 寄存器的起始地址为 0xE290_0020,URXH0 寄存器的起始地址为 0xE290_0024。

8)收发数据状态的控制(UTRSTAT0 寄存器)

通过 UTRSTAT0 寄存器可知数据是否已经发送完毕,或是否接收到数据,起始地址为 0xE290_0010,寄存器格式如表 7-3 所示。

表 7-3 UTRSTAT0 寄存器格式

UTRSTAT0	位	描 述	初始状态
保留	[31:3]	保留	0
发送器为空	[2]	如果发送缓冲区没有有效数据,并且发送移位寄存器也为空,此位会被自动清零。0=非空;1=空	1
发送缓冲区空	[1]	如果发送缓冲区空,则此位被自动清零。0=非空;1=空	1
接收缓冲区数据是否准备就绪	[0]	当缓冲里的数据接收完毕后,此位会被自动设为1。0=空;1=数据就绪	0

9）数据传输时的错误控制（UERSTAT0 寄存器）

UERSTAT0 寄存器用来表示各种错误是否发生,其中 bit[0]~bit[3]分别用来表示是否溢出、是否校验错误、是否有帧错误、是否检测到 break 信号。寄存器中的错误状态读取后,此寄存器会自动清零。此寄存器的起始地址为 0xE290_0014。

7.2 S5PV210 的 UART 应用实例

7.2.1 实验介绍

1. 实验目的

实验目的是通过串口接收数据"1"使 LED1 亮,"2"使 LED1 灭,"3"使 LED2 亮,"4"使 LED2 灭。

2. 实验原理

从开发板的线路图 7-4 可知,UART0 控制器与一个 RS-232 的电平转换模块相连,也就是配置好 UART0 后,CPU 发送给 UART0 的数据可以通过串口输出到 PC 上（PC 上需要接收工具,比如 SecureCRT）。

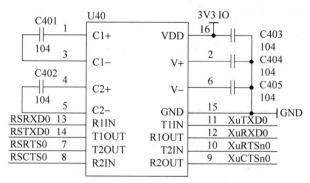

图 7-4 UART—RS-232 转换电路

7.2.2 程序设计与代码详解

实验程序设计分为三部分：启动代码、UART 设置和主程序（点亮 LED）。S5PV210 默认选 PCLK 为时钟源,且 PCLK 为 66MHz。下面分别针对这三部分进行程序代码的设计与详解,代码存放在/opt/examples/ch7/uart。

1. 启动代码

参考第 6 章的 GPIO 实例,所有实现一致,仅跳转到 main 函数中执行。

2. UART 设置

按照 7.1 节介绍的寄存器用法配置 UART,代码文件为 uart.c,通过代码后面的注释即可理解。

1) UART 初始化

```
01 //  GPIO、UART 寄存器地址
02 # define GPA0CON    * ((volatile unsigned int * )0xE0200000)
03 # define ULCON0     * ((volatile unsigned int * )0xE2900000)
04 # define UCON0      * ((volatile unsigned int * )0xE2900004)
05 # define UFCON0     * ((volatile unsigned int * )0xE2900008)
06 # define UTRSTAT0   * ((volatile unsigned int * )0xE2900010)
07 # define UTXH0      * ((volatile unsigned int * )0xE2900020)
08 # define URXH0      * ((volatile unsigned int * )0xE2900024)
09 # define UBRDIV0    * ((volatile unsigned int * )0xE2900028)
10 # define UDIVSLOT0  * ((volatile unsigned int * )0xE290002C)
11
12 void uart0_init()
13 {
14   //配置 GPA0_0 为 UART_0_RXD,GPA0_1 为 UART_0_TXD
15   GPA0CON &= ~0xFF;
16   GPA0CON |= 0x22;
17
18   //8 位数据位,1 位停止位,无校验,正常模式
19   ULCON0 = (0x3<<0) | (0 << 2) | (0 << 3) | (0 << 6);
20
21   //中断或 Polling 模式,触发错误中断,时钟源 PCLK
22   UCON0 = (1 <<0)| (1 << 2) |(1<<6)| (0 << 10);
23
24   //静止 FIFO
25   UFCON0 = 0;
26
27   /*
28    * 波特率计算(参考 S5PV210 手册): 115200bps
29    * PCLK = 66MHz
30    * DIV_VAL = (66000000/(115200 x 16))-1 = 35.8 - 1 = 34.8
31    * UBRDIV0 = 34(DIV_VAL 的整数部分)
32    * (num of 1's in UDIVSLOTn)/16 = 0.8
33    * (num of 1's in UDIVSLOTn) = 12
34    * UDIVSLOT0 = 0xDDDD (查表)
35    */
36   UBRDIV0 = 34;
37   UDIVSLOT0 = 0xDDDD;
38   return;
39 }
```

2) 发送数据

本实验没有使用 FIFO,发送字符前,首先判断上一个字符是否已经被发送出去,如果没有,则不断查询 UTRSTAT0 寄存器的 bit[2],当它为 1 时表示已经发送完毕,这样就可以向 UTXH0 寄存器中写入当前要发送的字符了。

```
01 //发送数据
02 void putc(unsigned char c)
03 {
04    //查询状态寄存器,等待发送缓存为空
05    while (! (UTRSTAT0 & (1<<2)));
06    UTXH0 = c;           //写入发送寄存器
07    return;
08 }
```

3) 接收数据

读数据前先查询 UTRSTAT0 寄存器的 bit[0],当它为 1 时表示接收缓存中有数据,这样就可读取 URXH0 中的数据了。

```
01 //接收数据
02 unsigned char getc(void)
03 {
04    //查询状态寄存器,等待接收缓存有数据
05    while (!(UTRSTAT0 & (1<<0)));
06    return (URXH0);
07 }
```

4) 发送字符串数据

这是一个扩展的功能,通过一个 while 循环将字符串拆分成一个一个字符发送出去。

```
01 //发送字符串数据
02 void puts(char * str)
03 {
04    char * p = str;
05    while (* p)
06        putc(* p++);
07 }
```

3. 主程序

下面只讲解 main 部分,其他宏定义等与第 6 章的代码一致,不再重复给出。

```
01 extern void uart0_init(void);                     //函数声明
02 int main(void)
03 {
04    char c;
05    uart0_init();                                  //初始化 uart0
06    GPC0CON &= ~(GPC0_3_MASK | GPC0_4_MASK); //清 bit[15:12]和 bit[19:16]
07    GPC0CON |= (GPC0_3_out | GPC0_4_out);     //配置 GPC0_3 和 GPC0_4 为输出引脚
08    GPC0DAT &= ~(0x3<<3);                      //向 bit[4:3]写入 0 熄灭 LED1、LED2
09    puts("=====================\r\n");
10    puts("S5PV210 UART Test:\r\n");
```

```
11    puts("1.LED1 on\r\n");
12    puts("2.LED1 off\r\n");
13    puts("3.LED2 on\r\n");
14    puts("4.LED2 off\r\n");
15    puts("========================\r\n");
16
17    while (1)
18    {
19        c = getc();                         //从串口终端获取一个字符
20        putc(c);                            //回显
21
22        if (c == '1')
23            GPC0DAT |= 1 << 3;              //LED1 亮
24        else if (c == '2')
25            GPC0DAT &= ~(1 << 3);           //LED1 灭
26        else if (c == '3')
27            GPC0DAT |= 1 << 4;              //LED2 亮
28        else if (c == '4')
29            GPC0DAT &= ~(1 << 4);           //LED2 灭
30    }
31    return 0;
32 }
```

Makefile 文件与第 6 章类似,只是在编译 C 代码的时候,在 gcc 后面加了一个限制选项 "-fno-builtin",即不使用 C 交叉工具链自带的 C 库函数,如下所示:

```
%.o: %.c
    arm-linux-gcc -c -O2 -fno-builtin $< -o $@
```

因为本实验中有与 C 库函数同名的函数,比如 putc、puts,如果不加这个选项,编译时会报下面的冲突警告信息:

```
uart.c:57: warning: conflicting types for built-in function 'putc'
uart.c:74: warning: conflicting types for built-in function 'puts'
```

7.2.3　实例测试

首先将实验代码编译成 bin 文件,并烧写到 SD 启动卡中,然后在 PC 上运行 SecureCRT 工具,设置波特率为 115 200、8 位数据位、无校验、1 位停止位。开发板的 COM1 与 PC 上的 RS-232 相连,最后把 SD 卡插入上电,在 SecureCRT 上会显示下列信息,按下键盘上对应的数字键可以测试点亮或熄灭 LED 灯。

```
========================
S5PV210 UART Test:
1.LED1 on
2.LED1 off
3.LED2 on
4.LED2 off
========================
```

7.3　本章小结

　　本章主要介绍了 UART 的工作原理、S5PV210 的 UART 功能以及控制器的使用方法等,读者通过对 S5PV210 的 UART 寄存器配置进行学习,可以很容易在其他平台上进行 UART 的开发。

第 8 章

中 断 体 系 结 构

本章学习目标

- 了解 S5PV210 中断体系结构；
- 掌握 S5PV210 的中断服务程序编写方法。

8.1 S5PV210 中断体系结构

8.1.1 中断体系结构概述

1. S5PV210 中断简介

S5PV210 的中断控制器由 4 个向量中断控制器(Vectored Interrupt Controller, VIC)、ARM PrimeCell PL 192 和 4 个安全中断控制器(TrustZone Interrupt Controller, TZIC)共同组成, 其中 TZIC 是为 ARM TrustZone 技术而准备的, 是 S5PV210 新增的功能。TZIC 为 TrustZone 安全中断体系提供了软件控制接口, 为快中断(nFIQ)提供安全控制, 为 VIC 中的中断源提供中断屏蔽。

S5PV210 中断控制器支持 93 个中断源、固定的硬件中断优先级和可编程中断优先级服务, 支持普通中断 IRQ 和快速中断 FIQ, 支持软件中断和特权模式下地直接访问, 另外还支持中断请求状态和原始中断状态的读取等。以上所有这些特性与 S3C2440 等的架构没有什么区别, 只是重点要说明的是, 原始中断状态(raw interrupt status)表示有中断产生了但被屏蔽了, 因此无法中止 CPU 去执行这样的中断请求, 这样的中断状态就称为原始的中断状态, 可以读对应的寄存器知道其状态。

2. 中断处理过程介绍

当外围设备发生不可预测的异常时, 比如按键被按下、USB 设备插入等, 如何通知在运行过程中的 CPU, 通常有如下两种方法。

1) 轮询方式

即程序循环查询各设备的状态并作出相应的处理, 此方法实现比较简单, 但比较占用 CPU 的资源, 通常用于相对单一的系统中, 比如单片机系统等。

2) 中断方式

即当外设异常发生时触发一个中断,同时会设置相应的中断控制寄存器,中断控制寄存器会通知 CPU 有中断发生,CPU 收到中断请求后就中断当前正在执行的程序,跳转到一个固定的地址处理这个异常,最后再返回继续执行被中断的程序。此方式实现比较复杂,但效率很高,是比较常用的方法。

不同 CPU 中断处理的过程一般都是类似的,大致有如下几个步骤。

(1) 中断控制器负责收集各类外设发出的中断信号,然后通知 CPU。

(2) CPU 收到通知后保存正在执行程序的状态(即保存各寄存器等),调用中断服务程序(Interrupt Service Routine,ISR)来处理中断请求。

(3) 在 ISR 中通过读取中断控制器、外设的相关寄存器来识别这是哪个中断,并进行相应的处理。

(4) 通过读/写中断控制寄存器和外设相关的寄存器来清除中断。

(5) 最后恢复被中断程序的运行环境(即上面保存的寄存器等)。

对于 S5PV210 来说,中断处理过程也是一样的,也是上述这些步骤,但在实现上与以前的 S3C2440 等老架构相比,有了很大的不同。在 S3C2440 上,上电执行的第 1 个程序通常写在 start.S 里,这个文件的开头必定是关于中断向量相关的语句,具体内容如下:

```
.globl _start
_start:  b       reset
    ldr   pc, _undefine_interrupt
    ldr   pc, _software_interrupt
    ldr   pc, _prefetch_abort
    ldr   pc, _data_abort
    ldr   pc, _not_used
    ldr   pc, _irq
    ldr   pc, _fiq
```

这就说明了以前中断向量的入口地址是固定的,也就是通常说的 0x0000_0000 或 0xFFFF_0000(这是由 CP15 寄存器的 V 标志位是 0 还是 1 决定),那么 S5PV210 的中断向量是否也存放在这个地址呢? 从 S5PV210 官方手册上,可以看到,中断向量存放在从 0xD003_7400 开始的 128 字节空间里,这就与上面介绍的不一样了,是不是 S5PV210 架构改变了设计呢? 实际上当中断发生时 CPU 的 PC 寄存器还是先跳到从 0 地址开始的中断向量表中找到对应的中断,执行中断服务程序,比如跳到 0x18 地址处理 IRQ 中断,这些在 S5PV210 的官方手册都没有特别说明,只是介绍了 S5PV210 自带的 iROM 及其功能。其实 iROM 还会实现地址重定位的功能,比如将 0x18 映射到 0xD003_7400+0x18,这些在手册上都没有直接说明,只是稍作提示,可参考表 5-1。

另外,三星也没有公开 iROM 的代码,所以对于 iROM,除了已介绍的功能外,还会做些什么用户是不清楚的。下面通过一个实验来验证 0x18 是被映射到了 0xD003_7400+0x18。

(1) 修改 7.2 节中的 main 函数,目的是读取从 0 地址开始的 1024 字节的数据,代码如下:

```
01 int main(void)
02 {
```

```
03    char c;
04    int i;
05    while (1)
06    {
07        c = getc();
08        if (c == 'A')
09        {
10            for (i=0; i<1024; i++)
11                putc( * (char *)(0+i));
12        }
13    }
14    return 0;
15 }
```

（2）通过串口输出内存地址 0~1023 处存放的数据（即 iROM 前 1024 字节的数据），这些数据都是不可读的，下面通过 UtraEdit 工具以十六进制显示，截取部分内容如图 8-1 所示。

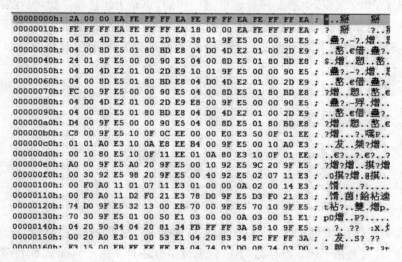

图 8-1　iROM 前 1024 字节部分数据截图

（3）将读出来的数据保存为 bin 文件中，然后反汇编此 bin 文件。

$ arm-linux-objdump -D -b binary -m arm iROMData.bin > iROMData.dis

iROMData.dis 反汇编文件的部分内容显示如下：

```
00000000 <.data>:
   0:  ea00002a    b   0xb0          //reset 复位向量
   4:  eafffffe    b   0x4
   8:  eafffffe    b   0x8
   c:  eafffffe    b   0xc
  10:  eafffffe    b   0x10
  14:  eafffffe    b   0x14
  18:  ea000018    b   0x80          //IRQ 中断向量
  1c:  eafffffe    b   0x1c
  20:  e24dd004    sub sp, sp, #4
```

```
   24:   e92d0001    push   {r0}
   ...
   78:   e58d0004    str    r0, [sp, #4]
   7c:   e8bd8001    pop    {r0, pc}
   80:   e24dd004    sub    sp, sp, #4          //栈指针下移 4 个字节
   84:   e92d0001    push   {r0}               //将 r0 寄存器内容入栈,因为下面需要使用 r0
   88:   e59f00e8    ldr    r0, [pc, #232]; 0x178  //r0=pc+232=0x90+232=0x178
   8c:   e5900000    ldr    r0, [r0]           //取地址 0x178 里的数据,保存到 r0
   90:   e58d0004    str    r0, [sp, #4]       //将 r0 入栈
   94:   e8bd8001    pop    {r0, pc}           //出栈,此时 pc=[0x178]=0xD003_7418
   98:   e24dd004    sub    sp, sp, #4
   9c:   e92d0001    push   {r0}
   a0:   e59f00d4    ldr    r0, [pc, #212]      ; 0x17c
   a4:   e5900000    ldr    r0, [r0]
   a8:   e58d0004    str    r0, [sp, #4]
   ac:   e8bd8001    pop    {r0, pc}
   b0:   e59f00c8    ldr    r0, [pc, #200]      ; 0x180
   b4:   ee0c0f10    mcr    15, 0, r0, cr12, cr0, {0}
   b8:   e3e00000    mvn    r0, #0
   ...
  164:   eafffffe    b    0x164
  168:   d0037404    andle  r7, r3, r4, lsl #8
  16c:   d0037408    andle  r7, r3, r8, lsl #8
  170:   d003740c    andle  r7, r3, ip, lsl #8
  174:   d0037410    andle  r7, r3, r0, lsl r4
  178:   d0037418    andle  r7, r3, r8, lsl r4    //地址 0x178 对应的内容
  17c:   d003741c    andle  r7, r3, ip, lsl r4
  180:   00000000    andeq  r0, r0, r0
  184:   e2700000    rsbs   r0, r0, #0
  188:   d0020010    andle  r0, r2, r0, lsl r0
  18c:   e010a000    ands   sl, r0, r0
   ...
```

通过上面的反汇编文件,可以很清楚地看出 0x18 这个 IRQ 中断被映射到了 0xD003_
7400+0x18。至此证明了 S5PV210 中断异常与 S3C2440 在本质上没有什么区别。另外,
可以查看 Cortex-A8 编程向导手册(Cortex-A Series Programmer's Guide),上面也介绍了
CPU 是从 0 地址开始启动的。所以,S5PV210 的中断向量表放在 0xD003_7400 开始的地
址空间,只能说明是 iROM 存储器里的固化代码在"作怪"。

最后,S5PV210 的每一个中断控制器组中都有许多寄存器,有很多是中断服务程序的
地址寄存器,其中每一个寄存器指向相应中断服务程序的入口,同时还有中断优先级寄存器
与之相匹配。这提供了很大的方便,用户可以直接通过这些寄存器来设置各种外设的中断,
甚至可以不用考虑中断向量表,直接操作中断控制寄存器也能实现系统的中断。此外,还有
中断状态寄存器、中断使能寄存器、中断清除寄存器等,下一节会详细介绍各个寄存器。

8.1.2　中断控制寄存器介绍

S5PV210 有 4 个 VIC 和 4 个 TZIC,其中每一组 VIC 和 TZIC 中都有很多寄存器,下面
以实验中将会用到的中断控制器 VIC0 为例对寄存器进行介绍,其他组的寄存器使用方法

类似。

1）VIC0IRQSTATUS、VIC0FIQSTATUS 和 VIC0RAWINTR 寄存器

这是 32 位的寄存器,其中每一位代表一个中断源的状态,通过寄存器中的某一位可以知道相应的中断是否被屏蔽,初始状态都是屏蔽掉的,当有中断触发后,硬件上会把相应的位置 1。

VIC0FIQSTATUS 寄存器代表快速中断源的状态,用法与 VIC0IRQSTATUS 类似。VIC0RAWINTR 寄存器在前面已介绍。

2）VIC0INTSELECT、VIC0INTENABLE 和 VIC0INTENCLEAR 寄存器

VIC0INTSELECT 寄存器中的每一位用于设置相应中断源是 IRQ 中断还是 FIQ 中断。默认是 IRQ 中断,如果某位被置 1 即为 FIQ 中断。

VIC0INTENABLE 寄存器用于开启中断,相应的位被写入 1 即开启,如果读此寄存器,相应的位为 0 表示中断禁止,反之为开启;VIC0INTENCLEAR 用于清除 VIC0INTENABLE 寄存器中相应的位,当相应的位被写入 1 即把 VIC0INTENABLE 寄存器中开启的相应中断禁止掉。需要特别注意的是,改变这两个寄存器中相应位的状态只有写入 1 才有效,写入 0 无效。

3）VIC0SOFTINT 和 VIC0SOFTINTCLEAR 寄存器

VIC0SOFTINT 用于开启软件中断,当相应的位被写入 1 即开启,如果读此寄存器,相应位为 0 时表示对应的中断禁止,反之为开启;VIC0SOFTINTCLEAR 寄存器用于禁止被 VIC0SOFTINT 开启的中断,禁止的方法是往相应位写入 1。需要注意的是,此两种寄存器都是写入 1 才有效,写入 0 无效。

4）VIC0PROTECTION 寄存器

VIC0PROTECTION 用于控制寄存器的访问权限。当 bit[0] 为 1 时开启保护模式,此模式下只有系统工作在特权模式下才可访问中断控制器寄存器;如果为 0,在用户模式和特权模式下都可访问。

5）VIC0ADDRESS 和 VIC0VECTADDR[0:31] 寄存器

当中断发生时,CPU 需跳到中断服务程序处执行(ISR),对应中断服务程序的入口就由 VIC0ADDRESS 寄存器上报给 CPU,所以当中断处理完毕,此寄存器必须清零。往寄存器中写入任何数据都会清除当前的中断,读寄存器可以知道 ISR 的入口地址。

VIC0VECTADDR0～VIC0VECTADDR31 寄存器保存中断服务程序的入口地址。由于 CPU 每次只能有一个中断在执行,所以这 31 个中断根据优先级先后,每次只有一个中断服务程序的入口地址被自动送给 VIC0ADDRESS 寄存器,再由 VIC0ADDRESS 将中断服务程序的入口地址上报给 CPU。

6）VIC0SWPRIORITYMASK 寄存器

VIC0SWPRIORITYMASK 寄存器用于启用或禁止 16 个中断优先级,默认是没有被屏蔽的,当写入 0 时即启用,写入 1 时即禁止,寄存器的前 16 位对应 16 个中断优先级。

7）VIC0VECTPRIORITY[0:31] 寄存器

该寄存器为每一个中断设置优先级,VIC0VECTPRIORITY0～VIC0VECTPRIORITY31 寄存器的 bit[3:0] 用于设置中断优先级,设置范围为 0～15,默认的优先级为 15。在 S5PV210 中,对中断优先级的设置较 S3C2440 简单很多,只要将相应的比特位赋值即可。

8.2 S5PV210 的中断应用实例

8.2.1 实验介绍

1. 实验目的

利用开发板上的按键控制 LED 发光二极管,当按键第一次按下时,对应的 LED 灯亮,再次按下时灯就灭。

2. 实验原理

如图 8-2 所示,KEY1、KEY2 分别与 XEINT0、XEINT1 相连,XEINT0 和 XEINT1 即 GPH0_0 和 GPH0_1 引脚,将这两个 GPIO 引脚配置成中断引脚,当按键被按下时即触发一个中断,根据图 8-2 所示触发方式配置为下降沿触发。

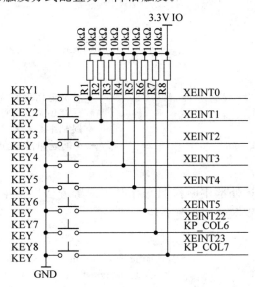

图 8-2 按键示例图

3. 实验步骤

S5PV210 的中断过程前面有介绍,下面简单介绍中断的基本配置方法:

(1) 配置 GPIO 引脚及其外部中断控制寄存器;

(2) 选择中断类型(VICxINTSELECT);

(3) 清中断服务程序入口寄存器(VICxADDRESS);

(4) 设置相应中断的中断服务程序入口(VICxVECTADDR);

(5) 使能中断(VICxINTENABLE)。

8.2.2 程序设计与代码详解

实验程序可以从四个方面设计:一是启动程序的设计,主要是对 ARM 工作模式的配置和中断服务程序的设计;二是初始化程序,包括 S5PV210 中断控制器的初始化、GPIO 引脚的配置;三是主程序设计;最后是编写 Makefile,编译生成目标文件。下面就从这四个方面编写测试代码以及代码的详解。

1. 启动程序 start. S

前面已介绍过,S5PV210 本身的固化代码(iROM)在上电后配置好 IRQ 中断的栈以及系统模式所使用的栈,所以在启动代码中可以不用设置这些栈(如果重新配置也可以)。因此实验的启动程序比较简单,主要是当中断发生时先保存现场,跳到中断服务程序执行中断处理,处理结束后再恢复现场。具体代码示例如下:

```
01 .text
02 .global _start                            /* 声明一个全局的标号 */
03 .global IRQ_handle
04 _start:
06    mrs r0,cpsr
07    bic r0,r0,#0x00000080                  /* 使能 IRQ 中断 bit[7]=0 */
08    msr cpsr,r0
09    bl main
10 halt_loop:
11    b  halt_loop                           /* 死循环,不让程序跑飞 */
12
13 IRQ_handle:
14    sub lr, lr, #4                         /* 计算返回地址 */
15    stmdb sp!, {r0-r12, lr}                /* 保存用到的寄存器 */
16    bl irq_handler                         /* 跳到中断服务函数 */
17    ldmia sp!, {r0-r12, pc}^               /* 中断返回,^表示将 spsr 的值复制到 cpsr */
```

2. 初始化阶段

初始化阶段重点讲述外部中断控制寄存器的配置方法以及中断向量控制寄存器的设置,关于 LED 相关的引脚配置不重复介绍。

```
...
08 #define GPH0CON          *((volatile unsigned int *)0xE0200C00)
09 #define GPH0DAT          *((volatile unsigned int *)0xE0200C04)
10 #define EXT_INT_0_CON    *((volatile unsigned int *)0xE0200E00)
11 #define EXT_INT_0_MASK   *((volatile unsigned int *)0xE0200F00)
12
13 #define VIC0IRQSTATUS    *((volatile unsigned int *)0xF2000000)
14 #define VIC0INTSELECT    *((volatile unsigned int *)0xF200000C)
15 #define VIC0INTENABLE    *((volatile unsigned int *)0xF2000010)
16 #define VIC0VECTADDR0    *((volatile unsigned int *)0xF2000100)
17 #define VIC0VECTADDR1    *((volatile unsigned int *)0xF2000104)
18 #define VIC0ADDRESS      *((volatile unsigned int *)0xF2000F00)
19
20 extern void IRQ_handle(void);
...
38 //配置中断引脚
39 void init_key(void)
40 {
41   //配置 GPIO 引脚为中断功能
42   GPH0CON &= ~(0xFF<<0);
```

```
43  GPH0CON |= (0xFF<<0);              //key1:bit[3:0];key2:bit[7:4]
44  //配置 EXT_INT[0]、EXT_INT[1]中断为下降沿触发
45  EXT_INT_0_CON &= ~(0xFF<<0);
46  EXT_INT_0_CON |= 2|(2<<4);
47  //取消屏蔽外部中断 EXT_INT[0]、EXT_INT[1]
48  EXT_INT_0_MASK &= ~0x3;
49 }
50  //清中断挂起寄存器
51 void clear_int_pend()
52 {
53   EXT_INT_0_PEND |= 0x3;              //EXT_INT[0]、EXT_INT[1]
54 }
55 //初始化中断控制器
56 void init_int(void)
57 {
58    //选择中断类型为 IRQ
59    VIC0INTSELECT = ~0x3;              //外部中断 EXT_INT[0]、EXT_INT[1]为 IRQ
60    //清 VIC0ADDRESS
61    VIC0ADDRESS = 0x0;
62    //设置 EXT_INT[0]、EXT_INT[1]对应的中断服务程序的入口地址
63    VIC0VECTADDR0 = (int)IRQ_handle;
64    VIC0VECTADDR1 = (int)IRQ_handle;
65    //使能外部中断 EXT_INT[0]、EXT_INT[1]
66    VIC0INTENABLE |= 0x3;
67 }
68 //清除需要处理的中断的中断处理函数的地址
69 void clear_vectaddr(void)
70 {
71    VIC0ADDRESS = 0x0;
72 }
73 //读中断状态
74 unsigned long get_irqstatus(void)
75 {
76    return VIC0IRQSTATUS;
77 }
```

3. 主程序

开发板上电后就会跳到主程序 main 执行，主程序 main 中主要是对各初始化函数的调用。另外，main.c 中还定义了一个中断处理函数，也就是当相应的中断发生后，CPU 需要跳过去执行的具体内容，这里主要是点灯或灭灯。

```
01 extern void init_leds(void);                    //其他源文件中定义的函数在此声明
02 extern void clear_int_pend();
03 extern void led1_on_off();
04 extern void led2_on_off();
05 extern void init_key(void);
06 extern void init_int(void);
07 extern void clear_vectaddr(void);
08 extern unsigned long get_irqstatus(void);
09 void irq_handler()
```

```
10 {
11     volatile unsigned char key_code = get_irqstatus() & 0x3; //VIC0's status
12     clear_vectaddr();                                          /* 清中断向量寄存器 */
13     clear_int_pend();                                          /* 清 pending 位 */
14     if (key_code == 1)                                         /* key1 */
15         led1_on_off();
16     else if (key_code == 2)                                    /* key2 */
17         led2_on_off();
18     else
19     {
20         led1_on_off();
21         led2_on_off();
22     }
23 }
24 int main(void)
25 {
26     int c = 0;
27
28     init_leds();                                               /* 初始化 GPIO 引脚 */
29     init_key();                                                /* 初始化按键中断 */
30     init_int();                                                /* 初始化中断控制器、使能中断 */
31
32     while (1);
33 }
```

4. 编写 Makefile

```
01 objs := start.o init.o main.o
02
03 int.bin: $(objs)
04     arm-linux-ld -Ttext 0xD0020010 -o int.elf $^
05     arm-linux-objcopy -O binary -S int.elf $@
06     arm-linux-objdump -D int.elf > int.dis
07
08 %.o : %.c
09     arm-linux-gcc -c -O2 $< -o $@
10
11 %.o : %.S
12     arm-linux-gcc -c -O2 $< -o $@
13
14 clean:
15     rm -f *.o *.elf *.bin *.dis
```

　　以上所有源程序都存放在/opt/examples/ch8/int-simple 目录下,最后再说明一下 S5PV210 的中断过程。在设计中断程序时,程序员完全可以不用关心中断向量具体存放的位置,只需通过 S5PV210 提供的向量中断控制寄存器就可以很容易地实现中断程序的设计,如上面的实验所示。但这样会有一个问题,如果有若干个不同的中断源,比如 IRQ,那么对于每一个中断源所发起的中断,是不是也要像上面程序那样一个一个去配置呢? 显然这不是最好的方法。大家仍可按照所熟悉的 S3C2440 里的中断处理方式,定义好 7 种异常向量的入口,其实在 iROM 里已经分配好向量存放的起始位置 0xD003_7400,下面只需把异常向量的入口地址映射到 0xD003_7400 开始的存储空间即可,具体的实现过程这里不一一分析,所有源程序代码存放在/opt/examples/ch8/int,有兴趣的读者可以参考学习。

8.2.3 实例测试

将以上编写好的源代码上传到宿主机上,编译生成可执行的目标文件 int. bin,然后烧写到开发板上电测试,这些步骤不重复介绍,如果不清楚可以参考第 5 章和第 6 章。

实验最终结果是:当按下 KEY1 时,LED1 灯会被点亮或熄灭;当按下 KEY2 时,LED2 灯会被点亮或熄灭。

8.3 本章小结

本章介绍了一般中断的处理过程,重点介绍了 S5PV210 的中断体系结构、向量控制寄存器的使用方法等,读者通过本章的实验,可以熟练掌握基于 Cortex-A8 平台的中断裸机程序的开发方法。

第**9**章

系统时钟和定时器

本章学习目标
- 了解 S5PV210 的时钟体系结构；
- 掌握 S5PV210 的系统时钟配置方法；
- 掌握 S5PV210 的 PWM 定时器的用法。

9.1 S5PV210 的时钟体系结构

9.1.1 S5PV210 的时钟域和时钟源

在前面几章的实验中都是使用 S5PV210 的默认时钟，即 iROM 固化程序以 24MHz 的外部晶振作为时钟源配置系统时钟，其主频（ARMCLK）只有 400MHz，这样的频率在现代消费类电子中，算是比较低的。下面就对 S5PV210 的时钟体系进行介绍，并且在后面的实验中将系统主频配置到 1GHz。

1. S5PV210 时钟域的构成

S5PV210 由 3 个时钟域构成，分别是主系统（Main System，MSYS）、显示系统（Display System，DSYS）和外围系统（Peripheral System，PSYS），如图 9-1 所示。

MSYS 域服务对象主要是 Cortex-A8 处理器、DRAM 内存控制器（DMC0 和 DMC1）、3D 控制器、片内 SRAM（IRAM 和 IROM）、中断控制器 INTC 和一些可配置接口。

DSYS 域服务对象主要是显示相关模块，比如 FIMC、FIMD、JPEG 等。

PSYS 域服务对象主要是 I/O 外围设备、安全系统和低功耗音频。

每个总线系统的最大工作频率分别为 200MHz、166MHz 和 133MHz，不同的域之间通过异步总线桥（BRG）相连接。

2. S5PV210 时钟源描述

S5PV210 的系统时钟可以由外部晶振通过内部的逻辑电路放大产生，或者直接使用外部提供的时钟源，通过引脚的设置来选择，具体可总结为如下几类。

(1) 来自外部晶振：诸如 XRTCXTI、XXTI、XUSBXTI 和 XHDMIXTI；

(2) 来自系统的时钟管理单元（CMU）：诸如 ARMCLK、HCLK、PCLK 等；

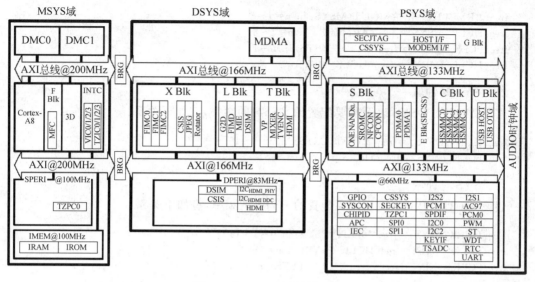

图 9-1 S5PV210 时钟域框图

（3）来自 USB PHY；

（4）来自 GPIO 引脚的设置。

在 S5PV210 中引入了 4 类脉冲锁相环（PLL），分别是 APLL、MPLL、EPLL 和 VPLL，它们对应于不同的时钟域，一般官方比较推荐使用 24MHz 的外部晶振作为 APLL、MPLL、EPLL 和 VPLL 的时钟源，然后通过 PLL 将频率放大提供给整个系统，这里使用 24MHz 的外部晶振，这是由于 iROM 默认就是使用 24MHz 的外部晶振。

其中 APLL 可以提供 30MHz～1GHz 的工作频率 $SCLK_{APLL}$，MPLL 提供 50MHz～2GHz 的工作频率 $SCLK_{MPLL}$，EPLL 提供 10～600MHz 的工作频率 $SCLK_{EPLL}$，VPLL 提供 10～600MHz 的工作频率 $SCLK_{VPLL}$，为视频模块提供 54MHz 的工作频率。

9.1.2 S5PV210 的时钟应用和配置流程

1. S5PV210 的时钟应用

S5PV210 较典型的应用如下：

（1）Cortex-A8 和 MSYS 时钟域使用 APLL 提供的时钟（诸如 ARMCLK、HCLK_MSYS 和 PCLK_MSYS）。

（2）DSYS 和 PSYS 时钟域的时钟主要有 HCLK_DSYS、HCLK_PSYS、PCLK_DSYS 和 PCLK_PSYS，以及其外设时钟，诸如 SPI、audio IP 等，它们都由 MPLL 和 EPLL 提供。

（3）VPLL 专用于给视频模块提供时钟。

除此之外，S5PV210 的时钟控制器允许为低频率的时钟避开 PLL，还可以通过软件编程的方式连接或断开 PLL，以达到降低功耗的目的。

S5PV210 各时钟域的时钟关系，官方为用户提供了一个参考，在实际开发时可以参考这个关系配置系统的时钟。

1）MSYS 时钟域

假设 MOUT_MSYS 表示需要配置的 MSYS 的频率，有如下关系：

$$freq(ARMCLK) = freq(MOUT\_MSYS)/n, n=1\sim8$$
$$freq(HCLK\_MSYS) = freq(ARMCLK)/n, n=1\sim8$$
$$freq(PCLK\_MSSY) = freq(HCLK\_MSYS)/n, n=1\sim8$$
$$freq(HCLK\_IMEM) = freq(HCLK\_MSYS)/2$$

2）DSYS 时钟域

假设 MOUT_DSYS 表示需要配置的 DSYS 的频率，有如下关系：

$$freq(HCLK\_DSYS) = freq(MOUT\_DSYS)/n, n=1\sim16$$
$$freq(PCLK\_DSYS) = freq(HCLK\_DSYS)/n, n=1\sim8$$

3）PSYS 时钟域

假设 MOUT_PSYS 表示需要配置的 PSYS 的频率，有如下关系：

$$freq(HCLK\_PSYS) = freq(MOUT\_PSYS)/n, n=1\sim16$$
$$freq(PCLK\_PSYS) = freq(HCLK\_PSYS)/n, n=1\sim8$$
$$freq(SCLK\_ONENAND) = freq(HCLK\_PSYS)/n, n=1\sim8$$

下面再列举一个 S5PV210 手册推荐的高效时钟频率配置方案：

freq(ARMCLK)	= 1000MHz
freq(HCLK_MSYS)	= 200MHz
freq(HCLK_IMEM)	=100MHz
freq(PCLK_MSYS)	=100MHz
freq(HCLK_DSYS)	=166MHz
freq(PCLK_DSYS)	=83MHz
freq(HCLK_PSYS)	=133MHz
freq(PCLK_PSYS)	=66MHz
freq(SCLK_ONENAND)	=133MHz,166MHz

关于 PLL 的 PMS 值的设置，针对不同的频率，S5PV210 手册上都有提供，这也是官方强烈建议使用的参考值，当然也可以自己配置，但可能会存在隐患，因为推荐的配置值是官方验证过的。另外，APLL 通常用于 MSYS 时钟域，MPLL 用于 DSYS 时钟域，这些都是一些供参考的典型的设置。

2. S5PV210 的时钟配置流程

S5PV210 各子模块的时钟，主要是通过 S5PV210 的时钟逻辑电路产生 MSYS、DSYS、PSYS 的时钟频率 $MOUT_{MSYS}$、$MOUT_{DSYS}$、$MOUT_{PSYS}$，这里不过多介绍。另外，通过一些分频器再产生其他的时钟，详细可以参考 S5PV210 的手册。下面通过一张表来说明各模块的最大参考工作频率，如表 9-1 所示。

表 9-1　各模块的最大参考工作频率

时钟域	最大频率/MHz	子 模 块
MSYS	200	MFC,G3D
		TZIC0,TZIC1,TZIC2,TZIC3,VIC0,VIC1,VIC2,VIC3
		DMC0,DMC1
		AXI_MSYS,AXI_MSFR,AXI_MEM
	100	IRAM,IROM,TZPC0

续表

时钟域	最大频率/MHz	子　模　块
DSYS	166	FIMC0,FIMC1,FIMC2,FIMD,DSIM,CSIS,JPEG,Rotator,VP,MIXER, TVENC,HDMI,MDMA,G2D
	83	DSIM,CSIS,I2C_HDMI_PHY,I2C_HDMI_DDC
PSYS	133	CSSYS,JTAG,MODEM I/F CFCON,NFCON,SROMC,ONENAND PDMA0,PDMA1 SECSS HSMMC0,HSMMC1,HSMMC2,HSMMC3 USB OTG,USB HOST
	66	SYSCON,GPIO,CHIPID,APC,IEC,TZPC1,SPI0,SPI1,I2S1,I2S2,PCM0, PCM1,PCM2,AC97,SPDIF,I2C0,I2C2,KEYIF,TSADC,PWM,ST, WDT,RTC,UART

　　在没有开启 PLL 前,系统是由外部晶振直接提供工作频率,即上电后,当晶振输出稳定,通常在 Reset 信息恢复高电平时,CPU 就开始执行,不过此时系统频率不是很高,所以基于 S5PV210 做系统开发时,系统时钟配置是必不可少的。下面重点介绍一下 S5PV210 的系统时钟配置流程。

　　(1) 设置 xPLL 锁定值,对应的寄存器是 xPLL_LOCK(x 为 A、M、E、V);

　　(2) 设置 xPLL 的 PMS 值,并使能 xPLL,对应寄存器是 xPLL_CON;

　　(3) 等待 xPLL 锁定(即等待 xPLL 输出稳定的频率),对应寄存器是 xPLL_CON,读取其 LOCKED 位来判断;

　　(4) 配置系统时钟源,选择 xPLL 作为时钟源(在选择之前是由外部晶振提供),对应的寄存器是 CLK_SRC0;

　　(5) 配置其他模块的时钟源,对应的寄存器是 CLK_SRC1~CLK_SRC6;

　　(6) 配置系统时钟分频值,对应寄存器是 CLK_DIV0;

　　(7) 配置其他模块的时钟分频值,对应寄存器是 CLK_DIV1~CLK_DIV7。

9.1.3　S5PV210 时钟控制寄存器介绍

　　在 S5PV210 的时钟体系中,所有与时钟相关的寄存器已经增加了很多,分工明确,向后也是兼容的。比如地址是 0xE010_6xxx 的寄存器,这类寄存器用于操控 S5PV210 的系统时钟。类似的还有很多,可以参考 S5PV210 的手册。下面重点介绍 S5PV210 的 PLL 控制寄存器。S5PV210 将 PLL 分为 4 部分,即 APLL、MPLL、EPLL 和 VPLL,对应的寄存器功能都类似,下面以 xPLL 代表这 4 个 PLL 来逐一介绍与之相关的寄存器。

1. xPLL_LOCK 寄存器

　　在将 PLL 相关的寄存器都配置好后,此时 PLL 的输出还没有稳定,中间需要等待一段时间,这个时间的长度就是由 xPLL_LOCK 控制寄存器设置的,通常这个时间很短(微秒级),表 9-2 所示是官方推荐的参考值。

表 9-2　Lock time 推荐值

晶振/MHz	目标输出/MHz	PLL	Lock time/μs
24	1000.0000	APLL	30
24	667.0000	MPLL	200
24	96.0000	EPLL	375
24	54.0000	VPLL	100

2. xPLL_CONn 寄存器(n=0、1)

此寄存器用于设置 MDIV、PDIV 和 SDIV 的值,以及 PLL 使能控制等,关于 xPLL 输出频率的计算方法,有如下一些公式(假设外部晶振 FIN=24MHz)供参考。

1) APLL

$APLL_{FOUT} = MDIV \times FIN / (PDIV \times 2^{SDIV-1})$

PDIV 取值范围:$1 \leqslant PDIV \leqslant 63$

MDIV 取值范围:$64 \leqslant MDIV \leqslant 1023$

SDIV 取值范围:$1 \leqslant SDIV \leqslant 5$

2) MPLL

$MPLL_{FOUT} = MDIV \times FIN / (PDIV \times 2^{SDIV})$

PDIV 取值范围:$1 \leqslant PDIV \leqslant 63$

MDIV 取值范围:$16 \leqslant MDIV \leqslant 1023$

SDIV 取值范围:$1 \leqslant SDIV \leqslant 5$

3) EPLL

$EPLL_{FOUT} = (MDIV + K/65536) \times FIN / (PDIV \times 2^{SDIV})$

PDIV 取值范围:$1 \leqslant PDIV \leqslant 63$

MDIV 取值范围:$16 \leqslant MDIV \leqslant 511$

SDIV 取值范围:$0 \leqslant SDIV \leqslant 5$

K 的取值范围:$0 \leqslant SDIV \leqslant 65535$(微调,使计算结果更加精确)

4) VPLL

$VPLL_{FOUT} = MDIV \times FIN / (PDIV \times 2^{SDIV})$

PDIV 取值范围:$1 \leqslant PDIV \leqslant 63$

MDIV 取值范围:$16 \leqslant MDIV \leqslant 511$

SDIV 取值范围:$0 \leqslant SDIV \leqslant 5$

3. CLK_SRCn 寄存器(n=0~6)

CLK_SRC0 主要用于选择系统的时钟源,CLK_SRC1~6 用于设置各子模块的时钟源。子模块时钟源选择好后,还要开启相应的屏蔽位选择才会生效,相应的屏蔽寄存器为 CLK_SRC_MASKn(n=0~1)。

4. CLK_DIVn 寄存器(n=0~7)

S5PV210 支持各种时钟工作频率,通过配置 CLK_DIVn 寄存器分频值比例系数,就可以为系统或子功能模块提供特定的工作频率。下面以系统频率和 UART0 的工作频率为例,介绍分频比例系数的设置,其他模块的配置方式类似。

1) 配置 ARMCLK 系统时钟

对应的分频寄存器是 CLK_DIV0，从 S5PV210 手册可以查到 bit[2:0] 是用来配置 APLL 的分频系数的，计算公式如下：

$$ARMCLK = MOUT\_MSYS / (APLL\_RATIO + 1)$$

MOUT_MSYS 是由前面 PLL_CON 寄存器配置得来的，配置时可以参考 S5PV210 手册上面的推荐值，ARMCLK 即为配置的值，当然，这个值不能超过 S5PV210 支持的最大值。知道这两个数值后，根据公式即可计算出 APLL_RATIO 这个分频系数值。

2) 配置 SCLK_UART0

对应的分频寄存器是 CLK_DIV4 的 bit[19:16]，其计算公式如下：

$$SCLK\_UART0 = MOUTUART0 / (UART0\_RATIO + 1)$$

上面是通过 PLL 配置 S5PV210 的系统时钟以及其他功能模块的时钟，经过上述寄存器的配置后，CPU 就可以使用 PLL 提供的时钟源工作了。除这些寄存器外，还有一些特殊功能的寄存器，比如时钟门控寄存器，它可以为每一个功能模块的时钟源配置门控操作。对于这些寄存器，本书没有特别介绍，有兴趣的读者可以参考 S5PV210 使用手册。

9.2 S5PV210 PWM 定时器

9.2.1 S5PV210 PWM 定时器概述

S5PV210 提供了 5 个 32 位的脉冲宽度调制（PWM）定时器，它们都可以为 ARM 子系统提供中断服务，定时器（Timer）0、1、2 和 3 具备 PWM 功能，都有一个输出引脚，可以通过定时器控制该引脚的电平高低变化。另外，Timer 0 还具有一个可操作的死区（dead-zone）产生器，死区主要是为了支持大电流的设备，Timer 4 是一个没有输出引脚的内部定时器。

定时器使用 APB-PCLK 作为时钟源，Timer 0 和 1 共享一个可编程的 8 位预分频器，此分频器为第一级分频。Timer 2、3 和 4 共享一个 8 位预分频器。每一个定时器都有它自己的时钟分频器以提供第二级的时钟分频（1 分频、2 分频、4 分频、8 分频和 16 分频）。Timer 0、1、2、3、4 还可以直接以 SCLK_PWM 作为时钟源。S5PV210 定时器系统的具体结构框图如图 9-2 所示。

每个定时器内部都有一个 32 位的 TCNTn 递减寄存器，由定时器时钟驱动，它的初始值由 TCNTBn 寄存器提供。下面介绍 PWM 定时器的定时工作流程，即 S5PV210 的 Timer 0、1、2、3。

(1) 程序一开始，先设置好 TCNTBn 和 TCMPBn 这两个寄存器的值，它们表示定时器的初始值和比较值。

(2) 配置 TCON 寄存器开启定时器，在使能手动更新（manual update）后将 TCNTBn 和 TCMPBn 寄存器里的数值自动装入定时器内部寄存器 TCNTn 和 TCMPn，定时器开始减 1 计数。TCNTBn 的值不同，决定了 TOUTn 的转出频率不同。

(3) 当寄存器 TCNTn 的数值减到与 TCMPn 寄存器的值相等时，在 TCON 寄存器中使能了自动反转功能后，TOUTn 的输出引脚即被反转（高电平反转为低电平，低电平反转

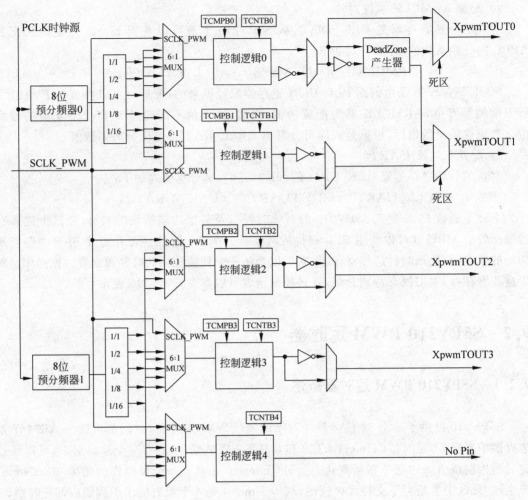

图 9-2   S5PV210 定时器框图

为高电平),同时寄存器 TCNTn 继续进行减 1 操作。TCNTn 寄存器里的数值可以通过读取 TCNTOn 寄存器获得。

(4) 当寄存器 TCNTn 的值递减到 0 时,如果定时器的中断被使能,则触发它的中断。如果在 TCON 寄存器中配置了 Auto Reload(自动加载),则定时器自动将 TCNTBn 和 TCMPBn 寄存器里配置的数值加载到 TCNTn 和 TCMPn 寄存器,开始下一个定时计数。如果不允许自动加载,则定时器停止。

通过 PWM 定时器的工作流程可以知道,TCMPBn 寄存器决定了 TOUTn 输出信号的占空比,TCNTBn 寄存器的值决定了输出信号 TOUTn 的频率,也就是通常说的可调制脉冲,所以这类定时器也就是 PWM 定时器。通常当输出信号 TOUTn 频率不变时,TCMPBn 的值越大,脉冲信号高电平持续时间越长;反之,持续时间越短。如果使能了 TCON 寄存器中的 inverter 位,则 TCMPBn 的值与脉冲信号高电平持续时间的对应关系反转。具体操作过程如图 9-3 所示。

使用 PWM 对大电流设备进行控制时,常常用到死区功能。死区功能在切断一个开关设备和接通另一个开关设备之间,允许插入一个时间间隙。在这个时间间隙,禁止两个开关设备同时被接通,即使接通非常短的时间也不允许。

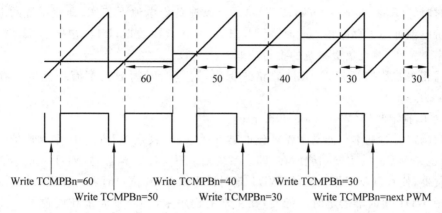

图 9-3   PWM 示例图

下面以定时器 0 为例介绍 PWM 定时器编程步骤。

(1)程序设置预分频器、时钟分频器值。

(2)程序设置 TCNTB0、TCMPB0 寄存器值。

(3)程序设置允许手动更新,Timer 0 自动将 TCNTB0、TCMPB0 的值加载到 Timer 0 内部的 TCNT0、TCMP0 寄存器。

(4)程序设置启动 Timer 0,即将 TCON 寄存器对应的 start/stop 位置 1,Timer 0 的 TCNT0 开始计数。

(5)当 TCNT0 的值与 TCMP0 的值相等时,TOUT0 电平由低变高,如果在 TCON 寄存器中使能了 Timer 0 的中断功能,则触发 Timer 0 的中断,执行其中断服务程序。

(6)如果允许自动加载(在 TCON 寄存器里设置),则 TCNT0 计数值达到 0 时自动重装,然后开始下一次定时;如果不允许自动加载,则计数值达到 0 时,Timer 0 停止。

(7)计数过程中,程序可以给 TCNTB0、TCMPB0 装入一个新值,在自动重装方式下,新的值被用于下一次定时,通常可以在中断服务程序里设置。这也是 S5PV210 定时器的双缓冲功能(因为 TCNTB0 和 TCMPB0 在启动定时器时会被加载到 TCNT0 和 TCMP0 寄存器),在定时过程中改变下一次定时操作值,而不影响本次定时。

(8)计数过程中,通过编程可以停止 Timer 0 计数(将 TCON 寄存器对应的 start/stop 位置 0 即可),通常可以在中断服务程序里设置。

9.2.2   S5PV210 定时器

S5PV210 除上面介绍的 PWM 定时器外,还有系统定时器、实时时钟(RTC)和看门狗定时器(WATCHDOG),功能与 PWM 定时器基本类似,只是多了一些特殊功能,有兴趣的读者可以详细阅读 S5PV210 的使用手册。

1)系统定时器(System Timer)

System Timer 主要为系统提供 1ms 的定时计数,而且是在除休眠模式以外的任何模式下;另外,还可以在不终止定时计数的情况下改变内部中断的发生时段。它也是 32 位的 PWM 定时器。

2）实时时钟（RTC）

实时时钟（Real Time Clock，RTC）单元可以在备份电池下工作，即使系统的电源被关闭。备份电池可用于存储秒、分、时、星期、日、月和年这些数据，RTC 在外部 32.768kHz 的工作频率下工作，并且负责系统的报警功能。

时间相关的数据都是以 BCD 码格式保存，每一个时间数据都有独立的寄存器与之对应。

3）看门狗定时器（Watchdog Timer）

看门狗定时器基本功能与 PWM 定时器几乎一样，只是 WDT 会产生复位信号来恢复系统，这也是 WDT 的主要功能所在，即当系统发生不可控的异常时 WDT 定时装置可恢复相关控制器，使其重新工作。另外，WDT 定时器可以像 16 位定时器一样提供中断服务。

使用 WDT 定时器的定时功能时，在正常的程序中，必须不断重新设置 WTCNT 寄存器，使得它不为 0，这样可以保证系统不被重启，这就是通常说的"喂狗"；当程序崩溃时不能正常"喂狗"，计数值达到 0 后系统将被重启，不至于因为程序崩溃而"死机"。所以，在通常的嵌入式系统设计中，为了避免系统出错等原因而导致系统彻底"死机"，经常会使用 WDT 的定时功能。

9.2.3   PWM 定时器的寄存器介绍

1. TCFG0 寄存器（Timer Configuration Register 0）

S5PV210 的定时器系统有两个 8 位的预分频器，如图 9-2 所示，用来产生定时器的输入时钟频率。TCFG0 寄存器就是用于配置 Timer 的输入时钟频率以及死区的长度，时钟频率通过以下公式计算得到：

Timer 输入时钟频率＝PCLK/（{prescaler value＋1}）/{divider value}

{prescaler value}＝1～255

{divider value}＝1，2，4，8，16，TCLK

Dead zone length＝0～254

Prescaler value 是预分频器的分频系数，通过 TCFG0 寄存器配置，具体配置如表 9-3 所示。

表 9-3   TCFG0 寄存器配置表

TCFG0	位	描 述	初 始 状 态
Reserved	[31:24]	保留位	0x00
Dead zone length	[23:16]	死区长度	0x00
Prescaler 1	[15:8]	定时器 2、3、4 的预分频值	0x01
Prescaler 0	[7:0]	定时器 0 和 1 的预分频值	0x01

注：如果 Dead zone length 等于 n，实际的 Dead zone length 应等于 n＋1（n＝0～254）。

2. TCFG1 寄存器（Timer Configuration Register 1）

在 S5PV210 的定时器系统中有多路复用的电路，通过它们进一步将输入的时钟频率进行分频，通常有 1 分频、2 分频、4 分频、8 分频和 16 分频，而实际中使用哪一种分频，就需要配置 TCFG1 寄存器来选择,即配置定时器的实际工作频率。在前面配置 TCFG0 寄存器时,公式中有一个系数叫 divider value,可以看到其取值是有限制的,并不是随意取值,现在对照 TCFG1 寄存器就不难理解 divider value 的取值了。表 9-4 列出了 Timer 0、1、2、3 和 4的 TCFG1 寄存器的具体配置。

表 9-4　TCFG1 寄存器配置表

TCFG1	位	描　述	初始状态
Reserved	[31:24]	保留位	0x00
Divider MUX4	[19:16]	PWM 定时器 4 的多路输入 0000 = 1/1 分频;0001 = 1/2 分频;0010 = 1/4 分频;0011 = 1/8 分频;0100 = 1/16 分频;0101 = SCLK_PWM	0x00
Divider MUX3	[15:12]	PWM 定时器 3 的多路输入 0000 = 1/1 分频;0001 = 1/2 分频;0010 = 1/4 分频;0011 = 1/8 分频;0100 = 1/16 分频;0101 = SCLK_PWM	0x00
Divider MUX2	[11:8]	PWM 定时器 2 的多路输入 0000 = 1/1 分频;0001 = 1/2 分频;0010 = 1/4 分频;0011 = 1/8 分频;0100 = 1/16 分频;0101 = SCLK_PWM	0x00
Divider MUX1	[7:4]	PWM 定时器 1 的多路输入 0000 = 1/1 分频;0001 = 1/2 分频;0010 = 1/4 分频;0011 = 1/8 分频;0100 = 1/16 分频;0101 = SCLK_PWM	0x00
Divider MUX0	[3:0]	PWM 定时器 0 的多路输入 0000 = 1/1 分频;0001 = 1/2 分频;0010 = 1/4 分频;0011 = 1/8 分频;0100 = 1/16 分频;0101 = SCLK_PWM	0x00

3. TCNTBn 和 TCMPBn 寄存器(Timer n Cout Buffer Register 和 Timer n Compare Buffer Register)

n 为 0~4,TCNTBn 寄存器用于设置定时器的初始计数值,TCMPBn 寄存器用于设置比较值。它们的值在定时器启动时,被传到定时器内部寄存器 TCNTn 和 TCMPn 中。值得注意的是,Timer 4 没有 TCMPB4 寄存器,因为 Timer 4 没有输出引脚。

4. TCNTOn 寄存器(Timer n Count Observation Register)

n 为 0~4,此寄存器是配合 TCNTn 寄存器工作的,在定时器启动后,TCNTn 寄存器不断减 1 计数,这时可以通过读取 TCNTOn 寄存器知道当前计数值是多少。

5. TCON 寄存器(Timer Control Register)

TCON 寄存器的主要功能如下:

(1) 启动、停止定时器;

(2) 第一次启动定时器时手动将 TCNTBn 和 TCMPBn 寄存器的数值装入内部寄存器 TCNTn 和 TCMPn 寄存器中;

(3) 决定在定时器的计数达到 0 时是否自动将 TCNTBn 和 TCMPBn 寄存器的数值装入内部 TCNTn 和 TCMPn 寄存器中,继续下一次计数;

(4) 决定定时器 TOUTn 引脚的输出电平是否反转;

(5) 决定是否要打开定时器的死区。

以上 5 个功能在 Timer 0 和 Timer 1 定时器中都可以通过配置相应的比特位进行设

置,Timer 2 和 Timer 3 没有死区,所以没有功能(5),而 Timer 4 不仅没有死区,还没有输出引脚,所以功能(4)和(5)这两项都没有。下面以 Timer 0 为例介绍相应位的作用,如表 9-5 所示。

表 9-5   TCON 寄存器配置表

TCON	位	取 值 描 述	初始状态
Dead Zone 使能	[4]	死区产生器开启/禁止	0x0
Timer 0 自动加载	[3]	0 = One-Shot(不自动加载,计数结束定时即停止) 1 = Interval Mode(Auto-Reload)	0x0
Timer 0 输出反转	[2]	0 = 关闭反转 1 = TOUT_0 启动反转	0x0
Timer 0 手动更新	[1]	0 = 不更新 1 = 手动更新 TCNTB0,TCMPB0 寄存器	0x0
Timer 0 开启/关闭	[0]	0 = 停止 1 = 开启 Timer 0	0x0

对于 TCON 寄存器的配置,需要特别注意的是 Manual Update 位的设置,假如定时器正在减 1 计数,此时修改 TCNTBn 和 TCMPBn 寄存器的值,会同时将 Manual Update 也置为 1,那么 TCNTn 和 TCMPn 寄存器的值即被立即修改,同时定时器中断的周期也跟着发生改变。

6. TINT_CSTAT 寄存器(Timer Interrupt Control and Status Register)

TINT_CSTAT 寄存器主要用于开启和关闭定时器的中断,以及读取相应的位以确定当前的中断状态。其中 bit[31:10]保留未被使用,bit[9:5]分别对应 Timer4~0 的中断状态,在实际编程中可以通过读取此位判定定时器是否发生定时中断,如果要清除中断,只需要向对应位写入 1 即可。bit[4:0]为 Timer4~0 的定时器中断使能位,相应位置 1 即开启对应定时器的中断功能,反之则关闭中断。

9.3   S5PV210 时钟和定时器应用实例

9.3.1   实验介绍

1. 实验目的

开启 S5PV210 的 PWM 定时器功能,以 Timer 0 为例,每隔 1s 点亮 LED 灯;初始化 MPLL 配置系统时钟,使 CPU 工作在 1GHz 的主频下,同时通过串口打印出时钟频率值。

2. 实验原理

配置系统时钟频率到 1GHz,实验使用 S5PV210 手册推荐的时钟频率设置:ARMCLK = 1000MHz,HCLK_MSYS = 200MHz,PCLK_MSYS = 100MHz,PCLK_PSYS = 66.7MHz,HCLK_DSYS = 166.75MHz,PCLK_DSYS = 83.375MHz,HCLK_PSYS = 133.44MHz。

读者看到这里可能要问,不是说实验用 S5PV210 手册推荐的时钟吗?为什么这里的内容与手册上有点不一样?其实这个问题目前作者还没有找到官方的具体申明,以上是作者根据 FIN＝24MHz 计算出来的,在此大胆地推测手册上的推荐值将小数部分省略了。

上面这些推荐值如何计算? 由于 S5PV210 的时钟相关的寄存器很多,直接对寄存器配置可能会感觉没有头绪,其实手册上提供有一个配置图供参考,由于图比较复杂,读者可以参考 S5PV210 手册的 361 页和 362 页,下面以 HCLK_DSYS 为例,如图 9-4 所示。

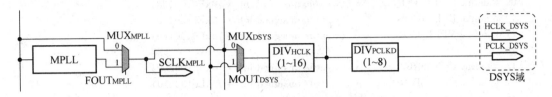

图 9-4　S5PV210 时钟产生示例图

HCLK_DSYS 是用于显示域 DSYS 的时钟,图 9-4 中顺着箭头方向往回看,它是由 DIV_{HCLKD} 分频而来,此分频器对应于 CLK_DIVn 寄存器,HCLK_DSYS＝MOUT_DSYS/(HCLK_DSYS_RATIO＋1),所以需要配置 CLK_DIVn 寄存器。

在公式 HCLK_DSYS＝MOUT_DSYS/(HCLK_DSYS_RATIO＋1)中,HCLK_DSYS_RATIO 是分频系数,可取 $0\sim x$ 之间的值,MOUT_DSYS 是未知变量。从上面的截图可以看出,MOUT_DSYS 是来源于 $SCLK_{MPLL}$ 或者由 DIV_{A2M} 分频而来,假设实验中选 $SCLK_{MPLL}$,则只需要在 CLK_SRCn 寄存器配置即可选择 $SCLK_{MPLL}$ 作为时钟源。而 SCLKMPLL 从图上可以看出来源于外部晶振的直接输入,或者由外部晶振经过锁相环倍频后输出,配置 MPLL_CON 寄存器即可输出 MOUT_DSYS,手册上给出了 MOUT_DSYS 的参考值,取 667MHz,这样通过上面的公式就可以计算出 HCLK_DSYS＝166.75MHz。根据手册上的这个时钟产生线路图,可以类似地推导出所有系统需要的时钟,读者可以对照手册按照上面的分析方式逐一分析。

Timer 0 的 TOUT 连接 GPD0_0,所以配置 GPD0_0 对应控制寄存器 GPD0CON[0]的 bit[3:0]＝0b0010 作为 PWM 的输出(本书实验未用到 PWM 的输出,故可以不用配置。假如想做一个定时蜂鸣器,则可以用 PWM 定时输出高低电平触发蜂鸣器工作)。Timer 0 的输入时钟由 PCLK 提供,即 PCLK＝66.7MHz,再根据公式 Timer Input Clock Frequency＝PCLK/({prescaler value ＋ 1})/{divider value},即可计算出输入时钟频率,而公式中 prescaler value 和 divider value,取值由程序中配置的 TCFG0 和 TCFG1 寄存器决定。

9.3.2　程序设计与代码详解

本章的所有源代码存放在/opt/examples/ch9/clock_timer。

1. 启动程序 start. S

启动程序相关代码与第 8 章中断的启动程序共用,这里不再重复讲解。

2. 系统时钟初始化和打印各时钟的频率

1)系统时钟初始化

```
01  # include "uart. h"
02
03  # define APLL_LOCK      * ((volatile unsigned int  * )0xE0100000)
```

```
04 # define MPLL_LOCK        * ((volatile unsigned int * )0xE0100008)
05 # define EPLL_LOCK        * ((volatile unsigned int * )0xE0100010)
06 # define VPLL_LOCK        * ((volatile unsigned int * )0xE0100020)
07
08 # define APLL_CON0        * ((volatile unsigned int * )0xE0100100)
09 # define MPLL_CON         * ((volatile unsigned int * )0xE0100108)
10 # define EPLL_CON0        * ((volatile unsigned int * )0xE0100110)
11 # define VPLL_CON         * ((volatile unsigned int * )0xE0100120)
12
13 # define CLK_SRC0         * ((volatile unsigned int * )0xE0100200)
14 # define CLK_SRC4         * ((volatile unsigned int * )0xE0100210)
15
16 # define CLK_DIV0         * ((volatile unsigned int * )0xE0100300)
17 # define CLK_DIV4         * ((volatile unsigned int * )0xE0100310)
18 / *  设置目标时钟频率(手册推荐值)
19   *  ARMCLK=1000MHz, HCLK_MSYS=200MHz, PCLK_MSYS=100MHz
20   *  PCLK_PSYS=66.7MHz, HCLK_DSYS=166.75MHz, PCLK_DSYS=83.375MHz,
21   *  HCLK_PSYS=133.44MHz
22   * /
23 void clock_init(void)
24 {
25   / * 1.设置 PLL 锁定值(默认值可以不设置) * /
26   APLL_LOCK = 0x0FFF;
27   MPLL_LOCK = 0x0FFF;
28   EPLL_LOCK = 0x0FFF;
29   VPLL_LOCK = 0x0FFF;
30   / * 2.设置 PLL 的 PMS 值(使用手册推荐值),并使能 PLL
31   *        P       M      S     EN  * /
32   APLL_CON0 = (3 <<8) | (125 <<16) | (1 <<0) | (1 <<31);/ *  FOUT_APLL =
1000MHz * /
33   MPLL_CON = (12 <<8) | (667 <<16) | (1 <<0) | (1 <<31);/ *  FOUT_MPLL =
667MHz * /
34   EPLL_CON0 = (3 <<8) | (48 <<16) | (2 <<0) | (1 <<31);/ *  FOUT_EPLL =
96MHz * /
35   VPLL_CON = (6 <<8) | (108 <<16) | (3 <<0) | (1 <<31);/ *  FOUT_VPLL =
54MHz * /
36   / * 3.等待 PLL 锁定 * /
37   while (!(APLL_CON0 & (1<<29)));
38   while (!(MPLL_CON & (1<<29)));
39   while (!(EPLL_CON0 & (1<<29)));
40   while (!(VPLL_CON & (1<<29)));
41   / * 4.时钟源的设置
42   *  APLL_SEL[0]:1 = FOUTAPLL
43   *  MPLL_SEL[4]:1 = FOUTMPLL
44   *  EPLL_SEL[8]:1 = FOUTEPLL
45   *  VPLL_SEL[12]:1 = FOUTVPLL
46   *  MUX_MSYS_SEL[16]:0 = SCLKAPLL
47   *  MUX_DSYS_SEL[20]:0 = SCLKMPLL
48   *  MUX_PSYS_SEL[24]:0 = SCLKMPLL
49   *  ONENAND_SEL [28]:0 = HCLK_PSYS
50   *
```

```
51     * MOUT_MSYS=FOUT_APLL=1000MHz
52     * MOUT_DSYS=FOUT_MPLL=667MHz
53     * MOUT_PSYS=FOUT_MPLL=667MHz
54     */
55     CLK_SRC0 = (1<<0)|(1<<4)|(1<<8)|(1<<12);
56     /* 5.设置其他模块的时钟源,CLK_SRC1~6
57     * 在实际嵌入式系统开发中,还需要为其他功能模块配置时钟,比如 UART0
58     * MOUTUART0=SCLKMPLL
59     */
60     CLK_SRC4 = (6<<16);
61     /* 6.设置分频系数
62     * APLL_RATIO[2:0]:APLL_RATIO = 0x0 freq(ARMCLK) = MOUT_MSYS / (APLL_
RATIO + 1) = 1000MHz
63     * A2M_RATIO [6:4]:A2M_RATIO = 0x4 freq(A2M) = SCLKAPLL / (A2M_RATIO + 1) =
200MHz
64     * HCLK_MSYS_RATIO[10:8]:HCLK_MSYS_RATIO = 0x4 freq(HCLK_MSYS) =
ARMCLK / (HCLK_MSYS_RATIO + 1) = 200MHz
65     * PCLK_MSYS_RATIO[14:12]:PCLK_MSYS_RATIO = 0x1 freq(PCLK_MSYS) = HCLK_
MSYS / (PCLK_MSYS_RATIO + 1) = 100MHz
66     * HCLK_DSYS_RATIO[19:16]:HCLK_DSYS_RATIO = 0x3 freq(HCLK_DSYS) =
MOUT_DSYS / (HCLK_DSYS_RATIO + 1) = 166.75MHz
67     * PCLK_DSYS_RATIO[22:20]:PCLK_DSYS_RATIO = 0x1 freq(PCLK_DSYS) = HCLK_
DSYS / (PCLK_DSYS_RATIO + 1) = 83.375MHz
68     * HCLK_PSYS_RATIO[27:24]:HCLK_PSYS_RATIO = 0x4 freq(HCLK_PSYS) =
MOUT_PSYS / (HCLK_PSYS_RATIO + 1) = 133.44MHz
69     * PCLK_PSYS_RATIO[30:28]:PCLK_PSYS_RATIO = 0x1 freq(PCLK_PSYS) = HCLK_
PSYS / (PCLK_PSYS_RATIO + 1) = 66.7MHz
70     */
71     CLK_DIV0 = (1<<28)|(4<<24)|(1<<20)|(3<<16)|(1<<12)|(4<<8)|(4<<4);
72     /* 7.设置其他模块的时钟分频值 CLK_DIV1~7
73     * UART0_RATIO = 0x9 SCLK_UART0=MOUTUART0/(UART0_RATIO + 1)=667/
(9+1)=66.7MHz
74     */
75     CLK_DIV4 = (9<<16);
76  }
```

2) 打印各时钟的频率值

```
01 /* 计算 x 的 y 次方 */
02 volatile unsigned int pow(volatile unsigned int x, volatile unsigned char y)
03 {
04   if (y == 0)
05       x = 1;
06   else
07   {
08       y--;
09       while (y--)
10           x *= x;
11   }
12   return x;
13 }
```

```
14 void raise(int signum)
15 {
16 }
17 / *  打印时钟信息
18  * 外部晶振 FINPLL＝24MHz * /
19 void print_clockinfo(void)
20 {
21   volatile unsigned short p, m, s, k;
22   volatile unsigned int SCLKAPLL, SCLKMPLL, SCLKEPLL, SCLKVPLL, MHz;
23   volatile unsigned int MOUT_MSYS, MOUT_DSYS, MOUT_PSYS, MOUT_UART0;
24   volatile unsigned char APLL_RATIO, A2M_RATIO, HCLK_MSYS_RATIO, PCLK_MSYS_
RATIO, HCLK_DSYS_RATIO,
25   PCLK_DSYS_RATIO, HCLK_PSYS_RATIO, PCLK_PSYS_RATIO, UART0_RATIO;

26   APLL_RATIO = (CLK_DIV0 >> 0) & 0x7;
27   A2M_RATIO = (CLK_DIV0 >> 4) & 0x7;
28   HCLK_MSYS_RATIO = (CLK_DIV0 >> 8) & 0x7;
29   PCLK_MSYS_RATIO = (CLK_DIV0 >> 12) & 0x7;
30   HCLK_DSYS_RATIO = (CLK_DIV0 >> 16) & 0x7;
31   PCLK_DSYS_RATIO = (CLK_DIV0 >> 20) & 0x7;
32   HCLK_PSYS_RATIO = (CLK_DIV0 >> 24) & 0x7;
33   PCLK_PSYS_RATIO = (CLK_DIV0 >> 28) & 0x7;
34   UART0_RATIO = (CLK_DIV4 >> 16) & 0xF;
35
36   if (CLK_SRC0 & 0x1)
37   {
38       p = (APLL_CON0 >> 8) & 0x3F;
39       m = (APLL_CON0 >> 16) & 0x3FF;
40       s = (APLL_CON0 >> 0) & 0x7;
41       SCLKAPLL = m * 24 / (p * pow(2, s - 1));/ * FOUT_APLL = MDIV X FIN /
(PDIV ×2^(SDIV-1)) * /
42   }
43   else
44       SCLKAPLL = 24;
45
46   if (CLK_SRC0 & (1 << 4))
47   {
48       p = (MPLL_CON >> 8)  & 0x3F;
49       m = (MPLL_CON >> 16) & 0x3FF;
50       s = (MPLL_CON >> 0)  & 0x7;
51       SCLKMPLL = m * 24 / (p * pow(2, s));/ * FOUT_MPLL = MDIV X FIN / (PDIV ×
2^SDIV) * /
52   }
53   else
54       SCLKMPLL = 24;
55
56   if (CLK_SRC0 & (1 << 8))
57   {
58       p = (EPLL_CON0 >> 8)  & 0x3F;
59       m = (EPLL_CON0 >> 16) & 0x1FF;
60       s = (EPLL_CON0 >> 0)  & 0x7;
```

```
61      k = EPLL_CON1;
62      SCLKEPLL = (m + k / 65536) * 24 / (p * pow(2, s));/* FOUT_EPLL = (MDIV +
K / 65536) x FIN / (PDIV x 2^SDIV) */
63  }
64  else
65      SCLKEPLL = 24;
66
67  if (CLK_SRC0 & (1 << 12))
68  {
69      p = (VPLL_CON >> 8) & 0x3F;
70      m = (VPLL_CON >> 16) & 0x1FF;
71      s = (VPLL_CON >> 0) & 0x7;
72      SCLKVPLL = m * 24 / (p * pow(2, s));/* FOUT_VPLL = MDIV X FIN / (PDIV ×
2^SDIV) */
73  }
74  else
75      SCLKVPLL = 24;
76
77  if (CLK_SRC0 & (1 << 16))
78      MOUT_MSYS = SCLKMPLL;
79  else
80      MOUT_MSYS = SCLKAPLL;
81
82  if (CLK_SRC0 & (1 << 20))
83      MOUT_DSYS = SCLKAPLL / (A2M_RATIO + 1);
84  else
85      MOUT_DSYS = SCLKMPLL;
86
87  if (CLK_SRC0 & (1 << 24))
88      MOUT_PSYS = SCLKAPLL / (A2M_RATIO + 1);
89  else
90      MOUT_PSYS = SCLKMPLL;
91
92  if ( ((((CLK_SRC4 & (6 << 16))>>16)&0xF) == 0x6)
93      MOUT_UART0 = SCLKMPLL;
94  else
95      MOUT_UART0 = 66;
96
97  MHz = MOUT_MSYS / (APLL_RATIO + 1);
98  printf("ARMCLK = %d MHz\r\n", MHz);
99  MHz = SCLKAPLL / (A2M_RATIO + 1);
100 printf("SCLKA2M = %d MHz\r\n", MHz);
101 MHz /= (HCLK_MSYS_RATIO + 1);
102 printf("HCLK_MSYS = %d MHz\r\n", MHz);
103 MHz /= (PCLK_MSYS_RATIO + 1);
104 printf("PCLK_MSYS = %d MHz\r\n", MHz);
105 MHz = MOUT_DSYS / (HCLK_DSYS_RATIO + 1);
106 printf("HCLK_DSYS = %d MHz\r\n", MHz);
107 MHz /= (PCLK_DSYS_RATIO + 1);
108 printf("PCLK_DSYS = %d MHz\r\n", MHz);
109 MHz = MOUT_PSYS / (HCLK_PSYS_RATIO + 1);
```

```
110 printf("HCLK_PSYS = %d MHz\r\n", MHz);
111 printf("PCLK_PSYS = %d MHz\r\n", MHz /(PCLK_PSYS_RATIO + 1));
112 printf("SCLKEPLL = %d MHz\r\n", SCLKEPLL);
113 MHz = MOUT_UART0 / (UART0_RATIO + 1);
114 printf("SCLK_UART0 = %d MHz\r\n", MHz);
115 }
```

第 01～13 行,用于计算一个数 x 的 y 次方根;第 14～16 行是一个空函数 raise,这个函数是为编译器所定义的,在后面 Makefile 部分再进行详细介绍;第 17～115 行,用于打印系统时钟的频率,其中第 26～35 行从 CLK_DIV0 和 CLK_DIV4 寄存器中读取各时钟的分频系数值;第 36～96 行,用于计算各时钟源的频率;第 97～115 行,将计算出来的时钟频率通过串口输出,这里面用到了浮点除法运算。

3. 定时器 Timer0 初始化

```
01 # define   TCFG0        ( * (volatile unsigned int * )0xE2500000)
02 # define   TCFG1        ( * (volatile unsigned int * )0xE2500004)
03 # define   TCON         ( * (volatile unsigned int * )0xE2500008)
04 # define   TCNTB0       ( * (volatile unsigned int * )0xE250000C)
05 # define   TCMPB0       ( * (volatile unsigned int * )0xE2500010)
06  /*
07   * Timer input clock Frequency = PCLK / {prescaler value+1} / {divider value}
08   * {prescaler value} = 1～255
09   * {divider value} = 1, 2, 4, 8, 16, TCLK
10   * 本实验 Timer 0 的时钟频率=66.7MHz/(65+1)/(16)=63 162Hz(即 1s 计数 63 162 次)
11   * 设置 Timer 0 1s 触发一次中断:
12   */
13 void timer0_init(void)
14 {
15    TCNTB0 = 63162;              /* 1s 触发一次中断 */
16    TCMPB0 = 31581;             /* PWM 占空比=50% */
17    TCFG0 |= 65;                /* Timer 0 Prescaler value = 65 */
18    TCFG1 = 0x04;               /* 选择 16 分频 */
19    TCON |= (1<<1);             /* 手动更新 */
20    TCON = 0x09;               /* 自动加载,清"手动更新"位,启动定时器 0 */
21 }
```

4. 定时器中断初始化

```
01 # define TINT_CSTAT          * ((volatile unsigned int * )0xE2500044)
02
03 # define VIC0IRQSTATUS       * ((volatile unsigned int * )0xF2000000)
04 # define VIC0INTSELECT       * ((volatile unsigned int * )0xF200000C)
05 # define VIC0INTENABLE       * ((volatile unsigned int * )0xF2000010)
06 # define VIC0VECTADDR21      * ((volatile unsigned int * )0xF2000154)
07 # define VIC0ADDRESS         * ((volatile unsigned int * )0xF2000F00)
08
09 extern void IRQ_handle(void);
10
11 //使能 Timer 0 中断
12 void init_irq(void)
```

```
13 {
14    TINT_CSTAT |= 1;
15 }
16 //清中断
17 void clear_irq(void)
18 {
19    TINT_CSTAT |= (1<<5);
20 }
21 //初始化中断控制器
22 void init_int(void)
23 {
24     //选择中断类型为 IRQ
25     VIC0INTSELECT |= ~(1<<21);      //Timer 0 中断为 IRQ
26     //清 VIC0ADDRESS
27     VIC0ADDRESS = 0x0;
28     //设置 TIMER0 中断对应中断服务程序的入口地址
29     VIC0VECTADDR21 = (int)IRQ_handle;
30     //使能 TIMER0 中断
31     VIC0INTENABLE |= (1<<21);
32 }
33 //清除需要处理的中断的中断处理函数的地址
34 void clear_vectaddr(void)
35 {
36     VIC0ADDRESS = 0x0;
37 }
38 //读中断状态
39 unsigned long get_irqstatus(void)
40 {
41     return VIC0IRQSTATUS;
42 }
```

5. 格式化输出 printf 实现

在实验中需要通过串口输出时钟频率信息,需要用到 C 库中的 printf 函数,但不想调用此库,所以需要实现 printf 这个函数,代码如下:

```
/* 打印整数 v 到终端 */
01 void put_int(volatile unsigned int v)
02 {
03    int i;
04    volatile unsigned char a[10];
05    volatile unsigned char cnt = 0;
06
07    if (v == 0)
08    {
09        putc('0');
10        return;
11    }
12
13    while (v)
14    {
15        a[cnt++] = v % 10;
```

```
16        v /= 10;
17    }
18
19    for (i = cnt - 1; i >= 0; i--)
20        putc(a[i] + 0x30);                    //整数 0~9 的 ASCII 分别为 0x30~0x39
21 }
22 /* 格式化输出到终端 */
23
24 int printf(const char * fmt, ...)
25 {
26    va_list ap;
27    char c;
28    char * s;
29    volatile unsigned int d;
30    volatile unsigned char lower;
31
32    va_start(ap, fmt);
33    while ( * fmt)
34    {
35        lower = 0;
36        c = * fmt++;
37        if (c == '%')
38        {
39            switch ( * fmt++)
40            {
41            case 'c':                    /* char */
42                c = (char) va_arg(ap, int);
43                putc(c);
44                break;
45            case 's':                    /* string */
46                s = va_arg(ap, char * );
47                puts(s);
48                break;
49            case 'd':                        /* int */
50            case 'u':
51                d = va_arg(ap, int);
52                put_int(d);
53                break;
54            }
55        }
56        else
57            putc(c);
58    }
59    va_end(ap);
60 }
```

以上 printf 只支持单字符型、字符串、整型的格式化输出,其他格式的输出需要时再补充。

6. 中断服务程序和主程序

1) 中断服务程序

```
01 //Timer 0 中断服务程序(ISR)
```

```
02 void irq_handler()
03 {
04    volatile unsigned char status = ((get_irqstatus() & (1<<21))>>21)&0x1;
                                                          //TIMER0's int status
05    clear_vectaddr();              /* 清中断向量寄存器 */
06    clear_irq();                   /* 清 Timer 0 中断 */
07    if (status == 0x1)
08    {
09       leds_on_off();
10    }
11 }
```

2）主程序

```
01 int main(void)
02 {
03    int c = 0;
04
05    init_leds();                   /* 初始化 GPIO 引脚 */
06    uart0_init();                  /* 初始化 UART0 */
07    timer0_init();                 /* 初始化 Timer 0 */
08
09    puts("########## Before Init System Clock ##########\r\n");
10    print_clockinfo();
11
12    clock_init();                  /* 初始化系统时钟 */
13    uart0_init();                  /* 初始化 UART0 */
14
15    puts("########## After Init System Clock ##########\r\n");
16    print_clockinfo();
17
18    init_irq();                    /* 使能 Timer 0 中断 */
19    init_int();                    /* 初始化中断控制器、使能中断 */
20
21    while (1);
22 }
```

7. Makefile

```
01 objs := start.o main.o clock.o uart.o int.o timer.o
02 LDFLAGS=-lgcc -L/opt/tools/crosstool/arm-cortex_a8-linux-gnueabi/lib/gcc/arm-cortex_
a8-linux-gnueabi/4.4.6/
03
04 clock_timer.bin: $(objs)
05    arm-linux-ld -Ttext 0xD0020010 -o clock_timer.elf $^ $(LDFLAGS)
06    arm-linux-objcopy -O binary -S clock_timer.elf $@
07    arm-linux-objdump -D clock_timer.elf > clock_timer.dis
08
09 %.o : %.c
10    arm-linux-gcc -c -O2 -fno-builtin $< -o $@
11
12 %.o : %.S
```

```
13    arm-linux-gcc -c -O2 $ < -o $ @
14
15 clean:
16    rm -f *.o *.elf *.bin *.dis
17
```

在本章的实验中用到了浮点除法运算，而前面在制作交叉工具链时，选择的浮点类型是软浮点，并不是硬件浮点，所以如果在 Makefile 中没有将浮点运算相关的库包含进来编译，那么编译时会报如下错误：

undefined reference to '__aeabi_uidiv'

要解决这个编译错误，必须将浮点运算相关的库包含进来，对应的库为 libgcc.a 的静态库，在本书交叉工具链中，此库的路径为 "/opt/tools/crosstool/arm-cortex_a8-linux-gnueabi/lib/gcc/arm-cortex_a8-linux-gnueabi/4.4.6"，所以在链接时要将此库链接到 ELF 文件中，具体定义如上述 Makefile 所示。在 Makefile 中只将浮点运算的库链接进来还是不够的，编译器还会去找一个名叫 raise 的函数，这个函数在 Linux 内核中是一个系统函数，但在 U-Boot 中是没有这个函数的，所以定义一个空的 raise 函数"欺骗"编译器，这样就可以成功编译。最后再补充说明一下，这样的编译问题在编译 Linux 内核时是不是也会发生？这里说明一下，是不会的，因为在内核中这些库事先都包含好了。

9.3.3 实验测试

将所有源代码传到宿主机上，编译生成 clock_timer.bin，将 bin 文件通过 SD 卡烧写到开发板上运行，可以看到 LED1 和 LED2 每隔 1s 亮一次，这就是定时器中断的功能。另外，通过串口输出系统时钟配置前后各自的频率值，如下所示。

```
########## Before Init System Clock ##########
ARMCLK           = 400 MHz
SCLKA2M          = 133 MHz
HCLK_MSYS        = 44 MHz
PCLK_MSYS        = 22 MHz
HCLK_DSYS        = 133 MHz
PCLK_DSYS        = 66 MHz
HCLK_PSYS        = 133 MHz
PCLK_PSYS        = 66 MHz
SCLKEPLL         = 40 MHz
SCLK_UART0       = 66 MHz
########## After Init System Clock ##########
ARMCLK           = 1000 MHz
SCLKA2M          = 200 MHz
HCLK_MSYS        = 40 MHz
PCLK_MSYS        = 20 MHz
HCLK_DSYS        = 166 MHz
PCLK_DSYS        = 83 MHz
HCLK_PSYS        = 133 MHz
PCLK_PSYS        = 66 MHz
SCLKEPLL         = 96 MHz
```

SCLK_UART0   = 66 MHz

其中配置前的时钟是系统默认的时钟,即 iROM 中相关程序设置的时钟频率,配置后的时钟是本书参考 S5PV210 手册推荐的频率值设置的,有兴趣的读者可以配置其他的时钟频率试试,不要超出手册上建议的范围即可。

9.4 本章小结

本章介绍了 S5PV210 系统时钟和定时器的基本原理、基本操作方式以及寄存器使用等,最后通过一个定时点亮 LED 灯的实验对本章理论知识进行了巩固,相信读者通过本章学习后,可以熟练使用时钟和定时器的功能。

第10章

S5PV210 存储控制器

本章学习目标
- 了解 S5PV210 存储控制的体系结构及其分类；
- 了解 S5PV210 的 DRAM 控制器的工作原理；
- 掌握通过 AXI 总线访问外设 DDR2 的方法。

10.1　S5PV210 存储控制器介绍

10.1.1　存储控制器概述

S5PV210 的存储控制器在功能和访问空间上有了较大的升级，其中 DRAM 控制器是典型的 ARM AXI(Advanced eXtensible Interface)总线结构类接口，遵循 JEDEC(Joint Electron Device Engineering Council，电子器件工程联合委员会)DDR 类型的 SDRAM 设备规范，所以支持 LPDDR1、LPDDR2 和 DDR2 类型的 RAM。SROM 控制器(SROM Controller，SROMC)支持 8/16 位的 Nor Flash、PROM 和 SRAM 内存类接口。SROM 控制器支持最多 6 Bank 的内存空间，每个 Bank 的最大空间可达到 16MB。S5PV210 的 OneNand 控制器(OneNand Controller)支持 16 位总线访问的 OneNand 和 Flex-OneNand 内存设备，支持异步和同步的读/写总线操作，同时内部整合了 DMA 引擎配合 OneNand 的内存设备。Nand Flash 控制器与 S3C2440 的 Nand Flash 控制器类似，这个在后面章节会专门介绍，下面主要介绍 DRAM 控制器的用法，以 DDR2 为例。

10.1.2　DRAM 存储控制器

S5PV210 有两片独立的 DRAM 存储控制器，分别是 DMC0 和 DMC1，其中 DMC0 最大支持 512MB 存储空间，DMC1 最大支持 1GB 的存储空间。

DRAM 控制器负责处理 AXI 总线传来的地址信息，即 AXI 地址，AXI 地址由 AXI 基地址和 AXI 偏移地址组成，AXI 基地址决定选哪一个内存控制器，即 DMC0 还是 DMC1，而 AXI 偏移地址为内存地址的映射，通过这个映射地址即可知道数据在哪一个 Bank，处于哪一行和列。

　　S5PV210 为 DRAM 引入了 QoS(Quality of Service),它为需要低延时读取的数据提供优先级仲裁服务。当一个控制队列收到一个来自 AXI 总线的命令请求时,QoS 的计数功能即启动,类似定时器的减 1 计数,当数值减到 0 时,这个命令请求的优先级就被设为最高(相对于控制队列中的其他命令请求)。对 QoS 的设置可以通过配置相关寄存器实现,可以详细参考 S5PV210 用户手册。

10.1.3　与外设的接线方式

　　DMC0 和 DMC1 分别各有两个片选引脚,以 TQ210 开发板为例,开发板上有 8 片 128MB×8bit 的内存芯片,从开发板的电路图上可以看出,其中 4 片并联接在 DMC0 上,另外 4 片并联接在 DMC1 上,如图 10-1 所示为 8 片内存接线中的一种,其他 7 片接线方式都一样,只是前 4 片和后 4 片的挂载位置不同。

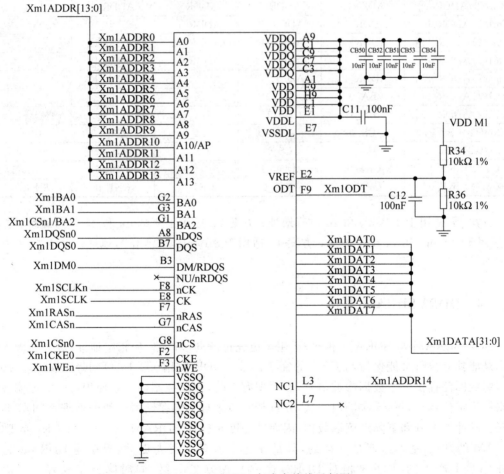

图 10-1　S5PV210 与内存接线示例图

　　开发板上 8 片内存是分别由 4 片内存芯片的地址线并联,将数据线串联,这样正好是 32 位数据。开发板上的内存芯片只接了 14 根地址线,这是因为内存芯片只有 14 根行地址、10 根列地址,所以 14 根地址线在这个开发板上是复用的。不过此内存芯片有 8 个 Bank,而 DMC0 和 DMC1 都只有两根 Bank 线,只能支持 4 个 Bank。那么怎么支持 8 个 Bank? 这里三星给出了解决方案,如表 10-1 所示。

表 10-1　S5PV210 内存地址配置方案

引 脚 名 称	方案 1	方案 2	方案 3	方案 4	LPDDR2
Xm1(2)ADDR[0]	ADDR_0	ADDR_0	ADDR_0	ADDR_0	CA_0
Xm1(2)ADDR[1]	ADDR_1	ADDR_1	ADDR_1	ADDR_1	CA_1
Xm1(2)ADDR[2]	ADDR_2	ADDR_2	ADDR_2	ADDR_2	CA_2
Xm1(2)ADDR[3]	ADDR_3	ADDR_3	ADDR_3	ADDR_3	CA_3
Xm1(2)ADDR[4]	ADDR_4	ADDR_4	ADDR_4	ADDR_4	CA_4
Xm1(2)ADDR[5]	ADDR_5	ADDR_5	ADDR_5	ADDR_5	CA_5
Xm1(2)ADDR[6]	ADDR_6	ADDR_6	ADDR_6	ADDR_6	CA_6
Xm1(2)ADDR[7]	ADDR_7	ADDR_7	ADDR_7	ADDR_7	CA_7
Xm1(2)ADDR[8]	ADDR_8	ADDR_8	ADDR_8	ADDR_8	CA_8
Xm1(2)ADDR[9]	ADDR_9	ADDR_9	ADDR_9	ADDR_9	CA_9
Xm1(2)ADDR[10]	ADDR_10	ADDR_10	ADDR_10	ADDR_10	
Xm1(2)ADDR[11]	ADDR_11	ADDR_11	ADDR_11	ADDR_11	
Xm1(2)ADDR[12]	ADDR_12	ADDR_12	ADDR_12	ADDR_12	
Xm1(2)ADDR[13]	ADDR_13	ADDR_13	ADDR_13	ADDR_13	
Xm1(2)ADDR[14]	BA_0	BA_0	BA_0	BA_0	
Xm1(2)ADDR[15]	BA_1	BA_1	BA_1	BA_1	
Xm1(2)CSn[1]	CS_1		BA_2	BA_2	CS_1
Xm1(2)CSn[2]	CS_0	CS_0	CS_0	CS_0	CS_0
Xm1(2)CKE[1]	CKE_1	ADDR_14		ADDR_14	CKE_1
Xm1(2)CKE[0]	CKE_0	CKE_0	CKE_0	CKE_0	CKE_0

方案 1:适用于 4 Bank 和 14 位行地址;方案 2:适用于 4 Bank 和 15 位行地址;方案 3:适用于 8 Bank 和 14 位行地址;方案 4:适用于 8 Bank 和 15 位行地址;很显然,本书采用方案 3。

10.1.4　DDR2 SDRAM 概述

DDR SDRAM 与 SDRAM 相比,运用了更先进的同步电路,使指定地址、数据的输入和输出既能独立执行又能保持与 CPU 的完全同步;DDR 使用了 DLL(Delay Locked Loop)延时锁定回路提供一个数据滤波信号,当数据有效时,存储控制器可以使用这个数据滤波信号来精确定位数据,每 16 次输出一次,并重新同步来自不同存储器模块的数据。DDR 允许在时钟脉冲的上升和下降沿读取数据,因而其速度是标准 SDRAM 的 2 倍。DDR2 是 DDR SDRAM 的升级,基本原理是一样的,只是在速率上有了很大提升,现在的 DDR3 也是在 DDR 基础上产生的,DDR3 相对 DDR2,速率又提升了一级,同时降低了功耗。下面以 DDR2 为例介绍 DDR2 的工作原理。

1. 基本功能

对 DDR2 SDRAM 的访问是基于突发模式的,读/写时选定一个起始地址,并按照事先

编程设定的突发长度(BL=4 或 8)和突发顺序依次读/写。访问操作先发出一个激活命令
(DDR2 有相关的寄存器用于配置),后面紧跟的就是读或写命令,和激活命令同步送达的地
址位包含了所要存取的簇和行信息(BA0、BA1 选定簇,A0～A13 选定行)。和读或写命令
同步送达的地址位包含了突发存取的起始列地址,并决定是否发布自动预充电命令。所以
对 DDR2 SDRAM 进行操作之前,要先对 DDR2 SDRAM 进行初始化。

2. 上电初始化

对 DDR2 SDRAM 必须以预定义的时序进行上电和初始,否则会导致不可预期的情况
发生。下面是 DDR2 的上电和初始化顺序,详细步骤可以阅读 DDR2 SDRAM 相关的芯片
手册。

(1) 供电且保持 CKE 低于 $0.2 V_{DDQ}$,ODT(ODT 是内建的终结电阻器,用于防止数据
线终端反射信号)要处于低电平状态。电源上升沿不可以有任何翻转,上升沿时间不能大于
200ms,并且要求在电压上升沿过程中满足 $V_{DD} > V_{DDL} > V_{DDQ}$ 且 $V_{DD} - V_{DDQ} < 0.3V$。V_{DD}、
V_{DDL} 和 V_{DDQ} 必须由同一个电源芯片供电,并且 V_{TT} 最大只能到 0.95V,并且 V_{ref} 要时刻等于
$V_{DDQ}/2$,紧跟 V_{DDQ} 变化。

以上为一种上电方式,还可以按下列规则上电:

在给 V_{DDL} 上电的同时或之前就给 V_{DD} 上电,在给 V_{DDQ} 上电的同时或之前就给 V_{DDL} 上
电,在给 V_{TT} 和 V_{REF} 上电的同时或之前就给 V_{DDQ} 上电。

(2) 开始时钟信号并保持信号稳定。

(3) 在稳定电源和时钟之后至少 $200\mu s$ 延时,然后发送 NOP 或取消选定命令,并且拉
高 CKE。

(4) 等待至少 400ns,然后发送预充电所有簇命令。在等待的 400ns 过程中要发送
NOP 或者取消选定命令。

(5) 发送 EMRS(2)命令,此命令需要将 BA0 拉低,BA1 拉高。

(6) 发送 EMRS(3)命令,此命令需要将 BA0 和 BA1 都拉高。

(7) 发送 EMRS(1)命令以激活 DLL,发送"DLL 激活"命令,需要将 A0 拉低使能
DLL,BA0 拉高和 BA1 拉低选择 EMRS(1)模式。

(8) 发送 MRS 命令复位 DLL,发送 DLL 复位命令需将 A8 拉高,并将 BA0 和 BA1
拉低。

(9) 发送预充电所有簇命令。

(10) 至少发送两次自动刷新命令。

(11) 将 A8 拉低,发送模式寄存器设定命令(MRS)对芯片进行初始化操作,主要是一
些操作相关的参数。

(12) 在第 8 步之后至少等待 200 个时钟周期,执行 OCD 校准(OCD 即片外驱动电阻
调整,可以提高信号的完整性)。如果不使用 OCD 调整,EMRS OCD 校准模式结束命令
(A9=A8=A7=0)必须在 EMRS OCD 默认命令(A9=A8=A7=1)之后发送,用来设定
EMRS 的其他操作参数。

至此 DDR2 SDRAM 就准备就绪,可以进行日常的读/写操作了,对 MRS、EMRS 和
DLL 复位这些命令的操作并不会影响存储阵列的内容,这意味着上电后的任意时间执行初
始化操作不会改变存储的内容。下面将对 DDR2 SDRAM 的一些模式寄存器进行简单

介绍。

3. 模式寄存器（MRS）

模式寄存器中的数据控制着 DDR2 SDRAM 的操作模式，它控制着 CAS 延时、突发长度（BL）、突发顺序、测试模式、DLL 复位、WR 等各种选项，支持 DDR2 SDRAM 的各种应用。

模式寄存器的默认值没有被定义，所以上电后必须按规定的时序规范来设定模式寄存器的值，根据实际接线方式将 CS、RAS、CAS、WE、BA0 和 BA1 置低来发送模式寄存器设定命令，操作数通过地址引脚 A0～A15 同步发送。DDR2 SDRAM 在写模式寄存器之前，应该通过拉高 CKE 信号来完成所有簇的预充电，模式寄存器设定命令的命令周期（tMRD）必须满足完成对模式寄存器的写操作。在进行正常写操作时，只要所有的簇都已处于预充电完成状态，模式寄存器就可以使用同一命令重新设定，模式寄存器不同的位表示不同的功能，如图 10-2 所示为 MRS 的具体设定。

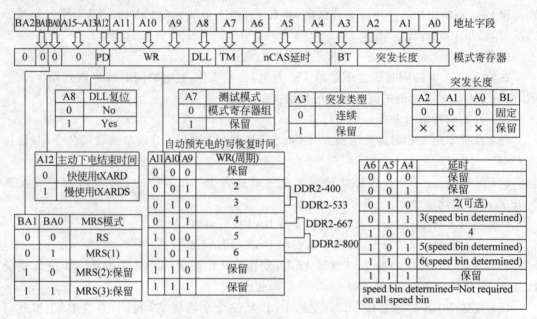

图 10-2   MRS 模式寄存器

4. 扩展模式寄存器 1（EMRS1）

扩展模式寄存器 1 存储着激活或禁止 DLL 的控制信息、输出驱动强度、ODT 值的选择和附加延时等信息。扩展寄存器 1 的默认值没有被定义，因此上电之后，扩展模式寄存器 1 的值必须按正确的步骤来设定。

扩展模式寄存器 1 是通过拉低 CS、RAS、CAS、WE，拉高 BA0 来发送模式寄存器命令。同样，在写扩展模式寄存器 1 之前，应通过将 CKE 拉高完成所有簇的预充电，设定命令的命令周期（tMRD）必须满足完成对扩展模式寄存器 1 的写操作，在进行正常操作时，只要所有的簇都已处于预充电完成状态，扩展模式寄存器 1 就可以使用同一命令重新设定。A0 控制着 DLL 的激活或禁止，A1 用于激活数据输出驱动能力的阻抗控制，A3～A5 决定着附加延时，A2 和 A6 由 ODT 的值设定，A7～A9 用于控制 OCD，A10 被用于禁止 DQS♯，A11 用于 RDQS 激活。

对日常的操作,DLL 必须被激活。在上电初始化过程中,必须激活 DLL,在开始正常操作时,要先关闭 DLL。在进入自我刷新操作时,DLL 会被自动禁止,当结束自我刷新时,DLL 会被自动激活。一旦 DLL 被激活,为了使外部时钟和内部时钟始终保持同步,在发送读命令之前必须至少延时 200 个时钟周期,否则可能会导致 tAC 或 tDQSCK 参数错误。如图 10-3 所示为 EMRS1 的具体设定。

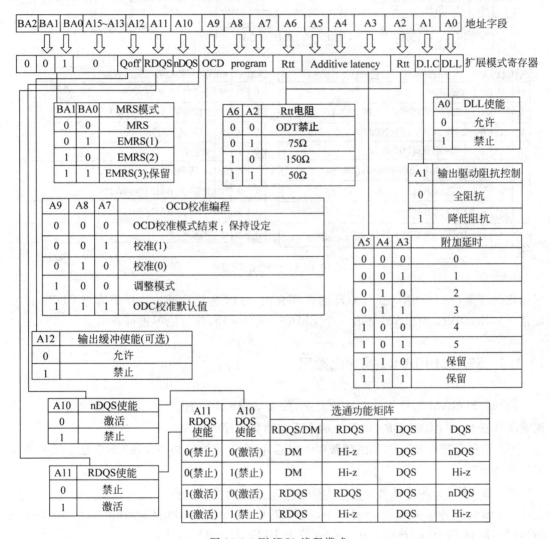

图 10-3　EMRS1 编程模式

5. 扩展模式寄存器 2(EMRS2)

扩展模式寄存器 2 控制着刷新相关的特性,默认值在上电前没有被设置,因此在上电后,必须按规定对扩展模式寄存器 2 进行设定,通过拉低 CS、RAS、CAS、WE 和拉高 BA1 来实现,拉低 BA0 来发送扩展模式寄存器 2 的设定命令,同样,在写操作前,要通过拉高 CKE 拉高完成所有簇的预充电。如图 10-4 所示为 EMRS2 的具体设定。

以上主要介绍了 DDR2 SDRAM 的模式寄存器及其编程,方便读者对 S5PV210 DDR2

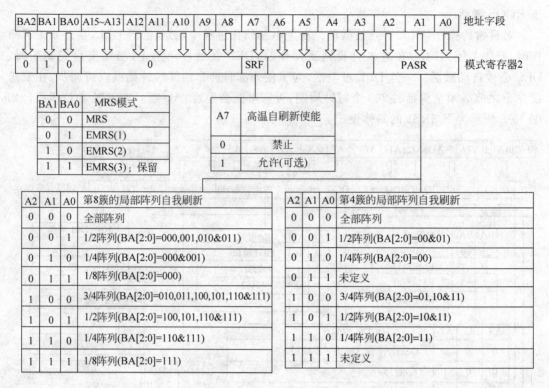

图 10-4　EMRS2 编程模式

初始化的理解,关于 DDR2 工作原理的详细介绍,可以参考 DDR2 芯片手册与 DDR2 相关规范。另外,DDR2 SDRAM 还有一个 EMRS3 保留未用,这里也不进行介绍。

10.1.5　S5PV210 DDR2 初始化顺序

DDR2 SDRAM 的操作相对比较复杂,好在 S5PV210 的内存配置可以参考手册提供的配置步骤进行,下面以 DDR2 内存为例介绍初始化顺序。

(1) 提供稳压电源给内存控制器和内存芯片,内存控制器必须保持 CKE 处于低电平以提供稳压电源。

注:当 CKE 引脚为低电平时,XDDR2SEL 应该处于高电平。

(2) 根据时钟频率配置 PhyControl0. ctrl_start_point 和 PhyControl0. ctrl_inc 的 bit-fields 值,配置 PhyControl0_ctrl_dll_on 值为 1 以打开 PHY DLL。

(3) 根据时钟频率和内存的 tAC 参数设置 PhyControl1. ctrl_shiftc 和 PhyControl1. ctrl_offsetc 的 bit-fields 值。

(4) 配置 PhyControl0. ctrl_start 的值为 1。

(5) 配置 ConControl 寄存器,同时自动刷新计数器应该关闭。

(6) 配置 MemControl 寄存器,同时所有的 Power down(休眠模式)应该关闭。

(7) 配置 MemConfig0 寄存器,如果有两组内存芯片,比如本书所用的开发板有 8 片内存芯片,分成两组分别接在 DMC0 和 DMC1 上,所以还需要配置 MemConfig1 寄存器。

（8）配置 PrechConfig 和 PwrdnConfig 寄存器。

（9）根据内存的 tAC 参数配置 TimingAref、TimingRow、TimingData 和 TimingPower 寄存器。

（10）如果需要 QoS 标准，则配置 QoSControl0～15 和 QoSConfig0～15 寄存器。

（11）等待 PhyStatus0.ctrl_locked 位变为 1，检查 PHY DLL 是否已锁。

（12）PHY DLL 补偿在内存操作时由 PVT（处理器 Process、电压 Voltage 和温度 Temperature）变化引起的延时量。但 PHY DLL 不能因某些可靠的内存操作而中断，除非是工作在低频率下。如果关闭 PHY DLL，则根据 PhyStatus0.ctrl_lock_value[9:2]位的值来配置 PhyControl0.ctrl_force 位的值来弥补延时量（fix delay amount）。清除 PhyControl0.ctrl_dll_on 位的值关闭 PHY DLL。

（13）上电后，确定最小值为 $200\mu s$ 的稳定时钟是否发送。

（14）使用 DirectCmd 寄存器发送一个 NOP 命令，保证 CKE 引脚为高电平。

（15）至少等待 400ns。

（16）使用 DirectCmd 寄存器发送一个 PALL 命令。

（17）使用 DirectCmd 寄存器发送一个 EMRS2 命令，编程相关操作参数。

（18）使用 DirectCmd 寄存器发送一个 EMRS3 命令，编程相关操作参数。

（19）使用 DirectCmd 寄存器发送一个 EMRS 命令来使能内存 DLL。

（20）使用 DirectCmd 寄存器发送一个 MRS 命令重启内存 DLL。

（21）使用 DirectCmd 寄存器发送一个 PALL 命令。

（22）使用 DirectCmd 寄存器发送两个自动刷新命令。

（23）使用 DirectCmd 寄存器发送一个 MRS 命令，编程相关操作参数，不要重启内存 DLL。

（24）等待至少 200 个时钟周期。

（25）使用 DirectCmd 寄存器发送一个 EMRS 命令，编程相关操作参数，如果 OCD 校正没有被使用，则发送一个 EMRS 命令去设置 OCD 标准的默认值。在此之后，发送一个 EMRS 命令退出 OCD 校准模式，继续编程操作参数。

（26）如果有两组内存芯片 chip0、chip1，则重复步骤（14）～（25）配置 chip1 的内存。

（27）配置 ConControl 打开自动刷新计数器。

（28）如果需要使用 power down（休眠）模式，配置 MemControl 寄存器。

10.1.6　存储控制器的寄存器介绍

S5PV210 有两组存储控制器——DMC0 和 DMC1，它们所使用的寄存器在操作上基本相似，下面以 DMC0 控制器为例介绍其寄存器，有关寄存器更详细的说明可以阅读 S5PV210 用户手册。

1. CONCONTROL 寄存器（Controller Control Register）

CONCONTROL 寄存器为控制器控制寄存器，主要是对控制器的不同功能进行使能控制，具体描述如表 10-2 所示。

表 10-2　CONCONTROL 寄存器配置

CONCONTROL	位	描　述	读/写	初始状态
保留位	[31:28]	应为 0		0x0
timeout_cnt	[27:16]	默认的超时计数,数值决定 AXI 传输队列中的命令的优先级改变时期	读/写	0xFFF
rd_fetch	[15:12]	读取延时时钟周期,存储器的 PHY FIFO 的读取延时必须由此参数控制	读/写	0x1
qos_fast_en	[11]	QoS 使能位。0x0=允许;0x1=禁止。如果被使能,则控制器从 QoSControl.qos_cnt_f 加载 QoS 计数值,从而替代 QoSControl.qos_cnt	读/写	0x0
dq_swap	[10]	DQ 交换。0x0=禁止;0x1=允许。如果使能,则控制器反转内存数据引脚的顺序(即 DQ[31]<->DQ[0],DQ[30]<->DQ[1])	读/写	0x0
chip1_empty	[9]	芯片 chip1 的命令队列状态。0x0=非空;0x1=空	读	0x1
chip0_empty	[8]	芯片 chip0 的命令队列状态。0x0=非空;0x1=空	读	0x1
drv_en	[7]	PHY Driving。0x0=禁止;0x1=允许	读/写	0x0
ctc_rtr_gap_en	[6]	两个芯片之间的读时钟周期间隙。0x0=禁止;0x1=允许	读/写	0x1
aref_en	[5]	自动刷新计数器。0x0=禁止;0x1=允许	读/写	0x0
out_of	[4]	时序校正。0x0=禁止;0x1=允许。提高 SDRAM 的使用率	读/写	0x1
保留位	[3:0]	应为 0		0x0

在本书的实验中,此寄存器的配置值为 0x0FFF1010,对照表 10-2 不难理解,这里重点说明的是 rd_fetch 的取值,建议不要使用默认值 1,可以取 2 或参考 SDRAM 手册取更大的数值,否则会因为周期太短,可能数据还没有完全保存到 PHY FIFO,导致读到"脏"的数据。

2. MEMCONTROL 寄存器(Memory Control Register)

MEMCONTROL 寄存器主要对位宽、突发长度、芯片数量、内存类型以及一些功能控制等进行控制,如表 10-3 所示。

表 10-3　MEMCONTROL 寄存器配置

MEMCONTROL	位	描　述	读/写	初始状态
保留位	[31:23]	应为 0		0x0
bl	[22:20]	内存突发长度(由存储芯片决定)。0x0=保留;0x1=2;0x2=4;0x3=8;0x4=16;0x5~0x7=保留。对于 DDR2/LPDDR2,控制器仅支持突发长度=4	读/写	0x2
num_chip	[19:16]	存储控制器片选数量。0x0=1 chip;0x1=2 chip	读/写	0x0
mem_width	[15:12]	内存数据总线位宽。0x0=保留;0x1=16 位;0x2=32位;0x3~0xf=保留	读/写	0x2
mem_type	[11:8]	内存类型。0x0=保留;0x1=LPDDR;0x2=LPDDR2;0x3=保留;0x4=DDR2;0x5~0xf=保留	读/写	0x1
add_lat_pall	[7:6]	对 PALL 的附加延时。0x0=0cycle;0x1=1cycle;0x2=2cycle;0x3=3cycle。如果所有 Bank 的预充电命令发送完毕,则预充电延时=tRP+add_lat_pall	读/写	0x0

续表

MEMCONTROL	位	描　述	读/写	初始状态
dsref_en	[5]	动态自我刷新。0x0＝禁止；0x1＝允许	读/写	0x0
tp_en	[4]	预充电超时使能。0x0＝禁止；0x1＝允许	读/写	0x0
dpwrdn_type	[3:2]	动态 power down（休眠）类型。0x0＝主动式 precharge power down；0x1＝被动式 precharge power down；0x2～0x3＝保留	读/写	0x0
Dpwrdn_en	[1]	动态 power down（休眠）使能。0x0＝禁止；0x1＝允许	读/写	0x0
clk_stop_en	[0]	动态时钟控制。0x0＝始终运行；0x1＝在空闲时关闭	读/写	0x0

在本书的实验中，此寄存器的取值为 0x00202400，主要需要配置内存类型为 DDR2，总线位宽为 32 位，存储控制器片选数量为 1（由前面的接线方式知道只有一根片选引脚 CS0，CS1 被复用为 Bank2），内存突发长度为 4。其他选项的配置对照表 10-3 都不难理解，取的都是默认值，有兴趣的读者可以修改看看有什么不一样的效果。

3. MEMCONFIG0 寄存器（Memory Chip0 Configuration Register）

MEMCONFIG0 寄存器仅用于配置 DMC0 存储控制器，主要设置行/列地址位宽、AXI 总线地址、芯片的 Bank 数量，如表 10-4 所示。其中 chip_base 用于自定义内存基地址的高 8 位，本书实验使用默认值 0x20。DMC0 将 AXI 发来的地址高 8 位与 chip_mask 按位与，如果与 chip_base 相等，则打开相应的片选。DMC0 的地址范围是 0x2000_0000～0x3FFF_FFFF。

表 10-4　MEMCONTROL 寄存器配置

MEMCONFIG0	位	描　述	读/写	初始状态
chip_base	[31:24]	AXI 总线基地址[31:24]＝chip_base。假设 chip_base＝0x20，则内存控制器 chip0 的 AXI 基地址＝0x2000_0000	读/写	DMC0：0x20 DMC1：0x40
chip_mask	[23:16]	AXI 总线基地址掩码。地址的高 8 位掩码决定了内存控制器 chip0 的 AXI 偏移地址	读/写	DMC0：0xF0 DMC1：0xE0
chip_map	[15:12]	地址映射方法（AXI → Memory）。0x0 ＝ Linear（{bank, row, column, width}）；0x1 ＝ Interleaved（{row, bank, column, width}）；0x2 ＝ Mixed；0x3～0xf＝保留	读/写	0x0
chip_col	[11:8]	列地址位宽。0x0＝保留；0x1＝8 位；0x2＝9 位；0x3＝10 位；0x4＝11 位；0x5～0xf＝保留	读/写	0x3
chip_row	[7:4]	行地址位宽。0x0＝12 位；0x1＝13 位；0x2＝14 位；0x3＝15 位；0x4～0xf＝保留	读/写	0x1
chip_bank	[3:0]	Bank 数量。0x0＝1Bank；0x1＝2Bank；0x2＝4Bank；0x3＝8Bank；0x4～0xf＝保留	读/写	0x2

本书的实验中，此寄存器取值为 0x20E00323，主要配置 Bank 数 8，行地址 14 位，列地址 10 位，AIX 总线基地址及其掩码分别取 0x20 和 0xE0。

S5PV210 的内存控制器可以根据访问地址作内存地址映射，这是 S5PV210 一个很重要的特点，DMC0 的地址空间是 0x20000000～0x3FFFFFFF，DMC1 的地址空间是 0x40000000～0x7FFFFFFF，所以可通过对 MEMCONFIG 寄存器的配置使内存芯片映射到其内存段内的适当位置。本书开发板有 8 个 Bank,4 个接在 DMC0 上,4 个接在 DMC1 上,且 CS1 要被复用于 Bank2 引脚,只有 CS0 作为片选用。为了使 CS0 始终处于片选状态,对于 512MB 内存就需要将 chip_mask 设置为 0xE0,这是因为 512MB=512×1024× 1024bit,正好是 0x20000000,也就是说,其内存的偏移是 0x00000000~0x1FFFFFFF,最后地址的高位正好是 0b000,所以其掩码就是 0b1110=0xE0。

4. DIRECTCMD 寄存器(Memory Direct Command Register)

DDR2 内存的工作原理相对较复杂,前面对 DDR2 的工作方式有过简单介绍,知道 DDR2 有一些模式寄存器,通过往这些寄存器中发送不同的命令以及相关操作参数,就可以操作 DDR2 的工作流程。所以 S5PV210 为此专门准备了一个 DIRECTCMD 寄存器用于发送操作 DDR2 的命令,下面对这个寄存器进行介绍,如表 10-5 所示。

表 10-5   DIRECTCMD 寄存器配置

DIRECTCMD	位	描　　　述	读/写	初始状态
保留位	[31:28]	应为 0		0x0
cmd_type	[27:24]	Direct Command 的类型。0x0=MRS/EMRS(模式寄存器设置);0x1=PALL(所有 Bank 预充电);0x2=PRE(每个 Bank 预充电);0x3=DPD(深度休眠);0x4=REFS(自我刷新);0x5=REFA(自动刷新);0x6=CKEL(活动的/预充电关闭);0x7=NOP(从 CKEL 或 DPD 退出);0x8=REFSX(从自我刷新退出);0x9=MRR(模式寄存器读);0xa~0xf=保留	读/写	0x0
保留位	[23:21]	应为 0		0x0
cmd_chip	[20]	发送 direct command 到 chip 的序号。0=chip0;1=chip1	读/写	0x0
cmd_bank	[18:16]	向 chip 发送 direct cmd 时,需要附带 Bank 地址,此处的 Bank 用于选择 MRS、EMRS 命令,可以参考 DDR2 相关介绍	读/写	0x0
cmd_addr	[14:0]	命令所对应的操作参数,比如设置突发长度、超时延时等,可参考 DDR2 相关介绍	读/写	0x0

本书的实验中,按 S5PV210 手册推荐的 DDR2 初始化顺序,将 DDR2 SDRAM 初始化命令通过此寄存器发送给 DDR2 芯片,具体参考后面的实例初始化代码。

5. PRECHCONFIG 寄存器(Precharge Policy Configuration Register)

对 S5PV210 存储控制器的预充电规则一般有两种方案,即 Bank 选择性预充电规则和超时预充电规则。PRECHCONFIG 寄存器就是用来设置这些特性的,如表 10-6 所示。

表 10-6   PRECHCONFIG 寄存器配置

PRECHCONFIG	位	描　　　述	读/写	初始状态
tp_cnt	[31:24]	超时预充电周期,0xn=n mclk 周期	读/写	0xFF
保留位	[23:16]	应为 0		0x0
chip1_policy	[15:8]	内存 chip1 的 Bank 预充电规则。0x0=打开页;0x1=关闭页(auto precharge)。chip1_policy[n],n 为 Bank 序号	读/写	0x0
chip0_policy	[7:0]	内存 chip0 的 Bank 预充电规则。0x0=打开页;0x1=关闭页(auto precharge)。chip0_policy[n],n 为 Bank 序号	读/写	0x0

6. PHYCONTROL0 寄存器(PHY Control0 Register)

PHYCONTROL0 寄存器主要对 DCM0 的延时锁相环 DLL 进行操作,具体设置如表 10-7 所示。

表 10-7 PHYCONTROL0 寄存器配置

PHYCONTROL0	位	描 述	读/写	初始状态
ctrl_force	[31:24]	DLL 强制延时。当 ctrl_dll_on 是低电平时,替代 PHY DLL 的 ctrl_lock_value[9:2]	读/写	0x0
ctrl_inc	[23:16]	延长 DLL 延时。延长 DLL lock start point,通常 value 值为 0x10	读/写	0x0
ctrl_start_point	[15:8]	DLL Lock Start Point。主要用来设置 DLL Lock 前的延时周期	读/写	0x0
dqs_delay	[7:4]	清 DQS 的延时周期。如果 DQS 带有读延时(n mclk cycles),这里必须设置为 n mclk cycles	读/写	0x0
ctrl_dfdqs	[3]	Differential DQS 使能	读/写	0x0
ctrl_half	[2]	DLL Low Speed 使能	读/写	0x0
Ctrl_dll_on	[1]	DLL On 使能。此位要在 ctrl_start 被设置前设置	读/写	0x0
Ctrl_start	[0]	DLL Start 使能	读/写	0x0

通常 DLL 用于补偿 PVT(Process、Voltage 和 Temperature),因此除需要调整频率(即调为更低的频率)外,不必关闭 DLL 来重新操作。

本书的实验中,对于此寄存器的配置可以按照 S5PV210 DDR2 初始化流程进行,主要用于使能 DLL 和 DLL 的启动与关闭。

7. PHYCONTROL1 寄存器(PHY Control1 Register)

PHYCONTROL1 寄存器主要用来配置 DQS Cleaning,根据系统时钟和内存芯片的 tAC 参数来设置此寄存器的 ctrl_shiftc 和 ctrl_offsetc 的值。

8. TIMINGAREF 寄存器

本书的实验中,此寄存器主要用来设置时序相关,其取值为 0x00000618,由于本书中内存控制器的时钟 MCLK=200MHz,所以 t_refi 的值为: $7.8\mu s \times MCLK = 0x618$。

9. TIMINGROW 寄存器

此寄存器主要是对 DDR2 的时序参数进行设置,具体如表 10-8 所示。

表 10-8 TIMINGROW 寄存器配置

TIMINGROW	位	描 述	读/写	初始状态
t_rfc	[31:24]	自动刷新周期,此值需大于等于 tRFC 的最小值	读/写	0xF
t_rrd	[23:20]	选通 Bank A 到 Bank B 的延时周期,≥tRRD(min)	读/写	0x2
t_rp	[19:16]	预充电命令周期,≥tRP(min)	读/写	0x3
t_rcd	[15:12]	选通到读或写延时周期,≥tRCD(min)	读/写	0x3
t_rc	[11:6]	选通到选通周期,≥tRC(min)	读/写	0xA
t_ras	[5:0]	选通到预充电命令周期,≥tRAS(min)	读/写	0x6

本书的实验中,对于此寄存器的配置需要结合 DDR2 芯片手册中的时序规范来配置,详细可以参考具体的 DDR2 芯片手册。实验中此寄存器取值为 0x2B34438A,一般各时序的取值在 DDR2 手册规定的范围内即可,比如 t_rc=0xE,MCLK=200MHz,所以 $0xE \times ((1/200MHz) \times 10^9) = 70 > 60$(DDR2 手册上的最小值)。时序的具体配置值不是绝对的,读者有兴趣可以自己调整试试。

10. TIMINGDATA 寄存器

此寄存器主要是对 DDR2 的时序参数进行设置,具体如表 10-9 所示。

表 10-9　TIMINGDATA 寄存器配置

TIMINGDATA	位	描　　述	读/写	初始状态
t_wtr	[31:28]	内部写预充电延时	读/写	0x1
t_wr	[27:24]	写恢复时间	读/写	0x2
t_rtp	[23:20]	内部读预充电命令延时	读/写	0x1
cl	[19:16]	内存存取数据所需要的延时时间	读/写	0x3
Reserved	[15:12]	0		0x0
wl	[11:8]	写数据延时(仅用于 LPDDR2)	读/写	0x2
Reserved	[7:4]	0		0x0
rl	[3:0]	读数据延时(仅用于 LPDDR2)	读/写	0x4

注：

(1) cl 即 CAS Latency,可简单理解为内存收到 CPU 指令后的响应速度,所以此值越小越好,表示响应速度越快。

(2) tDAL(自动预充电写恢复时间+预充电时间)=t_wr+t_rp(自动计算的)。

本书的实验中,对于此寄存器的配置,需要结合 DDR2 芯片手册的规格进行配置,对照规格说明选择合适的配置参数即可。实验中此寄存器取值为 0x24240000,这里的 CL 设为 3,即取的是 S5PV210 的默认值,且符合此实验板上 DDR2 的规格要求。

11. TIMINGPOWER 寄存器

此寄存器主要是对 DDR2 的时序参数进行设置,具体如表 10-10 所示。

表 10-10　TIMINGPOWER 寄存器配置

TIMINGDATA	位	描　　述	读/写	初始状态
Reserved	[31:30]	0		0x0
t_faw	[29:24]	对特定大小的数据的处理速度,通常为 ns 级	读/写	0xE
t_xsr	[23:16]	自刷新结束掉电到下一个有效命令的延时时间	读/写	0x1B
t_xp	[15:8]	结束掉电到下一个有效命令的延时时间	读/写	0x4
t_cke	[7:4]	CKE 最小脉冲宽度	读/写	0x2
t_mrd	[3:0]	模式寄存器设置命令周期	读/写	0x2

本书的实验中,对于此寄存器的配置需要结合 DDR2 芯片手册中的规格参数。实验中此寄存器取值为 0x0BDC0343。

在 S5PV210 存储控制器的配置过程中,对上述介绍的寄存器结合 S5PV210 推荐的初始化步骤配置已经足够,除此之外,S5PV210 架构还提供了一些与存储控制器相关的寄存器,主要用于对存储控制器状态的侦测和信号质量的服务,比如 PHYSTATUS0、CHIP0STATUS 和 QOSCONTROLn 等寄存器。

10.2　存储控制器应用实例

10.2.1　实验介绍

1. 实验目的
实现将前面的点灯程序在 DDR2 中运行,完成点灯的效果。

2. 实验原理
从 SD 卡启动,首先将 SD 卡 block1 前 16KB 的内容复制到片内 iRAM 中执行,然后复制点灯程序到 DDR2 起始地址 0x20000000,最终跳转到 DDR2 中去执行。如果灯被点亮,说明实验达到目的,DDR2 内存初始化成功,并且可以工作。

10.2.2　程序设计与代码详解

本章的所有源代码存放在/opt/examples/ch10/sdram。

1. 启动程序 start.S
启动程序主要是先跳转到 C 语言实现的初始化代码中执行,然后返回重新设置栈和重定位到 DDR2 的起始地址处执行,start.S 的代码如下:

```
01 .text
02 .global _start              /* 声明一个全局的标号 */
03 _start:
04   bl main
05   ldr sp, =0x60000000       /* 重新设置栈为 DDR2 内存的最高地址 0x60000000 */
06   ldr pc, =0x20000000       /* 重定位到 DRR2 中运行 */
07 halt_loop:
08   b  halt_loop              /* 死循环,不让程序跑飞 */
09
```

2. 主程序 main.c
在 main.c 中主要是调用系统时钟初始化程序、串口初始化程序和 DDR2 的初始化程序,最后将 SD 卡上的点灯程序代码复制到 DDR2 中去。具体代码如下:

```
01 #include "uart.h"
02 #include "clock.h"
03 #include "ddr2.h"
04
05 typedef unsigned int (*copy_sd_mmc_to_mem)(unsigned int channel, unsigned int start_block, unsigned char block_size, unsigned int *trg, unsigned int init);
06 /*
07  * start_block: 从哪个块开始复制
08  * block_size: 复制多少块
09  * addr: 复制到哪里
```

```
10   */
11 void copy_code_to_dram(unsigned int start_block, unsigned short block_size, unsigned int addr)
12 {
13   unsigned int V210_SDMMC_BASE = *(volatile unsigned int *)(0xD0037488)
14   unsigned char ch; //current boot channel
15   copy_sd_mmc_to_mem copy_bl2 = (copy_sd_mmc_to_mem)(*(unsigned int *)
(0xD0037F98));
16
17   /* 0xEB000000 和 0xEB200000 为寄存器地址,参考 S5PV210 手册 */
18   if (V210_SDMMC_BASE == 0xEB000000)              //channel 0 启动
19       ch = 0;
20   else if (V210_SDMMC_BASE == 0xEB200000)         //channel 2 启动
21       ch = 2;
22   else
23       return;
24
25   copy_bl2(ch, start_block, block_size, (unsigned int *)addr, 0);
26 }
27
28 int main(void)
29 {
30    clock_init();
31   uart0_init();
32   ddr2_init();
33   puts("##### Run in BL1 #####\r\n");
34
35   /* BL2 位于扇区 20,1sector=512byte
36    * 拷贝长度为 10 个块,即 5KB
37    * 目标地址为 DDR2 的 DMC0 起始地址 0x20000000
38    */
39   copy_code_to_dram(20, 10, 0x20000000);
40   return 0;
41 }
42
```

第 5 行声明了一个函数指针 copy_sd_mmc_to_mem,三星的 S5PV210 在其 iROM 中已经固化了一些复制函数,并提供了这些函数的入口地址,比如从 SD/MMC 卡复制代码到 SDRAM,或从 Nand 复制代码等。所以这里定义的函数指针原形就是按照手册(S5PV210_IROM_ApplicationNote_Preliminary_20091126.pdf)来定义的,对应的函数入口地址为 0xD0037F98。

第 13 行,当从 SD/MMC 启动的时候,SD/MMC 卡相关的信息(通道信息等)必须要有个地方存放,所以 S5PV210 提供了一个地址 0xD0037488 来保存这些资料。因此第 16~24 行读取地址 0xD0037488 里存放的信息,来判定是从 channel0 启动的还是从 channel2 启动的。

第 25 行就是调用 iROM 里的复制函数将 SD/MMC 卡里指定块开始的指定大小的数据复制到内存里指定的地址处。这里需要说明的是,iROM 里固化的代码提前做好了 SD/MMC 卡控制器的初始化工作,所以这里直接调用它提供的函数就可以复制 SD/MMC 卡里的数据了。

3. 初始化程序

这要主要分析 DDR2 初始化程序,系统时钟和 UART 控制器与前面的章节一样。

```
01 //DMC0,DMC1 基地址
02 #define APB_DMC_0_BASE 0xF0000000
03 #define APB_DMC_1_BASE 0xF1400000
04 //DMC Register
05 #define DMC0_CONCONTROL    *((volatile unsigned int *)(APB_DMC_0_BASE + 0x00))
06 #define DMC0_MEMCONTROL    *((volatile unsigned int *)(APB_DMC_0_BASE + 0x04))
...
64 //存储控制寄存器配置参数
65 //MemControl  BL=4, 1chip(只用一根片选引脚 CS0), DDR2 Type, dynamic self refresh,
   //force precharge, dynamic power down off
66 #define DMC0_MEMCONTROL_VAL    0x00202400
67 //MemConfig0  512MB config, 8 banks, Mapping Method[12:15]0:linear, 1:linterleaved,
   //2:Mixed
68 #define DMC0_MEMCONFIG0_VAL  0x20E00323
69 //#define DMC0_MEMCONFIG1_VAL  0x00E00323  //MemConfig1
70
71 #define DMC0_TIMINGAREF_VAL        0x00000618//TimingAref  7.8us * 133MHz =
1038(0x40E), 200MHz=1560(0x618)
...
83 void ddr2_init(void)
84 {
85  /* 1. 配置内存访问信号强度(Setting 2X)
86   * 配置为默认值,也可以不用配置,仅供参考
87   */
88  MP1_0DRV = 0x0000AAAA;
89  MP1_1DRV = 0x0000AAAA;
90  MP1_2DRV = 0x0000AAAA;
91  MP1_3DRV = 0x0000AAAA;
92  MP1_4DRV = 0x0000AAAA;
93  MP1_5DRV = 0x0000AAAA;
94  MP1_6DRV = 0x0000AAAA;
95  MP1_7DRV = 0x0000AAAA;
96  MP1_8DRV = 0x00002AAA;
97  /* 2. 初始化 DMC0 的 PHY DLL */
98     //step 1: XDDR2SEL 引脚在硬件上实现
99     //step 2: PhyControl0.ctrl_start_point,PhyControl0.ctrl_inc
100 DMC0_PHYCONTROL0 = 0x00101000;
101    //step 3: PhyControl1.ctrl_shiftc, PhyControl1.ctrl_offsetc, PhyControl1.ctrl_ref
102 DMC0_PHYCONTROL1 = 0x00000086;
103    //PhyControl0.ctrl_dll_on
104 DMC0_PHYCONTROL0 = 0x00101002;
105    //step 4: PhyControl0.ctrl_start
106 DMC0_PHYCONTROL0 = 0x00101003;
107    //等待 DLL Lock
108 while ((DMC0_PHYSTATUS & 0x7) != 0x7);
109 //Force Value locking
```

```
110 DMC0_PHYCONTROL0 = ((DMC0_PHYSTATUS & 0x3fc0)<<18) | 0x100000 | 0x1000 |
0x3;
111 /* 3. 初始化 DMC0 */
112     //step 5: ConControl auto refresh off
113     //rd_fetch 建议不用 default 值,比如 rd_fetch=2 mclk,因为周期太短,
114     //可能 data 还没有保存到 PHY FIFO,导致读到"脏"的数据,此处仅作实验用
115 DMC0_CONCONTROL = 0x0FFF1010;
116     //step 6:配置 MemControl,与此同时,所有的 power down(休眠模式)应该关闭
117 DMC0_MEMCONTROL = DMC0_MEMCONTROL_VAL;
118     //step 7:配置 MemConfig0,8 片 DDR 分别挂在 Memory Port1 和 Memory Port2 上,所以
            //再配置 MemConfig1
119 DMC0_MEMCONFIG0 = DMC0_MEMCONFIG0_VAL;
120     //step 8:配置 PrechConfig 和 PwrdnConfig,这里都是 default value
121 DMC0_PRECHCONFIG = 0xFF000000;
122 DMC0_PWRDNCONFIG = 0xFFFF00FF;
123     //step 9:配置 TimingAref、TimingRow、TimingData 和 TimingPower
124 DMC0_TIMINGAREF = DMC0_TIMINGAREF_VAL;
125 DMC0_TIMINGROW = 0x2B34438A;
126 DMC0_TIMINGDATA = 0x24240000;
127 DMC0_TIMINGPOWER = 0x0BDC0343;
128 /* 4. 初始化 DDR2 DRAM,配置 DIRECTCMD 寄存器 */
129 DMC0_DIRECTCMD = 0x07000000;        //step 14:发送 NOP 命令
130 DMC0_DIRECTCMD = 0x01000000;        //step 16:发送 PALL 命令
131 DMC0_DIRECTCMD = 0x00020000;        //step 17:发送 EMRS2 命令
132 DMC0_DIRECTCMD = 0x00030000;        //step 18:发送 EMRS3 命令
133 DMC0_DIRECTCMD = 0x00010400;        //step 19:发送 EMRS 命令使能 DLL,禁止 DQS
134 DMC0_DIRECTCMD = 0x00000100;        //step 20:发送 MRS 命令,reset DLL
135 DMC0_DIRECTCMD = 0x01000000;        //step 21:发送 PALL 命令
136 DMC0_DIRECTCMD = 0x05000000;        //step 22:发送 2 次 REFA(auto refresh)命令
137 DMC0_DIRECTCMD = 0x05000000;
138 DMC0_DIRECTCMD = 0x00000642;        //step 23:发送 MRS 命令,WR=4,CL=4,BL=4
139 DMC0_DIRECTCMD = 0x00010780;        //step 25:发送 EMRS 命令,设置 OCD default
140 DMC0_DIRECTCMD = 0x00010400;        //再次发送 EMRS 命令,设置 exit OCD
141 /* 5. turn on auto refresh(step 27) */
142 DMC0_CONCONTROL = 0x0FFF1030;
143 //DMC0_MEMCONTROL = DMC0_MEMCONTROL_VAL; //step 28
144 /* Repeat above for DMC1 */
145 MP2_0DRV = 0x0000AAAA;
146 MP2_1DRV = 0x0000AAAA;
...
201 }
202
```

　　以上 DMC0 初始化部分的注释比较详细,读者可以对照前面 DDR2 的初始化顺序以及寄存器的介绍,不难读懂代码,这里不再进行详细分析。本书实验用的开发板有 8 块 128MB 的 DDR2,它们分别接在 DMC0 和 DMC1 上,所以初始化也要分两部分,其中 DMC1 的初始化代码与 DMC0 类似,具体代码可以从共享资料中找到。

4. 点灯程序

　　关于如何控制 LED 灯,在前面几章中都有用到,这里不再重复,只需要说明一点,就是

链接脚本中所指定的程序入口地址是 0x20000000,这是 DMC0 寄存器的起始地址。

```
01    SECTIONS {
02        . = 0x20000000;
03
04        .text : {
05            * (.text)
06        }
      ...
22    }
```

10.2.3　实验测试

将编译后的 BL1(sdram.bin)写到 SD 卡的扇区 1,将 BL2(bl2.bin)写到 SD 卡的扇区 20,然后从 SD 卡启动开发板。实验结果很简单,只要看到 LED 灯闪烁就说明程序在 DDR2 中执行成功。

10.3　本章小结

本章主要介绍了 S5PV210 存储控制器的特点及 DDR2 内存的特性,另外,详细解读了 S5PV210 推荐的 DDR2 初始化顺序以及 S5PV210 主要寄存器的功能特点,最后通过一个小实验演示了 SDRAM 的工作原理。读者可以通过本章的学习对嵌入式存储控制器有基本的了解,并在实际工作中灵活应用。

第11章

S5PV210 Nand Flash 控制器

本章学习目标

- 了解 Nand Flash 的结构特点；
- 熟悉 Nand Flash 的访问方式；
- 掌握通过 S5PV210 的 Nand Flash 控制器访问 Nand Flash 的方法。

11.1 Nor Flash 与 Nand Flash 介绍

11.1.1 Flash 闪存

Flash 闪存即 Flash Memory，是一种非易失性存储器 NVM(Non-Volatile Memory)，即使在供电电源关闭后仍能保持片内信息不丢失，这就是它与 SDRAM、DDR、DDR2、DDR3 等内存的主要区别，通常的内存只要给它供电的电源关闭，内存的片内信息就会丢失，所以通常也将内存称为挥发性内存。

与 EPROM 等其他非易失性存储器相比，Flash 闪存可以重复擦除，重复编程（这里说的编程就是写入的意思，因为 Nand Flash 的前身就是从 EPROM 演化过来的）。另外，Flash 闪存还具有低成本、高密度的特点。

目前市场上使用得比较多的 Flash 闪存主要有 Nor 和 Nand 这两类，也是两类主要的非易失性闪存。Intel 公司于 1988 年推出了 Nor Flash，并且彻底改变了当时市场上 EPROM 和 E2PROM 占主要地位的格局。Nand Flash 是由 Toshiba 公司于 1989 年推出的，并定义了 Nand Flash 结构，以低成本、高性能而著称。这两类 Flash 闪存直到现在还是炙手可热的两款存储类芯片，微电子行业中随处可见它们的"身影"，它们与 PC 上的硬盘非常类似，主要用途都是用来保存数据、应用程序、操作系统，以及系统运行过程中产生的各类数据，这也是其经久不衰的一个原因。虽然这两类闪存 Flash 都非常流行，但它们也有很大区别，这将在下一节中详细介绍。

11.1.2 Nor Flash 与 Nand Flash 比较

目前应用得比较多的就是 Nor Flash 和 Nand Flash，但它们在性能和使用上也有很大区别,下面就对这两款 Flash 闪存进行比较。

1. 接口比较

Nor Flash 带有通用 SRAM 接口,可以很容易地接在 CPU 的地址、数据总线上使用,对 CPU 的接口要求较低。Nor Flash 的特点是芯片内执行(eXecute In Place,XIP),这样应用程序就可以直接在 Flash 闪存上运行,不必再把代码读到系统内存 RAM 上。

Nand Flash 的接口相对 Nor Flash 来说要复杂,它使用复杂的 I/O 接口来串行地存取数据,8 个引脚用来传送控制、地址和数据信息。它的时序较为复杂,所以通常 CPU 都有专用的 Nand 控制器。Nand Flash 数据存取都是通过 I/O 口,没有直接与总线的连接,所以如果想用 Nand Flash 作为系统启动使用,就需要 CPU 具有特殊的功能,比如 S3C2440,当选择 Nand Flash 启动方式时,会在上电时自动读取 Nand Flash 的前 4KB 数据到地址为 0 的片内 SRAM 中。如果 CPU 不具备这样的功能,那就没有办法直接从 Nand Flash 启动了,必须要采取其他办法。同样的道理,在 S5PV210 的 CPU 上也具备这样的 Nand Flash 启动方式,与 S3C2440 的区别是,片内 SRAM 的容量增加了很多,达到了 16KB。

2. 容量和成本比较

与 Nand Flash 相比较,Nor Flash 的容量要小很多,通常只有 MB 级的容量空间,即使有一些容量大的 Nand Flash,也是采用芯片叠加等新的工艺技术把容量扩大了一些。所以,在价格方面,Nor Flash 相比 Nand Flash 来说要高很多。

从上面两点的比较也可以看出一个特点,Nor Flash 可以随意访问任意地址上的数据,比较适合于运行程序,所以通常将一些程序存储在 Nor Flash 上。而 Nand Flash 由于其大容量的特点,所以更适合于存储一些数据信息,比如视频、音频等这些较大的数据。

3. 可靠性与使用寿命比较

限于 Nand Flash 的制造工艺,Nand Flash 器件中的坏块是随机分布的,而且也是不可避免的。所以 Nand Flash 在使用前要进行坏块扫描以发现坏块,并标记为不可用。而在 Nor Flash 上是不存在坏块问题的。此外,在 Flash 的位翻转现象上(通常是一个 bit 位),Nand Flash 的出现机率也要比 Nor Flash 大很多,所以在文件存储时非常容易导致信息出错,这是致命的,因此在使用 Nand Flash 时,建议同时使用 ECC 校验算法修复这类错误发生,以保证数据信息的完整性。

在使用寿命上,Nand Flash 占很大优势,通常一个块允许的最大擦写次数是百万次,而 Nor Flash 的擦写次数是十万次左右。另外,除工艺特点决定使用寿命长短外,闪存的使用寿命同时和文件系统的设计也有很大关系,文件的擦写不能只针对某一固定块,而要使擦写操作均匀地分布在每个擦写块上,所以通常要求文件系统具有损耗平衡功能。目前在嵌入式 Linux 系统中使用得比较多的文件系统有 JFFS2 和 YAFFS2 这两类。

4. 读/写速度比较

对于写操作,任何闪存 Flash 器件的写入操作都只能在空或已擦除的单元内进行。Nand Flash 器件执行擦除操作是十分简单的,而 Nor Flash 则要求在进行擦除前先将目标块内所有的位都写为 1。擦除 Nor Flash 的块大小范围为 64～128KB,Nand Flash 的块大小范围为 8～256KB,随着闪存 Flash 技术的不断发展,擦除的范围会更大。通常擦写一个 Nor Flash 块需要 4s,而擦写一个 Nand Flash 块仅需要 2ms。Nor Flash 的块太大,不仅延长了擦写时间,对于给定的写操作,Nor Flash 也需要更多的擦除操作,尤其对于特别小的文件,比如一个文件只有 1KB,但是为了保存它,却需要擦除大小为 $64\sim128$KB 的 Nor Flash 块。

11.1.3   Nand Flash 的物理结构

以 S5PV210 开发板所选用的 Nand Flash K9K8G08U0B 为例介绍 Nand Flash 的物理结构。K9K8G08U0B 是三星公司推出的容量为 1GB 的 Nand Flash,是目前大容量手持设备等消费类电子产品上常用的 Flash 闪存,它的封装和引脚如图 11-1 所示。

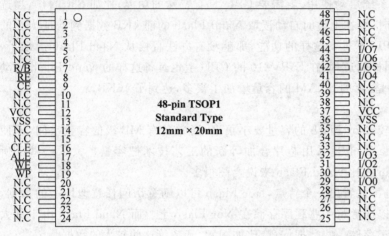

引脚名称	引脚功能说明
I/O0~I/O7	数据输入/输出
CLE	命令锁存使能
ALE	地址锁存使能
$\overline{CE}/\overline{CE1}$	芯片使能
$\overline{RE}$	读使能
$\overline{WE}$	写使能
$\overline{WP}$	写保护
$R/\overline{B}/R/\overline{B1}$	就绪/忙输出信号
VCC	电源
VSS	地
N.C	未接、备用

图 11-1   K9K8G08U0B 封装及引脚

K9K8G08U0B 的功能结构框图如图 11-2 所示。

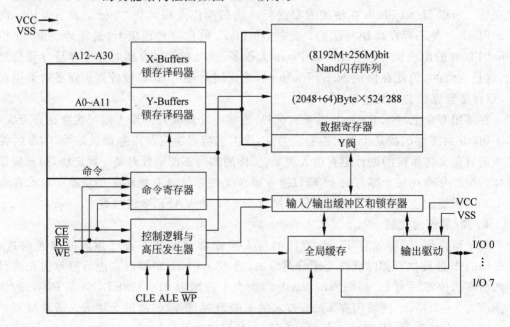

图 11-2   K9K8G08U0B 结构

从图 11-2 可以看出 K9K8G08U0B 的内部结构分为 10 个功能部件。

(1) X-Buffers Latche & Decoders：用于行地址 A12~A30。

(2) Y-Buffers Latche & Decoders：用于列地址 A0~A11。

(3) Command Register：用于命令字。

(4) Control Logic & High Voltage Generator：用于控制逻辑及产生 Flash 所需的高压。

(5) Nand Flash ARRAY：存储器件。

(6) Data Register & S/A：页寄存器，当读/写某页时，会将数据先读/写入此寄存器，大小为 2112 字节。

(7) Y-Gating：对偏移地址的控制，有点类似闸门的功能。

(8) I/O Buffers & Latches：输入/输出缓存及控制。

(9) Global Buffers：全局缓存。

(10) Output Driver：I/O0~7 输出驱动装置。

K9K8G08U0B 存储单元组织结构如图 11-3 所示。

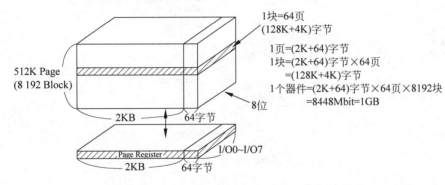

图 11-3　K9K8G08U0B 存储单元组织结构

K9K8G08U0B 总容量为 1GB，分为 64 页×8192 块＝524 288 行（页），2112 列。每页大小为 2048 字节，另外再附加 64 字节的 OOB 区（也叫 spare 区），OOB 区对应的地址范围是 2048~2111。

Nand Flash 的命令、地址、数据都是通过 8 个 I/O 口输入/输出，这种形式减少了芯片的引脚个数，并使得系统很容易升级到更大的容量。写入命令、地址或数据时，都需要将 WE#、CE#信号拉低。数据在 $\overline{\text{WE}}$ 信号的上升沿被 Nand Flash 锁存，命令锁存信号 CLE 和地址锁存信号 ALE 分别用来分辨、锁存命令和地址。K9K8G08U0B 的 1GB 存储空间需要 31 位地址，因此以字节为单位访问 Nand Flash 需要 5 个地址序列：2 个列地址周期、A0~A7 和 A8~A11，3 个行地址周期、页地址 A12~A17、Plane 地址 A18、块地址 A19~A30。读/写页时需要 5 个地址周期序列，而擦除块仅需要 3 个行地址周期序列。

11.1.4　Nand Flash 的访问方法

1. 硬件接线

S5PV210 与 Nand Flash 的硬件接线如图 11-4 所示。

Nand Flash 与 S5PV210 的接线比较少，8 个 I/O 引脚（Xm0DATA0~Xm0DATA7）、5 个使能信号（Xm0FWEn、Xm0FALE、Xm0FCLE、Xm0CSn2、Xm0FREn）、1 个状态信号引

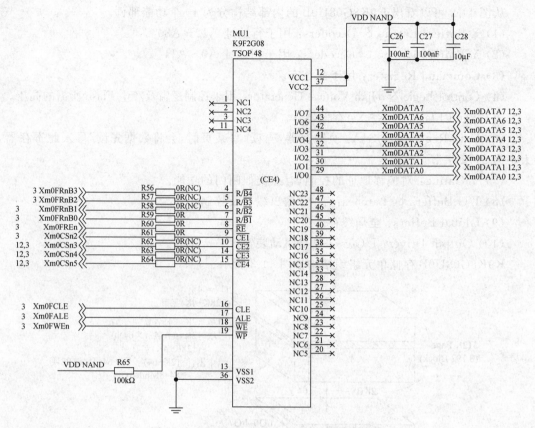

图 11-4　K9K8G08U0B 与 S5PV210 硬件接线

脚(Xm0FRnB0)、1 个写保护引脚(nWP)。地址、数据和命令都是在这些使能信号的配合下通过 8 个 I/O 引脚传输。写地址、数据时,nCE、nWE 信号必须为低电平,它们在 nWE 信号的上升沿被锁存。命令锁存使能信号 CLE 和地址锁存信号 ALE 用来区分 I/O 引脚上传输的是命令还是地址。

注:nCE、nWE 等信号中的"n"代表低电平有效,除此之外还有用"♯"和符号上方加一横表示低电平有效,在前面有遇到这种表示方法。

2. 命令集

操作 Nand Flash 比操作 Nor Flash 要复杂得多,Nor Flash 可以像访问内存一样随机访问任何地址,但访问 Nand Flash 却不能这样,要先发出命令,然后发出相应的地址,最后才能读/写数据,在这期间还要检查 Flash 的状态等。K9K8G08U0B Nand Flash 对应的命令集如表 11-1 所示。

表 11-1　K9K8G08U0B 的命令集

命　　令	第 1 个访问周期	第 2 个访问周期	忙时可接收的命令
Read(读)	00h	30h	否
Read for Copy Back	00h	35h	否
Read ID(读 ID)	90h	—	否
Reset(复位)	FFh	—	否

命　　令	第 1 个访问周期	第 2 个访问周期	忙时可接收的命令
Page Program(页编程)	80h	10h	是
Two-Plane Page Program	80h~11h	81h~10h	否
Copy-Back Program	85h	10h	否
Two-Plane Copy-Back Program	85h~11h	81h~10h	否
Block Erase(块擦除)	60h	D0h	否
Two-Plane Block Erase	60h~60h	D0h	否
Random Data Input(随机写)	85h	—	否
Random Data Output(随机读)	05h	E0h	否
Read Status(读状态)	70h	—	是
Chip1 Status	F1h	—	是
Chip2 Status	F2h	—	是

注：在页读/写操作时可以使用随机命令；在 11h 和 81h 之间不允许有其他命令操作，除 70h、F1h、F2h 和 FFh 命令外。

3. Nand Flash 命令操作方法

对于 K9K8G08U0B，它的容量是 1GB，需要一个 31 位的地址。发出命令后，后面要紧跟着 5 个地址序列。比如读 Nand Flash 时，发出读命令和 5 个地址序列后，接着的读操作就可以得到这个地址及其后续地址上的数据。K9K8G08U0B 的地址序列如表 11-2 所示。

表 11-2　K9K8G08U0B 的地址序列

地址序列	I/O 0	I/O 1	I/O 2	I/O 3	I/O 4	I/O 5	I/O 6	I/O 7	备　　注
第 1 个	A0	A1	A2	A3	A4	A5	A6	A7	列地址
第 2 个	A8	A9	A10	A11	*L	*L	*L	*L	
第 3 个	A12	A13	A14	A15	A16	A17	A18	A19	行地址，即页地
第 4 个	A20	A21	A22	A23	A24	A25	A26	A27	址、平面地址和
第 5 个	A28	A29	A30	*L	*L	*L	*L	*L	块地址

注：列地址为寄存器的起始地址；*L 必须置低电平。

下面结合 Nand Flash 的地址序列和命令集，逐个讲解 Nand Flash 的操作技术。

1) 标记初始坏块信息

通常刚出厂的 Nand Flash 都无法保证 100% 没有坏块，只能保证第 0 块是没有坏块的，所以一般 Flash 在出厂前就将里面的坏块标记好，通常将每块的第 1 页或第 2 页的第 2048 列标记为非 0xFF。因此在实际使用前，也要检查一下整个 Flash 的坏块情况，将其记录在指定的坏块表中。检查的方法就是检查每个块的第 1 页或第 2 页的 2048 列是否为非 0xFF，不是就认为该块是坏块，否则就不是。

2) 页编程操作

通常编程命令分两个阶段——80h 和 10h，其操作序列如图 11-5 所示。

Nand Flash 的写操作(即编程)一般是以页为单位的，也就是一次只能写一页，但是可以只写一页中的一部分。如果要写一页中的一部分，可以发送 85h 命令，此命令只能用于页内的操作，可以参考 Nand Flash 的芯片手册。

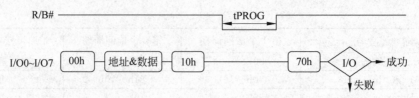

图 11-5   K9K8G08U0B 的页编程操作序列

对于一般的写操作,从图 11-5 可以看出,先发送 80h 命令,紧接着发送地址序列,然后发送数据,最后发送 10h 命令启动写操作,此时 Flash 内部会自动完成写、校验操作,tPROG 是 Nand Flash 的硬件特性,即写时序。一旦发出命令 10h 后,就可以通过读取状态命令 70h 判定当前写操作是否完成和成功。

3)读操作

读操作的命令是 00h 和 30h,与上面的写操作类似,其操作最小单位是页,当然也可以一次读一页中的一部分。

读一页操作要先发出 00h 命令,然后发送地址,最后再发送 30h 命令,接着就可以读取一页的数据。如果读一页中的一部分,则需要在发送完 30h 命令后,再发送 05h,接着发送页内偏移地址,再发送 E0h 命令,最后就可以读到页内指定位置的数据。

4)读 ID 操作

不同 Nand Flash 厂家生产的 Flash 都有其自己的编号和设备代码等,这些信息在出厂时都是固化在芯片内的。实际使用时,可以通过发出 90 命令,再加上 5 个地址序列,就可以读出 5 个连续的数据,分别代表厂商代码(三星的是 ECh)、设备代码(对于 K9K8G08U0B 是 DCh)、保留的字节、多层操作代码等。

5)复位操作

当向 Nand Flash 芯片发出复位命令 FFh 时,如果芯片正处于读、写、擦除操作状态,则复位命令会终止这些命令的操作。

6)块擦除操作

对 Nand Flash 擦除是以块为最小单位的,要对块进行擦除操作,需要先发出 60h 命令,然后发出块地址。对于 K9K8G08U0B 来说,只需要发出最后 3 个地址序列,即行地址,接着就可以发出 D0h 命令启动擦除操作了,此时 Nand Flash 内部就会自动进行擦除操作,判定擦除是否成功,可以发出 70h 命令读取状态,判定是否完成与成功。

以上是 6 种基本的 Nand Flash 操作,对于很多 Nand Flash 来说都是必须的,除此之外,很多 Nand Flash 还可在其内划分很多个 Plane,这样就可以对不同的 Plane 同时操作,以提高效率,这部分命令读者可以参考 Nand Flash 芯片手册。

11.2   S5PV210 Nand Flash 控制器介绍

11.2.1   Nand Flash 控制器的特性

S5PV210 的 Nand Flash 控制器有如下一些关键特性:

(1) Nand Flash 存储接口支持每页 512 字节、2KB、4KB 和 8KB。

（2）软件模式，即通过命令直接对 Nand Flash 存储访问，比如读、写、擦除操作。

（3）支持 8 位总线接口，所以 Nand Flash 有 I/O0～I/O7 共 8 根地址和数据复用的引脚。

（4）支持硬件 ECC 生成和校验，也支持软件 ECC 模式。

（5）支持 SLC 和 MLC Nand Flash。

（6）ECC 校验支持 1 位、4 位、8 位、12 位和 16 位 ECC。

（7）特殊功能寄存器接口，支持字节、半字、字的访问。

11.2.2　Nand Flash 的模块图

S5PV210 的 Nand Flash 组成模块如图 11-6 所示。

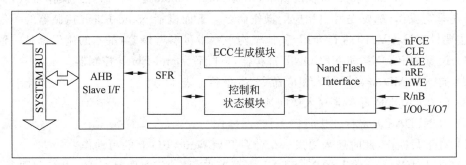

图 11-6　S5PV210 Nand 控制器组成模块框图

从图 11-6 可以看出 Nand Flash 控制器主要包含 5 个部分：AHB 接口模块、特殊功能寄存器模块（SFR）、ECC 生成模块、控制和状态模块以及 Nand Flash 接口模块。

11.2.3　Nand Flash 的引脚配置

对 Nand Flash 控制器相关的寄存器初始化之前，先要使能这些引脚的 Nand 控制功能，简单地说，也就是配制 GPIO 寄存器。这些特殊功能的引脚如表 11-3 所示。

表 11-3　各功能引脚的对应关系

K9K8G08U0B 功能引脚	NAND 控制器对应的引脚	GPIO 引脚
CLE	Xm0FCLE	MP03_0
ALE	Xm0FALE	MP03_1
nWE	Xm0FWEn	MP03_2
nRE	Xm0FREn	MP03_3
nCE1	Xm0CSn2/NFCSn0	MP01_2
nCE2	Xm0CSn3/NFCSn1	MP01_3
nCE3	Xm0CSn4/NFCSn2	MP01_4
nCE4	Xm0CSn5/NFCSn3	MP01_5
R/nB1	Xm0FRnB0	MP03_4
R/nB2	Xm0FRnB1	MP03_5
R/nB3	Xm0FRnB2	MP03_6
R/nB4	Xm0FRnB3	MP03_7
I/O0 ～ I/O7	Xm0DATA0～7	MP06_0～MP06_7

在本书后面的实验中,会分别将以上这些引脚配置为与 Nand 相关,具体可以对照 S5PV210 芯片手册理解配置的含义。

```
MP0_1CON   &=   ~(0xFFFF << 8);
MP0_1CON   |=   (0x3333 << 8);        //Chip 使能引脚
MP0_3CON   =    0x22222222;           //读/写等使能引脚
MP0_6CON   =    0x22222222;           //I/O0 ~ I/O7 对应引脚
```

11.2.4   Nand Flash 存储控制器配置

通过前面对 Nand Flash 特征的讲解,知道 Nand Flash 是一种命令式操作方式,无论是读操作还是写操作,都要先发出相应的操作命令。下面概括 Nand Flash 控制器的一般配置方法,主要针对 S5PV210 进行介绍,其他架构平台也可参考借鉴,基本的流程都是一致的。

(1) 设置 NFCONF 和 NFCONT 寄存器,以配置 Nand Flash 控制器。

(2) 向 NFCMD 寄存器写入相应命令,命令参考表 11-1。

(3) 向 NFADDR 寄存器写入访问地址。

(4) 对 NFDATA 寄存器进行读/写数据操作。

(5) 对于写操作,此时还需要发一个命令开启 Nand Flash 的写动作。

(6) 通过对 Nand Flash 的 NFSTAT 寄存器进行检测,主要是对 R/nB 信号进行检测,来判定读/写操作是否完成和成功。

11.2.5   Nand Flash 寄存器介绍

下面对 S5PV210 Nand Flash 控制器相关的主要寄存器进行介绍。

1. NFCONF 寄存器

NFCONF,读/写,地址=0xB0E0_0000,配置如表 11-4 所示。

表 11-4   NFCONF 寄存器配置

NFCONF	位	描　　述	初始状态
Reserved	[31:26]	保留	0
MsgLength	[25]	0=信息长度 512 字节;1=信息长度 24 字节	0
ECCType0	[24:23]	ECC 类型:00=1 位 ECC;10=4 位 ECC;01/11=禁止 1 位/4 位 ECC	0
Reserved	[22:16]	保留	000000
TACLS	[15:12]	CLE 和 ALE 持续时间(0~15)Duration=HCLK×TACLS	1
TWRPH0	[11:8]	TWRPH0 信号持续时间(0~15)Duration=HCLK×(TWRPH0+1)	0
TWRPH1	[7:4]	TWRPH1 信号持续时间(0~15)Duration=HCLK×(TWRPH1+1)	0
MLCFlash	[3]	Nand Flash 存储类型。0=SLC;1=MLC	0
PageSize	[2]	页大小。SLC:0=2048 字节/页,1=512 字节/页;MLC:0=4096 字节/页,1=2048 字节/页	0
AddrCycle	[1]	地址周期数 512 字节/页:0=3 地址周期,1=4 地址周期;2K 或 4K 字节/页:0=4 地址周期,1=5 地址周期	0
Reserved	[0]	保留	0

NFCONF 寄存器主要用来设置 Nand Flash 控制器的时序参数、ECC 类型的选择、页大小以及地址周期等。TACLS、TWRPH0 和 TWRPH1 这 3 个时序参数控制的是 Nand Flash 信号 CLK/ALE 与写控制信号 nWE 的时序关系，如图 11-7 所示。

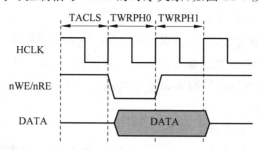

图 11-7　S5PV210 Nand Flash Memory 时序

2. NFCONT 寄存器

NFCONT，读/写，地址＝0xB0E0_0004，寄存器配置如表 11-5 所示。

表 11-5　NFCONT 寄存器配置

NFCONT	位	描 述	初始状态
Reserved	[31:24]	保留	0
Reg_nCE3	[23]	Nand Flash chip 选择信号控制。0＝使能(低电平)；1＝禁止(高电平)	1
Reg_nCE2	[22]	Nand Flash chip 选择信号控制。0＝使能(低电平)；1＝禁止(高电平)	1
Reserved	[21:19]	保留	0
MLCEccDirection	[18]	4 位 ECC 编解码控制。0＝解码 4 位 ECC,用于页读；1＝编码 4 位 ECC,用于页编程	0
LockTight	[17]	芯片锁紧标识。0＝禁止；1＝使能	0
LOCK	[16]	软件锁配置。0＝禁止；1＝使能	1
Reserved	[15:14]	保留	00
EnbMLCEncInt	[13]	4 位 ECC 编码完成中断控制。0＝禁止；1＝使能	0
EnbMLCDecInt	[12]	4 位 ECC 解码完成中断控制。0＝禁止；1＝使能	0
	[11]	保留	
EnbIllegalAccINT	[10]	非法访问中断控制(当 CPU 尝试编程或擦除由 NFSBLK 到 NFEBLK 加锁区域时触发)。0＝禁止；1＝使能	0
EnbRnBINT	[9]	就绪/忙状态改变中断控制。0＝禁止；1＝使能	0
RnB_TransMode	[8]	就绪/忙改变的电气特性设置。0＝上升沿时；1＝下降沿时	0
MECCLock	[7]	Main 区 ECC 生成锁控制。0＝Unlcok；1＝Lcok	1
SECCLock	[6]	Spare 区 ECC 生成锁控制。0＝Unlock；1＝Lock	1
InitMECC	[5]	1＝初始化 main 区 ECC 的编解码器(只能写)	0
InitSECC	[4]	1＝初始化 spare 区 ECC 的编解码器(只能写)	0
HW_nCE	[3]	保留	0
Reg_nCE1	[2]	Nand Flash chip 选择信号控制	1
Reg_nCE0	[1]	Nand Flash chip 选择信号控制。0＝使能(低电平)；1＝禁止(高电平)	1
MODE	[0]	Nand Flash 控制器操作模式控制。0＝禁止 Nand Flash 控制器；1＝使能 Nand Flash 控制器	0

NFCONT 寄存器主要被用来使能/禁止 Nand Flash 控制器、使能/禁止片选引脚信号，以及对 ECC 的进一步初始化，其他功能可以忽略，在一般的应用中也用不到。

3. NFCMMD 寄存器

NFCMMD，写，地址＝0xB0E0_0008。

此寄存器只有低 8 位有效，其他位保留未使用。它的主要用途就是向 Nand Flash 芯片发送操作命令，具体操作命令可以参考表 11-1。另外，对于不同规格的 Nand Flash，可能其操作命令有细微的不同，所以使用时要以实际使用的芯片规格为准。

4. NFADDR 寄存器

NFADDR，写，地址＝0xB0E0_000C。

此寄存器只有低 8 位有效，其他位保留未使用。它的主要用途是向 Nand Flash 芯片发送地址。

5. NFDATA 寄存器

NFDATA，读/写，地址＝0xB0E0_0010。

此寄存器一次最多可以读 4 个字节数据，对 Nand Flash 的读/写操作都需要用到此寄存器。

6. NFSTAT 寄存器

NFSTAT，读/写，地址＝0xB0E0_0028，寄存器配置如表 11-6 所示。

表 11-6　NFCONF 寄存器配置

NFSTAT	位	描　　述	初始状态
Flash_RnB_GRP	[31:28]	RnB[3:0]引脚状态。0＝Nand Flash 忙；1＝Nand Flash 准备就绪	0xF
RnB_TransDetect	[27:24]	当 RnB_TransDetect 被使能后，如果 RnB[3:0]由低到高变化发生，则此引脚被设置，写 1 清除。0＝RnB 没有变化；1＝RnB 有变化	0
Reserved	[23:12]	保留	0x800
Flash_Nce[3:0] (Read Only)	[11:8]	nCE[3:0]引脚状态	0xF
MLCEncodeDone	[7]	当 MLCEncodeDone 使能后，如果 4 位 ECC 编码完成，则此引脚被设置并且触发中断。1＝4 位 ECC 编码完成，写 1 清除	0
MLCDecodeDone	[6]	当 MLCDecodeDone 使能后，如果 4 位 ECC 解码完成，则此引脚被设置并且触发中断。1＝4 位 ECC 解码完成，写 1 清除	0
IllegalAcess	[5]	当 Soft Lock 或 Lcok tight 被使能后，如果有擦除或编程发生，则此位被设置，写 1 清除。0＝没有非法访问；1＝非法访问发生	0
RnB_TransDetect	[4]	当 RnB_TransDetect 使能时此引脚有效，当 RnB[0]由低到高转变时，此引脚状态被设置并触发中断，写 1 清除。0＝RnB 转变没有侦测到；1＝RnB 转变发生	0

NFSTAT	位	描　述	初始状态
Flash_nCE[1] (Read-Only)	[3]	nCE[1] 引脚状态	1
Flash_nCE[0] (Read-Only)	[2]	nCE[0] 引脚状态	1
Reserved	[1]	保留	0
Flash_RnB (Read-Only)	[0]	就绪/忙状态引脚。0 = Nand Flash memory 忙；1 = Nand Flash memory 准备就绪	1

此寄存器在一般的 Nand 操作中只用到 bit0 位。

7. NFECCCONF 寄存器

NFECCCONF,读/写,地址 = 0xB0E2_0000,寄存器配置如表 11-7 所示。

表 11-7　NFECCCONF 寄存器配置

NFECCCONF	位	描　述	初始状态
Reserved	[31]	保留	0
Reserved	[28]	保留。0 = RnB 没有变化；1 = RnB 有变化	0
MsgLength	[25:16]	ECC 校验的信息长度。比如 512 字节信息,应设置为 511	
Reserved	[15:4]	保留	0
ECCType	[3:0]	ECC 类型选择。000 = 禁止 8/12/16 位 ECC；001 = 保留；010 = 保留；011 = 8 位 ECC/512 字节；100 = 12 位 ECC；101 = 16 位 ECC/512 字节；110 = 保留；111 = 保留	0

8. NFECCCONT 寄存器

NFECCCONT,读/写,地址 = 0xB0E2_0020,寄存器配置如表 11-8 所示。

表 11-8　NFECCCONT 寄存器配置

NFECCCONT	位	描　述	初始状态
Reserved	[31:26]	保留	0
EnbMLCEncInt	[25]	MLC ECC 编码完成中断控制。0 = 禁止；1 = 使能	0
EnbMLCDecInt	[24]	MLC ECC 解码完成中断控制。0 = 禁止；1 = 使能	0
EccDiretion	[16]	MLC ECC 编/解码控制。0 = 解码,用于页读；1 = 编码,用于面编程(写操作)	0
Reserved	[15:3]	保留	0
InitMECC	[2]	1 = 初始化 main 区 ECC 编/解码器(只写)	0
Reserved	[1]	保留	0
ResetECC	[0]	1 = 复位 ECC 逻辑(只写)	0

9. NFECCSTAT 寄存器

NFECCSTAT,读/写,地址 = 0xB0E2_0030,寄存器配置如表 11-9 所示。

表 11-9　NFECCSTAT 寄存器配置

NFECCSTAT	位	描　述	初始状态
ECCBusy	[31]	8 位 ECC 解码引擎搜索是否有错误存在。0＝空闲；1＝忙	0
Reserved	[30]	保留	1
EncodeDone	[25]	当 MLC ECC 编码结束，此引脚被设置并产生中断。NFMLCECC0 和 NFMLCECC1 寄存器的值有效。1＝MLC ECC 编码完成	0
DecodeDone	[24]	当 MLC ECC 解码结束，此引脚被设置并产生中断。1＝MLC ECC 解码完成	0
Reserved	[23:9]	保留	0
FreePageStat	[8]	代表扇区是否空闲	0
Reserved	[7:0]	保留	0

10. NFECCSECSTAT 寄存器

NFECCSECSTAT，读/写，地址＝0xB0E2_0040，寄存器配置如表 11-10 所示。

表 11-10　NFECCSECSTAT 寄存器配置

NFECCSTAT	位	描　述	初始状态
ValidErrorStat	[31:8]	每位表示哪一个 ERL 和 ERP 是有效的	0
ECCErrorNo	[4:0]	当读页时，ECC 解码结果。00000＝没有位错误；00001＝1 位错误；00010＝2 位错误；00011＝3 位错误；…；01110＝14 位错误；01111＝15 位错误；10000＝16 位错误 注：假设 8 位错误，计算有效的 error num 直到 8	0

11. NFECCPRGECCn 寄存器

NFECCPRGECCn，读，地址＝0xB0E2_0090～0xB0E2_00A8。

此寄存器用于读取每次读或写操作时生成的 ECC 校验数据，一共有 7 个这样的寄存器，所以 1 次最大支持 26 字节的 ECC 校验。

12. NFECCCERLn 寄存器

NFECCCERLn，读，地址＝0xB0E2_00C0～0xB0E2_00DC。

此寄存器用来指定位错误的位置，S5PV210 最大支持 16 位的 ECC 校验，所以此寄存器最大也支持 16 位。

13. NFECCCERPn 寄存器

NFECCCERPn，读，地址＝0xB0E2_00F0～0xB0E2_00FC。

此寄存器与上面的 NFECCCERLn 是配套使用的，将上面指定位的值与此寄存器对应位作异或，即可修正位错误。同样，此寄存器最大也只支持 16 位。

S5PV210 Nand Flash 控制器除以上这些寄存器外，还有一些寄存器，比如 NFSBLK 和 NFEBLK 用于安全性访问，一般的应用中并非是必须使用的，所以这里不作介绍。有兴趣的可以阅读 S5PV210 芯片手册。另外，S5PV210 Nand Flash 控制器支持 SLC 和 MLC Nand Flash Memory，所以 S5PV210 芯片特地为 MLC 的 ECC 校验准备了一些独立的寄存器。不过这里需要说明一点，经过实验测试，用于 MLC 的 ECC 校验寄存器对 SLC 也是适用的，这些在 S5PV210 手册上没有特别说明。

此外还有一些寄存器，比如 NFMECCD0、NFMECCD1、NFSECCD、NFECCERR0、NFMECC0 等 ECC 相关的寄存器，如果熟悉以前的 S3C2440 等平台，对这些寄存器就不会陌生，它们也是在读/写操作时用于 ECC 校验，支持 SLC 的 Nand Flash，这个在 S5PV210 手册上没有特别注明，作者猜想 S5PV210 原意应该是将这些寄存器用于 SLC 的 Nand Flash，至于是否也支持 MLC，没有实际去验证。读者对此章内容有所了解后，有兴趣的可以用这些通用的寄存器试着修改本章后面的实例代码，也是对本章内容的一个巩固。

注：本书开发板上所用的 K9K8G08U0B 是 1GB 的 SLC Nand Flash。

11.2.6　Nand Flash 控制器的 ECC 校验方法

在前面介绍寄存器时对 ECC 相关的寄存器也有所讲解，所以下面主要讲解 ECC 的使用方法。S5PV210 支持 1/4/8/12/16 位的 ECC，这里分别对 1 位和 8 位 ECC 的使用方法进行介绍。

1. 1 位 ECC 编程方法

（1）使能 SLC ECC，设置 NFCONF 寄存器的 ECCType 为"0"。在读/写操作前要将 NFCONT 寄存器的 MainECCLock 和 SpareECCLock 分别设置为"0"（Unloaced），此外还需要设置 NFCONT 寄存器的 InitMECC 和 InitSECC 为"1"来复位 ECC 值。

注：

① NFCONT 寄存器的 MainECCLock 和 SpareECCLock 位主要用于决定读/写操作时是否产生 ECC 校验。

② 1 位 ECC 最大支持对长度为 2048 字节的信息 ECC 校验。

（2）当数据读或写操作结束后，对应数据的 ECC 校验码就会自动产生在 NFMECC0/1 寄存器中，读取这两个寄存器即可得到 ECC 校验码。

（3）完成数据的读或写操作后，需要将 MainECCLock 置"1"（Lock），这样产生在 NFMECC0/1 寄存器中的 ECC 校验码就不会被改变。

（4）同理，当产生 Spare 备用区的 ECC 校验码后，也需要将 SpareECCLock 置"1"（Lock），这样保存在 NFSECC 寄存器的校验码就不会被改变。

（5）根据产生的 ECC 校验码，对于写操作，将相应的 ECC 校验码写到 Spare 备用区的相应位置；对于读操作，则可以用这些 ECC 校验码结合 ECC 相关的寄存器分析是否有位错误发生，以及是否可以修正。

2. 8 位 ECC 编程方法

（1）8 位 ECC 支持对最大长度为 512 字节的信息进行 ECC 校验，首先需要对 NFECCCONF 寄存器进行设置，指定信息长度 512 字节，此外还需要设置 ECC 类型，比如这里的 8 位 ECC 校验。最后在读或写数据操作前，还需要将 NFECCCONT 中的 InitMECC 置"1"，同时设置 NFCONT 寄存器解锁 MainECCLock，置"0"（Unlock）。

（2）当读或写 512 字节数据操作结束时，Nand Flash 内部会自动将 ECC 校验码产生在 NFECCPRG0～NFECCPRG6 寄存器中。

注：

① 如果页大小大于 512 字节，则要以 512 字节为单元计算整页的 ECC，最后将每次计算的结果再写到 Spare 备用区或与 Spare 备用区里的校验码进行比较。

② 对于 512 字节的 8 位 ECC, 每 512 字节产生 13 字节的 ECC 校验码。

（3）读或写数据完成后, 需要将 MainECCLock 置"1"（Lock）。

（4）对于 Spare 区的读或写操作, 与对 Main 区的读或写操作类似, 这里不再介绍。

11.3　Nand Flash 控制器应用实例

11.3.1　实验介绍

1. 实验目的

从 Nand 启动完成点灯效果。

2. 实验原理

本书开发板所用的 Nand Flash 为三星 K9K8G08U0B, 大小为 1GB, SLC 类型的 Memory。将前面的点灯程序通过 Nand Flash 的编程操作烧写到 Nand Flash 的第 0 块, 然后将开发板的启动拨码开关拨到 Nand 启动, 检查 LED 灯是否正常被点亮。

11.3.2　程序设计与代码详解

本章的实验代码主要讲解 Nand Flash 相关部分, 其模块的代码前面都有介绍, 这里不再重复, 具体代码存放在/opt/examples/ch11/nand_leds。读者在阅读代码的注解时, 需要对照 Nand Flash 芯片手册和 S5PV210 的 Nand Flash 控制器的寄存器说明。

1. 宏定义

```
...
#define MAX_NAND_BLOCK      8192      //定义 Nand 最大块数: 8192 块
#define NAND_PAGE_SIZE      2048      //定义一页的容量: 2048 字节
#define NAND_BLOCK_SIZE     64        //定义 Block 大小: 64 页
#define TACLS               1         //时序相关的设置
#define TWRPH0              4
#define TWRPH1              1
...
```

2. Nand Flash 初始化代码

```
01 //Nand Flash 初始化
02 void nand_init(void)
03 {
04   /* 1. 配置 Nand 功能引脚
05    * NAND        NAND CONTROLLER      REGISTER
06    * CLE         Xm0FCLE              MP03_0
07    * ALE         Xm0FALE              MP03_1
08    * nWE         Xm0FWEn              MP03_2
09    * nRE         Xm0FREn              MP03_3
10    * nCE1        Xm0CSn2/NFCSn0       MP01_2
11    * nCE2        Xm0CSn3/NFCSn1       MP01_3
12    * nCE3        Xm0CSn4/NFCSn2       MP01_4
```

```
13    *  nCE4          Xm0CSn5/NFCSn3          MP01_5
14    *  R/nB1         Xm0FRnB0                MP03_4
15    *  R/nB2         Xm0FRnB1                MP03_5
16    *  R/nB3         Xm0FRnB2                MP03_6
17    *  R/nB4         Xm0FRnB3                MP03_7
18    *  I/O0-7        Xm0DATA0-7              MP06_0~7
19    */
20    MP0_1CON &= ~(0xFFFF << 8);
21    MP0_1CON |= (0x3333 << 8);
22    MP0_3CON = 0x22222222;
23    MP0_6CON = 0x22222222;
24    /* 2. 配置 NFCONF 寄存器(HCLK_PSYS=133.44MHz,7.5ns, 结合 Nand 的时序)
25     * bit[24:23]=0b11 disable 1-bit ECC and 4-bit ECC
26     * 根据手册 TACLS、TWRPH0、TWRPH1 比实际计算出来的结果大一点,故都加1,否则读/写
不稳定
27     * bit[15:12]=0+1(TACLS), tCLS-tWP=12-12=0ns(min), HCLK x TACLS>=0ns
28     * bit[11:8]=3+1(TWRPH0), tWP=TWRPH0=12ns, HCLK x (TWRPH0+1)>=12ns
29     * bit[7:4]=0+1 (TWRPH1),tCLH=TWRPH1=5ns, HCLK x (TWRPH1+1)>=5ns
30     * bit[3]=0, SLC NAND FLASH
31     * bit[2]=0,2048bytes/page
32     * bit[1]=1, 5 address cycle
33     */
34    NFCONF= (0x3<<23)|(TACLS<<12)|(TWRPH0<<8)|(TWRPH1<<4)|(0<<3)|(0<<2)|(1<<1);
35    /* 3. 配置 NFCONT 寄存器
36     * bit[23:22]=0b11,nRCS[3] nRCS[2] high,disable chip select
37     * bit[17]=0b0,disable lock-tight
38     * bit[16]=0b0,disable soft lock
39     * bit[10]=0b0,disable lllegal access interrupt
40     * bit[9]=0b0,disable RnB interrupt
41     * bit[8]=0b0,detect rising edge
42     * bit[7]=0b1,lock main area ECC
43     * bit[6]=0b1,lock spare ECC
44     * bit[2:1]=0b11,disable chip select
45     * bit[0]=0b1,enable nand flash controller
46     */
47    NFCONT= (0x3<<22)|(0x0<<17)|(0x0<<16)|(0x0<<10)|(0x0<<9)|(0x0<<8)|(0x3<<1)|(0x1<<0);
48    /* 4. 复位 Nand flash */
49    nand_reset();
50  }
51
```

3. Nand 片选

```
01  //发片选信号
02  static void nand_select_chip(void)
03  {
04    unsigned int i;
05    NFCONT &= ~(1<<1);
06    for(i=0;i<10;i++);      //寄存器操作需要一些时间
07  }
08
01  //取消片选信号
```

```
02 static void nand_deselect_chip(void)
03 {
04   NFCONT |= (1<<1);
05 }
```

4. 向 Nand 发地址

```
01 //发送地址
02 static void nand_write_addr(unsigned int addr)
03 {
04   int i;
05   unsigned int col, row;
06
07   col = addr & (NAND_PAGE_SIZE-1);        //列地址,即页内地址
08   row = addr / NAND_PAGE_SIZE;            //行地址,即页地址
09
10   NFADDR = col & 0xFF;                     /* Column Address A0~A7 */
11   for(i=0; i<10; i++);
12   NFADDR = (col >> 8) & 0x0F;              /* Column Address A8~A11 */
13   for(i=0; i<10; i++);
14   NFADDR = row & 0xFF;                     /* Row Address A12~A19 */
15   for(i=0; i<10; i++);
16   NFADDR = (row >> 8) & 0xFF;              /* Row Address A20~A27 */
17   for(i=0; i<10; i++);
18   NFADDR = (row >> 16) & 0x07;             /* Row Address A28~A30 */
19   for(i=0; i<10; i++);
20 }
21
```

5. 发送命令

```
01 //发送命令
02 static void nand_write_cmd(int cmd)
03 {
04   NFCMMD = cmd;
05 }
```

6. 读/写 1 个字节数据

```
01 //读 1 个字节数据
02 static unsigned char nand_read(void)
03 {
04    return NFDATA;
05 }
06
01 //写 1 个字节的数据
02 static void nand_write(unsigned char data)
03 {
04   NFDATA = data;
05 }
```

7. 等待就绪

```
01 //等待 Nand Flash 就绪
02 static void nand_wait_idle(void)
```

```
03 {
04    unsigned int i;
05    while (!(NFSTAT & BUSY))
06        for (i=0;i<10;i++);
07 }
```

8. Nand 芯片复位

```
01 //复位 Nand flash
02 static void nand_reset(void)
03 {
04    nand_select_chip();
05    nand_write_cmd(NAND_CMD_RES);        //复位
06    nand_wait_idle();
07    nand_deselect_chip();
08 }
09
```

9. 将点灯程序写到 Nand Flash

在点灯实验中没有用到 ECC 校验,只是单纯地烧写点灯程序到 Nand 的第 0 块,具体代码如下:

```
01 //写大于 1 页数据,不支持 ECC
02 int copy_sdram_to_nand(unsigned char * sdram_addr, unsigned long nand_addr, unsigned long len)
03 {
04    unsigned long col;
05    //1. 发片选
06    nand_select_chip();
07    //2. 从 SDRAM 读数据到 Nand
08    //发 80-->发地址-->写 2KB 数据-->写 10
09    while (len)
10    {
11        nand_write_cmd(NAND_CMD_WRITE_PAGE_1st);
12        nand_write_addr(nand_addr);
13        //列地址,即页内地址
14        col = nand_addr%NAND_PAGE_SIZE;
15        //写一页,每次 1 字节,共写 2048 次
16        for (; col<NAND_PAGE_SIZE&&len!=0;col++,len--)
17        {
18            nand_write( * sdram_addr);
19            sdram_addr++;
20            nand_addr++;
21        }
22        nand_write_cmd(NAND_CMD_WRITE_PAGE_2nd);
23        nand_wait_idle();
24    }
25    //3. 读状态
26    unsigned char status = read_nand_status();
27    if (status & 1)
28    {
```

```
29          //取消片选
30          nand_deselect_chip();
31          puts("copy sdram to nand fail\r\n");
32          return -1;
33      }
34      else
35      {
36          nand_deselect_chip();
37          puts("copy sdram to nand OK!\r\n");
38      }
39      return 0;
40  }
41
```

11.3.3 实例测试

将编译后的 bin 文件烧写到 SD 卡的 block1,然后再将点灯程序对应的 bin 文件烧写到 SD 卡的 Block20。插入 SD 卡,同时接好串口线,上电开发板即从 SD 卡启动,并将 SD 卡 Block1 的数据复制到 iRAM 中执行,执行后在 SecureCRT 控制台上会看到如下画面提示。

```
############# Nandflash R/W Test #############
[i] Read ID
[e] Erase Nandflash
[w] Write Nandflash(ecc)
[r] Read   Nandflash(reverse 8bits and correct it with ecc)
[f] Copy sdram to nand(no ecc)
Enter your choice:
```

在键盘上输入 f,执行将点灯程序从 SDRAM 烧写到 Nand 的第 0 块,烧写成功后会显示 fusing ok。

将开发板的电源关掉,把拨码开关拨到 Nand 启动方式,再次上电,开发板将会从 Nand 启动,会将 Nand 的前 16KB 数据复制到 iRAM 中执行(注:实验中的点灯程序大小不会超过 16KB),如果这时看到灯被点亮,说明实验成功。

11.4 本章小结

本章主要介绍了 Nand Flash 的结构、功能特点,以及与 Nor Flash 的比较。接着又对 S5PV210 的 Nand Flash 控制器的特性、寄存器、ECC 校验方法以及 Nand Flash 控制器的操作方法等进行了介绍。最后通过一个写 Nand Flash 的小程序演示了 Nand Flash 的软件编程过程。读者通过本章的学习,可以对 Nand Flash 有比较全面的了解,同时对其他类型的 Nand 芯片也可以举一反三。

第12章

LCD 控制器

本章学习目标
- 了解 LCD 的接口及其时序；
- 掌握 S5PV210 LCD 控制器的使用方法。

12.1 LCD 介绍

12.1.1 LCD 的分类

LCD 液晶显示器是一种采用液晶为材料的显示器。液晶是介于固态和液态间的一种中间有机化合物，将其加热会变成透明液态，冷却后会变成结晶的混浊固态。在电场作用下，液晶分子会发生排列上的变化，从而影响通过其内部的光线，这种光线的变化通过偏光片的作用可以表现为明暗的变化。通过这样对电场的控制最终控制了光线的明暗变化，从而达到显示图像的目的。与传统的 CRT 显示器相比，LCD 有很多优点：轻薄、能耗低、辐射小等，因此其市场占有率越来越大。LCD 有多种类型，比如 STN、TFT、LTPS TFT、OLED 等。

STN(Super Twisted Nematic，超扭曲向列)有 CSTN 和 DSTN 之分，是 4 种 LCD 屏中最低端的一种，仅有的优点就是功耗低，在色彩鲜艳度和画面亮度上相对于 TFT 和其他 LCD 屏存在明显不足，在日光下几乎不能显示，而且响应时间长达 200ms 左右，播放动画或视频时拖影非常明显。

TFT(Thin Film Transistor，薄膜晶体管)可以大大缩短屏幕响应时间，其响应时间已经小于 80ms，并改善了 STN 连续显示时屏幕模糊闪烁的情况，有效提高了动态画面的播放力，呈现画面的色彩饱和度、真实效果和对比度都非常不错，完全超越了 STN，只是功耗稍高。TFT 直到现在都是主流的液晶显示类型，在手持终端设备上有广泛的应用。

LTPS(Low Temperature Polycrystalline Silicon，低温多晶硅)是由 TFT 衍生的新一代产品，可以获得更高的分辨率和更丰富的色彩。LTPS LCD 可以提供 170° 的水平和垂直可视角度，显示响应时间仅 12ms，显示亮度达到 500cd/m^2，对比度可达 500∶1 甚至更高。LTPS 现在在一些高清手持设备上用得比较多。

OLED(Organic Light Emitting Diode,有机发光二极管)的各种物理特性都具备领先优势,色彩明亮,可视角度超大,非常省电,当前已经有很多厂家开始采用这种技术,比如市面上的曲面电视等都是采用这种技术。

12.1.2　LCD 的接口

从 CPU 或显卡发出的图像数据来看,它们都是 TTL 信号(0~5V、0~3.3V、0~2.5V 或 0~1.8V),LCD 本身接收的也是 TTL 信号。由于 TTL 信号在长距离高速率传输时性能不佳,抗干扰能力也差,所以现在有多种 LCD 接口模式,主要有 MCU 模式、RGB 模式、SPI 模式、VSYNC 模式、MDDI 模式和 MIPI 模式等。

1. MCU 模式

MCU 模式是一种常用的接口模式,包括 80 和 68 模式,是串行的,现在主要是 80 模式,68 模式已经逐渐被淘汰。80 模式包括 18 位、16 位、9 位和 8 位这 4 种传输形式,18 位接口即 RGB 均为 6 位数据,通过 LCD 驱动 IC 将 6 位数据转换成灰阶电压传送到显示器上,LCD 的驱动 IC 有点类似于协处理器,它可以接收 MCU 送来的命令和数据。所以一般在这种模式下的 LCD 驱动都带有一个图像缓存 GRAM,数据可以先存到 IC 内的 GRAM 之后再往显示器上写,因此这种模式的 LCD 可以直接接在内存总线上。连线有 CS♯(片选)、RS(寄存器选择)、RD♯(读)、WR♯(写)和数据线。

MCU 模式控制简单,无须时钟和同步信号。不足之处是耗费 GRAM,不适用于大屏(通常指 QVAG 以上)。

2. RGB 模式

RGB 模式是目前使用相当广泛的一种接口模式,传输的数据位有 6 位、16 位和 18 位。连线一般包含 VSYNC、HSYNC、DOTCLK、ENABLE 和 RGB 数据线等。其中 DOTCLK、HSYNC 和 VSYNC 三根时钟信号线保证了 RGB 数据按照正确的时序由 CPU 向 LCD 传输,其中的 DOTCLK 为系统时钟,提供稳定的方波时钟,HSYNC 为行同步信号,VSYNC 为场同步信号,控制一帧图像的显示。

现在很多 LCM 控制器都带有控制命令,通常以 SPI 串行方式发送这些初始化的控制命令,即 LCM 工作前先要通过这些命令初始化,通常这部分命令各厂家都会在 LCD 手册上注明。

RGB 模式下显示的数据不再像 MCU 模式需要写 GRAM,它可以直接发送给显示器显示,所以速度相对较快,通常可用于显示视频和动画。

3. SPI 模式

SPI 接口模式一般使用较少,只有 CS♯(片选)、SLK(串行时钟)、SDI(输入)和 SDO(输出)4 根线,连线比较少但软件控制相对比较复杂,这是其应用较少的原因之一。

4. VSYNC 模式

VSYNC 接口模式主要是在 MCU 接口模式下增加了一根 VSYNC(帧同步)信号线,应用于运动画面更新,相当于 MCU 模式的一个升级版。

5. MDDI 模式

MDDI(Mobile Display Digital Interface)接口模式最早是由高通公司于 2004 年提出

的,通过减少连线可提高移动电话的可靠性并降低功耗,是移动领域的高速串行接口,并将取代 SPI 接口模式,主要用来支持大尺寸屏,其连线主要有 HOST_DATA、HOST_STROBE、CLIENT_DATA、CLIENT_STROBE、POWER 和 GND。

6. MIPI 模式

MIPI(Mobile Industry Processor Interface)接口模式是 2003 年由 ARM、Nokia、ST、TI 等公司成立的联盟提出的,目的是把手机内部的接口,如摄像头、显示屏接口、射频/基带接口标准化,从而减少手机设计的复杂程度,增加设计灵活性。MIPI 联盟分别定义了一系列的手机内部接口标准,比如摄像头接口 CSI、显示接口 DSI、射频接口 DigRF、麦克风/喇叭接口 SLIMbus 等。统一接口标准可以使手机厂商根据需要从市面上灵活选择不同的芯片和模组,更改设计和功能时更加快捷方便。MIPI 接口具有更低的功耗、更高的数据传输率和更小的 PCB 占位空间,并且专门为移动设备进行了优化,因此更适用于手机和平板设备的连接,现在高分辨率的显示器基本上都用这种接口。

12.2 S5PV210 LCD 控制器

S5PV210 的 LCD 控制器看上去比 S3C2440 的 LCD 控制器要复杂,从寄存器数量上来比较,S5PV210 比 S3C2440 要多出好几倍。S3C2440 系列的 LCD 控制器主要针对 STN LCD 和 TFT LCD 而设计,没有支持更多的接口模式、数据格式、图像处理等。其实在 S3C2440 系列之前还有一款 S3C2410,如果读者对 S3C2410 的 LCD 控制器熟悉,相信对 S5PV210 中的 LCD 控制器也就不会陌生,它基本上是继承自 S3C2410,只是在某些功能上有所扩展和改善,比如下面将要介绍的一些 LCD 控制器的特性,在 S3C2410 中都有。最后给读者一点建议,如果在阅读 S5PV210 的 LCD 控制器的芯片手册时感到吃力,可以先看看 S3C2410 的手册。

12.2.1 S5PV210 LCD 控制器概述

S5PV210 显示器控制器在逻辑上通过一个本地的总线在 Camera 接口控制器或一个本地内存中的视频缓冲区与外部 LCD 驱动接口之间传输图像数据,LCD 驱动接口支持 3 种类型的接口,分别是 RGB 接口、间接 i80 接口和用于回写的 YUV 接口。显示器控制器使用了 5 层图像覆盖窗口来支持各种颜色显示格式、256 级的 alpha 混合、颜色键、x-y 方向位置控制和软件滚动以及可变窗口大小等功能。

显示器控制器支持各种颜色格式,比如 RGB(1~24bpp)以及 YCbCr 4:4:4(仅支持本地总线)。另外,可以通过软件编程调节各种功能需求,比如调节不同的水平或垂直方向的像素点个数来控制屏幕显示的位置、调节接口时序以及刷新频率等。

显示器控制器用来传输视频数据和产生必要的控制信号,如 RGB_VSYNC、RGB_HSYNC、RGB_VCLK、RGB_VDEN 和 SYS_CS0、SYS_CS1、SYS_WE,为视频数据提供 RGB_VD[23:0]的数据端口。

12.2.2　S5PV210 LCD 控制器主要特性介绍

S5PV210 显示器控制器的主要特性如表 12-1 所示。

表 12-1　S5PV210 显示器控制器的主要特性

主 要 特 性	描　　　述
总线接口	AMBA AXI 64 位 Master/AHB 总线，32 位 Slave 本地视频总线（YCbCr/RGB）
视频输出接口	RGB 接口（24 位并行接口/8 位串行接口）、间接 i80 接口、回写接口
双向输出模式	支持 i80 和回写，支持 RGB 和回写
调色板功能	支持 8bpp（每像素需要 8 位）调色板颜色显示，支持 16bpp 非调色板颜色显示，支持未压缩的 18bpp 非调色板颜色显示，支持未压缩的 24 位非调色板颜色显示
窗口源格式	窗口 0：支持 1、2、4 或 8bpp 调色颜色显示；支持 16、18 或 24bpp 非调色颜色显示；支持 RGB（8∶8∶8）从本地总线（FIMC0）输入；窗口 1：支持 1、2、4 或 8bpp 调色颜色显示；支持 16、18 或 24bpp 非调色颜色显示；支持 RGB（8∶8∶8）从本地总线（FIMC1）输入 窗口 2：支持 1、2、4 或 8bpp 调色颜色显示；支持 16、18 或 24bpp 非调色颜色显示；支持 RGB（8∶8∶8）从本地总线（FIMC2）输入 窗口 3/4：支持 1、2、4 或 8bpp 调色颜色显示；支持 16、18 或 24bpp 非调色颜色显示
可配置突发长度	可编程控制的 4/8/16 突发 DMA
调色板	窗口 0/1/2/3/4，支持 256×32 位调色内存（每个窗口一个调色内存）
软件滚动	水平方向，分辨率为 1 字节；垂直方向，分辨率为 1 个像素
虚拟屏幕	虚拟图像最大支持 16MB 的图像大小，并且每一个窗口有自己的虚拟区域
透明覆盖	支持
色键（色度键）	支持色键功能，支持多个色键混合功能
部分显示	通过 i80 接口支持 LCD 部分显示
图像增强	支持 Gamma 控制，支持 Hue 控制，支持颜色增益控制，支持像素补偿功能

S5PV210 的 LCD 控制器较之前的 S3C2440 等架构在功能上有很大的提升，主要是对更高分辨率、大屏显示器等有了很大的支持。因此在 S5PV210 芯片手册上有很多新的概念，下面对这些概念进行介绍。

1) α 混合

通常的颜色由 R、G、B 三通道来表示，但 LCD 控制器分为 5 层，故图层混合时需要按照一定的比例因子来混合以实现图层的透明度，而不至于将背景图层完全覆盖掉，所以增加 alpha 通道作为对应颜色混合时的调节因子。配置相关的设置后，通过调节 alpha 值则可以实现图层间透明度的控制，而所谓的透明度，相当于把两图层按照不同的合成因子合成为一个图层，这样背景图层就不会被完全覆盖掉了。关于这类比例因子的设置，S5PV210 提供相关配置寄存器。

2) 颜色键

如果背景窗口和前台窗口有重叠，就设置一个颜色值作为前台窗口的色键，当前台窗口中像素的颜色值与色键值一致时，这些像素会被特殊对待。通常有两种方式：如果配置了在色值相等的情形下显示前台窗口的颜色，那么就会显示前台窗口的颜色；如果配置了在相等的情形下显示背景窗口的颜色,那么就会显示背景窗口的颜色。

3) FIMD

FIMD(Fully Interactive Mobile Display)为完全交互式移动显示设备,所以 S5PV210 的 LCD 控制器应该属于 FIMD 范畴。FIMD 技术不只包含 LCD 显示器这一部分,还有其他组成部分,这里不深究,有兴趣的读者可以查阅相关资料了解更多。

4) FIMC

FIMC(Fully Interactive Mobile Camera)为完全交互移动摄像设备,S5PV210 的 Camera 控制器也属于 FIMC 范畴,所以 LCD 控制器的数据来源可由 FIMC 作为直接通道传输,即来自 Camera 模块,这也是 S5PV210 架构的新功能,即 CamIF0(Camera 接口)、CamIF1 和 CamIF2 通道的数据可以直接传输给 LCD 控制器显示,此功能满足了高清晰、快速摄像的需求。

12.2.3 S5PV210 LCD 控制器功能介绍

1. 子模块系统

S5PV210 显示器控制器主要由 VSFR、VDMA、VPRCS、VTIME 和视频时钟产生器构成。

VSFR 为显示特殊功能寄存器模块,它有 121 个可编程的寄存器集、1 个 gamma LUT 寄存器集(包含 64 个寄存器,LUT 可理解为查表,比如调色板配置表等)、1 个 i80 命令寄存器集(包含 12 个寄存器)和 5 个 256×32 位的调色板缓存。

VDMA 作为一个特殊的显示器 DMA,可以直接从帧缓存传输视频数据到 VPRCS,中间不需要 CPU 的参与。而 VPRCS 模块主要负责接收 VDMA 送来的数据,然后对视频数据进行数据格式的转换,比如转成 8bpp 或 16bpp 等。

VTIME 模块主要用来产生各种时序控制信号,在前面提到的那些时序信号,比如 RGB_HSYNC、RGB_VSYNC 等都是由 LCD 控制器中 VTIME 模块负责产生的。

2. 数据流

VDMA 传输的数据都需要经过 FIFO 缓存,如果 FIFO 为空或部分为空时,VDMA 控制模块就会请求从帧缓存中接收数据,并且是基于突发内存传输模式,所以数据传输的速度决定了 FIFO 的大小。S5PV210 LCD 控制器由 5 个 FIFO(2 个 DMA FIFO 和 3 个本地 FIFO)组成,这正好满足了窗口覆盖显示模式的需要。

S5PV210 图像输入的来源分为两部分,一是 VDMA,每个图层都有专用的 DMA 通道直接从帧缓存中得到图像数据,分别是 CH0(通道 0)、CH1、CH2、CH3、CH4;二是 FIMC 与 FIMD,WIN0(图层/窗口 0)、WIN1、WIN2 除了有 VDMA 通道外,还可以通过 FIMC 与 FIMD 之间的通道得到数据,这主要体现在 Camera 的数据可以直接通过 CamIF0(Camera Interface0)、CamIF1、CamIF2 接口传送给 LCD 显示模块。

图像数据传输给 LCD 控制器的大致流程是:首先是图像输入(从上面介绍的通道送入),接着是图像的处理(数据格式转换、图层混合、显示效果增强等),最后将处理好的图像数据送给 LCD 控制器转换为 RGB 信号输出。关于 S5PV210 LCD 控制器数据流的细节,可以阅读芯片手册中的 LCD 控制器这一章,手册上有详细的框图,介绍了整个流程中的技术细节。

3. 帧缓存和虚拟屏幕

对于屏幕上的一整幅图像,通常用帧(Frame)表示,一帧即代表一幅完整的图像,每帧由多行组成,每行由多个像素组成,每个像素的颜色使用若干位的数据来表示。对于单色显示器,每个像素使用 1 位来表示,称为 1bpp;对于 256 色显示,每个像素使用 8 位来表示,称为 8bpp。除此之外,还有 24bpp 等更多的表示方法。

当图像的实际大小超过窗口显示区域(OSD)的大小时,可以通过虚拟屏幕功能显示图像的一部分,被显示的这部分图像称为视口,如图 12-1 所示,其中间的小矩形区域就是视口。在 S5PV210 中通过配置寄存器 VID0xADDxBx 可以改变视口的位置,这也就是前面提到的软件滚动功能。这里需要注意窗口显示区域(OSD)和视口的区别,它们的大小是一样的,OSD 是相对于显示器的面板大小而言的,经常显示器在显示时四周会有一些无效区域没有显示,除去这些无效显示区域后的显示区域可以认为是 OSD 区域;而视口是相对于视频缓存(Video Buffer)而言的,由于缓存比较大,通常里面的数据无法全部显示到显示器上,一次只能显示其中的一部分,即视口,这也就是虚拟屏幕的功能。

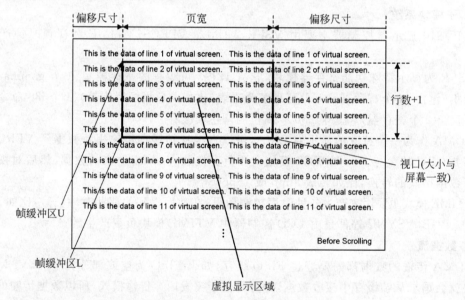

图 12-1   S5PV210 LCD 控制器虚拟屏幕

4. 图层混合

S5PV210 的 LCD 控制器有 5 个窗口图层(WIN0~WIN4),它们之间是如何混合的呢?如图 12-2 所示,B′ 表示像素混合后新的颜色值,alphaB′ 表示像素混合后的 alpha 值(alpha 值实际上是不大于 1 的小数),公式中的 a、b、p、q 表示它们的混合因子,通过寄存器 BLENDEQ 来配置。例如,a 配置为 alphaA,b 配置为 alphaB,p 配置为 1,q 配置为 1,带入公式中可得到 $B' = A×alpha + B×alphaB$,$alphaB' = alphaA + alphaB$,其中 alphaA 的值决定了 A 的颜色取百分之几,alphaB 的值决定了 B 的颜色取百分之几,然后相加合成新颜色值 B′。这样通过调节 alphaA 和 alphaB 的值就实现了控制它们合成时的透明度,因为合成的像素值 B′ 来自 A 和 B 两个部分,这样就相当于控制了透明度。

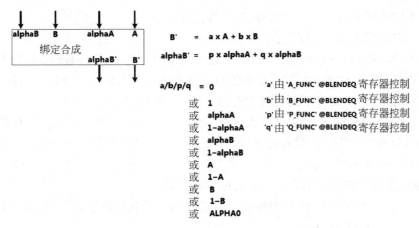

图 12-2　Blending 公式

12.2.4　S5PV210 TFT LCD 的操作

TFT LCD 是目前市场上的主流 LCD,操作比较简单,其中比较复杂的就是 LCM 相关时序的设置了,下面先看看 TFT LCD 的时序。

通常这类 LCD 用得比较多的接口是 RGB 接口,在前面讲过 RGB 接口有很多时序信息,比如 VSYNC、HSYNC 等。通常每个 VSYNC 信号表示一帧数据的开始,每个 HSYNC 信号表示一行数据的开始,无论这些数据是否有效;每个 VCLK 信号表示正传输一个像素的数据,无论它是否有效,通常传输一行数据会有多个 VCLK。数据是否有效只是对 CPU 的 LCD 控制器来说的,LCD 根据 VSYNC、HSYNC、VCLK 不停地读取总线上的数据并显示。S5PV210 LCD RGB 接口时序如图 12-3 所示。

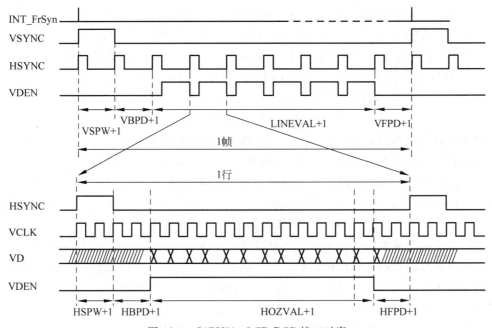

图 12-3　S5PV210 LCD RGB 接口时序

对于图 12-3 所示的 VSYNC 信号,其工作原理如下。

(1) VSYNC 信号有效时,表示一帧数据的开始。

(2) VSPW 表示 VSYNC 信号的脉冲宽度为(VSPW＋1)个 HSYNC 信号周期,即(VSPW＋1)行,这(VSPW＋1)行的数据无效。也可表示为 VSYNC 的极性切换的时间,比如时序图在 VSYNC 为低电平的时候才有效。

(3) VSYNC 信号脉冲之后,还要经过(VBPD＋1)个 HSYNC 信号周期,有效的行数据才出现。所以,在 VSYNC 信号有效之后,总共还要经过(VSPW＋1＋VBPD＋1)个无效的行,有效的第一行才出现。

(4) 随后继续发出(LINEVAL＋1)行的有效数据。

(5) 最后是(VFPD＋1)个无效的行,这样完整的一帧就结束了,紧接着就是下一个帧的数据了(即下一个 VSYNC 信号)。

对于图 12-3 所示的 HSYNC 信号,即一行中的像素数据,其工作原理如下。

(1) HSYNC 信号有效时,表示一行数据的开始。

(2) HSPW 表示 HSYNC 信号的脉冲宽度为(HSPW＋1)个 VCLK 信号周期,即(HSPW＋1)个像素,这(HSPW＋1)个像素的数据无效,一个 VCLK 对应一个像素。这里 HSPW 也可表示 HSYNC 信号的极性切换时间,与 VSYNC 类似。

(3) HSYNC 信号脉冲之后,还要经过(HBPD＋1)个 VCLK 信号周期,有效的像素数据才出现。

(4) 随后是连续的(HOZVAL＋1)个像素的有效数据。

(5) 最后是(HFPD＋1)个无效的像素,这样完整的一行就发送完成了。

从上面 VSYNC 与 HSYNC 的时序来看,VSYNC 是以 HSYNC 的时钟频率来工作的,而 HSYNC 是以 VCLK 提供的时钟频率来工作的。另外,时序图中各信号的时间参数都可以在 LCD 控制寄存器中设置,这个在后面介绍 LCD 控制器寄存器时还会具体说明。VCLK 作为时序图的基准信号,它的频率可以用如下公式计算:

$$VCLK(Hz) = HCLK/(CLKVAL+1),其中 CLKVAL>=1$$

VSYNC 信号的频率又称为帧频率、垂直频率等,它可以用如下公式计算:

$$帧频率=1/[\{(VSPW+1)+(VBPD+1)+(LINEVAL+1)+(VFPD+1)\}$$
$$\times\{(HSPW+1)+(HBPD+1)+(HFPD+1)+(HOZVAL+1)\}$$
$$\times\{(CLKVAL+1)/(时钟源频率)\}]$$

这里时钟源频率即 LCD 的时钟源,通常选 HCLK 作为时钟源。将 VSYNC、HSYNC、VCLK 等信号的时序参数都设置好之后,将帧内存(frame memory)的地址告诉 LCD 控制器,它即可自动发起 DMA 传输,从帧内存中得到图像数据,数据最终在上述信号的控制下出现在数据总线 VD[23:0]上。用户只需要把要显示的图像数据写入帧内存,LCD 控制器就会自动去"拿"数据显示,下面介绍图像数据是如何在帧内存中存储的。

显示器上每个像素的颜色由 3 个部分组成:红(Red)、绿(Green)、蓝(Blue),即三原色,这三者的混合可以表示人眼所能识别的所有颜色。比如,可以根据颜色的浓烈程度将三原色分为 256 个级别(0～255),故可以使用 255 级的红色、255 级的绿色、255 级的蓝色组合成白色,可以使用 0 级的红色、0 级的绿色、0 级的蓝色组合成黑色。

LCD 控制器可以支持单色(1bpp)、4 级灰度(2bpp)、16 级灰度(4bpp)、256 色(8bpp)的

调色板显示模式,支持 64K(16bpp)、16M(24bpp)以及 18bpp、19bpp、25bpp、32bpp 等非调色板显示模式。下面对常用的 8bpp、16bpp、24bpp 图像数据的存储格式进行介绍。

1) 24bpp 色

24bpp 色的显示模式就是使用 24 位的数据来表示一个像素的颜色,每种原色使用 8 位。LCD 控制器从内存中获得某个像素的 24 位颜色值后,直接通过 VD[23:0]数据线发送给 LCD。为了方便 DMA 传输,在内存中使用 4 个字节(32 位)来表示一个像素,其中的 3 个字节从高到低分别表示红、绿、蓝,剩余的 1 个字节数据无效。对于 S5PV210 LCD 控制器来说,最高字节无效,如图 12-4 所示。

1. 内存中像素排列格式1
(BSWP=0, HWSWP=0, WSWP=0)

	D[63:56]	D[55:32]	D[31:24]	D[23:0]
000H	无效位	P1	无效位	P2
008H	无效位	P3	无效位	P4
010H	无效位	P5	无效位	P6
…				

2. 内存中像素排列格式2
(BSWP=0, HWSWP=0, WSWP=1)

	D[63:56]	D[55:32]	D[31:24]	D[23:0]
000H	无效位	P2	无效位	P1
008H	无效位	P4	无效位	P3
010H	无效位	P6	无效位	P5

3. 像素在LCD显示器上的排列

图 12-4　24bpp 模式下像素颜色的数据格式

2) 16bpp 色

16bpp 色的显示模式就是使用 16 位的数据来表示一个像素的颜色。对于 S5PV210 的 LCD 控制器来说,这 16 位数据的格式又分为两种:A555 和 A1555,这两种格式都是用 5 位分别表示红色、绿色、蓝色,区别是 A555 中高位表示选择 ALPHA0 还是 ALPHA1 的绑定因子,后者的高位表示透明度。如图 12-5 所示为 A1555 的图像数据存储格式,通常是两字节表示一个像素。

3) 8bpp 色

8bpp 显示模式就是使用 8 位的数据来表示一个像素的颜色,此时对三种原色平均下来,每个原色只能使用不到 3 位的数据来表示,即每个原色最多不过 8 个级别,这不足以表示更丰富的颜色。

为了解决 8bpp 模式显示能力弱的问题,需要使用调色板(Palette)。每个像素对应的 8 位数据不再用来表示 RGB 三种原色,而是表示它在调色板中的索引值;要显示这个像素时,使用这个索引值从调色板中取得其 RGB 颜色值。所谓调色板,就是一块内存,可以对每个索引值设置其颜色,可以使用 24bpp、16bpp 和 18bpp 等表示。在 S5PV210 中,调色板是

1. 内存中像素排列格式1
(BSWP=0, HWSWP=0, WSWP=0)

	D[63:48]	D[47:32]	D[31:16]	D[15:0]
000H	P1	P2	P3	P4
008H	P5	P6	P7	P8
010H	P9	P10	P11	P12
...				

2. 内存中像素排列格式2
(BSWP=0, HWSWP=0, WSWP=1)

	D[63:48]	D[47:32]	D[31:16]	D[15:0]
000H	P3	P4	P1	P2
008H	P7	P8	P5	P6
010H	P11	P12	P9	P10
...				

3. 内存中像素排列格式3
(BSWP=0, HWSWP=1, WSWP=0)

	D[63:48]	D[47:32]	D[31:16]	D[15:0]
000H	P4	P3	P2	P1
008H	P8	P7	P6	P5
010H	P12	P11	P10	P9
...				

4. 像素在LCD显示器上的排列

图 12-5　16bpp 模式下像素颜色的数据

一块 256×32 位的内存,这样就可以使用 16bpp 等格式来表示 8bpp 显示模式下各个索引值的颜色。S5PV210 16bpp 的调色板数据存储格式如图 12-6 所示。

位序号	31	30	29	28	27	26	25	24	23	22	21	20	19	18	17	16	15	14	13	12	11	10	9	8	7	6	5	4	3	2	1	0
00h	-	-	-	-	-	-	-	-	-	-	-	-	-	-	-	-	AEN	R4	R3	R2	R1	R0	G4	G3	G2	G1	G0	B4	B3	B2	B1	B0
01h	-	-	-	-	-	-	-	-	-	-	-	-	-	-	-	-	AEN	R4	R3	R2	R1	R0	G4	G3	G2	G1	G0	B4	B3	B2	B1	B0
...	..	..	..	..	..	..	..	..	..	..	..	..	..	..	..	..	..	..	..	..	..	..	..	..	..	..	..	..	..	..	..	..
FFh	-	-	-	-	-	-	-	-	-	-	-	-	-	-	-	-	AEN	R4	R3	R2	R1	R0	G4	G3	G2	G1	G0	B4	B3	B2	B1	B0
VD引脚号	-	-	-	-	-	-	-	-	-	-	-	-	-	-	-	-		23	22	21	20	19	15	14	13	12	11	7	6	5	4	3

图 12-6　16bpp 调色板数据格式

对 S5PV210 的调色板访问需要注意 VSTATUS(Vertical Status)寄存器的状态,如果为活动状态(ACTIVE),则不能访问调色板内存。

12.2.5　S5PV210 LCD 控制器编程方法介绍

S5PV210 芯片手册推荐的 LCD 控制器编程方法如下。

（1）VIDCON0：配置视频输出方式和 LCD 控制器的使能控制。

（2）VIDCON1：指定 RGB 接口的控制信号。

（3）VIDCON2：指定输出图像数据的格式。

（4）VIDCON3：图像显示效果控制。

（5）I80IFCONx：配置 CPU 接口控制信号。

（6）VIDTCONx：配置视频输出时序和屏幕显示尺寸。

（7）WINCONx：配置每个窗口的特性。

（8）VIDOSDxA、VIDOSDxB：指定窗口位置。

（9）VIDOSDxC、VIDOSDxD：指定 OSD 区域的大小。

（10）VIDWxALPHA0/1：指定 alpha 值。

（11）BLENDEQx：绑定设置。

（12）VIDWxxADDx：指定像素图像的源地址。

（13）WxKEYCONx：配置色键相关值。

（14）WxKEYALPHA：配置色键 alpha 值。

（15）WINxMAP：窗口颜色控制配置。

（16）GAMMALUT_xx：设置 gamma 值。

（17）COLORGAINCON：设置颜色增益值。

（18）HUExxx：设置 Hue 系数和偏移量。

（19）WPALCON：指定调色板。

（20）WxRTQOSCON：设置 RTQoS 控制寄存器。

（21）WxPDATAxx：指定窗口调色板数据。

（22）SHDOWCON：指定 shadow 控制寄存器

（23）WxRTQOSCON：指定 QoS 控制寄存器。

在一般的使用中，根据选用的接口、图像效果等，并不需要将上述每一步都进行配置。这里每一步的配置都对应着寄存器的配置。下面将会对一些常用的寄存器进行介绍。

12.2.6　S5PV210 LCD 控制器主要寄存器介绍

S5PV210 LCD 控制器相关的寄存器非常多，下面主要介绍后面实验中所使用到的寄存器，对于其他的寄存器，读者可以阅读 S5PV210 的芯片手册。

1. VIDCON0 寄存器

VIDCON0，读/写，地址＝0xF800_0000，寄存器配置如表 12-2 所示。

表 12-2　VIDCON0 寄存器配置

VIDCON0	位	描　述	初始状态
Reserved	[31]	保留(应为 0)	0
DSI_EN	[30]	使能 MIPI DSI。0＝禁止；1＝使能	0
Reserved	[29]	保留(应为 0)	0
VIDOUT	[28:26]	视频控制器输出格式选择。000＝RGB 接口；001＝保留；010＝LDI0 的 i80 接口；011＝LDI1 的 i80 接口；100＝WB 接口和 RGB 接口；101＝保留；110＝WB 接口和 LDI0 的 i80 接口复用；111＝WB 接口和 LDI1 的 i80 接口复用	0
L1_DATA16	[25:23]	i80 接口输出数据格式(LDI1)(VIDOUT[1:0]＝＝11)。000＝16 位模式(16bpp)；001＝16＋2 位模式(18bpp)；010＝9＋9 位模式(18bpp)；011＝16＋8 位模式(24bpp)；100＝18 位模式(18bpp)；101＝8＋8 位模式(16bpp)	0
L0_DATA16	[22:20]	i80 接口输出数据格式(LDI0)(VIDOUT[1:0]＝＝10)。000＝16 位模式(16bpp)；001＝16＋2 位模式(18bpp)；010＝9＋9 位模式(18bpp)；011＝16＋8 位模式(24bpp)；100＝18 位模式(18bpp)；101＝8＋8 位模式(16bpp)	0
Reserved	[19]	保留(应为 0)	0
PGSPSEL	[18]	显示模式 VIDOUT[1:0]＝＝00:0＝RGB 并行模式；1＝RGB 串行模式 VIDOUT[1:0]!＝00:0＝RGB 并行模式	0
PNRMODE	[17]	控制 RGB 顺序。0＝正常；1＝反转 注：这是预留给旧版本的 FIMD,如果用 VIDCON3 配置,此位则不用配置	0
CLKVALUP	[16]	时序更新控制。0＝总是；1＝每帧一次	0
Reserved	[15:14]	保留	0
CLKVAL_F	[13:6]	VCLK 频率系数,公式： VCLK＝HCLK/(CLKVAL_F+1),CLKDVAL_F≥1 注：VCLK 的最大频率是 100MHz；CLKSEL_F 寄存器指定时钟源	0
VCLKFREE	[5]	VCLK Free Run 模式控制(仅用于 RGB 接口模式)。0＝正常模式(由 ENVID 位控制)；1＝Free Run 模式	0
CLKDIR	[4]	时钟源选择控制。0＝独立直接的时钟源；1＝由 CLKVAL_F 决定的时钟源	0
Reserved	[3]	保留(应为 0)	0
CLKSEL_F	[2]	视频的时钟源。0＝HCLK 提供；1＝SCLK_FIMD 提供。HCLK 是总线时钟,SCLK_FIMD 是 LCD 控制器的特定时钟	0
ENVID	[1]	视频输出和显示器控制信号使能控制。0＝禁止；1＝允许	0
ENVID_F	[0]	在当前帧结束,视频输出和显示器控制信号使能控制。0＝禁止；1＝允许	0

注：① MIPI(Mobile Industry Processor Interface)是移动行业处理器接口标准,主要规定了硬件接口的标准。其中 DSI(Display Serial Interface)是 MIPI 组织标准化的显示串行接口；CSI(Camera Serial Interface)是 MIPI 的摄像串行接口。

② 显示使能:ENVID 和 ENVID_F 都要置 1;普通模式:ENVID 和 ENVID_F 同时置 0;帧关闭模式:ENVID_F 置 0,而 ENVID 置 1。

2. VIDCON1 寄存器

VIDCON1,读/写,地址＝0xF800_0004,寄存器配置如表 12-3 所示。

表 12-3　VIDCON1 寄存器配置

VIDCON1	位	描　述	初始状态
LINECNT(read only)	[26:16]	提供行计数(只读),行计数范围为 0～LINEVAL	0
FSTATUS	[15]	指定 Field 状态(只读)。0＝奇数 Field;1＝偶数 Field	0
Reserved	[12:11]	保留	0
FIXVCLK	[10:9]	指定 VCLK 的状态。00＝VCLK 保持;01＝VCLK 运行;11＝VCLK 运行与 VDEN 禁止	0
Reserved	[8]	保留	0
IVCLK	[7]	VCLK 工作极性控制。0＝在 VCLK 下降沿时数据有效;1＝在 VCLK 上升沿时数据有效	0
IHSYNC	[6]	HSYNC 的脉冲极性控制。0＝正常;1＝极性反转	0
IVSYNC	[5]	VSYNC 的脉冲极性控制。0＝正常;1＝极性反转	0
IVDEN	[4]	指定 VDEN 信号极性。0＝正常;1＝极性反转	0
Reserved	[3:0]	保留	0

3. VIDCON2 寄存器

VIDCON2,读/写,地址＝0xF800_0008,寄存器配置如表 12-4 所示。

表 12-4　VIDCON2 寄存器配置

VIDCON2	位	描　述	初始状态
Reserved	[31:28]	保留	0
RGB_SKIP_EN	[27]	使能 RGB skip 模式,仅在 RGBSPSEL＝＝0 有效 0＝禁止;1＝允许	0
Reserved	[26]	保留	0
RGB_DUMMY_LOC	[25]	控制 RGB dummy 插入位置,仅在 RGBSPSEL＝＝1 和 RGB_DUMMY_EN＝＝1 时有效 0＝倒数第 4 位;1＝第 1 位	0
RGB_DUMMY_EN	[24]	使能 RGB dummy 插入模式,仅在 RGBSPSEL＝＝1 有效 0＝禁止;1＝允许	0
Reserved	[23:22]	保留	0
RGB_ORDER_E	[21:19]	控制 RGB 接口 RGB 数据输出顺序(偶数行:2、4、6、8……) RGBSPSEL＝＝0 时:000＝RGB;001＝GBR;010＝BRG;100＝BGR;101＝RBG;110＝GRB RGBSPSEL＝＝1 或 RGBSPSEL＝＝0 且 RGB_SKIP_EN＝＝1 时:000＝RGB;001＝GBR;010＝BRG;100＝BGR;101＝RBG;110＝GRB 注意:如果使用 RGB_ORDER_O[2:0],则 VIDCON0 寄存器的 PNRMODE 应为 0	0

续表

VIDCON2	位	描 述	初始状态
RGB_ORDER_O	[18:16]	控制 RGB 接口 RGB 数据输出顺序(奇数行:1、3、5、7······) RGBSPSEL＝＝0 时:000＝RGB;001＝GBR;010＝BRG;100＝BGR;101＝RBG;110＝GRB RGBSPSEL＝＝1 或 RGBSPSEL＝＝0 且 RGB_SKIP_EN＝＝1 时:000＝RGB;001＝GBR;010＝BRG;100＝BGR;101＝RBG;110＝GRB 注意:如果使用 RGB_ORDER_E[2:0],则 VIDCON0 寄存器的 PNRMODE 应为 0	0
Reserved	[15:14]	保留	0
TVFORMATSEL	[13:12]	指定 YUV 数据输出格式。00＝保留;01＝YUV422;1x＝YUV444	0
Reserved	[11:9]	保留	0
OrgYCbCr	[8]	指定 YUV 数据顺序。0＝Y-CbCr;1＝CbCr-Y	0
YUVOrd	[7]	指定 Chroma 数据顺序。0＝Cb-Cr;1＝Cr-Cb	0
Reserved	[6:5]	保留	0
WB_FRAME_SKIP	[4:0]	WB 帧的跳跃比率,最大值为 1:30(在 VIDOUT[2:0]＝＝001 或 100,且 INTERLACE_F＝＝0 时有效)。00000＝正常跳跃比 1:1;00001＝跳跃比 1:2;00010＝跳跃比 1:3;···;11101＝跳跃比 1:30;1111x＝保留	0

4. VIDCON3 寄存器

VIDCON3,读/写,地址＝0xF800_000C。此寄存器在一般的使用中可以不配置,主要对图像质量进行设置,使用默认即可,寄存器配置如表 12-5 所示。

表 12-5   VIDCON3 寄存器配置

VIDCON3	位	描 述	初始状态
Reserved	[31:21]	保留	0
Reserved	[20:19]	保留	0
CG_ON	[18]	颜色增益使能控制。0＝禁止;1＝允许	0
Reserved	[17]	保留	0
GM_ON	[16]	Gamma 使能控制。0＝禁止;1＝允许	0
Reserved	[15]	保留	0
HUE_CSC_F_Narrow	[14]	HUE CSC_F 窄/宽控制。0＝宽;1＝窄	0
HUE_CSC_F_EQ709	[13]	HUE_CSC_F 参数选择。0＝Eq. 601;1＝Eq. 709	0
HUE_CSC_F_ON	[12]	HUE_CSC_F 使能。0＝禁止;1＝允许(当 HUE_ON＝＝1 时)	0
Reserved	[11]	保留	0
HUE_CSC_B_Narrow	[10]	HUE CSC_B 窄/宽控制。0＝宽;1＝窄	0
HUE_CSC_B_EQ709	[9]	HUE_CSC_B 参数选择。0＝Eq. 601;1＝Eq. 709	0
HUE_CSC_B_ON	[8]	使能 HUE_CSC_B。0＝禁止;1＝允许	0
HUE_ON	[7]	HUE 使能控制。0＝禁止;1＝允许	0
Reserved	[6:2]	保留	0

续表

VIDCON3	位	描　述	初始状态
PC_DIR	[1]	控制像素补偿方向。0＝＋0.5（正向）；1＝－0.5（反向）	0
PC_ON	[0]	像素补偿使能。0＝禁止；1＝允许 注：TV 输出数据补偿由 PC_ON＝＝1 决定	0

5. VIDTCON0 寄存器

VIDTCON0，读/写，地址＝0xF800_0010。VIDTCONx 寄存器主要用来配置 LCD 控制器的时序，这部分需要结合具体 LCD 芯片的规格说明书来配置。VIDTCON0 寄存器配置如表 12-6 所示。

表 12-6　VIDTCON0 寄存器配置

VIDTCON0	位	描　述	初始状态
VBPDE	[31:24]	用于设置垂直信号 VSYNC 的后端值，通常是在垂直信号同步时一帧开始的无效行数，仅用于 YVU 接口的偶数 field	0
VBPD	[23:16]	用于设置垂直信号 VSYNC 的后端值，通常是在垂直信号同步时一帧开始的无效行数	0
VFPD	[15:8]	用于设置垂直信号 VSYNC 的前端值，通常是在垂直信号同步时一帧结束前的无效行数	0
VSPW	[7:0]	垂直同步脉冲的宽度，即 VSYNC 脉冲维持高电平的宽度，可用无效行数计数	0

6. VIDTCON1 寄存器

VIDTCON1，读/写，地址＝0xF800_0014，寄存器配置如表 12-7 所示。

表 12-7　VIDTCON1 寄存器配置

VIDTCON1	位	描　述	初始状态
VFPDE	[31:24]	用于设置垂直信号 VSYNC 的前端值，通常是在垂直信号同步时一帧结束前的无效行数，仅用于 YVU 接口的偶数位域	0
HBPD	[23:16]	用于设置水平信号 HSYNC 的后端值，即 HSYNC 的下降沿到无效像素数据之间所需要经过的 VCLK 时钟周期数	0
HFPD	[15:8]	用于设置水平信号 HSYNC 的前端值，即有效像素数据结束到 HSYNC 的上升沿之间所需要经过的 VCLK 时钟周期数	0
HSPW	[7:0]	水平同步脉冲的宽度，即 HSYNC 脉冲维持高电平的宽度，可用无效的 VCLK 时钟周期计数	0

7. VIDTCON2 寄存器

VIDTCON2，读/写，地址＝0xF800_0018，寄存器配置如表 12-8 所示。

表 12-8　VIDTCON2 寄存器配置

VIDTCON2	位	描　述	初始状态
LINEVAL	[21:11]	指定屏幕垂直方向的显示高度，通常 LINEVAL＋1 应为偶数	0
HOZVAL	[10:0]	指定屏幕水平方向的显示宽度	0

注：LINEVAL＝屏幕实际高度−1；HOZVAL＝屏幕实际宽度−1。

8. VIDTCON3 寄存器

VIDTCON3，读/写，地址＝0xF800_001C，寄存器配置如表 12-9 所示。

表 12-9　VIDTCON3 寄存器配置

VIDTCON3	位	描　述	初始状态
VSYNCEN	[31]	VSYNC 信号输出使能控制。0＝禁止；1＝允许	0
Reserved	[30]	保留	0
FRMEN	[29]	FRM(帧)信号输出使能控制。0＝禁止；1＝允许	0
INVFRM	[28]	FRM 脉冲极性控制。0＝高；1＝低	0
FRMVRATE	[27:24]	控制 FRM 信号发送的频率，最大是 1∶16	0
Reserved	[23:16]	保留	0
FRMVFPD	[15:8]	指定有效数据与 FRM 信号之间的行数	0
FRMVSPW	[7:0]	指定 FRM 信号宽度，相当于水平方向上的行数(FRMVFPD＋1)＋(FRMVSPW＋1)＜ LINEVAL ＋ 1(RGB 接口模式)	0

9. WINCON0 寄存器

WINCON0，读/写，地址＝0xF800_0020，寄存器配置如表 12-10 所示。

表 12-10　WINCON0 寄存器配置

WINCON0	位	描　述	初始状态
BUFSTATUS_H	[31]	记录缓存状态(只读)。00＝Buffer set 0；01＝Buffer set 1；10＝Buffer set 2　注：BUFSTATUS={BUFSTATUS_H,BUFSTATUS_L}	0
BUFSEL_H	[30]	选择 Buffer set。00＝Buffer set 0；01＝Buffer set 1；10＝Buffer set 2(仅在 BUF_MODE==1 时有效)　注：BUFSEL={BUFSEL_H,BUFSEL_L}	0
LIMIT_ON	[29]	CSC 源限制使能控制。0＝禁止；1＝允许(当本地源数据是 xvYCC 颜色空间时，InRGB=1)	0
EQ709	[28]	CSC 参数选择。0＝Eq. 601；1＝Eq. 709	0
nWide/Narrow	[27:26]	根据输入的值选择从 YCbCr 到 RGB 颜色空间转换公式(00 代表 YCbCr 为广范围，11 代表为窄范围)　广范围：Y/Cb/Cr255～0；窄范围：Y235～16，Cb/Cr240～16	0
TRGSTATUS	[25]	指定触发状态(只读)。0＝没有触发；1＝有触发	0
Reserved	[24:23]	保留	0
ENLOCAL_F	[22]	选择数据访问方法。0＝DMA；1＝本地总线	0
BUFSTATUS_L	[21]	记录缓存状态(只读)	0
BUFSEL_L	[20]	选择 Buffer set	0
BUFAUTOEN	[19]	指定双缓存自动控制位。0＝由 BUFSEL 固定；1＝由触发器输入自动变换	0
BITSWP_F	[18]	位反转控制位。0＝禁止；1＝允许　注：当 ENLOCAL 为 1 时，此位应为 0	0

续表

WINCON0	位	描　述	初始状态
BYTSWP_F	[17]	字节反转控制位。0＝禁止；1＝允许 注：当 ENLOCAL 为 1 时，此位应为 0	0
HAWSWP_F	[16]	半字反转控制位。0＝禁止；1＝允许 注：当 ENLOCAL 为 1 时，此位应为 0	0
WSWP_F	[15]	字反转控制位。0＝禁止；1＝允许 注：当 ENLOCAL 为 1 时，此位应为 0	0
BUF_MODE	[14]	自动缓存模式。0＝双倍；1＝三倍	0
InRGB	[13]	指定图像源的输入颜色空间，仅在 ENLOCAL 使能有效。 0＝RGB；1＝YCbCr	0
Reserved	[12:11]	保留	0
BURSTLEN	[10:9]	DMA 突发最大长度选择。00＝16 字突发；01＝8 字突发； 10＝4 字突发	0
Reserved	[8:7]	保留	0
BLD_PIX_F	[6]	选择绑定类别。0＝每屏绑定；1＝每像素绑定	0
BPPMODE_F	[5:2]	选择窗口图像每像素的位数。0000＝1bpp；0001＝2bpp；0010＝4bpp；0011＝8bpp（调色板）；0100＝8bpp（非调色板，A：1-R：2-G：3-B：2）；0101＝16bpp（非调色板，R：5-G：6-B：5）；0110＝16bpp（非调色板，A：1-R5：-G：5-B：5）；0111＝16bpp（非调色板，I：1-R：5-G：5-B：5）；1000＝未压缩 18bpp（非调色板，R：6-G：6-B：6）；1001＝未压缩 18bpp（非调色板，A：1-R：6-G：6-B：5）；1010＝未压缩 19bpp（非调色板，A：1-R：6-G：6-B：6）；1011＝未压缩 24bpp（非调色板，R：8-G：8-B：8）；1100＝未压缩 24bpp（非调色板，A：1-R：8-G：8-B：7）；＊1101＝未压缩 25bpp（非调色板，A：1-R：8-G：8-B：8）；＊1110＝未压缩 13bpp（非调色板，A：1-R：4-G：4-B：4）；1111＝未压缩 15bpp（非调色板，R：5-G：5-B：5） 注：1101 支持每像素绑定的未压缩 32bpp（非调色板，A：8-R：8-G：8-B：8）；1110 支持每像素绑定的 16bpp（非调色板，A：4-R：4-G：4-B：4）	0
ALPHA_SEL_F	[1]	选择 alpha 值 每屏绑定：0＝使用 ALPHA0_R/G/B 值；1＝使用 ALPHA1_R/G/B 值 像素绑定：0＝由 AEN 选择（A 值）1＝在 BPPMODE 为 1101 时由数据位 [31:24] 决定；在 BPPMODE 为 1110 时由数据位 [31:28]、[15:12] 决定	0
ENWIN_F	[0]	视频输出与视频控制信号使能。0＝禁止；1＝允许	0

　　WINCON1～4 寄存器的介绍可以参考 S5PV210 手册，具体内容与 WINCON0 的设置类似，这里不重复介绍。

10. VIDOSD0A 寄存器

　　VIDOSD0A，读/写，地址＝0xF800_0040，寄存器配置如表 12-11 所示。

表 12-11   VIDOSD0A 寄存器配置

VIDOSD0A	位	描　述	初始状态
OSD_LeftTopX_F	[21:11]	指定屏幕左上角显示区的 X 轴坐标,单位为像素	0
OSD_LeftTopY_F	[10:0]	指定屏幕左上角显示区的 Y 轴坐标,单位为像素 注:如果是交错 TV 输出,此值必须是原始屏幕 Y 坐标的一半,且原始 Y 坐标必须是偶数	0

11. VIDOSD0B 寄存器

VIDOSD0B,读/写,地址＝0xF800_0044,寄存器配置如表 12-12 所示。

表 12-12   VIDOSD0B 寄存器配置

VIDOSD0B	位	描　述	初始状态
OSD_RightBotX_F	[21:11]	指定屏幕右下角显示区的 X 轴坐标,单位为像素	0
OSD_RightBotY_F	[10:0]	指定屏幕右下角显示区的 Y 轴坐标,单位为像素 注:如果是交错 TV 输出,此值必须是原始屏幕 Y 坐标的一半,且原始 Y 坐标必须是偶数	0

12. VIDOSD0C 寄存器

VIDOSD0C,读/写,地址＝0xF800_0048,寄存器配置如表 12-13 所示。

表 12-13   VIDOSD0C 寄存器配置

VIDOSD0C	位	描　述	初 始 状 态
Reserved	[21:24]	保留	0
OSDSIZE	[23:0]	指定窗口的大小。例,Height ＊ Width(单位:字)	0

13. VIDW00ADD0B0 寄存器

VIDW00ADD0B0,读/写,地址＝0xF800_00A0,寄存器配置如表 12-14 所示。

表 12-14   VIDW00ADD0B0 寄存器配置

VIDW00ADD0B0	位	描　述	初 始 状 态
VBASEU_F	[31:0]	窗口 0 视频帧缓存 0 的开始地址	0

注:这里只介绍窗口 0 的帧缓存 0,对于 S5PV210 的 LCD 控制器,一个窗口有多个缓存起始地址。另外,其他窗口的帧缓存配置也是类似的。

14. VIDW00ADD0B0 寄存器

VIDW00ADD1B0,读/写,地址＝0xF800_00D0,寄存器配置如表 12-15 所示。

表 12-15   VIDW00ADD1B0 寄存器配置

VIDW00ADD1B0	位	描　述	初始状态
VBASEL_F	[31:0]	窗口 0 视频帧缓存 0 的结束地址 $VBASEL = VBASEU + (PAGEWIDTH + OFFSIZE) \times (LINEVAL+1)$	0

注：对于其他窗口帧缓存结束地址的设置也是类似的。

15. SHODOWCON 寄存器

SHODOWCON，读/写，地址＝0xF800_0034。在配置完介绍的这些寄存器后，需要将SHODOWCON 寄存器中对应的通道打开，比如本书实验用的是通道 0，对应此寄存器是bit0，将其置 1 即可打开。

12.3　LCD 控制器应用实例

12.3.1　实验介绍

1. 实验目的

本实验通过串口输出一个菜单，从中选择各种操作进行测试，比如画线、画圆等。

2. 实验原理

本书开发板上 LCD 模块与 S5PV210 接线如图 12-7 所示。

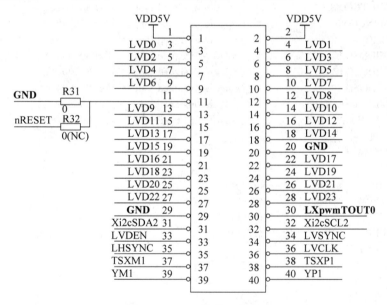

图 12-7　LCD 接线示例图

12.3.2　程序设计与代码详解

实验分为两个部分，第一部分的代码与第 10 章的是类似的，其主要功能是将画图程序复制到内存中执行；第二部分是 LCD 控制器初始化代码和画图应用程序代码。其实对于本书的实验，这两部分可以合为一部分，因为最终编译的镜像文件不是很大，完全可以直接在 S5PV210 的片内 iRAM 中执行。本书将其分为两部分的目的是便于扩充画图程序的功能，读者可以在本书实验的基础上丰富画图程序功能，如果有兴趣可以实验其他画图的子函数,也可以设计一个调色板功能等。下面主要介绍第二部分的 LCD 控制器初始化和画图程序的代码。本书的实验代码存放在/opt/examples/ch12/lcd。

1. LCD 控制器相关寄存器定义

```
//   GPIO
# define GPD0CON              * ((volatile unsigned long  * )0xE02000A0)
# define GPD0DAT              * ((volatile unsigned long  * )0xE02000A4)
# define GPF0CON              * ((volatile unsigned long  * )0xE0200120)
# define GPF1CON              * ((volatile unsigned long  * )0xE0200140)
# define GPF2CON              * ((volatile unsigned long  * )0xE0200160)
# define GPF3CON              * ((volatile unsigned long  * )0xE0200180)
//   LCD controller
# define DISPLAY_CONTROL      * ((volatile unsigned long  * )0xE0107008)
# define VIDCON0              * ((volatile unsigned long  * )0xF8000000)
# define VIDCON1              * ((volatile unsigned long  * )0xF8000004)
# define VIDCON2              * ((volatile unsigned long  * )0xF8000008)
# define VIDTCON0             * ((volatile unsigned long  * )0xF8000010)
# define VIDTCON1             * ((volatile unsigned long  * )0xF8000014)
# define VIDTCON2             * ((volatile unsigned long  * )0xF8000018)
# define VIDTCON3             * ((volatile unsigned long  * )0xF800001C)
# define WINCON0              * ((volatile unsigned long  * )0xF8000020)
# define SHODOWCON            * ((volatile unsigned long  * )0xF8000034)
# define VIDOSD0A             * ((volatile unsigned long  * )0xF8000040)
# define VIDOSD0B             * ((volatile unsigned long  * )0xF8000044)
# define VIDOSD0C             * ((volatile unsigned long  * )0xF8000048)
# define VIDW00ADD0B0         * ((volatile unsigned long  * )0xF80000A0)
# define VIDW00ADD1B0         * ((volatile unsigned long  * )0xF80000D0)
//   porch 值
# define HSPW                 (3-1)
# define HBPD                 (47-1)
# define HFPD                 (211-1)
# define VSPW                 (3-1)
# define VBPD                 (24-1)
# define VFPD                 (23-1)
//FB 地址
# define FB_ADDR              (0x23000000)
# define HEIGH                (480)
# define WIDTH                (800)
```

2. GPIO 引脚初始化

配置 GPIO 引脚用于 LCD 功能,具体配置细节不多介绍,前面已经配置过很多,应该非常熟悉了。

```
01 //初始化用于 LCD 的引脚
02 void lcd_port_init(void)
03 {
04   //LCD_HSYNC,LCD_VSYNC,LCD_VDEN, LCD_VCLK, LCD_VD[3:0]
05   GPF0CON=0x22222222;
06   GPF1CON = 0x22222222;                          //LCD_VD[11:4]
07   GPF2CON = 0x22222222;                          //LCD_VD[19:12]
```

```
08  GPF3CON = 0x22222222;                        //LCD_VD[23:13]
09
10  //LCD PWR(背光控制引脚)
11  GPD0CON &= ~(0xf<<0);
12  GPD0CON |= (1<<0);                            //output
13  GPD0DAT |= (0<<0);                            //关背光
14 }
15
```

3. 初始化 LCD 控制器

对 LCD 控制器的初始化主要是配置前面介绍的那些寄存器,主要设置各个控制信号的时序、LCD 的显示模式、帧缓存的地址等。具体代码如下:

```
//初始化 LCD 控制器,按手册提供的初始化顺序进行
01 void tft_lcd_init(void)
02 {
03  //选择时钟源 10:RGB=FIMD I80=FIMD ITU=FIMD
04  DISPLAY_CONTROL = 2<<0;
05  /* 1.Configures video output format and displays enable/disable
06   * bit[28:26]: RGB I/F
07   * bit[18]: RGP PARALLEL FORMAT
08   * bit[13:6]:CLKVAL=5, VCLK=HCLK/(CLKVAL+1)=166.75MHz/6=28MHz
09   * bit[4]:选择时钟需要分频
10   * bit[2]: HCLK
11   * bit[1]:不使能 LCD 控制器
12   * bit[0]:当前帧结束不使能 LCD 控制器
13   */
14  VIDCON0 |= (5 << 6)|(1 << 4)|(0 << 2);
15  /* 2.Specifies RGB I/F control signal
16   * s5pv210 p1207 + lcd 手册 p6,13
17   * bit[7]: at vclk falling edge,LCD 手册说明
18   * bit[6:5]: inverted ,VSYNC、HSYNC 的极性要反转(CPU 手册与 LCD 手册不匹配)
19   * bit[4]: normal
20   */
21  VIDCON1 |= (0<<7)|(1<<6)|(1<<5)|(0<<4);
22  //Specifies output data format control
23  VIDCON2 |= (0b000 << 19)|(0b000 << 16);
24  /* 3.Specifies output data format control
25   * 使用 VIDCON2, VIDCON3 的 default 配置
26   * 4.Configures video output timing and determines the size of display
27   * 设置垂直、水平方向的 porch,都取推荐值
28   */
29  VIDTCON0 = VBPD<<16 | VFPD<<8 | VSPW<<0;
30  VIDTCON1 = HBPD<<16 | HFPD<<8 | HSPW<<0;
31  VIDTCON2 = ((HEIGH-1) << 11) | ((WIDTH-1) << 0); //宽/高 800×480
32  VIDTCON3 =   (1 << 31);
33  /* 5.设置 windows0
34   * bit[15]=1
35   * bit[5:2]=0xB  24bpp
36   * bit[0] 不使能
37   */
```

```
38  WINCON0 |= (1<<15)|(0xB<<2)|(0<<0);
39  /* 6. pecifies window position setting
40   * bit[21:11]: windows0 水平位置左上角/右下角像素
41   * bit[10:0]: windows0 垂直位置左上角/右下角像素
42   */
43  VIDOSD0A = (0<<11) | (0<<0);
44  VIDOSD0B = ((WIDTH-1)<<11) | ((HEIGH-1)<<0);
45  /* 7. Specifies the Window Size */
46  VIDOSD0C = (((WIDTH * 32)/8) * HEIGH)/4;
47  /* 8. Specifies source image address setting */
48  VIDW00ADD0B0 = FB_ADDR;
49  VIDW00ADD1B0 = VIDW00ADD0B0 + ((WIDTH * 32)/8 + 0) * HEIGH;
50
51  /* 9. Specifies shadow control register */
52  SHODOWCON = 0x1;                    //使能 ch0
53 }
54
```

下面是 LCD 屏电源开关(背光)控制的相关代码。

```
01 //LCD power on/off
02 void lcd_powerenable(unsigned char enable)
03 {
04   if (enable)
05       GPD0DAT |= (1<<0);             //打开
06   else
07       GPD0DAT |= (0<<0);             //关闭
08 }
09
```

LCD 控制器初始化完成后,需要先使能 LCD 控制器,LCD 才会工作。相应代码如下:

```
01 //使能 LCD 控制器
02 void lcd_envid(unsigned char enable)
03 {
04   if (enable)
05   {
06       VIDCON0 |= 0x3<<0;
07       WINCON0 |= 0x1<<0;
08   }
09   else
10   {
11       if (VIDCON0 & (0x1<<1))
12           VIDCON0 &= ~0x1;
13       WINCON0 &= ~0x1;
14   }
15 }
16
```

4. 画图程序

画图程序主要有如下几部分:画点函数 draw_pixel、画线函数 draw_line、绘制同心圆函数 draw_mire、清屏函数 lcd_clear_screen,后面的函数都是基于画点函数 draw_pixel 实现的。draw_pixel 函数是核心,它在帧缓存区中找到给定坐标的像素的内存位置,然后修改它的颜色值,具体代码如下:

```
01 / * 画点
02  * 输入参数: 像素坐标 x, y, 颜色值 color
03  * /
04 void draw_pixel(int x, int y, int color)
05 {
06   unsigned long * pixel = (unsigned long *)FB_ADDR;
07   *(pixel + y * WIDTH + x) = color;
08   return;
09 }
10
```

其他函数都是基于画点函数实现的,除此之外,还用到了 Bresenham 画线算法和画圆算法,对于这个算法大家有兴趣可以去研究,或者直接使用也可以。

5. 主程序 main

main 函数主要是对上述 LCD 初始化程序和画图程序的一个调用,具体代码如下:

```
01 int main(void)
02 {
03   int c = 0;
04
05   //GPIO 初始化
06   lcd_port_init();
07   //初始化 LCD
08   tft_lcd_init();
09   //power on lcd
10   lcd_powerenable(1);
11   //使能 LCM
12   lcd_envid(1);
13   //清屏
14   lcd_clear_screen(0x000000);
15
16   puts("##### Run in SDRAM #####\r\n");
17
18   //打印菜单
19   while(1)
20   {
21       printf("\r\n############### LCD Test ############## \r\n");
22       printf("[1] clear screen\r\n");
23       printf("[2] draw line\r\n");
24       printf("[3] draw mire\r\n");
25       printf("[4] RED screen\r\n");
26       printf("[5] GREEN screen\r\n");
27       printf("[6] BLUE screen\r\n");
28       printf("Enter your choice:");
29       c = getc();
30       printf("%c\r\n",c);
```

```
31      switch(c)
32      {
33          case '1':
34              //清屏
35              lcd_clear_screen(0x000000);  //黑
36              break;
37          case '2':
38              //画十字
39              draw_line(0, HEIGHT/2, WIDTH, HEIGHT/2, 0x0000ff);  //蓝
40              draw_line(WIDTH/2, 0, WIDTH/2, HEIGHT, 0x0000ff);  //蓝
41              break;
42          case '3':
43              //画同心圆
44              draw_mire(WIDTH/2, HEIGHT/2, (WIDTH/2)-5, 0);
45              break;
46          case '4':
47              //红屏
48              lcd_clear_screen(0xff0000);  //红
49              break;
50          case '5':
51              //绿屏
52              lcd_clear_screen(0x00ff00);  //绿
53              break;
54          case '6':
55              //蓝屏
56              lcd_clear_screen(0x0000ff);  //蓝
57              break;
58          default:
59              break;
60      }
61  }
62  return 0;
63 }
64
```

12.3.3 实例测试

本实验程序分为两部分,如何烧写到 SD 卡,这个前面章节有过介绍。下面主要看通过串口打印出来的操作菜单。

```
##############LCD Test##############

[1] clear screen
[2] draw line
[3] draw mire
[4] RED screen
[5] GREEN screen
[6] BLUE screen
Enter your choice:
```

输入 1、2、3、4、5 或 6 即可看到对应测试项的效果。

12.4　本章小结

本章主要介绍 LCD 的常用分类与接口,以及 S5PV210 LCD 控制器相关的知识点,最后通过一个 LCD 控制器操作的实验,演示如何对 S5PV210 的 LCD 控制器进行初始化,以及如何在 LCD 上显示图像数据等,读者通过对本章的学习,能够对 LCD 控制器的基本操作有所了解,并能在实际中作为参考。

第三篇 欲穷千里目，更上一层楼

嵌入式系统离开了软件的支持，就如同人没有了大脑，所以在做嵌入式系统开发时，选择一套合适的嵌入式软件系统往往显得格外重要。接下来就为大家介绍常用的嵌入式操作系统 Linux 是如何构建和运行的。

第13章

移植 U-Boot

本章学习目标
- 了解嵌入式系统中 Bootloader 的基本概念和框架结构；
- 了解 Bootloader 引导操作系统的过程；
- 了解 U-Boot 的代码结构、编译方式；
- 掌握 S5PV210 下的 U-Boot 移植方法。

13.1 Bootloader 介绍

13.1.1 Bootloader 概述

1. 什么是 Bootloader

通常在给 PC 插上电源开机时，在显示器屏幕上会看到黑底白字的启动提示信息，其实这段程序就是 Windows 的启动代码，它有一个专用的名字——BIOS 程序，而且这段程序是一段固件程序。通过这段程序，PC 就可以完成硬件设备的初始化以及内存空间的映射，从而把系统软硬件带到一个合适的状态，为最终调用 Windows 操作系统做好准备，如图 13-1 所示。

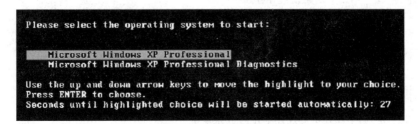

图 13-1　Windows XP 启动界面

以上就是 PC 上电到 Windows 操作系统运行前的一段程序代码的执行过程。而在嵌入式系统中，尤其是早期的嵌入式平台，比如 ARM9 等，通常并没有像 BIOS 那样的固件程序，因此整个系统的加载启动任务就完全由 Bootloader 来完成，比如 S3C2416 平台，三星公司在其芯片上做了一块片内 RAM(RAM 指可读/可写的内存),系统上电时就会自动从启动设备上把 Bootloader 复制到这片 RAM 上执行,这里的启动设备可以是 Nand Flash、SD 卡等。当然由于片内 RAM 的大小限制,可能 Bootloader 并没有全部加载到 RAM 里面,只是其中的一部分,而这一部分要完成基本的硬件初始化,同时还要把剩下的 Bootloader 复制到外设内存中(外设内存的空间是比较大的)进一步执行,比如把内核加载到内存并跳转到内核中执行等。随着技术的改进,现在很多嵌入式系统与 PC 做得有些类似,也可以在出厂时事先固化好一段启动代码在片内 ROM(ROM 指只读内存)中,所以当系统上电时,首先运行的是厂家固化好的这段代码,其实这段代码主要的任务也是做一些硬件相关的初始化,当然也可以固化其他一些方便使用的代码在里面。比如本书的 S5PV210 平台,在前面讲解裸机程序时有介绍;Freescale 公司常会在里面固化一些用于安全性检查的功能代码,不过这部分代码通常都是非常简洁的,所以真正最后还是要执行由程序员开发的 Bootloader 来进行更多的初始化和方便使用的工作。

Bootloader 除了对系统硬件的初始化外,还可以提供方便使用的功能,比如增加网络功能,从 PC 上通过串口或网络下载文件,烧写文件到启动设备,或者做一些启动前的系统校验工作等。这样的 Bootloader 就是一个功能更为强大的系统引导程序了,有的书上也称为 Monitor。这些增强的功能并不是每个嵌入式系统都具备的,它只是为了方便开发所用。

Bootloader 的实现非常依赖于具体的硬件,在嵌入式系统中硬件配置千差万别,即使是相同的 CPU,它们的外设也可能不同,比如 Samsung、MIPS、Freescale 等,虽然它们都使用 ARM9 的处理器,但其外设有很大的区别,所以不可能做出一个通用的 Bootloader,使其支持所有平台、所有的电路板。即使是本章要介绍的 U-Boot,也不是一拿来就可以使用的,需要进行一些移植。

2. 常用 Bootloader 分类

在嵌入式系统世界里,已经有各种各样的 Bootloader 引导程序,比如 x86 上有 LILO、GRUB 等。对于 ARM 架构的 CPU,有 U-Boot、Vivi 等。它们各有特点,下面列举一些常用 Linux 的开放源代码的 Bootloader 及其支持的体系架构,如表 13-1 所示。

表 13-1　常用 Linux 引导程序

Bootloader	Monitor	描　　述	x86	ARM	PowerPC
LILO	否	Linux 磁盘引导程序	是	否	否
GRUB	否	GNU 的 LILO 替代程序	是	否	否
Loadlin	否	从 DOS 引导 Linux	是	否	否
ROLO	否	从 ROM 引导 Linux 而不需要 BIOS	是	否	否
Etherboot	否	通过以太网卡启动 Linux 系统的固件	是	否	否
LinuxBIOS	否	完全替代 BIOS 的 Linux 引导程序	是	否	否
BLOB	是	LART 等硬件平台的引导程序	否	是	否
U-Boot	是	通用引导程序	是	是	是
RedBoot	是	基于 eCos 的引导程序	是	是	是
Vivi	是	Mizi 公司针对三星公司的 ARM CPU 设计的引导程序	否	是	否

这里先介绍一下 Bootloader 和 Monitor 的概念。严格来说,Bootloader 只是引导设备并且执行主程序的固件;而 Monitor 还提供了更多的命令行接口,可以进行调试、读/写内存、烧写 Flash、配置环境变量等操作。Monitor 在嵌入式系统开发过程中可以提供很好的调试功能,开发完成以后,就完全设置成了一个 Bootloader,所以通常说的 Bootloader 只是一种习惯称法。

1)x86

x86 的工作站和服务器上一般使用 LILO 和 GRUB。LILO 是 Linux 发行版主流的 Bootloader。不过 Redhat Linux 发行版已经使用了 GRUB,GRUB 比 LILO 有更好的显示界面,使用配置也更加灵活方便。在某些 x86 嵌入式单板机或特殊设备上,会采用其他 Bootloader,例如 ROLO,这些 Bootloader 可以取代 BIOS 的功能,能够从 Flash 中直接引导 Linux 启动。现在 ROLO 支持开发板已经并入 U-Boot,所以 U-Boot 也可以支持 x86 平台。

2)ARM

ARM 处理器的芯片商很多,所以每种芯片的开发板都有自己的 Bootloader,因此 ARM 的 Bootloader 也变得多样化。比如早期的 Armboot 以及 StrongARM 平台上的 BLOB,还有 Samsung 平台的 Vivi 等。现在 Armboot 已经并入 U-Boot,所以 U-Boot 也支持 ARM/XSCALE 平台,且已经成为 ARM 平台事实上的标准 Bootloader。

3)PowerPC

PowerPC 平台的处理器有标准的 Bootloader,就是 ppcboot。ppcboot 在合并 Armboot 等之后,创建了 U-Boot,成为各种体系结构开发板的通用引导程序。U-Boot 仍然是 PowerPC 平台的主要 Bootloader。

4)其他处理器

除上面介绍的一些常见处理器外,还有很多处理器,它们使用的引导程序也各不相同,比如 MIPS 公司开发的 YAMON,是标准的 Bootloader,当然各 MIPS 芯片厂商也有自行开发的用于 MIPS 的 Bootloader。另外,在通用的 Bootloader U-Boot 中,也对 MIPS 有很好的支持。

另外还有 SH 平台,它的标准 Bootloader 是 sh-boot,Redboot 也可以用于 SH 平台。

13.1.2 Bootloader 的结构和启动方式

1. Bootloader 的结构组成

Bootloader 主要由以下两部分组成。

1)OEM startup 代码

这部分代码是在 Bootloader 中最先被执行的。它的主要功能是初始化最小范围的硬件设备,比如设置 CPU 工作频率、关闭看门狗、设置 cache、设置 RAM 的刷新率、配置内存控制器等。由于系统刚刚启动,不适合使用复杂的高级语言,因此这部分代码主要由汇编程序完成。在汇编程序段设置完堆栈后,就跳转到 C 语言的 main 函数入口,这里的函数不一定是 main 命名的函数,是 Bootloader 第二阶段代码的 C 入口点。

2)main 代码

这部分代码由 C 语言实现,在这里可以执行比较复杂的操作,比如检测内存和 Flash 的有效性,检测外部设备接口,检测串口并且向已经连接的主机发送调试信息(即通常说的串口调试),通过串口等待命令,启动网络接口,建立内存映射等。另外,还可以在这里实现 image 的下载,比如可以在 main 程序里实现一些小的功能选项以方便操作,其中下载 image 就是最常见的,而且可以实现对多种外部设备的烧写支持,比如 Nand Flash 设备、SD/MMC 存储卡设备等。此外,还要为接下来的内核运行设置基本的启动参数,调用内核。

为了方便开发,至少要初始化一个串口以便于程序员与 Bootloader 进行交互。

所谓检测内存映射,就是确定板上使用了多少内存,它们的地址空间是什么。由于嵌入式开发中的 Bootloader 都是针对某类板子进行编写,所以可以根据板子的情况直接设置。

Flash 上的内核映像有可能是经过压缩的,在读到 RAM 之后,还需要进行解压。当然,对于具备自解压功能的内核,不需要 Bootloader 来解压。将根文件系统映像复制到 RAM 中,这不是必需的,这取决于是什么类型的根文件系统,以及内核访问它的方法。

2. Bootloader 启动方式

1) 网络启动方式

使用网络启动方式的开发板可以不用配置较大的存储介质,跟无盘工作站有点类似。但是使用这种启动方式之前,需要把 Bootloader 安装到开发板上的 EEPROM 或 Flash 存储介质中。Bootloader 通过以太网接口远程下载 Linux 内核映像或者文件系统。这种方式在嵌入式系统开发中比较常用,不过使用这种方式有个前提条件,就是目标板要有串口、以太网接口或者其他连接方式。串口一般可以作为控制台,同时可以用来下载内核映像和文件系统。串口通信传输速率过低,不适合用来挂接 NFS 文件系统。所以以太网接口成为通用的互连设备,一般的开发板都可以配置 10Mbps 以太网接口。

对于一些手持设备来说,以太网的 RJ-45 接口显得大了些,而 USB 接口,特别是 USB 的迷你接口,尺寸非常小。对于开发的嵌入式系统,可以把 USB 接口虚拟成以太网接口来通信,这种方式在开发主机和开发板两端都需要驱动程序的支持。

另外,还要在服务器上配置启动相关的网络服务。Bootloader 下载文件一般都使用 TFTP 网络协议,还可以通过 DHCP 的方式动态配置 IP 地址。DHCP/BOOTP 服务为 Bootloader 分配 IP 地址,配置网络参数,然后才能够支持网络传输功能。如果 Bootloader 可以直接设置网络参数,就可以不使用 DHCP。TFTP 服务为 Bootloader 客户端提供文件下载的功能,把内核映像和其他文件放在/tftpboot 目录下(TFTP 工具在宿主操作系统上的一个路径)。这样 Bootloader 就可以通过简单的 TFTP 协议远程下载内核映像到内存。

2) 磁盘启动方式

传统的 Linux 系统运行在台式机或者服务器上,这些计算机一般都使用 BIOS 引导,并且使用磁盘作为存储介质。如果进入 BIOS 设置菜单,可以探测处理器、内存、硬盘等设备,可以设置 BIOS 从光盘或者其他设备启动。也就是说,BIOS 并不直接引导操作系统,因此在硬盘的主引导区,还需要一个 Bootloader。这个 Bootloader 可以从磁盘文件系统中把操作系统引导起来。

Linux 系统上都是通过 LILO(Linux Loader)引导的,后来又出现了 GNU 的软件 GRUB(GRand Unified Bootloader)。这两种 Bootloader 广泛应用在 x86 的 Linux 系统上。用户的开发主机使用的可能就是其中一种,熟悉它们有助于配置多种系统引导功能。LILO 软件工程是由 Werner Almesberger 创建,专门为引导 Linux 开发的。现在 LILO 的维护者是 John Coffman。

　　GRUB 是 GNU 计划的主要 Bootloader。GRUB 最初是由 Erich Boleyn 为 GNU Mach 操作系统撰写的引导程序，后来由 Gordon Matxigkeit 和 Okuji Yoshinori 接替 Erich 的工作，继续维护和开发 GRUB。GRUB 能够使用 TFTP 和 BOOTP 或者 DHCP 通过网络启动，这种功能对于系统开发过程很有用。除了传统的 Linux 系统上的引导程序以外，还有其他一些引导程序也可以支持磁盘启动，例如 ROLO、LinuxBIOS、U-Boot 等。

　　3）Flash 启动方式

　　大多数嵌入式系统上都使用 Flash 存储介质，Flash 有很多种类型，包括 NOR、Nand Flash 和其他半导体盘等。其中，NOR Flash（即所谓的线性 Flash）可以支持随机访问，所以代码是可以直接在 Flash 上执行的。Bootloader 一般是存储在 Flash 芯片上的，另外，Linux 内核映像和文件系统可以存储在 Flash 上。通常需要把 Flash 分区才能使用，每个区的大小应该是 Flash 擦除块大小的整数倍。

　　Bootloader 一般放在 Flash 的底端或者顶端，这要根据处理器的复位向量设置。要使 Bootloader 的入口位于处理器上电执行第一条指令的位置，所以一般第一个分区用于存放引导程序。

　　接下来可以把 Bootloader 的参数保存在分配的参数区，再接下来就是内核映像区，Bootloader 引导 Linux 内核，就是要从这个地方把内核映像解压到 RAM 中去，然后跳转到内核映像入口执行。接着就是文件系统区，如果使用 Ramdisk 文件系统，则需要 Bootloader 把文件系统解压到 RAM 中。如果使用 JFFS2 或 YAFFS2 文件系统，将直接挂接为根文件系统。最后还可以分出一些数据区，这要根据实际需要和 Flash 的大小决定。

　　这些分区都是开发者定义的，Bootloader 一般直接读/写对应的偏移地址。到了 Linux 内核空间，可以配置成 MTD 设备来访问 Flash 分区。但是，有的 Bootloader 也支持分区的功能，例如，Redboot 可以创建 Flash 分区表，并且内核 MTD 驱动可以解析出 Redboot 的分区表。除了 Nor Flash 外，还有 Nand Flash、Compact Flash 等，这些 Flash 具有芯片价格低、存储量大的特点。但是这些芯片一般通过专用控制器的 I/O 方式来访问，不能随机访问，因此引导方式跟 Nor Flash 也不同。在这些芯片上，需要配置专用的引导程序，通常这种引导程序起始的一段代码就把整个引导程序复制到 RAM 中运行，从而实现自动启动，这跟从磁盘上启动有些相似。

13.1.3　Bootloader 操作模式和安装位置

1. 操作模式

　　大多数 Bootloader 都包含两种不同的操作模式——"启动加载"模式和"下载"模式，这种区别仅对于开发人员才有意义，从最终用户的角度看，Bootloader 的作用就是用来加载操作系统，并不存在所谓的启动加载模式和下载工作模式的区别。

　　1）启动加载（Boot Loading）模式

　　这种模式也称为"自主"模式，即 Bootloader 从目标机上的某个固态存储设备上将操作系统加载到 RAM 中运行，整个过程并没有用户的介入，这种模式是 Bootloader 的正常工作模式。因此在嵌入式产品发布的时候，Bootloader 一般都是工作在此种模式下的。

2) 下载(Down Loading)模式

在这种模式下,目标机上的 Bootloader 将通过串口连接或网络连接等通信手段从主机下载文件,比如,下载应用程序、数据文件、内核映像等。从主机下载的文件通常首先被 Bootloader 保存到目标机的 RAM 中,然后再被 Bootloader 写到目标机上的固态存储设备中。Bootloader 的这种模式通常在系统更新时使用。工作于这种模式下的 Bootloader 通常都会向它的终端用户提供一个简单的命令接口。

2. 安装位置

Bootloader 就是在操作系统内核运行之前的一段小程序,通过这段小程序,可以初始化硬件设备,建立内存空间的映射图,从而将系统的软硬件环境带到一个合适的状态,以便为最终调用操作系统内核准备正确的环境。

系统加电或复位后,所有的 CPU 通常都从某个预先安排的地址上取指令,例如,基于 ARM7、ARM9 的 CPU,甚至本书所讲的 Cortex-A8,在复位时通常都从地址 0x0000000 取它的第一条指令执行。而基于 CPU 构建的嵌入式系统,通常都有某种类型的固态存储设备(比如 ROM、Flash 和 EEPROM 等)被映射到这个预先安排的地址上,在系统上电后,CPU 将首先执行 Bootloader 程序,所以通常总是 Bootloader 程序被安装在嵌入式系统的存储设备的最前端。

Bootloader 是依赖于硬件而实现的,特别是在嵌入式系统中。不同的体系结构需要的 Bootloader 是不同的;除了体系结构,Bootloader 还依赖于具体嵌入式系统板级设备的配置。也就是说,对于两块不同的嵌入式开发板而言,即使它们基于相同的 CPU 构建,运行在其中的一块电路板上的 Bootloader 也未必能够运行在另一块上,比如都是基于 Cortex-A8 架构的 Samsung 的 S5PV210 和 Freescale 的 i.MX6。

Bootloader 的启动过程可以是单阶段的,也可以是多阶段的,通常多阶段的 Bootloader 能够提供更为复杂的功能以及更好的可移植性。从固态存储设备上启动的 Bootloader 大多数是二阶段的启动过程,也即启动过程分为 Stage1 和 Stage2 两个阶段。

13.1.4 如何编写 Bootloader

Bootloader 的编写一般可以分为如下几个步骤,当然并不是必须按这些步骤编写,可能是其中一部分,也可能还有更多的内容,下面只简单列举通常的编写方法。

1) 硬件相关的初始化

首先要初始化的就是 CPU,CPU 也称为中央处理器,是电子计算机的主要设备之一,其功能主要是解释计算机指令以及处理计算机软件中的数据。所谓的计算机可编程性,主要是指对 CPU 的编程,CPU 是计算机中的核心部件之一,它是整个计算机的核心和控制中心。计算机中所有的操作都由 CPU 负责读取指令,对指令译码并执行指令,CPU、内部存储器和输入/输出设备是电子计算机的三大核心部件。因此要将 CPU 的工作模式设置为系统模式,并且关闭系统中断、看门狗和存储区域的配置等。

接着要设定系统运行的频率,包括使用外部晶振,这里的晶振是石英晶体谐振器和石英晶体时钟振荡器的统称,不过在消费类电子中,前者使用得较多。设置好 CPU 频率后,还要设置总线频率等。

还要设置系统相关中断,包括定时器。定时器是装有时段或时刻控制机构的开关装置,它有一个频率稳定的振荡源,通过齿轮传动或集成电路分频计数,当时间累加到预置数值时,或指示到预置的时刻处时,定时器即发送信号控制执行机构工作。这里要设置的中断指外部中断和 FIQ 中断等,此外还有中断的优先级设置,这里只要实现两个优先级,其中只有时钟中断的优先级高一级,其他都一样,而中断向量初始化时都将这些中断向量指向 0x18 处,并关闭这里的所有中断。如果开发板还接有诸如 Flash 的设备,则还需要设置 Flash 的相关操作控制器。最后需要关闭。到此为止,芯片相关内容就完成初始化了。

2)中断向量表

ARM 的中断与 PC 芯片的中断向量表有一点差异,嵌入式设备为了简单,当发生中断时,由 CPU 直接跳入由 0x0 开始的一部分区域(ARM 芯片自身决定了中断时就会跳入 0x0 开始的一片区域内,具体跳到哪个地址是由中断的模式决定的,一般用到的是复位中断、FIQ、IRQ 中断、SWI 中断、指令异常中断、数据异常中断、预取指令异常中断),而当 CPU 进入相应的由 0x0 开始的向量表中时,就需要用户自己编程接管中断处理程序了,这就需要用户自己编写中断向量表。中断向量表里存放的是一些跳转指令,比如当 CPU 发生一个 IRQ 中断时,就会自动跳转到 0x18 处,这里是用户自己编写的一个跳转指令,假如用户在此编写了一条跳转到 0x20080000 处的指令,那么这个地址就是一个总的 IRQ 中断处理入口。一个 CPU 可能有多个 IRQ 中断,在这个总的入口处如何区分不同的中断呢? 这就由用户编写的程序来决定了,具体实现在前面裸机中断有介绍。

3)设置堆栈

一般使用 3 个栈:IRQ 中断栈、系统模式和用户模式下的栈(系统模式下和用户模式共享寄存器和内存空间,这主要是为了简单)。设置栈的目的主要是为了进行函数调用和存放局部变量,因为程序不可能全用汇编编写,也不可能不用局部变量。

4)复制代码和数据到内存,清 BSS 段

5)人机交互

这里所谓的交互主要是通过宿主机借助不同的通信协议与目标机之间进行通信,比如在 Bootloader 下常用的是通过控制台发送命令给目标机,或接收目标机的信息。使用控制台需要目标板事先对 UART 做初始化,然后才可以使用,比如在串口终端输入 U-Boot 的命令 bdinfo,就可以在终端中显示所有设备相关的信息。

13.1.5　U-Boot 与内核之间的交互

1. 概述

在移植 U-Boot 之前,先了解 Bootloader 的基本结构,这对理解它的代码会有所帮助。嵌入式 Linux 系统从软件角度通常可以分为如下 4 个部分。

1)引导加载程序

包括固化在固件(firmware)中的 Boot 代码(可选)和 Bootloader。对于 x86 以及现在的一些嵌入式架构,如 S5PV210 等,都有一段固化的固件代码在上电时先执行,而有些嵌入式系统并没有固件,上电后直接执行的第一个程序就是 Bootloader。

2）Linux 内核

特定于嵌入式板子的定制内核以及内核的启动参数。内核的启动参数可以是内核默认的，或是由 Bootloader 传递给它的。

3）文件系统

包括根文件系统和建立于 Flash 内存设备之上的文件系统，里面包含了 Linux 系统能够运行所必需的应用程序、库等，比如可以使用户操作 Linux 的 Shell 程序、动态链接的程序运行时需要的 glibc 或 μClibc 库等。

4）用户应用程序

特定于用户的应用程序，它们也存储在文件系统中。有时在用户应用程序和内核层之间可能还会包括一个嵌入式图形界面。常用的嵌入式 GUI 有 QT 等。

2. Bootloader 与内核之间的交互

当 Bootloader 将内核存放在适当的位置后，直接跳转到它的入口点即可调用内核。调用内核之前，要满足下列条件。

1）CPU 寄存器的设置

R0＝0；R1＝机器类型 ID，对于 ARM 结构的 CPU，其机器类型 ID 可以参考 linux/arch/arm/tools/mach-types；

R2＝启动参数标记列表在 RAM 中的起始基地址。

2）CPU 工作模式

必须禁止中断（IRQ 和 FIQ）；CPU 必须为 SVC 模式。

3）cache 和 MMU 的设置

MMU 必须关闭；指令 cache 可以打开也可以关闭；

数据 cache 必须关闭。

如果用 C 语言，可以用下面这样的示例代码来调用内核：

```
void( * theKernel)(int zero, int arch, uint params);
…
theKernel = (void ( * )(int, int, uint))images->ep;
…
theKernel(0, machid, bd->bi_boot_params);
```

在跳转到内核中执行前，Bootloader 与内核之间的沟通是通过参数传递进行的，是单向的交互沟通——Bootloader 将各类参数传给内核。由于它们不能同时运行，传递办法只有一个：Bootloader 事先将参数放在某个约定的地方，再启动内核，内核启动后再从约定的地方获得参数。除了约定好参数存放的地址外，还要规定参数的结构。Linux 2.4 以后的内核都是通过标记列表（tagged list）的形式来传递启动参数的。标记就是一个数据结构，标记列表就是挨着存放的多个标记。标记列表以标记 ATAG_CORE 开始，以标记 ATAG_NONE 结束。

标记的数据结构为 tag，它由一个 tag_header 结构和一个联合体（union）组成。tag_header 结构表示标记的类型及其长度，比如是表示内存还是表示命令行参数等。对于不同类型的标记使用不同的联合体（union），比如表示内存时使用 tag_mem32（早期的 U-Boot 版本使用）或 tag_mem_range，表示命令行时使用 tag_cmdline。数据结构 tag 和 tag_header

定义在 Linux 内核源码的 include/asm/setup.h 头文件中,如下所示:

```
struct tag_header{
    u32 size;
    u32 tag;
};
struct tag {
    struct tag_header hdr;
    union {
        struct tag_core core;
        struct tag_mem_range mem_range;
        struct tag_cmdline cmdline;
        struct tag_clock clock;
        struct tag_ethernet ethernet;
        struct tag_boardinfo boardinfo;
    } u;
};
```

U-Boot 与内核沟通的标记很多,下面以设置内存标记、命令行标记、起始标记与结束标记来介绍参数的传递。

1) 设置标记 ATAG_CORE

标记列表以标记 ATAG_CORE 开始。假设 Bootloader 与内核约定的参数存放地址为 0x20000100,则可以以如下代码设置标记 ATAG_CORE:

```
params = (struct tag *) 0x20000100;
params->hdr.tag = ATAG_CORE;
params->hdr.size = tag_size(tag_core);
params->u.core.flags = 0;
params->u.core.pagesize = 0;
params->u.core.rootdev = 0;
params = tag_next(params);
```

其中,tag_next 定义如下,它指向当前标记的末尾:

```
#define tag_next(t)    ((struct tag *)((u32 *)(t) + (t)->hdr.size))
```

2) 设置内存标记

假设开发板使用的内存起始地址为 0x20000000,大小为 0x40000000,则内存标记可以如下设置:

```
params->hdr.tag = ATAG_MEM;
params->hdr.size = tag_size(tag_mem_range);
params->u.mem_range_addr = 0x20000000;
params->u.mem_range_size=0x40000000;
params = tag_next(params);
```

3) 设置命令行标记

命令行就是一个字符串,它被用来控制内核的一些行为。比如"root=/dev/mtdblock 2 init=/linuxrc console=ttySAC0"表示根文件系统在 MTD2 分区上,系统启动后执行的第一个程序为/linuxrc,控制台为 ttySAC0(即第一个串口)。

命令行可以在 Bootloader 中通过命令设置好,然后按如下构造标记传给内核:

```
char * cmdline = "root=/dev/mtdblock 2 init=/linuxrc console=ttySAC0";
params->hdr.tag = ATAG_CMDLINE;
params->hdr.size = (sizeof(struct tag_header) + strlen(cmdline) + 1 +3)>>2;
strcpy(params->u.cmdline.cmdline, cmdline);
params = tag_next(params);
```

4) 设置标记 ATAG_NONE

标记列表以标记 ATAG_NONE 结束,有如下设置:

```
params->hdr.tag = ATAG_NONE;
params->hdr.size = 0;
```

13.2　移植 U-Boot 到 S5PV210 开发板

13.2.1　U-Boot 简介

U-Boot 全称是 Universal Boot Loader,即通用的 Bootloader,是遵循 GPL 条款的开放源代码项目。其前身是由德国 DENX 软件工程中心的 Wolfgang Denk 基于 8xxROM 的源代码创建的 PPCBOOT 工程。随后将越来越多的人选择作为嵌入式系统的引导程序,因此后来经整理代码结构使其非常容易支持其他类型的开发板和 CPU(最初只支持 PowerPC);增加了更多的功能,比如启动 Linux,下载 S-Record 格式的文件,通过网络启动,通过 PCMCIA/CompactFlash/ATA Disk/SCSI 等方式启动。2002 年 11 月增加了 ARM 架构 CPU 及其他更多 CPU 的支持后,改名为 U-Boot,实现了从 PPCBOOT 向 U-Boot 的顺利过渡,并且一直沿用至今,这在很大程度上也归功于 U-Boot 的维护人——德国 DENX 软件工程中心的 Wolfgang Denk 本人精湛的专业水平和坚持不懈的努力。目前在他的带领下,众多有志于开放源码 Bootloader 移植工作的嵌入式开发人员正如火如荼地将各个不同系列的嵌入式处理器的移植工作不断展开和深入,以支持更多的嵌入式操作系统的装载和引导。

U-Boot 可以引导多种操作系统,支持多种架构的 CPU。它不仅支持嵌入式 Linux 系统的引导,还支持 NetBSD、VxWorks、QNX、RTEMS、ARTOS、LynxOS、FreeBSD、SVR4、Esix、OpenBSD、Solaris、Dell、NCR、Android 等嵌入式操作系统,这就是 U-Boot 之所以叫"通用(Universal)"的原因。另外,U-Boot 除支持最初的 PowerPC 系列处理器(CPU)外,还支持更多架构的处理器,如 PowerPC、MIPS、x86、ARM、NIOS、XScale 等。这些特点正是 U-Boot 项目的开发目标,即支持尽可能多的嵌入式处理器和嵌入式操作系统。

U-Boot 有如下特性:

(1) 开放源代码。

(2) 支持多种嵌入式操作系统内核,如 Linux、NetBSD、VxWorks、QNX、RTEMS、LynxOS、Android 等。

(3) 支持多系列的处理器,如 PowerPC、ARM、x86、MIPS、XScale 等。

(4) 较高的可靠性和稳定性。

（5）高度灵活的功能设置，适合 U-Boot 调试以及操作系统不同的引导要求和产品发布等。

（6）丰富的设备驱动源代码，如串口、以太网、SDRAM、Flash、LCD、EEPROM、RTC、按键等。

（7）较为丰富的开发调试文档与强大的网络技术支持。

（8）支持 NFS 挂载，RAMDISK（压缩或非压缩）形式的根文件系统。

（9）支持 NFS 挂载，从 Flash 中引导压缩或非压缩系统内核。

（10）可灵活设置、传递多个关键参数给操作系统，满足系统在不同开发阶段的调试要求与产品发布，尤其对 Linux 的支持最为突出。

（11）支持目标板环境变量多种存储方式，如 Flash、NVRAM、EEPROM。

（12）上电自检功能：SDRAM、Flash 大小自动检测，SDRAM 故障检测，CPU 型号。

（13）特殊功能：XIP 内核引导。

（14）CRC32 检验，可校验 Flash 中内核、RAMDISK 镜像文件是否完好。

U-Boot 项目工程是开源的，所以可以从它的官方网站（http://www.denx.de/wiki/U-Boot）直接获得最新版本的源代码工程，另外，在使用过程中如果遇到问题，或发现项目工程中的 Bug，可以通过邮件列表或在论坛上发帖以获得帮助。

目前，在大多数 Linux 项目中都选用 U-Boot 作为引导程序，所以其组织结构与 Linux 的结构越来越接近，特别是从 2014.10 版开始，U-Boot 还支持与 Linux 一样风格的配置界面，直接执行 make menuconfig 即可配置系统。

13.2.2　U-Boot 源码结构

本书下载的 U-Boot 版本是 2014.04 版本，在开始写作本书时，此版本算是最新的版本，不过在写到此章节时，发现已经更新到 2014.10 版本了，写作的速度还赶不上它的变化速度，这也说明了目前 U-Boot 的使用频率非常高，覆盖的领域很广，所以维护它的人也就越来越多，但万变不离其宗，U-Boot 的精髓是不会变的。

下载下来的 U-Boot 为 u-boot-2014.04.tar.bz2，解压后为 u-boot-2014.04，在其根目录下共有 20 个子目录，可以分为 4 类：

（1）平台相关的或目标板相关的。

（2）通用的设备驱动程序。

（3）通用的函数。

（4）U-Boot 工具、示例程序、文档等。

这 20 个子目录的功能与作用如表 13-2 所示。

表 13-2　U-Boot 顶层目录结构

目　　录	功　　能	描　　述
api	通用的函数	为应用层提供常用的与平台无关的函数
arch	平台相关	CPU 相关的代码，比如 ARM、MIPS、x86 等
board	目标板相关	与目标电路板相关，可能 CPU 相同，比如 smdk2410、smdk2410x、s5pv210、i.MX6 等

续表

目　　录	功　　能	描　　述
common	通用的函数	通用的函数，主要是对驱动程序进一步封装
disk	通用的驱动程序	硬盘接口程序、驱动程序相关
doc	说明文档	帮助说明文档等
drivers	设备相关驱动	具体设备的驱动程序，基本上是通用性的代码，可以调用目标板相关的函数
dts	驱动相关	设备树相关，主要是提供 U-Boot 与 linux 之间的动态接口，可以看出 U-Boot 与 Linux 的发展越来越同步
examples	示例程序	简单测试程序，可以使用 U-Boot 下载后运行
fs	通用的驱动	文件系统相关的
include	通用程序	头文件和目标板配置文件，开发板配置相关的文件存放在 include/configs 目录下
lib	通用函数库	通用的函数库，比如 printf 函数
Licenses	GNU 规范相关	GNU 规范相关的说明
nand_spl	通用设备程序	从 NAND 启动相关的程序
net	通用设备程序	各种网络协议程序
post	通用设备程序	上电自检程序
scripts	脚本	编译时执行的一些脚本处理程序
spl	通用程序	在 U-Boot 前面执行的程序，主要针对现在的一些新的平台，比如 s5pv210
test	示例程序	一些应用程序
tools	常用工具	生成 S-Record 文件、制作 U-Boot 格式映像的工具，比如 mkimage

1. 与目标板相关的代码

在 u-boot-2014.04 中，目标板相关的代码都位于/board 目录，在该目录下，列出了当前版本的 U-Boot 所能支持的所有目标板。目前 U-Boot 支持大多数比较常见的目标板，像 Samsung 的 SMDK2410、SMDKC100、SMDKV310 等，一般设计的主板和这些主板都大同小异，不会有太大的差别。

源代码树中/board 下的每个文件夹都对应一个目标板，比如/board/samsung 目录对应的就是 Samsung 的系列评估板。/board 目录下包含 286 个文件夹，这说明支持 286 种常用的目标板。

2. 与 CPU 相关的代码

CPU 相关的代码位于/arch 目录下，在该目录下，列出了当前版本的 U-Boot 所能支持的所有 CPU 类型。和目标板相关的代码类似，该目录的每个子目录都对应一种具体的 CPU 类型。/arch 目录下有 16 个文件夹，这说明当前版本支持 16 个类型的 CPU，比如常见的有 ARM、x86、MIPS 等。这也说明 U-Boot 是一种使用非常广泛的 Bootloader 程序。

在具体的 CPU 对应的目录中，一般包含以下文件：

config.mk　该文件主要包含一些编译选项，该文件将被各 CPU 目录下的 Makefile 所引用。

Makefile　编译相关。

Start. S　启动代码,是整个 U-Boot 映射的入口点。

其他一些 CPU 初始化相关代码。

3. U-Boot 工具集

在/tools 目录下,包含一系列的 U-Boot 工具,常见的如 mkimage 等。对于嵌入式开发而言,mkimage 比较常用,而其他工具比较少用,此处着重分析 mkimage 及其基本用法。

mkimage 用以制作 U-Boot 可辨识的映像,包括文件系统映像和内核映像等。mkimage 主要是在原映像的头部添加一个单元,以说明该文件的类型、目标板类型、文件大小、加载地址、名字等信息。

mkimage 的基本用法如下。

-l:指定打开文件的方式,当指定了-l 时,将以只读方式打开指定的文件。

-A:设置目标体系结构,因为不同的目标平台 U-Boot 和内核的交互数据不一致,因此这里对目标平台加以指定,当前 U-Boot 支持的目标体系结构有 alpha、arm、x86、mips、ppc 等。

-C:设置当前映像的压缩形式,U-Boot 支持的有未压缩的映像 none,bzip2 的压缩格式 bzip2 和 gzip 的压缩格式 gzip。

-T:设置映像类型,当前 U-Boot 支持的映像如下。

(1) filesytem——文件系统映像,可以利用 U-Boot 将文件系统放入某个位置。

(2) firmware——固件映像,固件映像通常被直接烧入 Flash 中的二进制文件。

(3) kernel——内核映像,内核映像是嵌入式操作系统的映像,通常在加载操作系统映像后,控制权将从 U-Boot 中释放。

(4) multi——多文件映像,多文件映像通常包含多个映像,比如同时包含操作系统映像和 ramdisk 映像。多文件映像将同时包含不同映像的信息。

(5) ramdisk——ramdisk 映像,ramdisk 映像有点像数据块,启动时一些启动参数将传递给内核。

(6) script——脚本文件,通常包含 U-Boot 支持的命令序列。当希望 U-Boot 作为一个 Real Shell 时,可把这些配置脚本都放到 script 映像中。

(7) standalone——单独的应用程序映像,standalone 可在 U-Boot 提供的环境下直接运行,程序运行完成后一般将返回 U-Boot。

-a:设置映像的加载地址,即希望 U-Boot 把该映像加载到指定位置。

-d:设置输入映像文件,即希望对那个映像文件进行操作。

-e:设置映像的入口点,这个选项并不对所有映像都有效。通常对于内核映像而言,设置内核映像的入口点后,系统将把硬件寄存器中的 IP 寄存器(对 ARM 而言)作为入口地址,然后跳转到该地址继续执行。但对于不能直接运行的文件系统映像而言,设置该地址并无实际意义。

-n:设置映像的名字,设置映像的名字是为了给用户一个清楚的描述。

mkimage 除以上这些选项外,还有一些选项,它们并不是常用的,这里就不一一说明了。

13.2.3　U-Boot 配置、编译与 SPL 介绍

1. U-Boot 概述

当把从官方网站下载下来的 U-Boot 源码压缩文件解压后,可以用 SourceInsight 代码源阅读工具打开,会发现有几千个文件,要想理解这么多的文件,对于初次接触者来说不是件容易的事。所以在这里推荐初学者可以先阅读下根目录下的 README 文件,这里面有对 U-Boot 的历史、版本命名规则、目录组织结构、软件配置以及添加一个新目标板等的说明。另外就是阅读 U-Boot 的 Makefile 文件,通过 Makefile 就可以知道整个代码的结构及先后链接关系,知道哪些文件需要被编译进我们的映像,哪些文件首先执行,以及可执行文件占用的内存分布情况等。

下面就本书介绍的 u-boot-2014.04,根据 README 文件说明,介绍如何对一块新目标板进行配置、编译。下面是 README 中的部分说明:

```
For all supported boards there are ready-to-use default
configurations available; just type "make <board_name>_config".
Example: For a TQM823L module type:

    cd u-boot
    make TQM823L_config
...
Finally, type "make all", and you should get some working U-Boot
images ready for download to / installation on your system:
- "u-boot.bin" is a raw binary image
- "u-boot" is an image in ELF binary format
- "u-boot.srec" is in Motorola S-Record format
...
    export BUILD_DIR=/tmp/build
    make distclean
    make NAME_config
    make all
```

其中 TQM823L 是目标板,即/board 目录下的一个子目录 TQM823L,在这个目录下包含了此目标相关的一些初始化的代码。从例子可以知道,要为一块新目标板编译 U-Boot,首先要针对具体的目标板进行配置,即执行 make <board_name>_config 命令进行配置,然后执行 make all 编译,这样就可以生成如下 3 个文件:

（1）U-Boot.bin——二进制可执行文件,它就是可以直接烧入 Flash、SD/MMC 的文件。

（2）U-Boot——ELF 格式的可执行文件。

（3）U-Boot.srec——Motorola S-Record 格式的可执行文件。

在编译结束后,有时需要对前面编译产生的文件进行清理,甚至有时要把最终编译生成的文件存放到指定的目录下,这在 README 中也有具体说明。如果要指定目录,需要设置一个临时环境变量 BUILD_DIR,如果要清理编译后生成的文件,需要执行命令 make distclean,这里需要注意,当执行此命令后,下次再编译时需要从头开始做,即从执行 make <board_name>_config 开始。

对于本书的 S5PV210 开发板,将执行 make smdkc100_config、make all 后生成的
U-Boot.bin 烧写到 SD 卡中,然后从 SD 卡启动,没有任何信息从串口输出,所以需要修改
代码。

2. U-Boot 的配置过程

对本书实验的 u-boot-2014.04,先直接使用其自带的一个单板 smdkc100,这只是
Samsung 提供的一个通用单板,未必适用所有的目标开发板,前面直接配置和编译出来的
映像文件并不能使用。首先执行配置命令如下:

```
qinfen@JXES:/opt/bootloader/u-boot-2014.04 $ make smdkc100_config smdk2410_config
Configuring for smdkc100 board…
Configuring for smdk2410 board…
```

下面对配置命令进行分析,看看它是怎么工作的。在顶层根目录下的 Makefile 文件
中,可以找到如下代码:

```
…
MKCONFIG   := $(srctree)/mkconfig
export MKCONFIG
…
%_config:: outputmakefile
    @$(MKCONFIG) -A $(@:_config=)
```

在 U-Boot 根目录下编译时,$(MKCONFIG)就是 U-Boot 根目录下的 mkconfig 脚本
文件,从名字可以想到这个脚本文件应该与配置相关。

%_config 前面的%是通配符,会匹配所有以_config 为后缀的目标。"::"是 Makefile
文件中的多目标规则,可以同时配置多个目标,也就是说,一次可以配置两个或更多个目标
板,比如:

```
qinfen@JXES:/opt/bootloader/u-boot-2014.04 $ make smdkc100_config
```

$(@:_config=) 的结果就是将 smdkc100_config 中的 _config 去掉,结果为
smdkc100,所以 make smdkc100_config 实际上就是执行如下命令:

```
./mkconfig -A smdkc100
```

在 mkconfig 中,首先会看到下面几个变量:

```
…
15 TARGETS=""
…
17 arch=""
18 cpu=""
19 board=""
20 vendor=""
21 soc=""
```

这里先来解释这几个变量的概念。TARGETS 是 Makefile 的目标;arch 是体系结构,
比如 ARM、MIPS、x86 等;cpu 即表示 CPU 类型,比如 ARM920T、ARMv7 等;board 即目
标单板名称,比如 smdkc100、smdk2410 等;vendor 表示厂商名称,比如 Samsung、Freescale

等；soc 表示片上系统，比如 s3c2410、s5pv210 等。这里对片上系统 SoC 再进行说明，它的全称是 System on Chip，上面除了 CPU 外，还集成了包括 UAR、USB、Nand Flash、LCD 控制器等设备，这些设备可看为片内外设。

现在知道所谓的 U-Boot 配置，最终真正执行的是这个 mkconfig，下面详细分析 mkconfig 这个 shell 脚本文件都做了些什么。

1）确定目标板的名称 BOARD_NAME

```
23
24 if [ \( $ # -eq 2 \) -a \( "$1" = "-A" \) ]; then
25    # Automatic mode
26    line='awk '($0 !~ /^#/ && $7 ~ /^'"$2"'$/) { print $1, $2, $3, $4, $5, $6,
$7, $8 }' $srctree/boards.cfg'
27    if [ -z "$line" ]; then
28       echo "make: *** No rule to make target \'$2_config'. Stop." >&2
29       exit 1
30    fi
31
32    set ${line}
33    # add default board name if needed
34    [ $ # = 3 ] && set ${line} ${1}
35 fi
36
```

如果参数个数等于 2，而且第 1 个参数等于 "-A"，则执行第 26 行的代码，这里用到了一个脚本语言里非常强大的工具 awk，首先 $srctree 被替换为 u-boot-2014.04，即 U-Boot 根目录名，然后 awk 会扫描 u-boot-2014.04/boards.cfg 中的每一行，如果找到与前面表达式（$0 ! ~ /^#/ && $7 ~ /^'"$2"'$/）相匹配的行，则执行{ print $1, $2, $3, $4, $5, $6, $7, $8 }这条语句。

先来看 boards.cfg 这个文件，这个文件保存在 U-Boot 的根目录下，下面这段内容是从 boards.cfg 中摘抄过来的：

```
… …
43 # Status, Arch, CPU:SPLCPU, SoC, Vendor, Board name, Target, Options, Maintainers
44 ###############################################################
…
369 Active arm armv7 rmobile renesas lager lager -Nobuhiro Iwamatsu <nobuhiro.
iwamatsu.yj@renesas.com>
370 Active arm armv7 rmobile renesas lager lager_nor lager:NORFLASH Nobuhiro
Iwamatsu <nobuhiro.iwamatsu.yj@renesas.com>
371 Active arm armv7 s5pc1xx samsung goni s5p_goni -Mateusz Zalega <m.zalega@
samsung.com>
372 Active arm armv7 s5pc1xx samsung smdkc100 smdkc100 -Minkyu Kang <mk7.kang@
samsung.com>
```

其中第 43 行是注释部分，说明了每一行代表的含义，再从第 372 行开始，就可以很清楚地知道要确认的目标板名称是 smdkc100。下面接着再来看下 awk 是怎么处理 boards.cfg 文件的，下面以第 372 行为例。在第 26 行中，$0 代表当前整行，同时将第一个字段存入 $1，第

2 个字段存入＄2。依次类推,awk 默认是按空格分段,正好 boards. cfg 中每一行都是以空格分段的,当然也可以自定义分隔符,以-F 标识符指定。如果当前行不以♯开头,且第 7 个字段与 mkconfig 传进的第 2 个参数(即 smdkc100)相等,则分别将第 372 行中的字段输出到"line 中保存",最终第 26 行的执行结果如下:

Line＝Active arm armv7 s5pc1xx Samsung smdkc100 smdkc100 -

上面这行分别对应:

```
$1＝Active        ♯状态
$2＝arm           ♯体系架构
$3＝armv7         ♯CPU
$4＝s5pc1xx       ♯SOC 的名称
$5＝samsung       ♯厂商名称
$6＝smdkc100      ♯目标板名称
$7＝smdkc100      ♯配置的目标
$8＝-             ♯其他选项
```

至此,mkconfig 已经将 boards. cfg 中的字段提取出来,下面将它们"归类"。

```
...
50 # Strip all options and/or _config suffixes
51 CONFIG_NAME="${7%_config}"
52
53 [ "${BOARD_NAME}" ] || BOARD_NAME="${7%_config}"
54
55 arch="$2"
56 cpu='echo $3 | awk 'BEGIN {FS = ":"} ; {print $1}''
57 spl_cpu='echo $3 | awk 'BEGIN {FS = ":"} ; {print $2}''
58 if [ "$6" = "<none>" ]; then
59   board=
60 elif [ "$6" = "-" ]; then
61   board=${BOARD_NAME}
62 else
63   board="$6"
64 fi
65 [ "$5" != "-" ] && vendor="$5"
66 [ "$4" != "-" ] && soc="$4"
...
```

第 51 行表示去掉 ${7} 的后缀_config,这里 ${7}＝smdkc100,所以 CONFIG_NAME＝smdkc100。

第 53 行由于 BOARD_NAME 这个变量开始的初值是 NULL,所以执行"||"后面的语句 BOARD_NAME="${7%_config},所以 BOARD_NAME＝smdkc100。

接着看第 55～66 行,脚本语言不是太难,确定了下面这些变量的值:

```
arch＝arm
cpu＝armv7
spl_cpu＝NULL
board＝smdkc100
```

```
vendor＝samsung
soc＝s5pc1xx
```

到这里,已经将 boards.cfg 的内容解析完毕,下面这句脚本是执行 make smdkc100_config 成功后打印出来的提示信息。

```
...
97 if [ "$options" ]; then
98    echo " Configuring for ${BOARD_NAME} -Board: ${CONFIG_NAME}, Options:
 ${options}"
99 else
100   echo "Configuring for ${BOARD_NAME} board..."
101 fi
102
...
```

如果将上面分析出来的变量值带进去,则 echo 命令打印的内容正是"Configuring for smdkc100 board..."。

2) 创建到平台/目标板相关的头文件的链接

下面接着分析 mkconfig 的内容,如下所示:

```
...
103 #
104 # Create link to architecture specific headers
105 #
106 if [ -n "$KBUILD_SRC" ]; then
107   mkdir -p ${objtree}/include
108   LNPREFIX=${srctree}/arch/${arch}/include/asm/
109   cd ${objtree}/include
110   mkdir -p asm
111 else
112   cd arch/${arch}/include
113 fi
114
115 rm -f asm/arch
116
117 if [ -z "${soc}" ]; then
118   ln -s ${LNPREFIX}arch-${cpu} asm/arch
119 else
120 ln -s ${LNPREFIX}arch-${soc} asm/arch
121 fi
122
123 if [ "${arch}" = "arm" ]; then
124   rm -f asm/proc
125   ln -s ${LNPREFIX}proc-armv asm/proc
126 fi
127
128 if [ -z "$KBUILD_SRC" ]; then
129   cd ${srctree}/include
130 fi
```

131

...

第 106 行的条件不成立,所以执行 else 分支部分,进入到 arch/arm/include 目录,然后删除里面 asm/arch 这个链接文件(如果存在)。第 117 行,由于 ${soc} 这个变量不为空,所以也是执行 else 分支部分,即执行 ln -s ${LNPREFIX}arch-${soc} asm/arch,由前面知道 soc=s5pc1xx,变量 LNPREFIX 为空,所以最终会执行 ln -s arch-s5pc1xx asm/arch,这里相当于给 u-boot-2014.04/arch/arm/include/asm/arch-s5pc1xx 创建了一个软链接,如下所示:

qinfen@JXES:/opt/bootloader/u-boot-2014.04/arch/arm/include/asm $ ll arch
lrwxrwxrwx 1 qinfen qinfen 12 2014-09-20 16:36 arch -> arch-s5pc1xx

第 123～126 行,脚本执行与前面类似,这里给 proc-armv 创建了一个软链接如下:

qinfen@JXES:/opt/bootloader/u-boot-2014.04/arch/arm/include/asm $ ll proc
lrwxrwxrwx 1 qinfen qinfen 12 2014-09-20 16:36 proc -> proc-armv

第 128 行由于 KBUILD_SRC 为空,则进入 u-boot-2014.04/include 目录下。

3) 创建顶层 Makefile 包含的文件 include/config.mk

接着分析 mkconfig 文件的内容。

```
...
132 #
133 # Create include file for Make
134 #
135 ( echo "ARCH     = ${arch}"
136     if [ ! -z "$spl_cpu" ] ; then
137 echo 'ifeq ($(CONFIG_SPL_BUILD),y)'
138 echo "CPU      = ${spl_cpu}"
139 echo "else"
140 echo "CPU      = ${cpu}"
141 echo "endif"
142     else
143 echo "CPU      = ${cpu}"
144     fi
145     echo "BOARD = ${board}"
146
147     [ "${vendor}" ] && echo "VENDOR = ${vendor}"
148     [ "${soc}"    ] && echo "SOC      = ${soc}"
149     exit 0 ) > config.mk
150
151 # Assign board directory to BOARDIR variable
152 if [ -z "${vendor}" ] ; then
153     BOARDDIR=${board}
154 else
155     BOARDDIR=${vendor}/${board}
156 fi
157
...
```

这里为 make 创建头文件,第 135～148 行的脚本比较简单,可以看出都是用 echo 命令输出一些信息,即前面分析的变量值赋给对应的变量。关键点是在第 149 行,这里有个重定位符号">",即将 echo 输出的信息重定位到 config. mk 这个文件里,这正好就是 make 所需要的头文件 include/config. mk。下面列举 config. mk 的内容如下:

```
ARCH＝arm
CPU＝arm
BOARD＝smdkc100
VENDOR＝samsung
SOC＝s5pc1xx
```

第 152～155 行,将目标板所在路径指定给变量 BOARDDIR,即 BOARDDIR＝Samsung/smdkc100。

4)创建目标板相关的头文件 include/config. h

接着分析 mkconfig 的脚本如下。

```
...
158 #
159 # Create board specific header file
160 #
161 if [ "$ APPEND" = "yes" ]   # Append to existing config file
162 then
163   echo >> config. h
164 else
165 > config. h      # Create new config file
166 fi
167 echo "/ * Automatically generated - do not edit * /" >>config. h
168
169 for i in $ {TARGETS} ; do
170   i="'echo $ {i} | sed '/ =/ {s/=/   /;q; }; { s/ $/   1/; }''"
171   echo " # define CONFIG_ $ {i}" >>config. h;
172 done
173
174 echo " # define CONFIG_SYS_ARCH \" $ {arch}\"" >> config. h
175 echo " # define CONFIG_SYS_CPU    \" $ {cpu}\""     >> config. h
176 echo " # define CONFIG_SYS_BOARD \" $ {board}\"" >> config. h
177
178 [ "$ {vendor}" ] && echo " # define CONFIG_SYS_VENDOR \" $ {vendor}\"" >> config. h
179
180 [ "$ {soc}"  ] && echo " # define CONFIG_SYS_SOC   \" $ {soc}\""   >> config. h
181
182 [ "$ {board}" ] && echo " # define CONFIG_BOARDDIR board/ $ BOARDDIR" >> config. h
183 cat << EOF >> config. h
184 # include <config_cmd_defaults. h>
185 # include <config_defaults. h>
186 # include <configs/ $ {CONFIG_NAME}. h>
187 # include <asm/config. h>
188 # include <config_fallbacks. h>
189 # include <config_uncmd_spl. h>
```

190 EOF

...

第 161 行变量 APPEND 为空，所以执行 else 分支，创建 config.h 文件（脚本语言中
"＞"前面介绍了重定位功能，这里是创建一个新文件的功能）。

第 167 行向 config.h 中添加一行注释"/ ＊ Automatically generated - do not edit ＊ /"。

第 169～182 行在 config.h 中定义了一些与目标板相关的宏。第 183～190 行将其他一
些头文件包含进这个 config.h 中，其中最值得注意的是第 186 行，这行解析出来即：

```
# include <configs/smdkc100.h>
```

这是目标板配置相关的头文件，这个文件中的具体内容需要针对目标板进行配置。下
面是 u-boot-2014.04/include/config.h 的具体内容：

```
/ ＊ Automatically generated - do not edit ＊ /
# define CONFIG_SYS_ARCH "arm"
# define CONFIG_SYS_CPU      "armv7"
# define CONFIG_SYS_BOARD "smdkc100"
# define CONFIG_SYS_VENDOR "samsung"
# define CONFIG_SYS_SOC      "s5pc1xx"
# define CONFIG_BOARDDIR board/samsung/smdkc100
# include <config_cmd_defaults.h>
# include <config_defaults.h>
# include <configs/smdkc100.h>
# include <asm/config.h>
# include <config_fallbacks.h>
# include <config_uncmd_spl.h>
```

到这里，基于 u-boot-2014.04 默认的目标单板配置就算结束了，从前面的配置可知，要
增加一个新的目标板，在/boards 目录下创建一个目标板＜board_name＞的目录（习惯性以
单板名命名，当然自定义为其他名称也可以）；另外在 include/configs 目录下也需要建立一
个文件＜board_name＞.h，里面存放目标板＜board_name＞的配置信息。

在 u-boot-2014.10 版本之前，还没有类似 Linux 一样的可视化配置界面（即使用 make
menuconfig 来配置），所以只能手动修改配置文件（include/configs/＜board_name＞.h）的
方法来裁剪、设置 U-Boot。

通常在配置文件中包含如下两类宏的定义。

（1）选项相关（Options），前缀为"CONFIG_"，它们用于选择 CPU、SoC、开发板类型，设
置系统时钟、选择设备驱动等。比如：

```
# define CONFIG_SAMSUNG        1      / ＊ in a Samsung core ＊ /
# define CONFIG_S5P            1      / ＊ which is in a S5P Family ＊ /
# define CONFIG_S5PC100        1      / ＊ which is in a S5PC100 ＊ /
# define CONFIG_SMDKC100       1      / ＊ working with SMDKC100 ＊ /
/ ＊ input clock of PLL: SMDKC100 has 12MHz input clock ＊ /
# define CONFIG_SYS_CLK_FREQ       12000000
```

（2）参数相关（Setting），前缀也是"CONFIG_"，在以前老版本的 U-Boot 中，前缀会写
成"CFG_"，它们用于设置 malloc 缓冲区的大小、U-Boot 的提示符，以及 U-Boot 下载文件

时的默认加载地址、Flash 的起始地址等,比如:

```
/* DRAM Base */
#define CONFIG_SYS_SDRAM_BASE        0x20000000
/* Text Base */
#define CONFIG_SYS_TEXT_BASE         0x20000000
#define CONFIG_SETUP_MEMORY_TAGS
#define CONFIG_CMDLINE_TAG
#define CONFIG_INITRD_TAG
#define CONFIG_CMDLINE_EDITING
/*
 * Size of malloc() pool
 * 1MB = 0x100000, 0x100000 = 1024 * 1024
 */
#define CONFIG_SYS_MALLOC_LEN        (CONFIG_ENV_SIZE + (1 << 20))
```

从 U-Boot 源代码的编译、链接过程可知,U-Boot 中几乎每个文件都被编译和链接,但是这些文件是否包含有效的代码,则由宏开关来设置,这些宏就定义在目标板的配置文件中。比如,对于网卡驱动,常见的网卡驱动有 DM9000,对应的驱动文件是 drivers/dm9000.c,如果用户的开发板上没有网卡模块,那么只要在配置文件中不定义网卡的宏开关即可,这样即使编译,也不会把有效的代码包含进来,下面举例说明宏开关在驱动文件中的写法。

```
#include <common.h>   /* 这个文件中会包含 config.h 头文件,而目标板配置文件又被包含在
                          config.h 中 */
...
#ifdef CONFIG_DRIVER_DM9000
/* 实际的驱动代码 */
...
#endif /* CONFIG_DRIVER_DM9000 */
```

如果定义了宏 CONFIG_DRIVER_DM9000,则文件中包含有效的代码;否则,文件被注释为空。

所以目标板配置文件除了设置一些参数外,主要用来配置 U-Boot 的功能,选择使用文件中的某一部分等。

3. 新版 U-Boot 的配置

最后简单介绍在 u-boot-2014.10 版本下的配置过程,在控制台输入 make menuconfig 命令:

```
qinfen@JXES:/opt/bootloader/u-boot-2014.10 $ make menuconfig
scripts/kconfig/mconf Kconfig
```

可以看出在这版 U-Boot 里多了一个 kconfig 的 shell 脚本,当执行后会打开一个配置框图,如图 13-2 所示。

相信了解 Linux 的人都很熟悉,完全与 Linux 类似的配置风格,所以从 u-boot-2014.10 开始,不再需要按上面介绍的方法手动去配置目标板,只需要在这个图形化配置窗口选择需要的模块、参数即可。这里不过多介绍,本书后面仍以 u-boot-2014.04 版作为实验版,有兴趣的读者可以体验一下新版本,除配置比较人性化一点外,其他的基本上还是保留了 U-Boot 一贯的风格。

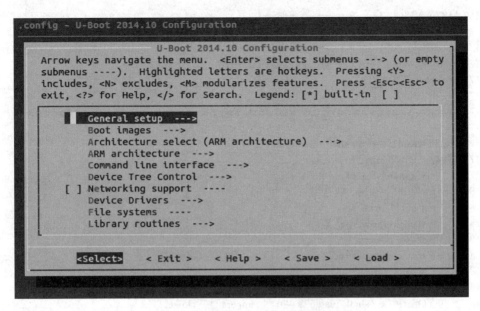

图 13-2 新版 U-Boot 可视化配置

4. U-Boot 编译过程分析

在分析 U-Boot 编译前,先引入一个 Makefile 的知识点,GNU make 的执行过程分为两个阶段。

第一阶段:读取所有的 Makefile 文件(包括 MAKEFILES 变量指定的、指示符 include 指定的,以及命令行选项"-f(--file)"指定的 Makefile 文件),内建所有的变量,明确规则和隐含规则,并建立所有目标和依赖之间的依赖关系结构链表。

第二阶段:根据第一阶段已经建立的依赖关系结构链表决定哪些目标需要更新,并使用对应的规则来重建这些目标。

所以,无论执行 make ＜board_name＞_config 还是 make all,make 命令首先会将 Makefile 文件从头解析一遍,然后才根据"目标-依赖"关系来建立目标。

在前面的配置完成后,执行 make all 即可编译,从 Makefile 中可以了解 U-Boot 使用了哪些文件,哪个文件首先执行,可执行文件占用内存的情况等。

在 Makefile 文件的开头部分通常都是一些变量的定义,这些变量会在接下来的脚本执行时用到。比如:

```
...
159
160 srctree      := $(if $(KBUILD_SRC), $(KBUILD_SRC), $(CURDIR))
161 objtree      := $(CURDIR)
162 src          := $(srctree)
163 obj          := $(objtree)
164
165 VPATH        := $(srctree)$(if $(KBUILD_EXTMOD), : $(KBUILD_EXTMOD))
166
167 export srctree objtree VPATH
168
```

```
169 MKCONFIG    := $(srctree)/mkconfig
170 export MKCONFIG
171
172 # Make sure CDPATH settings don't interfere
173 unexport CDPATH
174
175 ################################################################
176
177 HOSTARCH := $(shell uname -m | \
178   sed -e s/i.86/x86/ \
179      -e s/sun4u/sparc64/ \
180      -e s/arm.*/arm/ \
181      -e s/sa110/arm/ \
182      -e s/ppc64/powerpc/ \
183      -e s/ppc/powerpc/ \
184      -e s/macppc/powerpc/\
185      -e s/sh.*/sh/)
186
187 HOSTOS := $(shell uname -s | tr '[:upper:]' '[:lower:]' | \
188     sed -e 's/\(cygwin\).*/cygwin/')
189
190 export   HOSTARCH HOSTOS
191
...
```

在第 160 行中,用到一个 if 条件赋值语句,由于变量 $(KBUILD_SRC) 为空,所以 srctree 即为变量 $(CURDIR) 的值。在 Makefile 中变量 $(CURDIR) 是 Makefile 自己的环境变量,它等于当前目录,所以将第 161~170 行展开为:

```
srctree=/opt/u-boot-2014.04
objtree=/opt/u-boot-2014.04
src=/opt/u-boot-2014.04
obj=/opt/u-boot-2014.04
VPATH=/opt/u-boot-2014.04
MKCONFIG=/opt/u-boot-2014.04/mkconfig
```

同时用 export 命令将这些变量都导出,即在其他地方可以使用这些变量,有点类似一个全局变量。

第 177~190 行,这里主要是用 shell 命令获取宿主机架构和宿主机操作系统的名称,分别赋给下面这两个变量,同时也用 export 命令导出。

```
HOSTARCH=x86
HOSTOS=Linux
```

下面列出 Makefile 中所使用的 GNU 编译、链接工具和 shell 工具。

```
...
318 # Make variables (CC, etc...)
319 AS           = $(CROSS_COMPILE)as
320 # Always use GNU ld
321 ifneq ($(shell $(CROSS_COMPILE)ld.bfd -v 2> /dev/null),)
```

```
322 LD              = $(CROSS_COMPILE)ld.bfd
323 else
324 LD              = $(CROSS_COMPILE)ld
325 endif
326 CC              = $(CROSS_COMPILE)gcc
327 CPP             = $(CC) -E
328 AR              = $(CROSS_COMPILE)ar
329 NM              = $(CROSS_COMPILE)nm
330 LDR             = $(CROSS_COMPILE)ldr
331 STRIP           = $(CROSS_COMPILE)strip
332 OBJCOPY         = $(CROSS_COMPILE)objcopy
333 OBJDUMP         = $(CROSS_COMPILE)objdump
334 AWK             = awk
335 RANLIB          = $(CROSS_COMPILE)RANLIB
336 DTC             = dtc
337 CHECK           = sparse
...
```

这里用到一个变量 $(CROSS_COMPILE)，这个变量在前面定义如下：

```
...
197 # set default to nothing for native builds
198 ifeq ($(HOSTARCH),$(ARCH))
199 CROSS_COMPILE ?=
200 endif
...
```

第 199 行可以看到并没有给变量 CROSS_COMPILE 赋值，即为一个空值，所以直接执行 make all 命令，一定会出现找不到编译工具链的错误，因为在第 4 章介绍工具链制作时已经制作了一套 ARM 交叉工具链，所以这里要指定这个工具链名的前缀为"arm-linux-"，将这个前缀赋值给 CROSS_COMPILE 即可，这样 make 命令就会找到类似 arm-linux-gcc 这样的工具链。如果在 Makefile 中不这样修改，也可以在执行 make all 命令时带上参数，命令输入如下：

```
qinfen@JXES:/opt/bootloader/u-boot-2014.04 $ make all CROSS_COMPILE=arm-linux-
```

最后还需要注意第 336 行，有些宿主机系统里并没有 DTC 这个工具，或者版本太低，如果遇到此工具不能使用，可以将宿主机系统里的 DTC 工具先升级一下，然后再重新编译。

```
...
411 no-dot-config-targets := clean clobber mrproper distclean \
412            help %docs check% coccicheck \
413            ubootversion backup tools-only
414
415 config-targets := 0
416 mixed-targets := 0
417 dot-config    := 1
418
419 ifneq ($(filter $(no-dot-config-targets), $(MAKECMDGOALS)),)
420   ifeq ($(filter-out $(no-dot-config-targets), $(MAKECMDGOALS)),)
```

```
421      dot-config := 0
422    endif
423 endif
424
425 ifeq ( $ (KBUILD_EXTMOD),)
426         ifneq ( $ (filter config %config, $ (MAKECMDGOALS)),)
427             config-targets := 1
428             ifneq ( $ (filter-out config %config, $ (MAKECMDGOALS)),)
429                 mixed-targets := 1
430             endif
431         endif
432 endif
...
```

第 411~432 行,主要决定了命令 make smdkc100_config 和 make all 在 Makefile 文件中的执行方向,这里用到 Makefile 的函数 filter 和 filter-out,关于这两个函数的用法可以参考 GNU make 的帮助文档。

第 419 行中的 MAKECMDGOALS 是 Makefile 的一个变量,它保存了执行 make 命令时所带的命令行参数信息。当执行 make smdkc100_config 时,$ (filter config %config, $ (MAKECMDGOALS)) 会返回字符串 smdkc100,因为不为空,所以 config-targets := 1。当执行 make all 命令时,这里没有配置的项,最终得到:

config-targets=1
mixed-targets=0
dot-config=1

接着往下看,上面得到的变量将会用于下面的这些条件语句中:

```
...
433 ifeq ( $ (mixed-targets),1)
434 # ===============================
435 # We're called with mixed targets ( * config and build targets).
436 # Handle them one by one.
437
438 PHONY += $ (MAKECMDGOALS) build-one-by-one
439
440 $ (MAKECMDGOALS): build-one-by-one
441     @:
442
443 build-one-by-one:
444     $ (Q)set -e; \
445     for i in $ (MAKECMDGOALS); do \
446         $ (MAKE) -f $ (srctree)/Makefile $ $i; \
447     done
448
449 else
450 ifeq ( $ (config-targets),1)
451 # ===============================
452 #  * config targets only - make sure prerequisites are updated, and descend
453 # in scripts/kconfig to make the * config target
```

```
454 # Read arch specific Makefile to set KBUILD_DEFCONFIG as needed.
455 # KBUILD_DEFCONFIG may point out an alternative default configuration
456 # used for 'make defconfig'
457
458 %_config:: outputmakefile
459    @ $ (MKCONFIG) -A $ (@:_config=)
460
461 else
462 # ===============================
463 # Build targets only - this includes vmlinux, arch specific targets, clean
464 # targets and others. In general all targets except * config targets.
465
466 # load ARCH, BOARD, and CPU configuration
467 -include include/config.mk
468
469 ifeq ( $ (dot-config),1)
470 # Read in config
471 -include include/autoconf.mk
472 -include include/autoconf.mk.dep
473
474 # load other configuration
475 include $ (srctree)/config.mk
476
477 ifeq ( $ (wildcard include/config.mk),)
478 $ (error "System not configured - see README")
479 endif
...
```

第 433 行，由于 mixed-targets 为空值，所以 if 条件不成立，执行后面的 else 分支，在 else 分支中 config-targets＝1 成立，所以当我们配置目标时执行 make smdkc100_config 命令时就会执行第 451～460 行。

执行 make all 命令后，会执行到第 461 行的 else 分支。我们看到第 467 行首先包含头文件 include/config.mk，这个 config.mk 是在前面配置时生成的文件。这里的包含指令 include 前面有一个"-"，表示当包含的文件不存在时，make 不输出任何信息，也不退出，这样的好处是不影响 make 的继续执行。第 477 行，用到了 Makefile 的一个函数 wildcard，这个函数判定 include/config.mk 是否存在，如果不存在，则输出错误信息，所以，如果在没有配置目标板前直接输入 make 命令编译，则会报这个错误。比如：

```
qinfen@JXES:/opt/bootloader/u-boot-2014.04 $ make
Makefile:479: *** "System not configured - see README". Stop.
```

当所有源码文件都编译成目标文件后，就需要链接，而链接需要对应的链接文件，Makefile 中下面这几行主要完成这个任务。

```
...
481
482 # If board code explicitly specified LDSCRIPT or CONFIG_SYS_LDSCRIPT, use
483 # that (or fail if absent). Otherwise, search for a linker script in a
484 # standard location.
```

```
485
486 ifndef LDSCRIPT
487   # LDSCRIPT := $(srctree)/board/$(BOARDDIR)/u-boot.lds.debug
488   ifdef CONFIG_SYS_LDSCRIPT
489     # need to strip off double quotes
490     LDSCRIPT := $(srctree)/$(CONFIG_SYS_LDSCRIPT:"%"=%)
491   endif
492 endif
493
494 # If there is no specified link script, we look in a number of places for it
495 ifndef LDSCRIPT
496   ifeq ($(CONFIG_NAND_U_BOOT),y)
497     LDSCRIPT := $(srctree)/board/$(BOARDDIR)/u-boot-nand.lds
498     ifeq ($(wildcard $(LDSCRIPT)),)
499       LDSCRIPT := $(srctree)/$(CPUDIR)/u-boot-nand.lds
500     endif
501   endif
502   ifeq ($(wildcard $(LDSCRIPT)),)
503     LDSCRIPT := $(srctree)/board/$(BOARDDIR)/u-boot.lds
504   endif
505   ifeq ($(wildcard $(LDSCRIPT)),)
506     LDSCRIPT := $(srctree)/$(CPUDIR)/u-boot.lds
507   endif
508   ifeq ($(wildcard $(LDSCRIPT)),)
509     LDSCRIPT := $(srctree)/arch/$(ARCH)/cpu/u-boot.lds
510   endif
511 endif
...
```

上面这几行主要是为 LDSCRIPT 变量赋值,第 496 行,检查 CONFIG_NAND_U_BOOT 宏是否定义,此宏是从 Nand 启动的开关,如果没有定义,条件不成立,变量 LDSCRIPT 即为空,继续执行下面的条件判定语句。在第 505 行,这里用到了 Makefile 的一个函数 wildcard,此函数主要作用是展开匹配的字符列表,比如这里的 $(wildcard $(LDSCRIPT)),它的作用是将 $(LDSCRIPT)变量展开,然后 if 做条件判定,这里是与空字符作比较,如果为空则执行 if 分支。第 505~508 行都是执行类似的动作,直到找到合适的链接文件 u-boot.lds 为止。在 smkdc100 目标板上,链接文件在 u-boot-2014.04/arch/arm/cpu 目录下。

```
...
536 KBUILD_CFLAGS += $(call cc-option,-Wno-format-nonliteral)
537
538 # turn jbsr into jsr for m68k
539 ifeq ($(ARCH),m68k)
540 ifeq ($(findstring 3.4,$(shell $(CC) --version)),3.4)
541 KBUILD_AFLAGS += -Wa,-gstabs,-S
542 endif
543 endif
544
545 ifneq ($(CONFIG_SYS_TEXT_BASE),)
```

546KBUILD_CPPFLAGS+=-DCONFIG_SYS_TEXT_BASE= $ (CONFIG_SYS_TEXT_BASE)
547 endif
548
549 export CONFIG_SYS_TEXT_BASE
...

第 536～546 行都是在为变量 KBUILD_CFLAGS 赋值,这里主要看第 545 行和 546 行,首先第 545 行判定 CONFIG_SYS_TEXT_BASE 这个变量是否为 0,其实这个变量通常在目标配置文件中定义,比如 smkdc100.h,用来指定段基地址,所以第 545 行的条件成立,则执行 if 条件分支,这个分支主要是给变量 KBUILD_CFLAGS 赋值,这里其实是在给编译器定义一个宏 CONFIG_SYS_TEXT_BASE,且其值等于配置文件里同名的变量,通常给编译器定义变量要加上参数-D。这里需要说明 Makefile 中的赋值的方法,通常有下面几种。

(1) +=:将等号后面的内容添加到变量中,与连接符有点类似,所以上面的 KBUILD_CFLAGS 是由一系列的变量组成,这些变量构成编译工具链的配置参数。

(2) :=:表示覆盖变量之前的值。

(3) ?=:如果没有被赋值过赋予等号后面的值。

(4) =:通常所谓的赋值。

继续往下看 Makefile:

...
569 head-y := $ (CPUDIR)/start.o
570 head-$ (CONFIG_4xx) += arch/powerpc/cpu/ppc4xx/resetvec.o
571 head-$ (CONFIG_MPC85xx) += arch/powerpc/cpu/mpc85xx/resetvec.o
572
573HAVE_ VENDOR _ COMMON _ LIB = $ (if $ (wildcard $ (srctree)/board/ $ (VENDOR)/common/Makefile),y,n)
574
575 libs-y += lib/
576 libs-$ (HAVE_VENDOR_COMMON_LIB) += board/ $ (VENDOR)/common/
577 libs-y += $ (CPUDIR)/
578 ifdef SOC
579 libs-y += $ (CPUDIR)/ $ (SOC)/
580 endif
581 libs-$ (CONFIG_OF_EMBED) += dts/
582 libs-y += arch/ $ (ARCH)/lib/
583 libs-y += fs/
584 libs-y += net/
⋮
613 libs-y += drivers/usb/musb/
614 libs-y += drivers/usb/musb-new/
615 libs-y += drivers/usb/phy/
616 libs-y += drivers/usb/ulpi/
...
642 u-boot-init := $ (head-y)
643 u-boot-main := $ (libs-y)
⋮
697 # Always append ALL so that arch config.mk's can add custom ones
698 ALL-y += u-boot.srec u-boot.bin System.map

```
699
700 ALL-$(CONFIG_NAND_U_BOOT)  += u-boot-nand.bin
701 ALL-$(CONFIG_ONENAND_U_BOOT)  += u-boot-onenand.bin
702 ALL-$(CONFIG_RAMBOOT_PBL)  += u-boot.pbl
...
741 cmd_pad_cat = $(cmd_objcopy) && $(append) || rm -f $@
742
743 all:      $(ALL-y)
744
...
```

从第 569 行开始，目标对象的第一个文件是 $(CPUDIR)/start.o，即 arch/arm/cpu/armv7/start.o。对于 S5PV210 平台，第 570、571 行由于宏没有定义不会被执行。从第 575 行开始指定了 libs 变量，就是平台、目标板相关的各个目录和通用目录下相应的库，这些库需要编译器再调用各自目录下的子 Makefile 来编译生成最终的库，读者可以自己阅读这些 Makefile，都是一些比较简单的 Makefile。这些库都是最终 U-Boot 的主要构成部分。

从第 700 行开始的这些 CONFIG_ 打头的宏都没有配置，所以 $(ALL-y) 就只展开为第 698 行 u-boot.srec u-boot.bin System.map。

从第 743 行就是我们执行 make all 命令找到的最终目标 all 的地方，它依赖于 $(ALL-y)。$(ALL-y) 会被展开为多个目标，然后 make all 命令会找到每个目标，根据每个目标的依赖关系进行编译，最终是要得到 u-boot.bin。

```
...
771 u-boot.bin: u-boot FORCE
772 $(call if_changed, objcopy)
773 $(call DO_STATIC_RELA, $<, $@, $(CONFIG_SYS_TEXT_BASE))
774 $(BOARD_SIZE_CHECK)
...
```

从第 771 行得知 u-boot.bin 是依赖于 U-Boot，下面再分析一下 U-Boot 的依赖关系。

```
...
918 u-boot:  $(u-boot-init) $(u-boot-main) u-boot.lds
919 $(call if_changed, u-boot__)
920 ifeq ($(CONFIG_KALLSYMS), y)
921 smap='$(call SYSTEM_MAP, u-boot) | \
922     awk '$$2 ~ /[tTwW]/ {printf $$1 $$3 "\\\\000"}'' ; \
923 $(CC) $(c_flags) -DSYSTEM_MAP="\"$${smap}\"" \
924     -c $(srctree)/common/system_map.c -o common/system_map.o
925 $(call cmd, u-boot__) common/system_map.o
926 endif
...
```

从第 918 行得知 U-Boot 依赖于 $(u-boot-init) $(u-boot-main) u-boot.lds，从前面的分析，在第 642、643 行得知，$(u-boot-init) 展开为 arch/arm/cpu/armv7/start.o，$(u-boot-main) 展开为 $(libs-y)，而 $(libs-y) 展开为各个目录下的相关库，同时这里还依赖于链接脚本文件 arch/arm/cpu/u-boot.lds。

以上就是 u-boot-2014.04 根目录下的 Makefile 的主要内容分析，最后再看一下链接脚本的具体内容。

```
...
9
10 OUTPUT_FORMAT("elf32-littlearm", "elf32-littlearm", "elf32-littlearm")
11 OUTPUT_ARCH(arm)
12 ENTRY(_start)
13 SECTIONS
14 {
15     . = 0x00000000;
16
17     . = ALIGN(4);
18     .text:
19     {
20         *(.__image_copy_start)
21         CPUDIR/start.o (.text*)
22         *(.text*)
23     }
24
25     . = ALIGN(4);
26     .rodata: { *(SORT_BY_ALIGNMENT(SORT_BY_NAME(.rodata*))) }
27
28     . = ALIGN(4);
29     .data: {
30         *(.data*)
31     }
32
33     . = ALIGN(4);
34
35     . = .;
36
37     . = ALIGN(4);
38     .u_boot_list: {
39         KEEP(*(SORT(.u_boot_list*)));
40     }
41
42     . = ALIGN(4);
43
44     .image_copy_end:
45     {
46         *(.__image_copy_end)
47     }
48
49     .rel_dyn_start:
50     {
51         *(.__rel_dyn_start)
52     }
53
54     .rel.dyn: {
55         *(.rel*)
56     }
```

```
57
58    .rel_dyn_end:
59    {
60        *(.__rel_dyn_end)
61    }
62
63    .end:
64    {
65        *(.__end)
66    }
67
68    _image_binary_end = .;
69
70    /*
71     * Deprecated: this MMU section is used by pxa at present but
72     * should not be used by new boards/CPUs.
73     */
74    . = ALIGN(4096);
75    .mmutable: {
76        *(.mmutable)
77    }
78
79    /*
80     * Compiler-generated __bss_start and __bss_end, see arch/arm/lib/bss.c
81     * __bss_base and __bss_limit are for linker only (overlay ordering)
82     */
83
84    .bss_start __rel_dyn_start (OVERLAY): {
85        KEEP(*(.__bss_start));
86        __bss_base = .;
87    }
88
89    .bss __bss_base (OVERLAY): {
90        *(.bss*)
91        . = ALIGN(4);
92        __bss_limit = .;
93    }
94
95    .bss_end __bss_limit (OVERLAY): {
96        KEEP(*(.__bss_end));
97    }
98
99    .dynsym _image_binary_end: { *(.dynsym) }
100   .dynbss: { *(.dynbss) }
101   .dynstr: { *(.dynstr*) }
102   .dynamic: { *(.dynamic*) }
103   .plt: { *(.plt*) }
104   .interp: { *(.interp*) }
105   .gnu.hash: { *(.gnu.hash) }
106   .gnu: { *(.gnu*) }
107   .ARM.exidx: { *(.ARM.exidx*) }
```

```
108  .gnu.linkonce.armexidx: { * (.gnu.linkonce.armexidx. * ) }
109 }
```

从第 15 行得知链接文件里指定的链接地址是 0x00000000,实际在前面 Makefile 分析时已知,编译器编译时也指定了链接地址,只是地址是由配置文件里定义的宏指定的,所以最终的链接地址是编译时指定的地址加上这里的地址。由于这里的地址是 0x00000000,所以实际的链接地址等于编译时指定的地址。

第 21 行可知,start.o 被放在程序的最前面,也就是上电后执行的第一个程序,即 U-Boot 的入口点在 arch/arm/cpu/armv7/start.S 中。

第 17、25 行 ALIGN(4)代表地址空间是 4 字节对齐。第 43~67 行指定地址重定位空间,这个地址段的信息将重定位后的代码的链接地址修正为其运行地址,这样 U-Boot 就可以重定位到任何地址。在链接脚本中之所以有这两个段的信息,是因为在编译时指定编译器生成位置无关码,即在链接时指定了-pie 选项,这个选项的定义内容我们可以查看 u-boot-2014.04/arch/arm/config.mk,这里面有下面这两行定义:

```
82 # needed for relocation
83 LDFLAGS_u-boot += -pie
```

生成位置无关码可以使用代码在不同的地址空间内执行,主要是考虑到,特别是片内存储空间比较小,而片外内存空间比较大,但要使同样的代码在这两个内存空间都可以执行,或在其中空间小的内存上执行部分代码,这时就涉及地址重定位的问题,所以在 U-Boot 编辑链接时增加了这个功能,提供了极大的方便。

5. SPL 介绍

前面分析过 S5PV210 的启动过程分为两个阶段,即 BL1 和 BL2,其中 BL1 进行一些基本的初始化,比如系统时钟、内存等,另外还负责加载 BL2 到内存空间,跳到 BL2 中执行。所以 u-boot-2014.04 针对这类情形专门设计了一套机制,用于完成 BL1 的工作,即 SPL 机制。

SPL 的全称为 Secondary Program Loader,即第 2 阶段程序加载器,从名称更可确定 SPL 就是 BL1。要使 U-Boot 支持 SPL 的功能,首先需要在目标板配置文件(smdkc100.h)中定义一个宏 CONFIG_SPL,如果没有这个宏编译时不会生成 SPL 程序。下面是顶层 Makefile 中的定义,根据宏 CONFIG_SPL 决定是否要生成 SPL。

```
…
702 ALL-$(CONFIG_RAMBOOT_PBL) += u-boot.pbl
703 ALL-$(CONFIG_SPL) += spl/u-boot-spl.bin
704 ALL-$(CONFIG_SPL_FRAMEWORK) += u-boot.img
…
```

所以当执行 make all 时,make 就会编译 spl/u-boot-spl.bin 这个目标,在顶层 Makefile 中定义如下所示:

```
…
1079 spl/u-boot-spl.bin: spl/u-boot-spl
1080     @:
1081 spl/u-boot-spl: tools prepare
```

```
1082        $(Q)$(MAKE) obj=spl -f $(srctree)/spl/Makefile all
...
```

从第 1079 行得知, spl/u-boot-spl. bin 依赖于 spl/u-boot-spl, 而第 1080～1082 行, make 找到目标 spl/u-boot-spl, 然后执行指定的 Makefile 文件, 这个文件包含在 u-boot-2014. 04/spl 下, 其对应的链接文件为 u-boot-2014. 04/arch/arm/cpu/u-boot-spl. lds。

```
...
24 CONFIG_SPL_BUILD := y
25 export CONFIG_SPL_BUILD
...
```

从 u-boot-2014. 04/spl/Makefile 的第 24、25 行得知, 这里首先导出环境变量 CONFIG_SPL_BUILD=y, 这个宏在各个源代码文件中用来控制代码的走向, 即决定是否要编译用于 SPL 的代码。比如:

```
787 static init_fnc_t init_sequence_f[] = {
...
942 #ifndef CONFIG_SPL_BUILD
943   reserve_malloc,
944   reserve_board,
945 #endif
...
```

以上代码是 common/Board_f. c 下的代码, 用宏来决定第 943、944 行是否要编译进 SPL, 还是编译进 u-boot. bin。

最终这样编译后, 会在 u-boot-2014. 04/spl 下生成 u-boot-spl. bin, 同时在 u-boot-2014. 04 下生成 u-boot. bin。

13.2.4 U-Boot 启动过程源码分析

1. 添加自己的目标板

通过前面一节的介绍, 基本可以配置、编译 U-Boot, 并且最终可以生成二进制文件 u-boot. bin 和 u-boot-spl. bin。下面将介绍如何在 U-Boot 框架中添加一块自己的目标板。

关于在 U-Boot 中添加新目标板, 这个在它的 README 帮助文档中有详细步骤, 下面就按 README 中的步骤添加一个新目标板, "克隆"一个 smdkc100 目标来演示一下。

1) 添加目标板的硬件信息

打开 u-boot-2014. 04 根目录下的 boards. cfg 配置文件, 找到 smdkc100 的位置, 如下所示:

Active arm armv7 s5pc1xx samsung smdkc100 smdkc100-Minkyu Kang mk7. kang@samsung.com

现在对照 smdkc100 目标板"克隆"tq210 目标板如下:

Active arm armv7 s5pc1xx samsung tq210 tq210-qinfenwang.com <js_gary@163.com>

2）添加目标板相关的代码

大家知道在 U-Boot 的顶层 u-boot-2014.04/board/目录下都是存放目标板相关源码文件的目录，这里同样"克隆"smdkc100，直接复制 board/Samsung/smdkc100/目录为 board/samsung/tq210，然后修改里面的文件名如下：

```
qinfen@JXES:/opt/bootloader/u-boot-2014.04 $ cp -rf board/samsung/smdkc100/
board/Samsung/tq210
qinfen@JXES:/opt/bootloader/u-boot-2014.04 $ mv board/Samsung/tq210/smdkc100.c board/
Samsung/tq210/tq210.c
```

同时需要修改当前目录下的 Makefile 文件里的内容：

```
qinfen@JXES:/opt/bootloader/u-boot-2014.04 $ vi board/Samsung/tq210/Makefile
obj-y        := tq210.o //将 smdkc100.o 改为 tq210.o
obj-$ (CONFIG_SAMSUNG_ONENAND)   += onenand.o
obj-y        += lowlevel_init.o
```

3）创建目标板配置文件

直接克隆 include/configs/smdkc100.h 目标板的配置文件为 include/configs/tq210.h
如下：

```
qinfen@JXES:/opt/bootloader/u-boot-2014.04 $ cp include/configs/smdkc100.h include/
configs/tq210.h
```

4）验证配置是否成功

到这里就把新目标板 tq210"克隆"成功，现在可以输入配置命令验证是否"克隆"成功：

```
qinfen@JXES:/opt/bootloader/u-boot-2014.04 $ make tq210_config
Configuring for tq210 board...
```

显然新目标板配置没有问题。下面直接输入编译命令编译 u-boot.bin，这里用的 ARM
交叉编译工具就是前面制作的交叉工具链。

```
qinfen@JXES:/opt/bootloader/u-boot-2014.04 $ make all CROSS_COMPILE=arm-linux-
```

5）对项目瘦身

大家知道 U-Boot 是一个非常流行的 Bootloader 引导程序，支持的目标板和处理器非常多，但对于具体的项目一般只需要一个目标板和一个处理器就可以了，所以下面将一些与项目无关的代码删除，这样可以使项目看上去比较清爽，便于管理。

arch/目录下只保留 arm 架构的处理器，如下所示：

```
qinfen@JXES:/opt/bootloader/u-boot-2014.04/arch $ ls
arm
```

arm 目录下只保留下面 4 个文件和目录：

```
qinfen@JXES:/opt/bootloader/u-boot-2014.04/arch/arm $ ls
config.mk cpu include lib
```

大家知道 S5PV210 是基于 ARM 的 Cortex-A8 架构的，所以 u-boot-2014.04/arch/
arm/cpu 目录下只需要保留下面这些内容：

```
qinfen@JXES:/opt/bootloader/u-boot-2014.04/arch/arm/cpu$ ls
armv7 Makefile u-boot.lds u-boot-spl.lds
```

u-boot-2014.04/arch/arm/include/asm 目录下以"arch-"开头的目录只保留 arch-s5pc1xx,其他以"arch-"开头的目录都删除掉,另外 imx-common、armv8、kona-common 这 3 个目录也都删除。

```
qinfen@JXES:/opt/bootloader/u-boot-2014.04/arch/arm/include/asm$ ls
arch            config.h          hardware.h        omap_mmc.h        setup.h
arch-s5pc1xx    davinci_rtc.h     io.h              omap_musb.h       spl.h
armv7.h         dma-mapping.h     linkage.h         pl310.h           string.h
assembler.h     ehci-omap.h       mach-types.h      posix_types.h     system.h
atomic.h        emif.h            macro.h           proc              types.h
bitops.h        errno.h           memory.h          proc-armv         u-boot-arm.h
bootm.h         gic.h             omap_boot.h       processor.h       u-boot.h
byteorder.h     global_data.h     omap_common.h     ptrace.h          unaligned.h
cache.h         gpio.h            omap_gpio.h       sections.h        utils.h
```

u-boot-2014.04/board 目录下只保留 samsung 这一个目录,其他目录都删除。然后 samsung 目录下只保留 common 和 tq210 这两个目录,即只保留新添加的目标板 tq210,如下所示:

```
qinfen@JXES:/opt/bootloader/u-boot-2014.04/board$ ls
samsung
qinfen@JXES:/opt/bootloader/u-boot-2014.04/board/samsung$ ls
common tq210
```

最后,在配置文件目录只保留新添加的目标板的配置文件,如下所示:

```
qinfen@JXES:/opt/bootloader/u-boot-2014.04/include/configs$ ls
tq210.h
```

2. U-Boot 启动过程分析

熟悉早期版本 U-Boot 的人都知道,U-Boot 启动分为两部分:第一部分的代码主要是由汇编语言实现的,完成平台相关的初始化,而且源文件名都为 start.S;第二部分代码主要是由高级语言 C 实现的,完成目标板相关的硬件设备初始化、参数配置等。

本书 u-boot-2014.04 的代码,程序代码的走向也遵循 U-Boot 一贯的流程,执行过程在链接脚本 u-boot-2014.04/arch/arm/cpu/u-boot.lds 中也有体现,如下所示:

```
...
12 ENTRY(_start)
13 SECTIONS
14 {
15    . = 0x00000000;
16
17    . = ALIGN(4);
18    .text :
19    {
20        *(.__image_copy_start)
21        CPUDIR/start.o (.text *)
```

```
22      * (. text * )
23  }
24
25  . = ALIGN(4);
26  .rodata : { * (SORT_BY_ALIGNMENT(SORT_BY_NAME(.rodata * ))) }
27
28  . = ALIGN(4);
29  .data : {
30      * (. data * )
31  }
...
```

第 21 行,CPUDIR/start. o (. text *)表明 U-Boot 执行的入口点是 start. o(即前面介绍的 BL2 程序的入口函数),结合前面的 Makefile 分析,不难知道入口点 start. o 即 u-boot-2014. 04/arch/arm/cpu/armv7/start. S。

另外,u-boot-2014.04 在 u-boot. lds 所在目录下还有一个链接脚本 u-boot-spl. lds,这也就是前面介绍的 BL1 部分的链接脚本,如下所示:

```
...
12 ENTRY(_start)
13 SECTIONS
14 {
15  . = 0x00000000;
16
17  . = ALIGN(4);
18  .text :
19  {
20      __ image_copy_start = .;
21      CPUDIR/start. o (. text * )
22      * (. text * )
23  }
...
```

通过脚本比较不难发现,BL1 与 BL2 链接脚本文件中指定的程序入口函数都是 ENTRY(_start),同时这也说明了 SPL 程序的第一部分代码与 U-Boot 的第一部分代码基本是共用的。下面分析一下 U-Boot 第一部分代码的走向。

1) 硬件设备相关的初始化

程序入口函数在 u-boot-2014. 04/arch/arm/cpu/armv7/start. S 中定义,具体代码如下:

```
...
22 .globl _start
23 _start: b   reset
24  ldr   pc, _undefined_instruction
25  ldr   pc, _software_interrupt
26  ldr   pc, _prefetch_abort
27  ldr   pc, _data_abort
28  ldr   pc, _not_used
29  ldr   pc, _irq
```

```
30  ldr  pc, _fiq
...
```

第 22 行,用 globl 声明了一个全局变量名_start,正好为链接脚本文件里的 ENTRY(_start),从第 23～30 行,为 ARM 架构典型的代码设计风格,即目标上电首先从异常向量表开始执行。这里值得注意的是第 23 行,它执行的是 b 跳转命令,此命令跳转之后就不会再返回。

```
...
94 reset:
95  bl  save_boot_params
96  /*
97   * disable interrupts (FIQ and IRQ), also set the cpu to SVC32 mode,
98   * except if in HYP mode already
99   */
100  mrs  r0, cpsr
101  and  r1, r0, #0x1f     @ mask mode bits
102  teq  r1, #0x1a     @ test for HYP mode
103  bicne  r0, r0, #0x1f     @ clear all mode bits
104  orrne  r0, r0, #0x13     @ set SVC mode
105  orr  r0, r0, #0xc0     @ disable FIQ and IRQ
106  msr  cpsr, r0
...
```

其中第 94 行即为目标板上电后所跳转的地方,第 100～106 行禁止处理器的中断(FIQ 和 IRQ),同时将处理器配置为管理模式(svc)。

2) 为加载第二阶段代码做准备

```
...
125 #ifndef CONFIG_SKIP_LOWLEVEL_INIT
126  bl  cpu_init_cp15
127  bl  cpu_init_crit
128 #endif
129
130  bl  _main
...
```

第 126 行,仅是一个 bl 跳转语句,bl 命令跳转执行后会自动返回到起始位置继续向下执行,这里仍是对处理器的配置,比如禁止 MMU、cache 等,返回后执行第 127 行,这里也是一个 bl 跳转语句,具体如下:

```
...
243 ENTRY(cpu_init_crit)
244  /*
245   * Jump to board specific initialization...
246   * The Mask ROM will have already initialized
247   * basic memory. Go here to bump up clock rate and handle
248   * wake up conditions.
249   */
250  b  lowlevel_init     @ go setup pll, mux, memory
251 ENDPROC(cpu_init_crit)
...
```

从第 245~248 行的注释不难知道,这里会跳转去执行目标板相关的初始化,而且主要是内存相关的。第 250 行,是一个 b 跳转指令,这个指令是一个"一跳不回"的指令,那么怎么才能再返回到第 130 行? 下面看看 lowlevel_init 具体做了什么,相关代码存放的目录是 u-boot-2014.04/board/Samsung/tq210/lowlevel_init.S。

```
...
20  .globl lowlevel_init
21 lowlevel_init:
22  mov r9, lr
23
24  /* r5 has always zero */
25  mov r5, #0
26
...
63  /* for UART */
64  bl uart_asm_init
65
...
66 1:
67  mov lr, r9
68  mov pc, lr
69
...
```

从第 22、67 和 68 行可以看出,虽然前面是用 b 命令跳转到这里执行,但在这里首先将返回地址保存在 lr 寄存器中,执行完目标板相关初始化后,再返回到 lr 寄存器保存的地址处执行。另外第 64 行对 UART 做了初始化,通常为后续可以通过串口做调试做准备。以上代码只是简单介绍下,后续具体移植时我们会对这里的代码具体介绍,同时要修改或添加相关的初始化代码。

当执行完目标板相关的初始化后,会回到 start.S 中的第 130 行执行,第 130 行是一个 bl 跳转指令,这个指令会跳转到 arch/arm/lib/crt0.S 中执行,这个文件主要是为创造 C RunTime 环境做准备。

```
...
58 ENTRY(_main)
59
60 /*
61  * Set up initial C runtime environment and call board_init_f(0).
62  */
63
64 #if defined(CONFIG_SPL_BUILD) && defined(CONFIG_SPL_STACK)
65  ldr   sp, =(CONFIG_SPL_STACK)
66 #else
67  ldr   sp, =(CONFIG_SYS_INIT_SP_ADDR)
68 #endif
69  bic   sp, sp, #7  /* 8-byte alignment for ABI compliance */
70  sub   sp, sp, #GD_SIZE  /* allocate one GD above SP */
71  bic   sp, sp, #7  /* 8-byte alignment for ABI compliance */
```

```
72  mov  r9, sp                /* GD is above SP */
73  mov  r0, #0
74  bl   board_init_f
75
...
```

第 58 行，可以知道前面 start.S 的第 130 行即跳转到这里执行。第 60～75 行，是在为后面执行 C 语言做准备，即配置栈空间，另外这里还有一个宏 CONFIG_SPL_BUILD，显然这里栈设置分 SPL 部分与非 SPL 部分。第 74 行的 board_init_f 是一个用 C 语言写的函数，这个函数在 u-boot-2014.04/arch/arm/lib/board.c 中定义，进行一些基本的硬件初始化，为进入 DRAM 内存运行做准备。

```
84  ldr  sp, [r9, #GD_START_ADDR_SP]  /* sp = gd->start_addr_sp */
85  bic  sp, sp, #7                    /* 8-byte alignment for ABI compliance */
86  ldr  r9, [r9, #GD_BD]              /* r9 = gd->bd */
87  sub  r9, r9, #GD_SIZE             /* new GD is below bd */
88
89  adr  lr, here
90  ldr  r0, [r9, #GD_RELOC_OFF]      /* r0 = gd->reloc_off */
91  add  lr, lr, r0
92  ldr  r0, [r9, #GD_RELOCADDR]      /* r0 = gd->relocaddr */
93  b relocate_code
```

从第 84 行开始配置环境变量，在第 93 行跳转到另一个函数 relocate_code 处执行，这是一个重定位过程，因为目标上电时是在片内的内存中执行，当代码复制到片外内存后，程序的执行地址就发生了改变，所以我们需要对代码做重定位处理，具体怎么来转换程序的执行地址，这要结合前面链接脚本里的重定位段。关于 relocate_code 的代码也是用汇编语言实现的，这部分代码在 arch/arm/lib/relocate.S 中。

```
23 ENTRY(relocate_code)
24  ldr  r1, =__image_copy_start    /* r1 <- SRC & __image_copy_start */
25  subs r4, r0, r1                 /* r4 <- relocation offset */
26  beq  relocate_done              /* skip relocation */
27  ldr  r2, =__image_copy_end      /* r2 <- SRC & __image_copy_end */
28
29 copy_loop:
30  ldmia  r1!, {r10-r11}           /* copy from source address [r1]     */
31  stmia  r0!, {r10-r11}           /* copy to     target address [r0]    */
32  cmp  r1, r2                     /* until source end address [r2]      */
33  blo  copy_loop
34
35  /*
36   * fix .rel.dyn relocations
37   */
38  ldr  r2, =__rel_dyn_start       /* r2 <- SRC & __rel_dyn_start */
39  ldr  r3, =__rel_dyn_end         /* r3 <- SRC & __rel_dyn_end */
40 fixloop:
41  ldmia  r2!, {r0-r1}             /* (r0,r1) <- (SRC location, fixup) */
42  and  r1, r1, #0xff
```

```
43   cmp   r1，♯23                              /* relative fixup? */
44   bne   fixnext
45
46   /* relative fix: increase location by offset */
47   add   r0，r0，r4
48   ldr   r1，[r0]
49   add   r1，r1，r4
50   str   r1，[r0]
51 fixnext：
52   cmp   r2，r3
53   blo   fixloop
54
55 relocate_done：
56
…
74 ENDPROC(relocate_code)
```

到这里简单总结一下 U-Boot 代码的重定位，这个在 U-Boot 的帮助文档 doc/README. arm-relocation 中有详细说明。首先要在链接时指定位置无关选项，这样编译出来的代码才是位置无关的，即指定"-pie"选项，前面有介绍。使用此选项编译器会生成一个修正表（fixup tables），在最终的二进制文件 u-boot. bin 中就会多 2 个段（. rel. dyn 和 . dynsym），还需要在链接脚本文件中增加 2 个段，如前面介绍。现在有了这 2 个段，上面 relocate_code 重定位代码就可以很容易地将重定位后的代码的链接地址修正为其运行地址，这样 U-Boot 就可以重定位到任何地址。当执行重定位返回后进行清 BSS 操作，然后跳转到 board. c 中的 board_init_r 中执行，进行更进一步的初始化，比如网卡，然后进入 main_loop 循环。

3. U-Boot 内存布局分析

通过前面的分析，U-Boot 作为 Bootloader 是从 start. S 中的 reset 处开始运行，主要执行一些 CPU 底层的初始化，然后跳转到 crt0. S 中的_main 函数中执行。根据前面分析得知，由于 board_init_f 是用 C 语言实现的，所以此函数主要为执行 board_init_f 函数设置栈，以及为全局变量 gd 预留一块内存空间。这里的 gd 变量相当关键，它为 U-Boot 接下来的执行提供了帮助，其定义在 u-boot-2014. 04/arch/arm/include/asm/global_data. h 头文件中，具体定义如下：

```
…
47 ♯ifdef CONFIG_ARM64
48 ♯define DECLARE_GLOBAL_DATA_PTR        register volatile gd_t * gd asm ("x18")
49 ♯else
50 ♯define DECLARE_GLOBAL_DATA_PTR        register volatile gd_t * gd asm ("r9")
51 ♯endif
…
```

根据上述定义可知，全局变量 gd 是一个寄存器变量，保存在 r9 寄存器中，gd_t 结构体定义在 u-boot-2014. 04/include/asm-generic/global_data. h 中，如下所示：

```
…
26 typedef struct global_data {
```

```
27  bd_t  *bd;
28  unsigned long flags;
29  unsigned int baudrate;
30  unsigned long cpu_clk;                    /* CPU clock in Hz!    */
31  unsigned long bus_clk;
32  /* We cannot bracket this with CONFIG_PCI due to mpc5xxx */
33  unsigned long pci_clk;
34  unsigned long mem_clk;
35  #if defined(CONFIG_LCD) || defined(CONFIG_VIDEO)
36  unsigned long fb_base;                     /* Base address of framebuffer mem */
37  #endif
    ⋮
80  #if defined(CONFIG_SYS_I2C)
81  int      cur_i2c_bus;                      /* current used i2c bus */
82  #endif
83  unsigned long timebase_h;
84  unsigned long timebase_l;
85  struct arch_global_data arch;              /* architecture-specific data */
86  } gd_t;
87  #endif
...
```

现在回到 crt0.S 的_main 入口,其中宏 CONFIG_SYS_INIT_SP_ADDR 为栈地址,是在配置文件 tq210.h 中定义的,这里的栈地址可以根据实际情况来设置,只要可以为 board_init_f 函数所使用并存放 gd 的内容即可。在 tq210.h 中定义如下:

#define CONFIG_SYS_INIT_SP_ADDR (CONFIG_SYS_LOAD_ADDR+PHYS_SDRAM_1_SIZE)

其中 PHYS_SDRAM_1_SIZE 为内存的大小,本书实验的开发板上内存是 1GB,故有如下定义,也是在 tq210.h 中定义的。

```
/* SMDKC100 has 1 banks of DRAM, we use only one in U-Boot */
#define CONFIG_NR_DRAM_BANKS 1
#define PHYS_SDRAM_1      CONFIG_SYS_SDRAM_BASE   /* SDRAM Bank #1 */
#define PHYS_SDRAM_1_SIZE(1024 << 20)    /* 0x40000000, 1024MB Bank,1GB 内存 */
```

而 CONFIG_SYS_LOAD_ADDR 在 tq210.h 中定义如下:

#define CONFIG_SYS_LOAD_ADDR   CONFIG_SYS_SDRAM_BASE

由上述宏定义可知内存的起始地址为 CONFIG_SYS_SDRAM_BASE,而内存起始地址定义如下:

```
/* DRAM Base */
#define CONFIG_SYS_SDRAM_BASE      0x20000000
```

根据前面裸机程序的介绍,0x20000000 即为内存控制器 0 的起始地址。

下面再看看宏 GD_SIZE 的定义,它是在 u-boot-2014.04/include/generated/generic-asm-offsets.h 中定义的,其值为 160。

```
1  #ifndef __GENERIC_ASM_OFFSETS_H__
```

```
2 #define __GENERIC_ASM_OFFSETS_H__
3 /*
4  * DO NOT MODIFY.
5  *
6  * This file was generated by Kbuild
7  *
8  */
9
10 #define GENERATED_GBL_DATA_SIZE 160 /* (sizeof(struct global_data) + 15) & ~15 @ */
11 #define GENERATED_BD_INFO_SIZE 32 /* (sizeof(struct bd_info) + 15) & ~15 @ */
12 #define GD_SIZE 160 /* sizeof(struct global_data)　@ */
13 #define GD_BD 0 /* offsetof(struct global_data, bd) @ */
14 #define GD_RELOCADDR 44 /* offsetof(struct global_data, relocaddr) @ */
15 #define GD_RELOC_OFF 64 /* offsetof(struct global_data, reloc_off) @ */
16 #define GD_START_ADDR_SP 60 /* offsetof(struct global_data, start_addr_sp)
@ */
17
18 #endif
```

第 10~16 行都是一些宏的定义,这些宏都是在 U-Boot 编译时生成的,可以说 include/generated/这个目录及其里面的文件都是在编译时新生成的,关于其他的宏,在后面会用到。

1GB 的内存起始地址为 0x20000000,结束地址为 0x60000000−1。接下来调用 board.c 中的 board_init_f 函数,这里传了一个参数 r0=0,实际这个参数未被用到。这个函数使用到了一些全局变量,因此需要让 u-boot.bin 位于其链接地址,通过修改 tq210.h 中的宏 CONFIG_SYS_TEXT_BASE 指定其链接地址,将其指定为 u-boot.bin 在 DDR 内存中的起始地址 0x20000000。

```
/* Text Base */
#define CONFIG_SYS_TEXT_BASE      0x20000000
```

下面对 board_init_f 函数进行分析。首先在此函数中定义了几个重要的变量:addr 为最终重定位用的地址,addr_sp 为最终的用户栈指针地址。

```
...
264 void board_init_f(ulong bootflag)
265 {
266   bd_t *bd;
267   init_fnc_t **init_fnc_ptr;
268   gd_t *id;
269   ulong addr, addr_sp;
...
```

下面代码对全局变量 gd 进行初始化,同时计算出 u-boot.bin 的大小,保存到 gd->mon_len 中。

```
275 memset((void *)gd, 0, sizeof(gd_t));
276
277 gd->mon_len = (ulong)&__bss_end - (ulong)_start;
```

接下来调用数组 init_sequence 中的每个函数,进行一系列的初始化操作。

```
...
231 init_fnc_t * init_sequence[ ] = {
232   arch_cpu_init,                        /* basic arch cpu dependent setup */
233   mark_bootstage,
134 #ifdef CONFIG_OF_CONTROL
235   fdtdec_check_fdt,
236 #endif
237 #if defined(CONFIG_BOARD_EARLY_INIT_F)
238   board_early_init_f,
239 #endif
240   timer_init,                           /* initialize timer */
241 #ifdef CONFIG_BOARD_POSTCLK_INIT
242   board_postclk_init,
243 #endif
244 #ifdef CONFIG_FSL_ESDHC
245   get_clocks,
246 #endif
247   env_init,                             /* initialize environment */
248   init_baudrate,                        /* initialze baudrate settings */
249   serial_init,                          /* serial communications setup */
250   console_init_f,                       /* stage 1 init of console */
251   display_banner,                       /* say that we are here */
252   print_cpuinfo,                        /* display cpu info (and speed) */
253 #if defined(CONFIG_DISPLAY_BOARDINFO)
254   checkboard,                           /* display board info */
255 #endif
256 #if defined(CONFIG_HARD_I2C) || defined(CONFIG_SYS_I2C)
257   init_func_i2c,
258 #endif
259   dram_init,                            /* configure available RAM banks */
260   NULL,
261 };
```

第 232 行的 arch_cpu_init 在 u-boot-2014.04/arch/arm/cpu/armv7/s5p-common/cpu_info.c 中定义,它会调用 s5p_set_cpu_id 读取 CPU 版本和 ID 信息,保存到 s5p_cpu_rev 和 s5p_cpu_id 中,第 240 行的 timer_init 是在 u-boot-2014.04/arch/arm/cpu/armv7/s5p-common/timer.c 中定义的,用来初始化 PWM。再执行第 249 行的 serial_init 初始化串口,这里的串口即 debug 调试所用的串口,其端口号在配置文件中定义如下:

```
/*
 * select serial console configuration
 */
#define CONFIG_SERIAL0          1         /* use SERIAL 0 on SMDKC100 */
```

这里默认使用串口 0,注意这里需要为串口 0 配置 GPIO 端口。由开发板的线路图可知,使用的是 GPIO0。根据 S5PV210 的寄存器定义,配置如下:

```
ldr r0, =0xE0200000                       /* GPA0CON */
ldr  r1, =0x22222222                       /* UART0 */
str  r1, [r0]
```

以上这三行代码,可以放在 start. S 中,也可以放在 u-boot-2014. 04/board/Samsung/tq210/lowlevel_init. S 中,总之,只要在 serial_init 执行前配置好即可。

接下来调用 display_banner 函数显示 U-Boot 版本信息,这个函数比较简单。接着调用 print_cpuinfo,此函数在 u-boot-2014. 04/arch/arm/cpu/armv7/s5p-common/cpu_info. c 中定义,打印 CPU 名称和时钟信息。

```
31 int print_cpuinfo(void)
32 {
33   char buf[32];
34
35   printf("CPU:\t%s%X@%sMHz\n",
36         s5p_get_cpu_name(), s5p_cpu_id,
37         strmhz(buf, get_arm_clk()));
38
39
40   return 0;
41 }
```

第 25 行用 s5p_get_cpu_name 函数得到 CPU 的名称,此函数比较简单,直接返回一个宏,此宏在配置文件中定义如下:

```
# define S5P_CPU_NAME      "S5P"
```

所以 CPU 名称即为 S5P。另一个函数 s5p_cpu_id 用来得到 CPU 的 ID,由于 u-boot-2014. 04 默认已经支持 S5PC100 和 S5PC110,所以可以得到 0xc100 和 0xc110,而 tq210 是"克隆"的,所以无法使用此函数,这里可以把第 35 行代码修改下,将 CPU 的 ID 固定,即可不用此函数。代码修改好后如下:

```
printf("CPU:\t%sTQ210@%sMHz\n",s5p_get_cpu_name(),strmhz(buf, get_arm_clk()));
```

而函数 get_arm_clk 有如下定义:

```
306 unsigned long get_arm_clk(void)
307 {
308   if (cpu_is_s5pc110())
309       return s5pc110_get_arm_clk();
310   else
311       return s5pc100_get_arm_clk();
312 }
```

从第 308 行可知,这里还是以 CPU 的 ID 来为目标板 S5PC100 和 S5PC110 来调用不同的函数。所以这里可以将其修改为:

```
unsigned long get_arm_clk(void)
{
/ *  modified by gary 1 *  /
    return tq210_get_arm_clk();
}
```

这样就需要自己实现 tq210_get_arm_clk 函数,可以参照前面第 309 行的代码来实现,完全"克隆"过来。

```
82 /* tq210: return ARM clock frequency, add by gary l */
83 static unsigned long tq210_get_arm_clk(void)
84 {
85   struct tq210_clock * clk =
86       (struct tq210_clock *)samsung_get_base_clock();
87   unsigned long div;
88   unsigned long dout_apll, armclk;
89   unsigned int apll_ratio;
90
91   div = readl(&clk->div0);
92
93   /* APLL_RATIO: [2:0] */
94   apll_ratio = div & 0x7;
95
96   dout_apll = get_pll_clk(APLL) / (apll_ratio + 1);
97   armclk = dout_apll;
98
99   return armclk;
100 }
```

同样在第 96 行 get_pll_clk 函数也是根据 CPU 的 ID 决定调用相应的函数,所以直接修改如下:

```
unsigned long get_pll_clk(int pllreg)
{
/* modified by gary l */
    return tq210_get_pll_clk(pllreg);
}
```

与前面 get_arm_clk 类似,仿照 s5pc110_get_pll_clk 实现函数 tq210_get_pll_clk。

```
25 /* tq210: return pll clock frequency, add by gary l */
26 static unsigned long tq210_get_pll_clk(int pllreg)
27 {
28   struct tq210_clock * clk =
29       (struct tq210_clock *)samsung_get_base_clock();
30   unsigned long r, m, p, s, mask, fout;
31   unsigned int freq;
32   switch (pllreg) {
33   case APLL:
...
69   freq = CONFIG_SYS_CLK_FREQ_TQ210;
70   if (pllreg == APLL) {
71       if (s < 1)
72           s = 1;
73       /* FOUT = MDIV * FIN / (PDIV * 2^(SDIV - 1)) */
74       fout = m * (freq / (p * (1 << (s - 1))));
```

```
75    } else
76        /* FOUT = MDIV * FIN / (PDIV * 2^SDIV) */
77        fout = m * (freq / (p * (1 << s)));
78
79    return fout;
80 }
```

以上代码只有第 69 行与函数 s5pc110_get_pll_clk 不同，其他基本一致，第 69 行的宏在目标板配置文件中定义如下：

```
/* input clock of PLL：tq210 has 24MHz input clock */
#define CONFIG_SYS_CLK_FREQ_TQ210   24000000
```

到这里，函数 print_cpuinfo 就可以执行成功。另外，在上述仿照函数中还定义了 tq210_clock 数据类型，对应的头文件为 arch\arm\include\asm\arch-s5pc1xx\clock.h，此头文件也是参考 S5PC110 和 S5PV210 芯片手册上的 CLOCK 寄存器来定义的。

```
/* tq210 */
struct tq210_clock {
    unsigned int apll_lock;
    unsigned char res1[0x04];
    unsigned int mpll_lock;
    unsigned char res2[0x04];
    unsigned int epll_lock;
    unsigned char res3[0x0C];
    unsigned int vpll_lock;
    unsigned char res4[0xdc];
    unsigned int apll_con0;
    unsigned int apll_con1;
    unsigned int mpll_con;
    unsigned char res5[0x04];
    unsigned int epll_con0;
    unsigned int epll_con1;
    unsigned char res6[0x08];
    unsigned int vpll_con;
    unsigned char res7[0xdc];
    unsigned int src0;
    unsigned int src1;
    unsigned int src2;
    unsigned int src3;
    unsigned int src4;
    unsigned int src5;
    unsigned int src6;
    unsigned char res8[0x64];
    unsigned int mask0;
    unsigned int mask1;
    unsigned char res9[0x78];
    unsigned int div0;
```

```
        unsigned int div1;
        unsigned int div2;
        unsigned int div3;
        unsigned int div4;
        unsigned int div5;
        unsigned int div6;
        unsigned int div7;
    };
```

继续回到 board_init_f 函数中执行。下面主要看一些关键的代码,其他代码了解一下即可。

```
323  addr = CONFIG_SYS_SDRAM_BASE + get_effective_memsize();
```

前面已知 CONFIG_SYS_SDRAM_BASE 为 0x20000000,而 get_effective_memsize() 函数执行后的结果是返回内存空间的大小,即 1GB,所以最终 addr=0x60000000,即内存的最高地址。

```
369  /*
370   * reserve memory for U-Boot code, data & bss
371   * round down to next 4 kB limit
372   */
373  addr -= gd->mon_len;
374  addr &= ~(4096 - 1);
375
376 debug("Reserving %ldk for U-Boot at: %08lx\n", gd->mon_len >> 10, addr);
```

第 369~374 行为后面重定位 U-Boot 预留了一块内存空间,gd->mon_len 为 U-Boot 的大小。

```
379  /*
380   * reserve memory for malloc() arena
381   */
382  addr_sp = addr - TOTAL_MALLOC_LEN;
383  debug("Reserving %dk for malloc() at: %08lx\n",
384            TOTAL_MALLOC_LEN >> 10, addr_sp);
```

第 382~384 行计算栈指针地址,同时为 malloc 预留一块内存空间,作为堆内存用。

```
385  /*
386   * (permanently) allocate a Board Info struct
387   * and a permanent copy of the "global" data
388   */
389  addr_sp -= sizeof (bd_t);
390  bd = (bd_t *) addr_sp;
391  gd->bd = bd;
392  debug("Reserving %zu Bytes for Board Info at: %08lx\n",
393            sizeof (bd_t), addr_sp);
394
```

```
395  #ifdef CONFIG_MACH_TYPE
396    gd->bd->bi_arch_number = CONFIG_MACH_TYPE; /* board id for Linux */
397  #endif
```

第 389～393 行为 bd 数据结构预留一块内存空间，同时使 gd->bd 指向现在的 addr_sp 所在地址。bd 数据结构保存了目标板的一些信息，比如第 396 行将机器码信息保存在 bd 结构中。注意，在内核启动时此处的机器码要与内核中的一致，否则启动不了内核。

```
399    addr_sp -= sizeof (gd_t);
400    id = (gd_t *) addr_sp;
401    debug("Reserving %zu Bytes for Global Data at: %08lx\n",
402          sizeof (gd_t), addr_sp);
```

第 399～402 行为 gd 数据结构预留了一块内存空间，同时让临时变量 id 指向现在的 addr_sp 所在地址。

```
420    /* setup stackpointer for exeptions */
421    gd->irq_sp = addr_sp;
422  #ifdef CONFIG_USE_IRQ
423    addr_sp -= (CONFIG_STACKSIZE_IRQ+CONFIG_STACKSIZE_FIQ);
424    debug("Reserving %zu Bytes for IRQ stack at: %08lx\n",
425          CONFIG_STACKSIZE_IRQ+CONFIG_STACKSIZE_FIQ, addr_sp);
426  #endif
```

第 420～426 行主要是为中断配置相应的中断栈内存空间。

```
448
449    gd->bd->bi_baudrate = gd->baudrate;
450    /* Ram ist board specific, so move it to board code ... */
451    dram_init_banksize();
452    display_dram_config();                 /* and display it */
453
454    gd->relocaddr = addr;
455    gd->start_addr_sp = addr_sp;
456    gd->reloc_off = addr - (ulong)&_start;
457    debug("relocation Offset is: %08lx\n", gd->reloc_off);
458    if (new_fdt) {
459        memcpy(new_fdt, gd->fdt_blob, fdt_size);
460        gd->fdt_blob = new_fdt;
461    }
462    memcpy(id, (void *)gd, sizeof(gd_t));
463  }
```

从 449～463 行主要是将一些关键的变量值保存到全局变量 gd 中。在前面的分析中，宏 CONFIG_SYS_TEXT_BASE 将代码段的基地址设置为 0x20000000，所以 addr-(ulong) &_start 即为重定位地址相对于 U-Boot 当前所在的地址 0x20000000 的偏移地址，因此这里_start 的地址是 0x20000000；在第 462 行还将全局变量 gd 的内容复制到 id 所指向的那块内存。至此 board_init_f 函数执行完毕，现在的内存布局如图 13-3 所示。

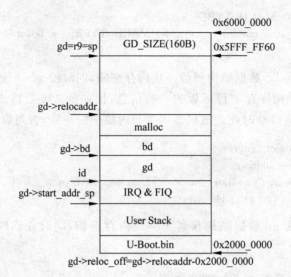

图 13-3　U-Boot 内存布局

board_init_f 执行完后再返回到 crt0.S 的 _main 函数中,执行如下代码:

```
89   ldr  sp, [r9, #GD_START_ADDR_SP]   /* sp = gd->start_addr_sp */
90   bic  sp, sp, #7                    /* 8-byte alignment for ABI compliance */
91   ldr  r9, [r9, #GD_BD]              /* r9 = gd->bd */
92   sub  r9, r9, #GD_SIZE             /* new GD is below bd */
93
94   adr  lr, here
95   ldr  r0, [r9, #GD_RELOC_OFF]       /* r0 = gd->reloc_off */
96   add  lr, lr, r0
97   ldr  r0, [r9, #GD_RELOCADDR]       /* r0 = gd->relocaddr */
98   b    relocate_code
99 here:
```

第 89 行中的 r9 寄存器即 gd 变量,其中 GD_START_ADDR_SP、GD_BD、GD_SIZE、GD_RELOC_OFF 和 GD_RELOCADDR 都是在 include/generated/generic-asm-offsets.h 中定义的。

第 84 行将标号 here 的相对地址赋值给 lr 寄存器,然后 lr 减去将要重定位的地址相对 U-Boot 当前地址的偏移,这样 lr 寄存器中保存了 U-Boot 重定位后的地址,调用 relocate_code 重定位函数完成后,返回跳转到 lr 地址执行,此时执行的就是重定位后的区域,即在 DDR 内存中。

第 98 行中 relocate_code 函数的主要功能就是将原先在片内 RAM 中执行的代码重定位到片外的 RAM 中执行,同时还要对地址进行修正。重定位后的内存布局如图 13-4 所示。

执行完 relocate_code 后再次返回到 crt0.S 中,具体代码如下:

```
98 here:
99
100 /* Set up final (full) environment */
101
102     bl c_runtime_cpu_setup /* we still call old routine here */
103
```

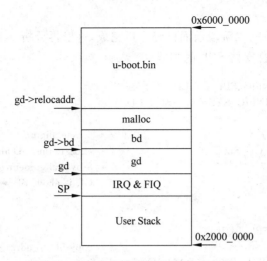

图 13-4　重定位后的 U-Boot 内存布局

```
104    ldr r0, = __ bss_start              /* this is auto-relocated! */
105    ldr r1, = __ bss_end                /* this is auto-relocated! */
106
107    mov r2, #0x00000000                 /* prepare zero to clear BSS */
108
109 clbss_l:cmp r0, r1                     /* while not at end of BSS */
110    strlo     r2, [r0]                  /* clear 32-bit BSS word */
111    addlo     r0, r0, #4                /* move to next */
112    blo clbss_l
113
114    bl coloured_LED_init
115    bl red_led_on
116
117    /* call board_init_r(gd_t * id, ulong dest_addr) */
118    mov   r0, r9                        /* gd_t */
119    ldr r1, [r9, #GD_RELOCADDR]         /* dest_addr */
120    /* call board_init_r */
121    ldr pc, =board_init_r               /* this is auto-relocated! */
122
123    /* we should not return here. */
124
```

第 102 行,为调用 C 函数准备环境,比如栈。第 104～108 行清除 BSS 段,第 114、115 行用于控制 LED 灯,这里是空函数不进行任何处理。第 117～119 行为调用 board_init_r 函数作准备,即此函数的两个参数,第一个参数是 gd 数据结构所在的地址,第二个参数为重定位后 u-boot.bin 的地址。第 121 行跳转到 board_init_r 函数执行,如果执行顺利,就再不会返回。可以说,执行到这里,接下来的程序代码基本都是用 C 语言写的。board_init_r 与前面的 board_init_f 类似,都用来初始化目标系统,只是 board_init_r 会进行更具体的初始化,比如网卡初始化等,同时执行到最后,会跳转到 main_loop 函数中执行 U-Boot 相关的内容,比如 U-Boot 中比较常用的 menu 选项都会在这里处理。

4．SPL 功能实现

关于 U-Boot 的第一、二阶段前面已经分析完成，这里再分析一下 crt0.S 里的代码。下面是修改后的代码，并且支持 SPL 的功能。

```
64  # if !defined(CONFIG_SPL_BUILD)
65     ldr sp, =(CONFIG_SYS_INIT_SP_ADDR)
66
67     bic sp, sp, #7                      /* 8-byte alignment for ABI compliance */
68     sub sp, sp, #GD_SIZE                /* allocate one GD above SP */
69     bic sp, sp, #7                      /* 8-byte alignment for ABI compliance */
70     mov r9, sp                          /* GD is above SP */
71     mov r0, #0
72  # endif
73  # ifdef CONFIG_SPL_BUILD
74     bl copy_bl2_to_sdram                /* copy bl2 to ddr2 */
75     ldr pc, =CONFIG_SYS_SDRAM_BASE      /* jump to ddr2, launch bl2 */
76  # else
77     bl board_init_f
78  # endif
```

第 64～72 行通过宏 CONFIG_SPL_BUILD 指定编译 U-Boot 时包含进去，而编译 SPL 代码时不会包含这部分。同理，第 73 行至第 78 行通过"# ifdef… # else… # endif"语句来选择编译的内容。

第 74 行是编译 SPL 时才会执行的代码，它的作用是调用 copy_bl2_to_sdram 函数 U-Boot 代码从片内 RAM 复制到片外的 DDR2 中。这个函数是用 C 语言编写，具体代码的原理这里不重复分析，有不清楚的地方可以参考第 10 章。第 75 行直接跳转到 DDR2 中去执行 U-Boot 代码，SPL 的执行到此也就结束了。

5．编译、烧写到目标

现在 U-Boot 基本框架部分算是配置完成了，理论上来说，编译后烧写到目标板上执行，应该可以看到 U-Boot 的启动信息。下面是在目标板上执行的启动信息：

```
U-Boot 2014.04 (Mar 05 2015 - 21:50:27) for TQ210
CPU：  S5PTQ210@1000MHz
Board：SMDKV210
DRAM: 1 GiB
WARNING: Caches not enabled
```

从启动信息中可以看到前面修改的内容，比如"CPU：S5PTQ210@1000MHz"，但 U-Boot 执行到"WARNING：Caches not enabled"就停止了，这还算比较幸运，至少看到 U-Boot 已经执行起来了。下面就根据警告信息到代码中进行分析。

通过警告信息可以发现，当代码执行到 board_init_r 函数时，在调用 onenand_init 初始化函数时失败了，这个函数的执行由宏 CONFIG_CMD_ONENAND 来决定，由于我们不是通过 onenand 方式启动，所以这里直接将此函数屏蔽掉。

```
588  # if defined(CONFIG_CMD_ONENAND)
589     //onenand_init();
590  # endif
```

再次执行 make all 命令,编译成功后,将 u-boot-spl. bin 烧写到 SD 卡的扇区 1,将 u-boot. bin 烧写到 SD 卡的扇区 32,烧写成功后插卡启动,启动信息如下:

```
U-Boot 2014.04 (Mar 05 2015 - 22:28:47) for TQ210
CPU:   S5PTQ210@1000MHz
Board: TQ210
DRAM: 1 GiB
WARNING: Caches not enabled
*** Warning - bad CRC, using default environment
In:     serial
Out:    serial
Err:    serial
Net:    smc911x: Invalid chip endian 0x07070707
No ethernet found.
Hit any key to stop autoboot: 0
TQ210 #
```

启动后按键盘空格键顺利进入 U-Boot 的命令行提示符下,可以输入 bdinfo(或 bd)命令查看系统信息。如果看得到,说明 U-Boot 工作正常。下面是查看到的系统信息:

```
TQ210 # bd
arch_number = 0x00000722
boot_params = 0x20000100
DRAM bank = 0x00000000
-> start     = 0x20000000
-> size      = 0x40000000
current eth  = unknown
ip_addr      = <NULL>
baudrate     = 115200 bps
TLB addr     = 0x5FFF0000
relocaddr    = 0x5FF95000
reloc off    = 0x3FF95000
irq_sp       = 0x5FE54F40
sp start     = 0x5FE54F30
TQ210 #
```

从上面的系统信息可知,U-Boot 启动地址是 0x20000000,这就说明前面配置的 U-Boot 可以工作了。在下一节中,主要任务就是完善 U-Boot,使其功能更强大。

在下一章移植内核时,会用到这里的 arch_number,即机器的 ID 信息,通常从 U-Boot 跳转到 kernel 中执行,会传入这个机器 ID 作为参数,然后 kernel 执行时首先会用自身配置的机器 ID 与 U-Boot 传进来的进行比较,如果不一致,kernel 就不会被运行。所以为了前后一致,将这里的机器 ID 改成与 S5PV210 平台相关的,代码修改如下:

```
60 int board_init(void)
61 {
62    /* masked by gary 1 */
63    //smc9115_pre_init();
64    dm9000_pre_init();
65
66    gd->bd->bi_arch_number = MACH_TYPE_SMDKV210;
67    gd->bd->bi_boot_params = PHYS_SDRAM_1 + 0x100;
68
```

```
69      return 0;
70 }
```

第 66 行用来设置环境变量 arch_number 等于 MACH_TYPE_SMDKV210(0x998)，这样就会与后面内核中的机器 ID 相匹配。

13.2.5　U-Boot 下的驱动移植

为了后面烧写内核时可以使用网络远程烧写，需要在 U-Boot 下实现网卡的功能，同时还要支持 Nand Flash 的操作以及使 LCD 可以正常显示，所以下面分别对三个模块的移植一一介绍。

1. 网卡移植

用网络传输文件速度比串口快很多，目标板支持的网卡芯片是 DM9000A，u-boot-2014.04 已经自带了 DM9000 网卡的驱动，只需要稍作修改即可。

本书所使用的目标开发板是 TQ210，其 DM9000A 网卡芯片与 S5PV210 的 SROM 控制器 Bank1 相接，S5PV210 的 SROM 控制器支持 8/16 位的 Nor Flash、EEPROM 和 SRAM 内存，支持 6 个 Bank，每个 Bank 寻址空间最大 128MB，并且都有一个唯一的片选信号 nGCSx，此片选信号用来选通外接的内存芯片。对于 DM9000A 网卡所接的 SROM，当发的地址在 Bank1 的寻址范围为 0x8800_0000～0x8FFF_FFFF 时，表示访问的是 Bank1，此时 nGCS1 信号被拉低，这样就选中了接在 Bank1 上的 DM9000A 网卡芯片。TQ210 的网卡芯片线路图如图 13-5 所示。

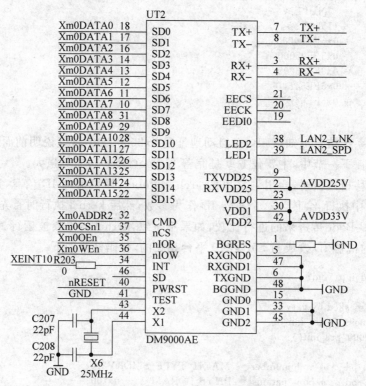

图 13-5　DM9000A 接线示例图

从图 13-5 可以确定以下几点：

（1）地址线和数据线是共用的，为 Xm0DATA0-15，它们由 Xm0ADDR2 来选择，当 Xm0ADDR2 为高电平时用作数据线，为低电平时作为地址线用。Xm0OEn 为读使能引脚，当被拉低时可以从 DM9000A 读数据；同样要对某个地址进行写操作时，需要拉低 Xm0WEn 信号，Xm0WEn 即为写使能引脚。

（2）DM9000A 的确是接在 Bank1 上，并且总线宽度是 16 位。

（3）中断引脚是 XEINT10。

DM9000A 网卡芯片是一款高度集成的、低成本的单片快速以太网 MAC 控制器，含有带有通用处理器接口、10Mbps/100Mbps 物理层和 16KB 的 SRAM。它包含一系列可被访问的控制状态寄存器，这些寄存器是字节对齐的，它们在硬件或软件复位时被设置成初始值。另外 DM9000A 有 2 个端口：DATA 和 INDEX（即地址）。DM9000A 的地址线和数据线复用，当 CMD 引脚为低电平时，操作的是 INDEX 端口；当 CMD 引脚为高电平时操作的是 DATA 端口。

对 S5PV210 的 SROM 操作主要涉及两类寄存器：SROM_BW 和 SROM_BC，而用的是 BANK1，所以只需要配置 SROM_BW 和 SROM_BC1 寄存器。下面我们先简单介绍一下这两个寄存器（只介绍 Bank1 相关，其他 Bank 的配置可以参考 S5PV210 芯片手册），SROM_BW 寄存器如表 13-3 所示。

表 13-3　SROM_BW 寄存器配置

SROM_BW	位	描　述	初始状态
ByteEnable1	[7]	Bank1 的 nWBE/nBE(for UB/LB)控制。0＝不使用；1＝使用	0
WaitEnable1	[6]	Bank1 的 wait 使能控制。0＝禁止；1＝允许	0
AddrMode1	[5]	Bank1 基地址选择。0＝Half-word 基地址；1＝Byte 基地址	0
DataWidth1	[4]	Bank1 的数据总线宽度。0＝8 位；1＝16 位	0

对于 TQ210 开发板的 DM9000A 的地址是按字节对齐存取的，AddrMode1 设置为 1，DataWidth1 设置为 1，目标板上没有使用 Xm0WAITn 和 Xm0BEn，所以 DM9000A 设置如下：

SROM_BW[7:4]＝0x3;

对于 SROM_BC 寄存器主要配置与一些时序相关，这个需要结合 DM9000A 的芯片手册来设置相应的时序，如表 13-4 所示。

表 13-4　SROM_BC 寄存器配置

SROM_BC	位	描　述	初始状态
Tacs	[31：28]	地址配置，在片选信号 nGCS 前经过的时钟周期。0000＝0clock；0001＝1clock；0010＝2clock；0011＝3clock；…；1110＝14clock；1111＝15clock	0
Tcos	[27:24]	读使能信号前，芯片选择需要的时钟。0000＝0clock；0001＝1clock；0010＝2clock；0011＝3clock；…；1110＝14clock；1111＝15clock	0

续表

SROM_BC	位	描　　述	初始状态
Reserved	[23:21]	Reserved	0
Tacc	[20:16]	访问周期。00000＝1clock；00001＝2clock；00001＝3clock；00010＝4clock；…；11101＝30clock；11110＝31clock；11111＝32clock	0
Tcoh	[15:12]	在读使能 nOE，芯片选择保持时钟。0000＝0clock；0001＝1clock；0010＝2clock；0011＝3clock；…；1110＝14clock；1111＝15clock	0
Tcah	[11:8]	在片选后地址保持时钟周期。0000＝0clock；0001＝1clock；0010＝2clock；0011＝3clock；…；1110＝14clock；1111＝15clock	0
Tacp	[7:4]	页模式访问周期。0000＝0clock；0001＝1clock；0010＝2clock；0011＝3clock；…；1110＝14clock；1111＝15clock	0
Reserved	[3:2]	保留	0
PMC	[1:0]	页模式配置。00＝Normal(1 data)；01＝4 data；10＝11＝保留	0

在配置这个寄存器前先来看下 S5PV210 的时序情况，下面以读时序为例，如图 13-6 所示。

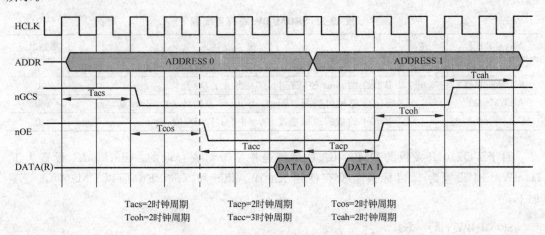

图 13-6　SROM 控制器读时序框图

有了上面关于 SROM 的时序，再结合 DM9000A 的时序，就可以确定 SROM_BC 寄存器中的时钟周期应该怎么配置。关于 DM9000A 的时序，可以参考 DM9000A 的芯片手册，一般芯片厂家都给出各参数的最小值、最大值和推荐值，配置的参数只要在其指定的范围内即可。下面是 DM9000A 芯片手册上的时序图与参数值，如图 13-7 所示。

下面是本实验中设置的参数值。

Tacs：地址发出后等多长时间发片选信号，图 13-7 中 DM9000A 的 CS 和 CMD（地址）同时发出，所以 Tacs＝0ns。

Tcos：发出片选信号后等多长时间发出读使能信号（nOE、IOR），在 DM9000A 的时序图上对应为 T1，最小值为 0，我们取稍微大点的值，Tcos＝5ns。

Tacc：读使能信号持续时间，在 DM9000A 的时序图上对应为 T2，设置为 Tacc＝15ns。

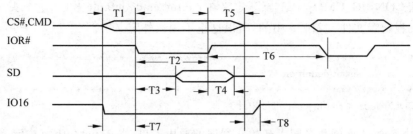

时间	描述	最小值	最大值	单位
T1	从CS#和CMD信号到IOR#信号有效的时间	0		ns
T2	IOR#信号宽度	10		ns
T3	系统数据(SD)延迟时间		3	ns
T4	IOR#到SD无效的时间		3	ns
T5	IOR#到CS#和CMD无效的时间	0		ns
T6	IOR#无效到下一个IOR#/IOW#有效的时间 (在读DM9000A寄存器时)	2		clk*
T6	IOR#无效到下一个IOR#/IOW#有效的时间 (在通过F0h寄存器读DM9000A寄存器时)	4		clk*
T2+T6	IOR#无效到下一个IOR#/IOW#有效的时间 (在通过F2h寄存器读DM9000A寄存器时)	1		clk*
T7	CS#和CMD有效到IO16有效的时间		3	ns
T8	CS#和CMD无效到IO16有效的时间		3	ns

注：clk*为默认时钟20ns。

图 13-7　DM9000A 时序及参数

Tcoh：读使能信号结束后，片选信号保持时间，在 DM9000A 的时序图中对应为 T5，所以可以设置 Tcoh＝5ns。

Tcah：片选结束后，地址保存时间，DM9000A 中片选和地址同时结束，所以 Tcah＝0。

Tacp 与页模式相关，这里不作要求，可以不用配置。

另外，S5PV210 的 SROM 控制器使用 MSYS 域提供 HCLK 时钟，为 200MHz，即一个时钟周期为 5ns。关于时钟配置可以参考第 9 章的时钟介绍。

下面总结 DM9000 网卡操作的步骤：

(1) 确认总线位宽，Bank 寻址空间。

(2) 确认网卡读/写时序信号。

(3) 了解网卡的读/写操作方法。比如 CMD 引脚用来选择 INDEX 和 DATA 等。

在 u-boot-2014.04 中已经支持 DM9000 网卡，所以接下来的移植比较简单。

从 board.c 中的 board_init_r 函数开始分析，前面已经知道此函数中对平台做了一些初始化，其中就有网卡初始化，具体如下所示：

```
661 # if defined(CONFIG_CMD_NET)
662     puts("Net:    ");
663     eth_initialize(gd->bd);
664 # if defined(CONFIG_RESET_PHY_R)
665     debug("Reset Ethernet PHY\n");
666     reset_phy();
667 # endif
```

从第 661 行知道，要使 U-Boot 支持网络功能，首先需要定义宏 CONFIG_CMD_NET，然后在第 663 行调用网卡初始化函数 eth_initialize(gd->bd)。

宏 CONFIG_CMD_NET 默认定义在 config_cmd_default.h 中,这个头文件默认是包含在目标板配置文件 tq210.h 中的,所以这里不用额外定义了。

```
64 /***********************************************************
65  * Command definition
66  ***********************************************************/
67 #include <config_cmd_default.h>
```

eth_initialize 函数是网卡初始化程序的通用入口,它在 net/eth.c 中定义如下:

```
275 int eth_initialize(bd_t * bis)
276 {
...
292     /*
293      * If board-specific initialization exists, call it.
294      * If not, call a CPU-specific one
295      */
296     if (board_eth_init != __def_eth_init) {
297         if (board_eth_init(bis) < 0)
298             printf("Board Net Initialization Failed\n");
299     } else if (cpu_eth_init != __def_eth_init) {
300         if (cpu_eth_init(bis) < 0)
301             printf("CPU Net Initialization Failed\n");
302     } else
303         printf("Net Initialization Skipped\n");
...
```

从第 292~295 行的注释可以知道,如果定义了目标板相关的初始化函数就调用它,否则调用 CPU 相关的初始化函数。继续看 __def_eth_init 函数,它也是在 net/eth.c 中定义的。

```
88 /*
89  * CPU and board-specific Ethernet initializations. Aliased function
90  * signals caller to move on
91  */
92 static int __def_eth_init(bd_t * bis)
93 {
94     return -1;
95 }
96 int cpu_eth_init(bd_t * bis) __attribute__((weak, alias("__def_eth_init")));
97 int board_eth_init(bd_t * bis) __attribute__((weak, alias("__def_eth_init")));
98
```

从第 92 行可以看到,__def_eth_init 函数并没有做什么事,而第 96、97 行用到了 gcc 编译器的弱符号和别名属性,所以如果没有定义 board_eth_init 函数,则 board_eth_init 就和 __def_eth_init 相同,这样调用 board_eth_init 就相当于调用 __def_eth_init。所以接下来必须要实现 board_eth_init 这个函数,而且这个函数名也是一个通用的入口函数,即无论是 DM9000A 网卡还是其他厂家的网卡,都会用到此入口函数。下面来看一下这个函数具体做了些什么。这个函数在 board/Samsung/tq210/tq210.c 中定义,可见这是与具体目标板相关的代码。

```
81 int board_eth_init(bd_t * bis)
82 {
83     int rc = 0;
84 #ifdef CONFIG_SMC911X
85     rc = smc911x_initialize(0, CONFIG_SMC911X_BASE);
86 #endif
87     return rc;
88 }
```

第 84～86 行通过一个宏来决定调用哪个网卡的初始化函数，很显然这里不是调用
DM9000A 的初始化函数，所以需要修改，修改方式在后面介绍。另外，在 tq210.c 中还有一
个函数 smc9115_pre_init，这个函数用来配置 SROM 控制器。接下来就来看 u-boot-2014.04 自
带的 DM9000A 网卡驱动。可以在 drivers/net/下找到一个 DM9000x.c 的文件，即
DM9000A 网卡的驱动，在这个文件中找到 dm9000 的初始化函数如下：

```
627 int dm9000_initialize(bd_t * bis)
628 {
629     struct eth_device * dev = &(dm9000_info.netdev);
630
631     /* Load MAC address from EEPROM */
632     dm9000_get_enetaddr(dev);
633
634     dev->init = dm9000_init;
635     dev->halt = dm9000_halt;
636     dev->send = dm9000_send;
637     dev->recv = dm9000_rx;
638     sprintf(dev->name, "dm9000");
639
640     eth_register(dev);
641
642     return 0;
643 }
```

这就是需要添加到 board_eth_init 函数中的初始化函数，并且它需要一个 bd_t * 类型
的参数，而 board_eth_init 传进来的参数正好就是此类型。第 632 行的函数用来获取网卡
MAC 地址，在 dm9000x.c 中定义如下：

```
559 static void dm9000_get_enetaddr(struct eth_device * dev)
560 {
561 #if !defined(CONFIG_DM9000_NO_SROM)
562     int i;
563     for (i = 0; i < 3; i++)
564         dm9000_read_srom_word(i, dev->enetaddr + (2 * i));
565 #endif
566 }
```

从第 561 行知道，由宏 CONFIG_DM9000_NO_SROM 决定 MAC 地址是否从网卡的
片内 EEPROM 加载 MAC 地址，使用的开发板 DM9000A 没有接 EEPROM，不能从

EEPROM 加载 MAC, 所以要在 tq210.h 中定义这个宏表示不从 EEPROM 加载 MAC 地址。顺便再看一下, 还有什么宏需要添加到目标板配置文件 tq210.h 中。在前面的跟踪分析中可知, U-Boot 默认不使用 DM9000 作为网卡, 所以要把 DM9000 驱动编译进 U-Boot.bin 中, 通常都是由宏来决定是否编译进镜像文件, 查看 drivers/net/Makefile 即可。

```
17 obj-$(CONFIG_DESIGNWARE_ETH) += designware.o
18 obj-$(CONFIG_DRIVER_DM9000) += dm9000x.o
19 obj-$(CONFIG_DNET) += dnet.o
```

由第 18 行可知, DM9000 驱动是由宏 CONFIG_DRIVER_DM9000 决定是否编译进镜像的, 所以还需要定义此宏。

如果对 DM9000 系列网卡驱动不熟悉, 通常都不知道需要事先定义下面这几个宏, 但在最终移植结束进行编译时, 都会编译不通过, 提示这几个宏没有定义。这里就先来定义, 免得编译时出错, 这几个宏在 drivers/net/dm9000x.c 中都可以找到。

- CONFIG_DM9000_BASE 为 DM9000 的基地址。
- DM9000_DATA 为 DM9000 的 DATA(数据)端口地址。
- DM9000_IO 为 DM9000 的 INDEX(地址)端口地址。

下面把上述需要定义的宏都定义到 tq210.h 配置文件中。

```
#ifdef CONFIG_CMD_NET
//add by gary l
#define CONFIG_ENV_SROM_BANK        1        /* Select SROM Bank-1 for Ethernet */
#define CONFIG_DRIVER_DM9000
#define CONFIG_DM9000_NO_SROM
#define CONFIG_DM9000_BASE          0x88000000
#define DM9000_IO                   (CONFIG_DM9000_BASE)
#define DM9000_DATA                 (CONFIG_DM9000_BASE + 0x4)
#endif /* CONFIG_CMD_NET */
```

宏 DM9000_DATA 为 DATA 端口的基地址, 即 0x8800_0000 + 0x4, 刚好将 Xm0ADDR2 地址引脚拉高, 即 DM9000A 芯片的 CMD 引脚被拉高。

下面就来修改 board_eth_init 函数。

```
93   int board_eth_init(bd_t * bis)
94   {
95        int rc = 0;
96   #ifdef CONFIG_SMC911X
97        rc = smc911x_initialize(0, CONFIG_SMC911X_BASE); //不会执行
98   /* add by gary l */
99   #elif defined(CONFIG_DRIVER_DM9000) //在 tq210.h 中有定义
100       rc = dm9000_initialize(bis);
101  #endif
102       return rc;
103  }
```

SROM 控制器相关的初始化定义如下:

```
48 static void dm9000_pre_init(void)
49 {
50     u32 smc_bw_conf, smc_bc_conf;
51         /* Ethernet needs bus width of 16 bits */
52     smc_bw_conf = SMC_DATA16_WIDTH(CONFIG_ENV_SROM_BANK) | SMC_BYTE_
ADDR_MO  DE(CONFIG_ENV_SROM_BANK);
53     smc_bc_conf = SMC_BC_TACS(0) | SMC_BC_TCOS(1) | SMC_BC_TACC(2)
54         | SMC_BC_TCOH(1) | SMC_BC_TAH(0)
55         | SMC_BC_TACP(0) | SMC_BC_PMC(0);
56     /* Select and configure the SROMC bank */
57     s5p_config_sromc(CONFIG_ENV_SROM_BANK, smc_bw_conf, smc_bc_conf);
58 }
```

关于 SROM 控制器的配置前面已经分析过,这里只是对寄存器 SROM_BW 和 SROM_BC 进行配置。

在 U-Boot 中添加网卡的主要目的是可以通过网络下载文件到目标板,比如可以通过网络烧写内核,或者加载远程的网络文件系统,所以下面还要实现 tftpboot 命令用于从服务器下载文件,另外要实现 ping 命令用于检查网络是否畅通。怎么添加这些命令呢? 可以查看 include/config_cmd_all.h 头文件,这里面定义了 U-Boot 支持的所有命令,我们发现 tftpboot 命令是由宏 CONFIG_CMD_NET 决定的,这个宏前面已经添加,而 ping 命令是由宏 CONFIG_CMD_PING 决定的,这个在目标板配置文件中还没有,需要定义。

现在再重新编译 U-Boot,即可在 U-Boot 下使用 ping 命令。在使用过程中,有时会遇到 ping 不通,或者说读取不到 DM9000A 的 ID,跟踪错误信息,所以需要在 dm9000_reset 函数中加一点延时,这样读取 DM9000A 的 ID 才会稳定。代码修改如下:

```
269     do {
270         DM9000_DBG("resetting the DM9000, 2nd reset\n");
271         udelay(25); /* Wait at least 20 us */
272     } while (DM9000_ior(DM9000_NCR) & 1);
273     /* add by gary l */
274     udelay(200);
275
```

到这里,整个 U-Boot 下的 DM9000A 网卡驱动就移植完成。在 U-Boot 下可以通过测试 ping 命令,以及通过 tftpboot 命令下载文件来测试网卡移植是否成功。在测试前需要配置下面几个环境变量,即用 set 命令设置。

- ipaddr:U-Boot 的 IP 地址;
- ethaddr:U-Boot 的 MAC 地址;
- serverip:U-Boot 通过 tftpboot 从服务器下载文件时,服务器对应的 IP 地址。

为了方便,还可以直接将上面这些环境变量在 U-Boot 中事先设置好,这样就不需要每次使用前都设置这些环境变量。方法很简单,只需要在目标板配置文件中添加如下几个宏即可。

```
# define CONFIG_DRIVER_DM9000
# define CONFIG_DM9000_NO_SROM
# define CONFIG_DM9000_BASE        0x88000000
```

```
# define DM9000_IO                (CONFIG_DM9000_BASE)
# define DM9000_DATA              (CONFIG_DM9000_BASE + 0x4)
# define CONFIG_CMD_PING
# define CONFIG_IPADDR             192.168.1.200
# define CONFIG_SERVERIP           192.168.1.101
# define CONFIG_ETHADDR            11:22:33:44:55:6A
# endif / * CONFIG_CMD_NET * /
```

宏 CONFIG_IPADDR、CONFIG_SERVERIP 和 CONFIG_ETHADDR 即为上面三个环境变量,定义了这三个宏后就无须每次设置环境变量。

移植后,在串口控制台上输入 ping 命令和 tftpboot 命令后的 debug 信息如下:

```
TQ210 # ping 192.168.1.101
dm9000 i/o: 0x88000000, id: 0x90000a46
DM9000: running in 16 bit mode
MAC: 11:22:33:44:55:66
WARNING: Bad MAC address (uninitialized EEPROM?)
operating at 100M full duplex mode
Using dm9000 device
host 192.168.1.1 is alive
TQ210 #
TQ210 # tftpboot 20000000 u-boot.bin
dm9000 i/o: 0x88000000, id: 0x90000a46
DM9000: running in 16 bit mode
MAC: 11:22:33:44:55:66
WARNING: Bad MAC address (uninitialized EEPROM?)
operating at 100M full duplex mode
Using dm9000 device
TFTP from server 192.168.1.101; our IP address is 192.168.1.200
Filename 'boot.bin'.
Load address: 0x20000000
Loading: *
TFTP error: 'File not found' (1)
Not retrying...
TQ210 # tftpboot 20000000 u-boot.bin
dm9000 i/o: 0x88000000, id: 0x90000a46
DM9000: running in 16 bit mode
MAC: 11:22:33:44:55:66
WARNING: Bad MAC address (uninitialized EEPROM?)
operating at 100M full duplex mode
Using dm9000 device
TFTP from server 192.168.1.101; our IP address is 192.168.1.200
Filename 'u-boot.bin'.
Load address: 0x20000000
Loading: ################
        246.1 KiB/s
done
Bytes transferred = 237220 (39ea4 hex)
```

TFTP 服务器端程序在 Windows 系统上运行如图 13-8 所示,默认会自动找到当前 PC 的 IP 地址,只需要将待烧写的镜像文件放到 TFTP 服务器程序所在目录(D:\jxex\books\

Tools\tftpboot\)下即可。在本书后面会经常用到 tftpboot 命令烧写镜像文件。

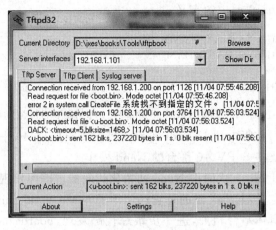

图 13-8 TFTP 服务器端程序

2. Nand Flash 移植

如何使 U-Boot 支持 Nand Flash,先看看 U-Boot 帮助文档。

```
90 Configuration Options:
91
92     CONFIG_CMD_NAND
93         Enables NAND support and commmands.
94
```

另外,在 board_init_r 函数中通过宏决定是否要初始化 Nand 设备。

```
583 #if defined(CONFIG_CMD_NAND)
584     puts("NAND: ");
585     nand_init();           /* go init the NAND */
586 #endif
587
588 #if defined(CONFIG_CMD_ONENAND)
589     //onenand_init();
590 #endif
```

所以要使 U-Boot 支持 Nand,需要配置 CONFIG_CMD_NAND。另外,目标板配置文件中默认定义了宏 CONFIG_CMD_ONENAND,由于没有使用到 ONENAND,需要屏蔽掉。添加了 CONFIG_CMD_NAND 后,若还无法编译成功,则需要定义一些宏来支持 Nand 相关的命令,比如 nand write 等。

下面根据编译时的错误提示定义需要的宏。首先指定 NAND 设备数量,由于开发板上只有一片 Nand,所以宏 CONFIG_SYS_MAX_NAND_DEVICE 定义为 1 即可。还要指定 Nand 的基址,对应的宏是 CONFIG_SYS_NAND_BASE,通过查找 S5PV210 手册可以知道 Nand 的基地址是 0xB0E0_0000。由于 U-Boot 默认操作的是 ONENAND,而且环境变量默认也是保存到 ONENAND,现在要将其指定保存到 NAND。根据编译错误提示信息,查看 common/Makefile 发现 ONENAND 是由宏 CONFIG_ENV_IS_IN_ONENAND 包含进 U-Boot 镜像的,而 Nand 需要另外一个宏才能包含进 U-Boot 镜像,所以需要先屏蔽宏

CONFIG_ENV_IS_IN_ONENAND,另外重定义宏 CONFIG_ENV_IS_IN_NAND。下面是 Nand 相关的宏在 tq210.h 中的定义：

```
88  # define CONFIG_SYS_MAX_NAND_DEVICE 1
89  # define CONFIG_SYS_NAND_BASE        0xB0E00000
...
210  # define CONFIG_ENV_IS_IN_NAND       1
```

可以想象一下，U-Boot 自带的 Nand 驱动是否可以用于 S5PV210 平台。通常都是不可用的，对于三星平台，目前版本的 U-Boot 还仅支持 S3C2410/2440 平台相关 Nand 的操作。所以接下来需要添加支持 S5PV210 平台的 Nand 操作。

下面通过对 board_init_r 代码中 Nand 初始化代码的跟踪可发现，nand_init 在 drivers/mtd/nand/nand.c 中定义，其中关键的是它还调用了 board_nand_init 函数。通过函数名可以想到此函数应该与具体平台相关，进一步跟踪代码发现，board_nand_init 函数也是在当前目录下的 s3c2410_nand.c 中定义，这是 U-Boot 提供的默认支持 S3C2410 平台的 Nand 设备。现在就以此为模板添加支持 S5PV210 平台的 Nand 设备。首先复制一份并改名为 s5pv210_nand.c，这是一个新代码文件，需要将其包含进 U-Boot 镜像。需要在 Makefile 中添加如下信息：

```
55 obj- $ (CONFIG_NAND_S3C2410) + = s3c2410_nand.o
56 #  add by gary l
57 obj- $ (CONFIG_NAND_S5PV210) + = s5pv210_nand.o
```

这里需要在配置文件中添加宏 CONFIG_NAND_S5PV210 作为开关，当定义了此宏就会将 s5pv210_nand.o 编译进 U-Boot 镜像。

```
90  # define CONFIG_NAND_S5PV210
```

接下来就是对 s5pv210_nand.c 的代码进行修改，首先把代码中的 s3c2410 全部替换为 s5pv210，接下来可以参考第 11 章相关内容来修改代码。

首先添加 S5PV210 NAND 相关的寄存器定义，所以在 arch/arm/include/asm/arch-s5pc1xx/cpu.h 中添加 Nand 基地址和中断相关的寄存器定义。

```
62  # define TQ210_VIC2_BASE 0xF2200000
63  # define TQ210_VIC3_BASE 0xF2300000
...
67  # define TQ210_NAND_BASE 0xB0E00000
...
117 SAMSUNG_BASE(dmc0, DMC0_BASE)
118 SAMSUNG_BASE(dmc1, DMC1_BASE)
119 SAMSUNG_BASE(nand, NAND_BASE)
...
```

接着定义一个 Nand 寄存器的结构体 arch/arm/include/asm/arch-s5pc1xx/nand_reg.h。

```
3  # ifndef __ASM_ARM_ARCH_NAND_REG_H_
4  # define __ASM_ARM_ARCH_NAND_REG_H_
```

```
 5
 6 #ifndef __ASSEMBLY__
 7
 8 struct tq210_nand {
 9     u32 nfconf;
10     u32 nfcont;
11     u32 nfcmmd;
12     u32 nfaddr;
13     u32 nfdata;
14     u32 nfmeccd0;
15     u32 nfmeccd1;
16     u32 nfseccd;
17     u32 nfsblk;
18     u32 nfeblk;
19     u32 nfstat;
20     u32 nfeccerr0;
21     u32 nfeccerr1;
22     u32 nfmecc0;
23     u32 nfmecc1;
24     u32 nfsecc;
25     u32 nfmlcbitpt;
26     u8 res0[0x1ffbc];
27     u32 nfeccconf;
28     u8 res1[0x1c];
29     u32 nfecccont;
30     u8 res2[0xc];
31     u32 nfeccstat;
32     u8 res3[0xc];
33     u32 nfeccsecstat;
34     u8 res4[0x4c];
35     u32 nfeccprgecc0;
36     u32 nfeccprgecc1;
37     u32 nfeccprgecc2;
38     u32 nfeccprgecc3;
39     u32 nfeccprgecc4;
40     u32 nfeccprgecc5;
41     u32 nfeccprgecc6;
42     u8 res5[0x14];
43     u32 nfeccerl0;
44     u32 nfeccerl1;
45     u32 nfeccerl2;
46     u32 nfeccerl3;
47     u32 nfeccerl4;
48     u32 nfeccerl5;
49     u32 nfeccerl6;
50     u32 nfeccerl7;
51     u8 res6[0x10];
52     u32 nfeccerp0;
53     u32 nfeccerp1;
54     u32 nfeccerp2;
55     u32 nfeccerp3;
```

```
56      u8 res7[0x10];
57      u32 nfeccconecc0;
58      u32 nfeccconecc1;
59      u32 nfeccconecc2;
60      u32 nfeccconecc3;
61      u32 nfeccconecc4;
62      u32 nfeccconecc5;
63      u32 nfeccconecc6;
64 };
65
66 #endif
67
68 #endif
```

再回到 board_nand_init 函数中,此函数主要进行 Nand 相关的初始化,添加函数 s5pv210_nand_select_chip,这个函数最终会调用 s5pv210_hwcontrol 函数,所以需要修改函数 s5pv210_hwcontrol,此函数主要做与硬件相关的操作,比如发 Nand 命令、发地址、片选等。具体代码如下(修改后的代码):

```
19 static void s5pv210_hwcontrol(struct mtd_info * mtd, int cmd, unsigned int ctrl)
20 {
21      struct nand_chip * chip = mtd->priv;
22      struct tq210_nand * nand = (struct tq210_nand * )samsung_get_base_nand();
23      debug("hwcontrol(): 0x%02x 0x%02x\n", cmd, ctrl);
24      ulong IO_ADDR_W = (ulong)nand;
25      if (ctrl & NAND_CTRL_CHANGE) {
26
27          if (ctrl & NAND_CLE)
28              IO_ADDR_W = IO_ADDR_W | 0x8;      /* 命令寄存器 */
29          else if (ctrl & NAND_ALE)
30              IO_ADDR_W = IO_ADDR_W | 0xC;      /* 地址寄存器 */
31
32          chip->IO_ADDR_W = (void * )IO_ADDR_W;
33
34          if (ctrl & NAND_NCE)                  /* 选中片选 */
35              writel(readl(&nand->nfcont) & ~(1 << 1), &nand->nfcont);
36          else                                  /* 取消片选 */
37              writel(readl(&nand->nfcont) | (1 << 1), &nand->nfcont);
38      }
39
40      if (cmd != NAND_CMD_NONE)
41          writeb(cmd, chip->IO_ADDR_W);
42      else
43          chip->IO_ADDR_W = &nand->nfdata;
44 }
```

现在重新编译 U-Boot,烧写到开发板后,可以使用 U-Boot 提供的 nand 操作命令,比如 nand write、nand erase、nand read 等。接下来需要添加 Nand 分区信息,为后续的移植内核做准备,另外也方便使用 U-Boot 下 nand 操作命令,比如在没有对 Nand 分区前,使用 Nand 的方式如下:

```
nand erase 10000 200000                              //擦除操作
nand write 20000000 10000 200000                     //写操作
nand read 20000000 10000 200000                      //读操作
```

如果给 Nand 分区后,上述读/写、擦除操作将变得简单,假设其中有个分区的地址区间为 0x10000～0x210000,这样上面的操作等价于:

```
nand erase.part kernel                               //擦除操作
nand write 20000000 kernel                           //写操作
nand read 20000000 kernel                            //读操作
```

首先,打开 tq210.h 配置文件,默认提供了一套分区配置信息,下面是稍作修改后的分区信息:

```
94
95 #define MTDIDS_DEFAULT      "nand0＝s5p-nand"
96 #define MTDPARTS_DEFAULT    "mtdparts＝s5p-nand:256k(bootloader)"\
97                  ",128k@0x40000(params)"\
98                  ",2m@0x60000(logo)"\
99                  ",3m@0x260000(kernel)"\
100                 ",-(rootfs)"
101
```

分配 256KB 给 U-Boot,128KB 给环境变量,3MB 给内核,2MB 给开机图片缓存区(后面移植 LCD 驱动时会用到),剩余的空间都用作根文件系统。

对于分配给环境变量的分区,还需要确认 tq210 配置文件中关于环境变量保存缓存地址、大小的定义是否与上面分区一致,否则,没法保存环境变量信息到 Nand 的指定分区。

```
210 #define CONFIG_ENV_IS_IN_NAND    1
211 #define CONFIG_ENV_SIZE          (128 << 10)  /* 128KiB, 0x20000 */
212 #define CONFIG_ENV_ADDR          (256 << 10)  /* 256KiB, 0x40000 */
213 #define CONFIG_ENV_OFFSET        (256 << 10)  /* 256KiB, 0x40000 */
```

重新编译 U-Boot,将其烧到开发板,执行 mtdparts 命令可以查看分区信息,如果配置正确,查看到的信息应该与上面分配的一致,下面是具体分区信息:

```
TQ210 # mtdparts default
TQ210 # mtdparts
device nand0 <s5p-nand>, # parts = 5
 #: name        size          offset         mask_flags
 0: bootloader  0x00040000    0x00000000     0
 1: params      0x00020000    0x00040000     0
 2: logo        0x00200000    0x00060000     0
 3: kernel      0x00300000    0x00260000     0
 4: rootfs      0x3faa0000    0x00560000     0
active partition: nand0,0 - (bootloader) 0x00040000 @ 0x00000000
defaults:
mtdids : nand0=s5p-nand
mtdparts: mtdparts＝s5p-nand:256k(bootloader),128k@0x40000(params),2m@0x60000(logo),3m@0x260000(kernel),-(rootfs)
TQ210 # saveenv
```

```
Saving Environment to NAND...
Erasing NAND...
Erasing at 0x40000 -- 100% complete.
Writing to NAND... OK
TQ210 #
```

注意：如果 mtdparts 命令执行失败，可以尝试先执行 mtdparts default 初始化分区信息，然后再执行 mtdparts 命令就可以正常查看分区信息，否则说明前面添加的分区不正确。另外，执行 mtdparts default 后，通常紧接着先执行 saveenv 命令将分区信息保存到环境变量分区缓存，这里即为 Nand 中的 param 分区，这样下次启动直接用 mtdparts 命令就可以查看分区信息。

最后，由于 Nand 的易失性，还需要为 Nand 添加 ECC 功能，这样 Nand 的功能才完整。下面主要实现 Nand 的 ECC 写操作，对于 ECC 读操作，可直接使用 S5PV210 片内 ROM 提供的用于读 Nand 的接口函数。另外，有关 ECC 相关的介绍以及操作，可以参考第 11 章，这里只是简单介绍 U-Boot 下的 Nand 操作移植。

首先，在 board_nand_init 函数中看到如下定义：

```
#ifdef CONFIG_S3C2410_NAND_HWECC
    nand->ecc.hwctl = s3c2410_nand_enable_hwecc;
    nand->ecc.calculate = s3c2410_nand_calculate_ecc;
    nand->ecc.correct = s3c2410_nand_correct_data;
    nand->ecc.mode = NAND_ECC_HW;
    nand->ecc.size = CONFIG_SYS_NAND_ECCSIZE;
    nand->ecc.bytes = CONFIG_SYS_NAND_ECCBYTES;
    nand->ecc.strength = 1;
#else
    nand->ecc.mode = NAND_ECC_SOFT;
#endif
```

所以需要实现上述函数以及相关宏的定义。首先在配置文件 tq210.h 中添加如下宏的定义：

```
97 #define CONFIG_S5PV210_NAND_HWECC
98 #define CONFIG_SYS_NAND_ECCSIZE     512
99 #define CONFIG_SYS_NAND_ECCBYTES     13
```

仿造 s3c2410 的定义，定义函数 s5pv210_nand_enable_hwecc、s5pv210_nand_calculate_ecc 和 s5pv210_nand_correct_data。有关这三个函数的实现可以参考本书的源代码，原理部分可以参考第 11 章，这里不再重复讲解。

另外，有一个特别的结构体需要注意，如下所示：

```
/*
 * ECC layout control structure. Exported to userspace for
 * diagnosis and to allow creation of raw images
 */
struct nand_ecclayout {
    uint32_t eccbytes;
    uint32_t eccpos[MTD_MAX_ECCPOS_ENTRIES_LARGE];
```

```
        uint32_t oobavail;
        struct nand_oobfree oobfree[MTD_MAX_OOBFREE_ENTRIES_LARGE];
};
```

这个结构体在 include/linux/mtd/mtd.h 中定义,它描述了如何存储 ECC 信息。在第 11 章实现了自己的 ECC 定义规则,下面需要把定义的规则告诉 U-Boot,所以需要定义如下的一个结构体:

```
176 static struct nand_ecclayout nand_oob_64 = {
177     .eccbytes = 52,   /* 2048 / 512 * 13 */
178     .eccpos = { 12, 13, 14, 15, 16, 17, 18, 19, 20, 21,
179                 22, 23, 24, 25, 26, 27, 28, 29, 30, 31,
180                 32, 33, 34, 35, 36, 37, 38, 39, 40, 41,
181                 42, 43, 44, 45, 46, 47, 48, 49, 50, 51,
182                 52, 53, 54, 55, 56, 57, 58, 59, 60, 61,
183                 62, 63},
184     /* 0 和 1 用于保存坏块标记,12~63 保存 ecc,剩余 2~11 为 free */
185     .oobfree = {
186                 {.offset = 2,
187                  .length = 10}
188         }
189 };
```

另外,还要实现一个 ECC 读函数 s5pv210_nand_read_page_hwecc。这个函数直接使用 S5PV210 所提供的内容,下面是稍作封装的函数。

```
129 #define NF8_ReadPage_Adv(a,b,c) (((int(*)(u32, u32, u8 *))(*((u32 *)0xD0037F
90)))(a,b,c))
130 static int s5pv210_nand_read_page_hwecc(struct mtd_info * mtd, struct nand_chip * chip,
131                 uint8_t * buf, int oob_required, int page)
132 {
133     /* TQ210 使用的 Nand Flash 一个块 64 页 */
134     return NF8_ReadPage_Adv(page / 64, page % 64, buf);
135 }
```

其中地址 0xD0037F90 就是 S5PV210 提供的函数接口地址。下面是 board_nand_init 函数中关于 ECC 部分修改后的代码。

```
235 #ifdef CONFIG_S5PV210_NAND_HWECC
236     nand->ecc.hwctl = s5pv210_nand_enable_hwecc;
237     nand->ecc.calculate = s5pv210_nand_calculate_ecc;
238     nand->ecc.correct = s5pv210_nand_correct_data;
239     nand->ecc.mode = NAND_ECC_HW;
240     nand->ecc.size = CONFIG_SYS_NAND_ECCSIZE;
241     nand->ecc.bytes = CONFIG_SYS_NAND_ECCBYTES;
242     nand->ecc.strength = 1;
243     /* add by gary l */
244     nand->ecc.layout = &nand_oob_64;
245     nand->ecc.read_page = s5pv210_nand_read_page_hwecc;
246 #else
247     nand->ecc.mode = NAND_ECC_SOFT;
```

```
248 #endif
249
250 #ifdef CONFIG_S3C2410_NAND_BBT
251     nand->bbt_options |= NAND_BBT_USE_FLASH;
252 #endif
```

在宿主机上重新编译 U-Boot,直接输入 make all 命令编译,将编译后的 tq210-spl.bin 和 u-boot.bin 分别烧写到 SD 卡的扇区 1 和扇区 32,将烧写好的 SD 卡插入开发板,上电从 SD 卡启动。

接下来,先通过 SD 卡启动开发板,然后在 U-Boot 的 menu 菜单下使用 nand 操作命令将 U-Boot 镜像烧写到 Nand 的 Bootloader 分区,然后将开发板的拨码开关设置为 Nand 方式启动。在烧写前,先要考虑镜像加载的顺序,其实加载方式与从 SD 卡启动加载顺序是类似的,都是先将前 16KB 的内容复制到片内 RAM 中先执行,然后将真正的 U-Boot 加载到 DDR2 内存中,最终跳转到内存中执行。所以这里需要注意,在从 Nand 加载前,先要对 Nand Flash 进行初始化,另外在 SPL 阶段如何将 u-boot.bin 镜像复制到内存,怎么区分是从 SD 卡启动还是从 Nand 启动,这里可以通过读取 OMR 寄存器来判断 S5PV210 当前是从哪个设备启动的。关于 OMR 寄存器可以参考 S5PV210 芯片手册,在 S5PV210 启动序列那一章节有相应介绍。另外从 Nand 加载 U-Boot 镜像到内存,直接调用 S5PV210 提供的 Nand 读操作接口函数,这些在前面都有介绍,所以代码相关的介绍,这里不再重复,具体的代码可以参考 u-boot-2014.04/board/Samsung/tq210/tq210.c 下的 copy_bl2_to_sdram 函数。下面举例说明怎么使用 U-Boot 下的 Nand 操作命令对 Nand Flash 进行烧写。

(1) 擦除 Bootloader 分区。

```
TQ210 # nand erase.part bootloader
```

(2) 加载 tq210-spl.bin 镜像到内存。

```
TQ210 # tftpboot 20000000 tq210-spl.bin
```

(3) 烧写 tq210-spl.bin 到 NAND 的 0 地址,即第 0 块第 0 页。

```
TQ210 # nand write 20000000 0 $filesize
```

这里的 $filesize 为一个临时变量,它的值为待烧写文件的大小。

(4) 重复(2)(3)的动作,将 u-boot.bin 烧写到 Nand 的 0x4000 地址。

```
TQ210 # tftpboot 20000000 u-boot.bin
TQ210 # nand write 20000000 4000 $filesize
```

都烧写好后,可以将开发板的拨码开关设置为 Nand 启动方式,然后重新上电启动,在串口终端按键盘空格键,如果可以正常进入 U-Boot 的菜单目录,说明 Nand 烧写以及 Nand 启动都没有问题。

最后,在对 Nand 烧写 U-Boot 时,先烧写了 spl 的镜像,然后再烧写 u-boot.bin 镜像,也就是说需要分两步才可以烧写完成。这样有点麻烦,下面使用 Linux 下的文件合并命令,将这两个镜像文件合成一个文件,这样每次烧写 Bootloader 时,只需要烧写一个镜像文件就可以。

```
qinfen@JXES:/opt/bootloader/u-boot-2014.04 $  cp spl/tq210-spl.bin tmp.bin
qinfen@JXES:/opt/bootloader/u-boot-2014.04 $  truncate tmp.bin -c -s 16K
qinfen@JXES:/opt/bootloader/u-boot-2014.04 $  cat u-boot.bin >> tmp.bin
qinfen@JXES:/opt/bootloader/u-boot-2014.04 $  mv tmp.bin u-boot-combine.bin
```

truncate 命令"-s"操作选项将 tmp.bin 文件扩展为 16KB，"-c"表示不创建文件，然后使用 cat 命令将 u-boot.bin 追加到 tmp.bin 后面，最后重命名为 u-boot-combine.bin。为了方便，可以把上面的这些命令添加到 U-Boot 的 Makefile 文件中，这样每次编译后，自动将这两个镜像合并。U-Boot 根目录下的 Makefile 修改如下：

```
700 ALL-y += u-boot.srec u-boot.bin System.map combine
701
  ⋮
748 #added by gary l,qinfengwang.com
749 combine: u-boot.bin spl/u-boot-spl.bin FORCE
750     cp $(objtree)/spl/tq210-spl.bin $(objtree)/tmp.bin
751     truncate $(objtree)/tmp.bin -c -s 16K
752     cat $(objtree)/u-boot.bin >> $(objtree)/tmp.bin
753     mv $(objtree)/tmp.bin $(objtree)/u-boot-combine.bin
```

输入 make all 命令编译，编译成功后，从编译 log 信息可以看到，编译器自动将 spl 和 u-boot.bin 合并成 u-boot-combine.bin。

```
  OBJCOPY spl/u-boot-spl.bin
/opt/bootloader/u-boot-2014.04/tools/AddheaderToBL1 spl/u-boot-spl.bin spl/tq210-spl.bin
cp /opt/bootloader/u-boot-2014.04/spl/tq210-spl.bin /opt/bootloader/u-boot-2014.04/tmp.bin
truncate /opt/bootloader/u-boot-2014.04/tmp.bin -c -s 16K
cat /opt/bootloader/u-boot-2014.04/u-boot.bin >> /opt/bootloader/u-boot-2014.04/tmp.bin
mv /opt/bootloader/u-boot-2014.04/tmp.bin /opt/bootloader/u-boot-2014.04/u-boot-combine.bin
qinfen@JXES:/opt/bootloader/u-boot-2014.04 $
```

将合并后的镜像烧写到 Nand 的 0 地址测试，如果正常启动说明文件合并没有问题。烧写命令如下：

```
TQ210 # nand erase.part bootloader          //先擦除 Bootloader 分区
TQ210 # tftpboot 20000000 u-boot-combine.bin //加载到内存 20000000 地址
TQ210 # nand write 20000000 0 $filesize     //用 write 操作烧写到 Nand 的 0 地址
```

3. LCD 驱动移植

在 board_init_f 函数中有如下代码用来初始化 LCD：

```
358 #ifdef CONFIG_LCD
359 #ifdef CONFIG_FB_ADDR
360     gd->fb_base = CONFIG_FB_ADDR;
361 #else
362     /* reserve memory for LCD display (always full pages) */
363     addr = lcd_setmem(addr);
364     gd->fb_base = addr;
365 #endif /* CONFIG_FB_ADDR */
366 #endif /* CONFIG_LCD */
```

从代码可以知道，只要定义第 358 行的宏 CONFIG_LCD，就会分配一个帧缓存地址，具体怎么分配通过调用 lcd_setmem 函数来确定。lcd_setmem 函数在 common/lcd.c 中定义。

```
542 ulong lcd_setmem(ulong addr)
543 {
544     ulong size;
545     int line_length;
546
547     debug("LCD panel info: %d x %d, %d bit/pix\n", panel_info.vl_col,
548         panel_info.vl_row, NBITS(panel_info.vl_bpix));
549
550     size = lcd_get_size(&line_length);
551
552     /* Round up to nearest full page, or MMU section if defined */
553     size = ALIGN(size, CONFIG_LCD_ALIGNMENT);
554     addr=ALIGN(addr-CONFIG_LCD_ALIGNMENT+1,
CONFIG_LCD_ALIGNMENT);
555
556     /* Allocate pages for the frame buffer. */
557     addr -= size;
558
559     debug("Reserving %ldk for LCD Framebuffer at: %08lx\n",
560         size >> 10, addr);
561
562     return addr;
563 }
```

第 547 行打印结构体变量 panel_info 的成员 vl_col（列）、vl_row（行）和 vl_bpix（BPP），这个变量由具体的 LCD 驱动定义，所以后面要为这些变量赋值。

第 550 行调用 lcd_get_size 函数获得帧缓存的大小，跟踪代码可以发现，此函数也在 lcd.c 中定义，并且定义为一个弱符号，所以可以在具体的 LCD 驱动里重新定义这个函数，当然也可以使用默认值。

```
399 /******************************************************/
400 /*  ** GENERIC Initialization Routines              */
401 /******************************************************/
402 /*
403  * With most lcd drivers the line length is set up
404  * by calculating it from panel_info parameters. Some
405  * drivers need to calculate the line length differently,
406  * so make the function weak to allow overriding it.
407  */
408 __weak int lcd_get_size(int *line_length)
409 {
410     *line_length = (panel_info.vl_col * NBITS(panel_info.vl_bpix)) / 8;
411     return *line_length * panel_info.vl_row;
412 }
```

第 408 行，__weak 声明此函数为一个弱函数。所谓弱函数就是如果重定义此函数，当调用此函数时，实际调用的就是重定义的那个函数，否则默认就使用此弱函数，这是编译器中的一个技巧。

第 410、411 行也是根据 panel_info 变量来计算帧缓存大小的。

以上只是指定了帧缓存相关的信息，下面接着跟踪代码。在 board_init_r 初始化函数中还调用了 stdio_init 函数，这个函数用来初始化标准输入、标准输出和标准错误输出等 I/O。前面通过串口输出的 debug 信息都是在这里指定的，除串口、LCD 外，在此函数中可以看到其他一些设备也可以作为输入、输出 I/O，比如 JTAG、键盘等，该函数在 common/stdio.c 中定义，这里只关心 LCD 相关的定义，具体如下：

```
206  # ifdef CONFIG_LCD
207      drv_lcd_init();
208  # endif
```

从第 206 行同样可以知道，只要定义了宏 CONFIG_LCD，就可调用 LCD 的初始化函数 drv_lcd_init，这个函数在 common/lcd.c 中定义如下：

```
414  int drv_lcd_init(void)
415  {
416      struct stdio_dev lcddev;
417      int rc;
418
419      lcd_base = map_sysmem(gd->fb_base, 0);
420
421      lcd_init(lcd_base);                      /* LCD initialization */
422
423      /* Device initialization */
424      memset(&lcddev, 0, sizeof(lcddev));
425
426      strcpy(lcddev.name, "lcd");
427      lcddev.ext = 0;                          /* No extensions */
428      lcddev.flags = DEV_FLAGS_OUTPUT;         /* Output only */
429      lcddev.putc = lcd_putc;                  /* 'putc' function */
430      lcddev.puts = lcd_puts;                  /* 'puts' function */
431
432      rc = stdio_register(&lcddev);
433
434      return (rc == 0) ? 1 : rc;
435  }
```

第 419 行将帧缓存的地址赋给一个指针变量 lcd_base，接着在第 421 行调用 lcd_init 函数初始化 LCD，而此函数也在当前文件中定义。第 426～433 行为结构体变量 stdio_dev 赋值，其中第 429、430 行将输出函数赋给这个结构体，后面标准输出都是通过这些函数输出的。下面再看看 lcd_init 函数具体做了什么事情。

```
497  static int lcd_init(void * lcdbase)
498  {
499      /* Initialize the lcd controller */
500      debug("[LCD] Initializing LCD frambuffer at %p\n", lcdbase);
501
502      lcd_ctrl_init(lcdbase);
```

```
503
504    /*
505     * lcd_ctrl_init() of some drivers (i.e. bcm2835 on rpi_b) ignores
506     * the 'lcdbase' argument and uses custom lcd base address
507     * by setting up gd->fb_base. Check for this condition and fixup
508     * 'lcd_base' address.
509     */
510    if (map_to_sysmem(lcdbase) != gd->fb_base)
511        lcd_base = map_sysmem(gd->fb_base, 0);
512
513    debug("[LCD] Using LCD frambuffer at %p\n", lcd_base);
514
515    lcd_get_size(&lcd_line_length);
516    lcd_is_enabled = 1;
517    lcd_clear();
518    lcd_enable();
519
520    /* Initialize the console */
521    console_col = 0;
522 #ifdef CONFIG_LCD_INFO_BELOW_LOGO
523    console_row = 7 + BMP_LOGO_HEIGHT / VIDEO_FONT_HEIGHT;
524 #else
525    console_row = 1;                              /* leave 1 blank line below logo */
526 #endif
527
528    return 0;
529 }
```

第 502 行，lcd_ctrl_init 函数是在 LCD 的驱动中实现的，由此可以知道，U-Boot 中真正调用具体 LCD 驱动的入口是从这个函数开始的，而这个函数主要是对 LCD 控制器相关的硬件初始化。

第 514~519 行分别调用 lcd_clear 函数来清屏，调用 lcd_enable 函数使能 LCD 控制器，这些函数都需要在具体的 LCD 驱动里面实现。代码跟踪分析到这里，就可以添加与我们开发板相关的 LCD 驱动了。

LCD 相关驱动通常在 drivers/video 目录下，所以在此目录下创建文件 tq210_fb.c，同时修改 drivers/video/Makefile，把添加的这个文件编译进 U-Boot 镜像中。

```
42 obj-$(CONFIG_FORMIKE) += formike.o
43 #added by gary l
44 obj-$(CONFIG_TQ210_LCD) += tq210_fb.o
```

接下来就来实现 LCD 驱动里需要调用的函数。首先定义 S5PV210 的 LCD 控制器的寄存器结构体，在 arch/arm/include/asm/arch-s5pc1xx 下创建一个头文件 lcd_reg.h，具体内容请参考本书源码。

```
    ...
 8 struct tq210_lcd {
 9    unsigned int    vidcon0;
10    unsigned int    vidcon1;
```

```
11    unsigned int    vidcon2;
12    unsigned int    vidcon3;
13    unsigned int    vidtcon0;
14    unsigned int    vidtcon1;
15    unsigned int    vidtcon2;
⋮
54    unsigned char   res4[0x8];
55    unsigned int    vidw00add1b0;
56    unsigned int    vidw00add1b1;
57    unsigned int    vidw01add1b0;
58    unsigned int    vidw01add1b1;
59    unsigned int    vidw02add1b0;
60    unsigned int    vidw02add1b1;
61    unsigned int    vidw03add1b0;
62    unsigned int    vidw03add1b1;
63    unsigned int    vidw04add1b0;
64    unsigned int    vidw04add1b1;
65 };
...
```

同时需要在 arch/arm/include/asm/arch-s5pc1xx/cpu.h 中定义 LCD 控制器的基地址,如下所示:

```
68 #define TQ210_LCD_BASE 0xF8000000
⋮
120 SAMSUNG_BASE(lcd, LCD_BASE)
121 #endif
```

最后在目标板配置文件 tq210.h 中定义需要的宏如下:

```
256 /* added by gary l */
257 #define CONFIG_LCD
258 #define CONFIG_TQ210_LCD
```

接下来就可以在新创建的 tq210_fb.c 中实现 lcd_ctrl_init 函数和 lcd_enable 函数,以及定义 panel_info 结构体。LCD 控制器相关硬件初始化的内容可以参考第 12 章,这里不重复介绍。panel_info 结构体定义如下:

```
27 vidinfo_t panel_info = {
28    .vl_col = 800,                    //开发板的显示屏是 800×480
29    .vl_row = 480,
30    .vl_bpix = LCD_COLOR24,
31 };
```

第 30 行的宏 LCD_COLOR24 表示使用 24BPP,在 include/lcd.h 中并没有这样的颜色宏定义,所以需要添加支持 24BPP 的宏定义如下:

```
335 #define LCD_MONOCHROME 0
336 #define LCD_COLOR2 1
337 #define LCD_COLOR4 2
338 #define LCD_COLOR8 3
```

```
339 # define LCD_COLOR16 4
340 # define LCD_COLOR24 5                              //24BPP
```

第 340 行是新添加的颜色宏，在后面的代码中会用到。

在此头文件中还有如下定义，指定了默认的 LCD_BPP 为 LCD_COLOR8。

```
354 /* Default to 8bpp if bit depth not specified */
355 # ifndef LCD_BPP
356 #  define LCD_BPP                    LCD_COLOR8
357 # endif
```

第 356 行指定默认 LCD_BPP，而在第 355 行由宏 LCD_BPP 决定是否指定默认为 8BPP，所以在配置文件中定义 LCD_BPP 为 LCD_COLOR24 即可，这样就不会使用这里的定义。

下面输入 make all 命令编译 U-Boot，编译失败，错误信息如下：

```
common/lcd.c:106:3: error: # error Unsupported LCD BPP.
common/lcd.c: In function 'console_scrollup':
common/lcd.c:181: warning: implicit declaration of function 'COLOR_MASK'
common/lcd.c: In function 'lcd_drawchars':
common/lcd.c:309: warning: unused variable 'd'
make[1]: *** [common/lcd.o] 错误 1
make: *** [common] 错误 2
```

直接修改 common/lcd.c 的代码如下：

```
103 /* modified by gary l */
104 # elif (LCD_BPP == LCD_COLOR8) || (LCD_BPP == LCD_COLOR16) || (LCD_BPP ==
LCD_COLOR24)
105 #  define COLOR_MASK(c)        (c)
```

在第 104 行添加宏 LCD_COLOR24，同时还需要在 lcd.c 的 lcd_drawchars 函数下添加 LCD_COLOR24 分支如下：

```
309         /* added by gary l */
310 # elif LCD_BPP == LCD_COLOR24
311         uint * d = (uint *)dest;
...
344 /* added by gary l */
345 # elif    LCD_BPP == LCD_COLOR24
346             for (c = 0; c < 8; ++c) {
347                 *d++ = (bits & 0x80) ?
348                         lcd_color_fg : lcd_color_bg;
349                 bits <<= 1;
350             }
351 # endif
352         }
353 # if LCD_BPP == LCD_MONOCHROME
354         *d = rest | (*d & ((1 << (8 - off)) - 1));
355 # endif
356     }
357 }
```

第 345~350 行指定一个像素在内存中占 32 位,即 4 个字节,但这里使用 24BPP,即 3 个字节表示一个像素,所以有一个字节被浪费掉。

重新编译 U-Boot,然后将新的 U-Boot 烧写到开发板,这时可以看到串口调试信息不再显示在控制台上,而是显示在 LCD 显示屏上,这是因为 stdout 和 stderr 已经定向到 LCD 了,但 stdio 还是为串口,所以在串口终端输入的信息都只能在 LCD 上显示。

接下来做一些修改,让标准输入和输出都还是从串口终端输入和输出,而让 LCD 显示开机画面,这样才符合日常使用习惯,以避免后续从 U-Boot 启动到内核加载期间屏幕一直是黑屏。在前面分析 lcd_init 函数时,此函数中调用了一个函数 lcd_clear,该函数的作用是清屏,其实是让屏幕显示为全黑色,但在 lcd_clear 函数的最后有如下一些代码用来调用 LOGO 显示,当然前提是定义这个调用函数 lcd_logo。它在 common/lcd.c 中定义如下:

```
1087 static void * lcd_logo(void)
1088 {
1089 #ifdef CONFIG_SPLASH_SCREEN
1090     char * s;
1091     ulong addr;
1092     static int do_splash = 1;
1093
1094     if (do_splash && (s = getenv("splashimage")) != NULL) {
1095         int x = 0, y = 0;
1096         do_splash = 0;
1097
1098         if (splash_screen_prepare())
1099             return (void * )lcd_base;
1100
1101         addr = simple_strtoul (s, NULL, 16);
1102
1103         splash_get_pos(&x, &y);
1104
1105         if (bmp_display(addr, x, y) == 0)
1106             return (void * )lcd_base;
1107     }
1108 #endif / * CONFIG_SPLASH_SCREEN * /
1109
1110     bitmap_plot(0, 0);
1111
1112 #ifdef CONFIG_LCD_INFO
1113     console_col = LCD_INFO_X / VIDEO_FONT_WIDTH;
1114     console_row = LCD_INFO_Y / VIDEO_FONT_HEIGHT;
1115     lcd_show_board_info();
1116 #endif / * CONFIG_LCD_INFO * /
1117
1118 #if defined(CONFIG_LCD_LOGO) && !defined(CONFIG_LCD_INFO_BELOW_LOGO)
1119     return (void * )((ulong)lcd_base + BMP_LOGO_HEIGHT * lcd_line_length);
1120 #else
1121     return (void * )lcd_base;
1122 #endif / * CONFIG_LCD_LOGO && !defined(CONFIG_LCD_INFO_BELOW_LOGO) * /
1123 }
```

此函数执行的默认执行结果是返回帧缓存地址 lcd_base,如果需要显示其他信息,比如 splashsceen 等,则需要开启相应的宏。下面主要分析开机启动画面(splash screen)如何实现。

首先在配置文件中添加宏 CONFIG_SPLASH_SCREEN,上述第 1094 行获取环境变量 splashimage 的值保存到变量 s 中,然后调用 simple_strtoul 将它转换为十六进制的整数保存到变量 addr 中。这里的环境变量 splashimage 中保存的是显示图片的地址,所以第 1098 行的 splash_screen_prepare 函数就是用来将 Flash 或 SD 卡中的图片信息读取保存到 splashimage 指定的地址中,接下来第 1105 行 bmp_display 用于显示图片。这里有如下几个地方需要特别注意。

(1) 第 1098 行的 splash_screen_prepare 函数是一个弱函数,如下所示:

```
31 int splash_screen_prepare(void)
32     __attribute__ ((weak, alias("__splash_screen_prepare")));
```

所以 splash_screen_prepare 函数需要在 LCD 驱动里实现,其实现方法比较简单,主要用途就是负责把图片从外部存储介质加载到内存空间指定的位置。这里使用 U-Boot 下的 nand read 命令直接将图片读到内存指定地址空间。

```
120 /*
121  ** 将 Nand Flash 的 logo 分区的数据读取到环境变量
122  ** splashimage 指定的内存地址
123  */
124 int splash_screen_prepare(void)
125 {
126     char * s = NULL;
127     char cmd[100];
128
129     if ((s = getenv("splashimage")) == NULL)
130     {
131         printf("Not set environable: splashimage\n");
132         return 1;
133     }
134
135     sprintf(cmd, "nand read %s logo", s);
136     return run_command_list(cmd, -1, 0);
137 }
```

(2) 需要准备一张 800×480 的 BMP 格式的图片。

(3) 如果从 Nand 启动,需要在 Nand 分区时预留一块分区用于存放图片资源,这部分在前面讲解 Nand 驱动移植时已经介绍。

(4) 添加 splashimage 环境变量,在 U-Boot 中有一个宏专门用来指定额外环境变量,所以只需要在宏 CONFIG_EXTRA_ENV_SETTINGS 里添加 splashimage,而且指定图片加载地址为 0x23000000,同时将其他的额外环境变量都删除,如下所示:

```
128
129 #define CONFIG_ENV_OVERWRITE
130 /* modified by gary l */
```

```
131 # define CONFIG_EXTRA_ENV_SETTINGS                    \
132      "splashimage=0x23000000" \
```

接下来就可以输入 make all 命令编译，遇到如下错误：

```
common/built-in.o: In function 'lcd_logo':
/opt/bootloader/u-boot-2014.04/common/lcd.c:1105: undefined reference to 'bmp_display'
arm-linux-ld: BFD (crosstool-NG 1.19.0 - For www.qinfenwang.com) 2.20.1.20100303 assertion
fail /opt/tools/crosstool_build/.build/src/binutils-2.20.1a/bfd/elf32-arm.c:12195
arm-linux-ld: BFD (crosstool-NG 1.19.0 - For www.qinfenwang.com) 2.20.1.20100303 assertion
fail /opt/tools/crosstool_build/.build/src/binutils-2.20.1a/bfd/elf32-arm.c:12429
Segmentation fault (core dumped)
make: *** [u-boot] 错误 139
```

以上错误提示没有定义 bmp_display 函数，跟踪代码发现此函数在 common/cmd_bmp.c 中定义，既然代码中有此函数的实现，自然想到应该是没有被包含进 U-Boot 镜像中。查看 common 目录下的 Makefile 发现，包含此函数需要定义宏 CONFIG_CMD_BMP。

```
56 obj-$(CONFIG_CMD_BMP) += cmd_bmp.o
```

下面是 LCD 相关的宏在配置文件中的定义：

```
256 /* added by gary l */
257 # define CONFIG_LCD
258 # define CONFIG_TQ210_LCD
259 # define LCD_BPP                 LCD_COLOR24
260 # define CONFIG_SPLASH_SCREEN
261 # define CONFIG_CMD_BMP
```

重新编译 U-Boot，然后烧写 SD 卡。上电从 SD 卡启动，发现之前的输出信息不再从 LCD 输出了，为什么会这样？可以看一下 common/console.c 下的 conosole_init_r 函数。

```
773 int console_init_r(void)
774 {
775      struct stdio_dev * inputdev = NULL, * outputdev = NULL;
776      int i;
777      struct list_head * list = stdio_get_list();
778      struct list_head * pos;
779      struct stdio_dev * dev;
780
781 # ifdef CONFIG_SPLASH_SCREEN
782      /*
783       * suppress all output if splash screen is enabled and we have
784       * a bmp to display. We redirect the output from frame buffer
785       * console to serial console in this case or suppress it if
786       * "silent" mode was requested.
787       */
788      if (getenv("splashimage") != NULL) {
789          if (!(gd->flags & GD_FLG_SILENT))
790              outputdev = search_device(DEV_FLAGS_OUTPUT, "serial");
791      }
```

```
792 # endif
793
794    /* Scan devices looking for input and output devices */
795    list_for_each(pos, list) {
796        dev = list_entry(pos, struct stdio_dev, list);
797
798        if ((dev->flags & DEV_FLAGS_INPUT) && (inputdev == NULL)) {
799            inputdev = dev;
800        }
...
```

第 788～790 行,指明如果定义了环境变量 splashimage,标准输出就指向 serial,即从串口输出。

下面来测试 splash screen 画面的显示效果。首先将图片烧写到 LOGO 对应的分区,烧写方法与前面烧写 U-Boot 镜像到 Nand 类似,直接用 tftpboot 命令烧写,tftpboot 20000000 logo.bmp(这里的 logo.bmp 图片文件要存放在 tftp 服务器目录下),然后上电从 Nand 启动,屏幕仍然是黑色,说明图片没有显示,同时在串口终端显示如下错误提示信息:

Error: 32 bit/pixel mode, but BMP has 24 bit/pixel

通过提示信息知道,BMP 图片需要 32 位的,因为在前面指定了一个像素由 32 位来表示,所以需要制作一张 32 位的 BMP 图片,然后重新将 BMP 图片烧写到 LOGO 分区。开机后发现串口打印信息正常,但开机 LOGO 没有显示,通过跟踪代码,在 common/lcd.c 下面调用函数 lcd_display_bitmap 来处理显示 BMP 图片。对于 32 位的图片需要先定义宏 CONFIG_BMP_32BPP,具体代码如下所示:

```
1065 # if defined(CONFIG_BMP_32BPP)
1066    case 32:
1067        for (i = 0; i < height; ++i) {
1068            for (j = 0; j < width; j++) {
1069                *(fb++) = *(bmap++);
1070                *(fb++) = *(bmap++);
1071                *(fb++) = *(bmap++);
1072                *(fb++) = *(bmap++);
1073            }
1074            fb -= lcd_line_length + width * (bpix / 8);
1075        }
1076        break;
1077 # endif /* CONFIG_BMP_32BPP */
```

所以,需要在配置文件中添加宏 CONFIG_BMP_32BPP 的定义。

```
262 # define CONFIG_BMP_32BPP
```

将 U-Boot 重新编译后再烧写到 Nand,然后从 Nand 启动,可以看到开机启动画面。到这里 LCD 的驱动基本功能就移植结束了。

4. 添加开机声音提示

由于本书配套的开发板是 TQ210 开发板,自带了一个有源的蜂鸣器,只要给它通电,蜂鸣器就会发声,相比无源蜂鸣器来说简单很多,无源蜂鸣器还需要输入额定的频率才会发声。我们的开发板上的蜂鸣器原理图如图13-9所示。

从蜂鸣器的控制线路图可知,只要给XpwmTOUT1引脚一个高电平,蜂鸣器就可以工作。根据S5PV210的引脚定义可以知道XpwmTOUT1引脚对应的是GPD0_1引脚,是一个GPIO引脚,所以最终对开发板上的蜂鸣器的操作可以认为是对GPIO的操作,相对比较简单,有关GPIO的操作可以参考第6章。

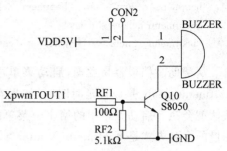

图13-9 蜂鸣器控制电路

下面直接在 board/samsung/tq210/tq210.c 中添加如下操作GPIO的函数。

```
106 void beeper_on(u8 on)
107 {
108     u32 *gpd0con = (u32 *)0xE02000A0;   //GPD0CON
109     u32 *gpd0dat = (u32 *)0xE02000A4;   //GPD0DAT
110
111     /* 配置GPD0[1]为输出 */
112     writel((readl(gpd0con) & ~(0xF << 4)) | (1 << 4), gpd0con);
113
114     if (on)                           //开启蜂鸣器
115         writel(readl(gpd0dat) | (1 << 1), gpd0dat);
116     else                              //关闭蜂鸣器
117         writel(readl(gpd0dat) & ~(1 << 1), gpd0dat);
118 }
```

同时,在目标板初化函数 board_init_r 函数中添加对 beeper_on 函数的调用。

```
518     beeper_on(1);                     //开启蜂鸣器
519     mdelay(500);                      //延时500ms
520     beeper_on(0);                     //关闭蜂鸣器
521
```

重新输入 make all 命令编译U-Boot,烧写到 Nand 的 Bootloader 分区,上电从 Nand 启动,就可以听到蜂鸣器鸣叫的声音,到此整个 U-Boot 的驱动部分就移植结束。当然驱动远不止这些,具体需要在 U-Boot 下添加哪些设备的驱动,还需要针对实际的项目来定,这里的移植仅供参考。

13.2.6 添加启动菜单

大家知道 U-Boot 移植的最终目的是用来加载内核和跳转到内核中执行,而且跳转到内核后,U-Boot 将会一去不复返,直到下次上电重新开机,或执行系统 reboot 命令。为了实现这个目的,需要为 U-Boot 添加启动菜单。下面先看一下 U-Boot 帮助文档(doc/README.bootmenu)里的介绍。

The assembling of the menu is done via a set of environment variables
"bootmenu_<num>" and "bootmenu_delay", i.e.:
　　bootmenu_delay=<delay>
　　bootmenu_<num>="<title>=<commands>"

从帮助文档很容易发现,启动菜单可以通过添加环境变量的方式添加,其中环境变量 bootmenu_dealy 是设置延时时间,如果在指定的时间内没有按下键盘上的任何一个键,则默认就会执行启动菜单中的第 1 个菜单的内容,通常这个菜单配置为加载内核。其他环境变量的命名方式是 bootmenu_<num>,这里的 num 代表菜单的编号,从 0 开始。紧接着环境变量后的内容为菜单标题(<title>),以及这个菜单被选中后要执行的命令(<commands>)。在菜单中按键盘的上下方向键可以上下移动光标选择相应的菜单,按下 Enter 键执行被选中菜单的命令。

根据帮助文档中的介绍,要使用启动菜单,需要在目标板配置文件中添加如下宏定义:

To enable the "bootmenu" command add following definitions to the
board config file:
　　#define CONFIG_CMD_BOOTMENU
　　#define CONFIG_MENU
To run the bootmenu at startup add these additional definitions:
　　#define CONFIG_AUTOBOOT_KEYED
　　#define CONFIG_BOOTDELAY 30
　　#define CONFIG_MENU_SHOW

下面添加第一个菜单以方便第 14 章加载内核,另外再添加两个菜单分别用来烧写 Bootloader 和 LOGO 图片到 Nand 上相应的分区中。

```
TQ210 # setenv bootmenu_0 start kernel=echo load kernel
TQ210 # setenv bootmenu_1 update u-boot(u-boot-combine.bin)=nand erase.part
Bootloader\; tftpboot 20000000 u-boot-combine.bin\;nand write 20000000 0 $ filesize
TQ210 # setenv bootmenu_2 update logo(logo.bmp)=nand erase.part logo\; tftpboot 20000000
logo.bmp\;nand write 20000000 logo
TQ210 # saveenv
```

注意:最后一定要保存环境变量到 Nand 的 param 分区,这样下次从 Nand 启动就不需要再设置这些环境变量。另外,在 SecureCRT 串口控制台上,输入多个命令时中间要用分号隔开,而且分号前要加上转义符号,即"\;"。现在输入 reset 命令就可以看到上面添加的启动菜单以及添加的三个菜单选项:

```
*** U-Boot Boot Menu ***
    start kernel
    update u-boot(u-boot-combine.bin)
    update logo(logo.bmp)
    U-Boot console
Press UP/DOWN to move, ENTER to select
```

13.3 本章小结

本章基于 u-boot-2014.04 版本,向读者介绍了 Bootloader 的基本结构与组成以及 Bootloader 在嵌入式系统中的地位和作用,使读者对 Bootloader 的理论知识有所了解。最后在 S5PV210 平台上移植了 u-boot-2014.04 的 Bootloader,详细分析了 U-Boot 的启动过程、编译方式以及常用设备驱动的移植等。

第14章

Linux 内核移植和根文件系统制作

本章学习目标

- 了解内核源码结构以及内核启动过程；
- 掌握内核配置方法；
- 掌握 S5PV210 平台的 Linux 内核移植；
- 掌握根文件系统的制作方法。

14.1 Linux 内核概述

14.1.1 Linux 内核发展及其版本特点

Linux 是一种开源操作系统内核，它是用 C 语言为主要编程语言编写而成，符合 POSIX 标准的类 UNIX 操作系统。Linux 最早是由芬兰黑客 Linus Torvalds 为尝试在英特尔 x86 架构上提供自由免费的类 UNIX 操作系统而开发的。该计划开始于 1991 年，在计划早期有一些 Minix 黑客提供了协助，而今天全球无数程序员正在为该计划无偿提供帮助。

Linux 内核的版本号可以从源代码的顶层目录下的 Makefile 中看到，如下面几行构成了 Linux 的版本号：3.10.73。

```
VERSION = 3
PATCHLEVEL = 10
SUBLEVEL = 73
EXTRAVERSION =
```

其中的 VERSION 和 PATCHLEVEL 组成主版本号，如 2.4、2.6、3.0 等，稳定版本的主版本号用偶数表示（如 2.6、3.0 等），通常每隔 2～3 年会出现一个稳定版本。开发中的版本号用奇数来表示（如 2.5、3.1 等），它通常作为下一个版本的前身，本书所用的版本是一个稳定的版本。

SUBLEVEL 称为次版本号，它不分奇偶，顺序递增。每隔 1～2 个月发布一个版本。EXTRAVERSION 称为扩展版本号，它也不分奇偶，顺序递增。每周发布几次扩展版本号，修正最新的稳定版本的问题。值得注意的是 EXTRAVERSION 也可以不是数字，而是类似"-rc6"的字样,表示这是一个测试版本。在新的稳定版本发布之前,会先发布几个测试版本用于测试。

Linux 内核的最初版本在 1991 年发布,这是 Linus Torvalds 为英特尔 386 开发的一个类 Minix 的操作系统。

Linux 1.0 的官方版发行于 1994 年 3 月,包含了 386 的官方支持,仅支持单 CPU 系统。

Linux 1.2 发行于 1995 年 3 月,它是第一个包含多平台支持的官方版本,如 Alpha、Sparc、Mips 等。

Linux 2.0 发行于 1996 年 6 月,包含很多新的平台支持,但是最重要的是,它是第一个支持 SMP(对称多处理器)体系的内核版本。

Linux 2.2 在 1999 年 1 月发布,它带来了 SMP 系统性能的极大提升,同时支持更多的硬件。

Linux 2.4 于 2001 年 1 月发布,它进一步地提升了 SMP 系统扩展,同时也集成了很多用于支持桌面系统的特性:USB、PC 卡(PCMCIA)的支持,内置的即插即用等。

Linux 2.6 于 2003 年 12 月发布,在 Linux 2.4 的基础上进行了极大的改进。2.6 内核支持更多的平台,从小规模的嵌入式系统到服务器级的 64 位系统;使用了新的调度器,进程的切换更高效;内核可被抢占,使得用户的操作可以得到更快速的响应;I/O 子系统也经历很大的修改,使得它在各种工作负荷下都更具响应性;模块子系统、文件系统都做了大量的改进。另外,以前使用 Linux 的变种 μClinux 来支持没有 MMU 的处理器,现在 2.6 版本的 Linux 中已经加入了 μClinux 的功能,也可以支持没有 MMU 的处理器。

从 Linux 3.0 版本开始,改进了对虚拟化和文件系统的支持,主要新特性如下:Btrfs 实现自动碎片整理、数据校验和检查,并且提升了部分性能;支持 sendmmsg() 函数调用,UDP 发送性能提升 20%,接口发送性能提升约 30%;支持 XEN dom0;支持应用缓存清理(Clean Cache);支持柏克封包过滤器(Berkeley Packet Filter)实时过滤,配合 libpcap/tcpdump 提升包过滤规则的运行效率;支持无线局域网(WLAN)唤醒;支持非特殊授权的 ICMP_ECHO 函数等。3.0 版本对于 Linux 来说是一个革命性的里程碑,对于开发人员来说,从 3.x 版本开始引入了设备树(Device Tree)的概念,它的引入改变了以往 2.6 时代的常用代码架构,引入的原因主要是 Linux 创始人认为以前的代码过于混乱,长此以往下去 Linux 的安全性、稳定性存在隐患,有了设备树可以使用 Linux 的核心与 SoC 板级代码进行分离,同时对 SoC 相关代码也进行了规范,即统一遵循设备树的架构去开发各自的 SoC 级程序。

14.1.2　Linux 内核源码获取

本书采用的内核版本是 3.10.73,从官方可知这是一个可以获得长期支持的版本,所谓长期支持是指会对此版本的内核(kernel)进行技术支持和已知问题(bug)的修复和升级等。下面介绍如何获取 Linux 内核源代码。

首先登录 Linux 内核的官方网站 http://www.kernel.org/,可以看到如图 14-1 所示的内容。

从网站首页可以发现,在 3.10.73 版本之后又发行了好几个版本,当前最新稳定版本

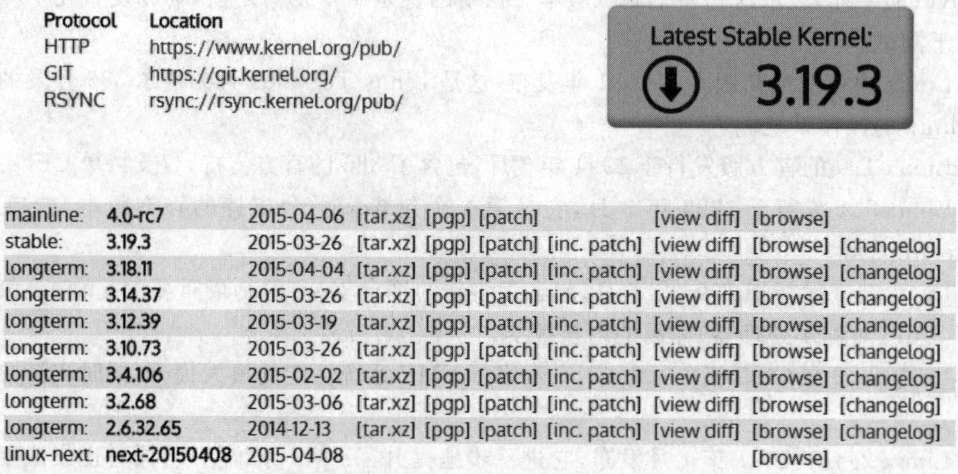

Protocol	Location
HTTP	https://www.kernel.org/pub/
GIT	https://git.kernel.org/
RSYNC	rsync://rsync.kernel.org/pub/

Latest Stable Kernel:

⬇ **3.19.3**

mainline:	4.0-rc7	2015-04-06	[tar.xz] [pgp] [patch]		[view diff] [browse]	
stable:	3.19.3	2015-03-26	[tar.xz] [pgp] [patch]	[inc. patch]	[view diff] [browse]	[changelog]
longterm:	3.18.11	2015-04-04	[tar.xz] [pgp] [patch]	[inc. patch]	[view diff] [browse]	[changelog]
longterm:	3.14.37	2015-03-26	[tar.xz] [pgp] [patch]	[inc. patch]	[view diff] [browse]	[changelog]
longterm:	3.12.39	2015-03-19	[tar.xz] [pgp] [patch]	[inc. patch]	[view diff] [browse]	[changelog]
longterm:	3.10.73	2015-03-26	[tar.xz] [pgp] [patch]	[inc. patch]	[view diff] [browse]	[changelog]
longterm:	3.4.106	2015-02-02	[tar.xz] [pgp] [patch]	[inc. patch]	[view diff] [browse]	[changelog]
longterm:	3.2.68	2015-03-06	[tar.xz] [pgp] [patch]	[inc. patch]	[view diff] [browse]	[changelog]
longterm:	2.6.32.65	2014-12-13	[tar.xz] [pgp] [patch]	[inc. patch]	[view diff] [browse]	[changelog]
linux-next:	next-20150408	2015-04-08			[browse]	

图 14-1　kernel 网站首页面

是 3.19.3，各版本号后面紧跟的是发行日期，比如 3.10.73 版本号对应的发行日期是 2015-03-26，发行日期后面的下载链接标识符所表示的意义如表 14-1 所示。

表 14-1　kernel 网站首页各标识符的意义

标识符	描　　述
tar.xz	对应版本内核的下载地址，单击它就可以下载，下载的是 xz 格式的压缩文件
pgp	对所下载 kernel 完整性进行验证，类似于 MD5 的一种签名验证，了解即可，一般不会用到
patch	基于前面版本的 kernel 修改了哪些文件
inc. patch	基于前面版本的 kernel 增加了哪些文件
view diff	查看当前版本修改的记录，主要是与前面版本的差异
browse	查看当前所有修改的记录，通常更新较频繁，可以看到具体哪天的修改记录，包含修改人的姓名等
changelog	这是正式的修改记录，由开发者提供

通常各种补丁文件都是基于内核的某个正式版本生成的，除非有特别说明是基于哪个版本的内核。比如有补丁文件 patch-3.10.1、patch-3.10.2、patch-3.10.3，它们都是基于内核 3.10.1 生成的补丁文件。使用时可以在内核 3.10.1 上直接打补丁 patch-3.10.3，不需要先打上补丁 patch-3.10.1、patch-3.10.2；相应地，如果已经打了补丁 patch-3.10.2，在打补丁 patch-3.10.3 前，要先去除 patch-3.10.2。

本书在 Linux 3.10.73 上进行移植、开发，直接下载 linux-3.10.73.tar.xz 后解压即可得到目录 linux-3.10.73，此目录下存放了内核源代码，如下所示：

```
$ tar xJf linux-3.10.73.tar.xz
```

也可以下载内核源码文件 linux-3.10.1.tar.xz 和补丁文件 patch-3.10.73.tar.xz，然后解压、打补丁（假设源文件、补丁文件放在同一个目录下），如下所示：

```
$ tar xJf linux-3.10.1.tar.xz
$ tar xJf patch-3.10.73.tar.xz
```

```
$ cd linux-3.10.1
$ patch -p1 < ../ patch-3.10.73
```

本书讲解和移植的内核源码是直接下载 linux-3.10.73. tar. xz 并解压,没有额外打补丁,源码所在目录为 linux-3.10.73。

14.1.3 内核源码结构及 Makefile 分析

1. 内核源码结构

到目前为止,Linux 内核文件数目已达到 2 万以上,代码量是以千万行级来计算的,除去其他架构 CPU 的相关文件,支持本书 S5PV210 平台的完整内核文件也有 1 万多个。这些文件的组织结构并不复杂,它们分别位于顶层目录下的 21 个子目录中,各个目录下的功能独立。表 14-2 描述了各目录的功能。

表 14-2 Linux 内核目录结构

目录名	描 述
arch	体系结构相关的代码,对于每个架构的 CPU,arch 目录下都有一个对应的子目录,如 arch/arm/、arch/x86 等
block	块设备相关的通用函数
crypto	常用加密和散列算法(如 AES、SHA 等),还有一些压缩和 CRC 校验算法
drivers	所有的设备驱动程序,里面每一个子目录对应一类驱动程序,比如 drivers/block/为块设备驱动程序,drivers/char/为字符设备驱动程序,drivers/mtd/为 Nor Flash、Nand Flash 等存储设备的驱动程序
firmware	设备相关的固件程序
fs	Linux 支持的文件系统的代码,每个子目录对应一种文件系统,比如 fs/jffs2/、fs/ext2/、fs/ext4/等
include	内核头文件,有基本头文件(存放在 include/linux/目录下)、各种驱动或功能部件的头文件(如 include/media/、include/video/、include/net/等)、各种体系相关的头文件(如 include/asm-generic/等)
init	内核的初始化代码(不是系统的引导代码),其中的 main. c 文件中的 start_kernel 函数是内核引导后运行的第一个函数
ipc	进程间通信的代码
kernel	内核管理的核心代码
lib	内核用到的一些库函数代码,如 crc32. c、string. c、sha1. c 等
mm	内存管理代码
net	网络支持代码,每个子目录对应于网络的一个方面
samples	一些示例程序,如断点调试,功能测试等
scripts	用于配置、编译内核的脚本文件
security	安全、密钥相关的代码
sound	音频设备驱动程序
tools	工具类代码,比如 USB 传输等。通常会将 U-Boot 下生成的 mkimage 工具放到此目录下,同时修改 Linux 的 Makefile 支持生成 uImage
Usr	一般不会用到
virt	一般不会用到
Documentation	Linux 内核的使用帮助文档

2. 内核 Makefile 分析

无论是 U-Boot 还是 Linux,它们的编译都离不开 Makefile,通常内核中哪些文件将被编译? 它们是怎样被编译的? 它们链接时的顺序如何确定? 哪个文件在最前面? 哪些文件或函数先执行? 这些都是通过 Makefile 来管理的。从最简单的角度总结 Makefile 的作用,有以下 3 点。

(1) 决定编译哪些文件?

(2) 怎样编译这些文件?

(3) 怎样链接这些文件? 最重要的是它们的链接顺序是什么?

Linux 内核源代码中含有很多个 Makefile 文件,这些 Makefile 文件又要包含其他一些文件(如配置信息、通用的规则等)。这些文件构成了 Linux 的 Makefile 体系,可以分为表 14-3 中的 5 类。

表 14-3　Linux 内核 Makefile 文件分类

名　称	描　述
顶层 Makefile	它是所有 Makefile 文件的核心,从总体上控制着内核的编译、连接
.config	配置文件,在配置内核时生成。所有 Makefile 文件(包括顶层目录及名级子目录)都是根据.config 来决定使用哪些文件的
arch/ $(ARCH)/Makefile	对应体系结构的 Makefile,比如 ARM,它用来决定哪些体系结构相关的文件参与内核的生成,并提供一些规则来生成特定格式的内核映像
Scripts/Makefile.*	Makefile 共用的通用规则、脚本等
子目录下的 Makefile	各级子目录下的 Makefile,它们相对简单,被上一层 Makefile 调用来编译当前目录下的文件

内核文档 Documentation/kbuild/makefiles.txt 对内核中 Makefile 的作用、用法讲解得非常透彻,以下根据前面总结的 Makefile 的 3 大作用分析这 5 类文件。

1) 决定编译哪些文件

Linux 内核的编译过程从顶层 Makefile 开始,然后递归地进入各级子目录调用它们的 Makefile,分为 3 个步骤。

(1) 顶层 Makefile 决定内核根目录下哪些子目录将被编译进内核。

(2) arch/ $(ARCH)/Makefile 决定 arch/ $(ARCH)目录下哪些文件、哪些目录将被编译进内核。

(3) 各级子目录下的 Makefile 决定所在目录下哪些文件将被编译进内核,哪些文件将被编译成模块(即驱动程序),进入哪些子目录继续调用它们的 Makefile。

下面先看步骤(1),在顶层 Makefile 中可以看到如下内容:

```
# Objects we will link into vmlinux / subdirs we need to visit
init-y      := init/
drivers-y   := drivers/ sound/ firmware/
net-y       := net/
libs-y      := lib/
core-y      := usr/
...
core-y      += kernel/ mm/ fs/ ipc/ security/ crypto/ block/
```

可见,顶层 Makefile 将各子目录分为 5 类:init-y、drivers-y、net-y、libs-y 和 core-y。

对于步骤(2),这里以 ARM 体系为例,在 arch/arm/Makefile 中可以看到如下内容:

```
head-y        := arch/arm/kernel/head $(MMUEXT).o
textofs-y     := 0x00008000
...
machine- $(CONFIG_ARCH_S5P64X0)      += s5p64x0
machine- $(CONFIG_ARCH_S5PC100)      += s5pc100
machine- $(CONFIG_ARCH_S5PV210)      += s5pv210
machine- $(CONFIG_ARCH_EXYNOS)       += exynos
...
plat- $(CONFIG_PLAT_S3C24XX)         += samsung
plat- $(CONFIG_PLAT_S5P)             += samsung
...
core-y                               += arch/arm/kernel/ arch/arm/mm/ arch/arm/common/
core-y                               += arch/arm/net/
core-y                               += arch/arm/crypto/
core-y                               += $(machdirs) $(platdirs)
drivers- $(CONFIG_OPROFILE)          += arch/arm/oprofile/
libs-y                               := arch/arm/lib/ $(libs-y)
```

从上面 Makefile 的内容可以发现这里多了一个 head-y,不过它直接以文件名出现。MMUEXT 在/arch/arm/Makefile 前面定义,对于没有 MMU 的处理器,MMUEXT 的值为-nommu,使用文件 head-nommu.S;对于有 MMU 的处理器,MMUEXT 的值为空,使用文件 head.S。

假设要编译本书的 S5PV210 平台,还需要事先配置一些宏来决定是否被包含,如宏 CONFIG_ARCH_S5PV210 和 CONFIG_PLAT_S5P。

编译内核时,将依次进入 init-y、core-y、libs-y、drivers-y 和 net-y 所列出的目录中执行它们的 Makefile,每个子目录都会生成一个 built-in.o(libs-y 目录下,有可能生成 lib.a 文件),最后,head-y 所表示的文件将和这些 built-in.o、lib.a 一起被链接成内核映像文件 vmlinux。

最后,看一下步骤(3)是怎么进行的。在配置内核时,生成配置文件.config,内核顶层 Makefile 使用如下语句间接包含.config 文件,以后就根据.config 中定义的各个变量(宏)决定编译哪些文件。之所以说是"间接"包含,是因为包含的是 include/config/auto.conf 文件,而它只是将.config 文件中的注释去除,并根据顶层 Makefile 中定义的变量增加了一些变量而已。

```
# Read in config
-include include/config/auto.conf
```

include/config/auto.conf 文件的生成过程不再描述,它与.config 的格式相同,只是把一些注释内容去除掉,摘选部分内容如下(下面以 # 开头的行是注释内容):

```
1 #
2 # Automatically generated file; DO NOT EDIT.
3 # Linux/arm 3.10.73 Kernel Configuration
4 #
```

```
 5 CONFIG_HAVE_ARCH_SECCOMP_FILTER=y
 6 CONFIG_SCSI_DMA=y
 7 CONFIG_KERNEL_GZIP=y
 8 CONFIG_ATAGS=y
 9 CONFIG_CRC32=y
10 CONFIG_VFP=y
11 CONFIG_AEABI=y
12 CONFIG_HIGH_RES_TIMERS=y
13 CONFIG_INOTIFY_USER=y
14 CONFIG_ARCH_SUSPEND_POSSIBLE=y
15 CONFIG_ARM_UNWIND=y
16 CONFIG_SSB_POSSIBLE=y
17 CONFIG_FSNOTIFY=y
18 CONFIG_BLK_DEV_LOOP_MIN_COUNT=8
19 CONFIG_HAVE_KERNEL_LZMA=y
20 CONFIG_ARCH_WANT_IPC_PARSE_VERSION=y
21 CONFIG_GENERIC_SMP_IDLE_THREAD=y
22 CONFIG_HAVE_MEMORY_PRESENT=y
23 CONFIG_DEFAULT_SECURITY_DAC=y
24 CONFIG_KTIME_SCALAR=y
25 CONFIG_HAVE_IRQ_TIME_ACCOUNTING=y
26 CONFIG_INPUT_MOUSEDEV_PSAUX=y
...
```

在 include/config/auto.conf 文件中,变量的值主要有两类:y 和 m。各级子目录的 Makefile 使用这些变量来决定哪些文件被编进内核中,哪些文件被编成模块(即驱动程序), 要进入哪些下一级子目录继续编译,这通过以下 4 种方法来确定(obj-y、obj-m、lib-y 是 Makefile 中的变量)。

方法 1:obj-y 用来定义哪些文件被编进(built-in)内核。

obj-y 中定义的.o 文件由当前目录下的.c 或.S 文件编译生成,它们连同下级子目录的 built-in.o 文件一起被组合成(使用"$(LD) -r"命令)当前目录下的 built-in.o 文件。这个 built-in.o 文件将被它的上一层 Makefile 使用。

obj-y 中各个.o 文件的顺序是有意义的,因为内核中用 module_init()或 __ initcall 定义 的函数将按照它们的连接顺序被调用。下面以 drivers/isdn/Makefile 为例分析。

```
obj-$(CONFIG_MISDN)                          += mISDN/
obj-$(CONFIG_ISDN)                           += hardware/
obj-$(CONFIG_ISDN_DIVERSION)                 += divert/
```

假设要编译 hardware 下的内容,需要在.config 中定义 CONFIG_ISDN 这个变量。下 面是 hardware 目录下 Makefile 的内容:

```
obj-$(CONFIG_CAPI_AVM)                       += avm/
obj-$(CONFIG_CAPI_EICON)                     += eicon/
obj-$(CONFIG_MISDN)                          += mISDN/
```

这里假设要把 avm 下的内容编译进内核,同样需要在.config 中定义变量 CONFIG_ CAPI_AVM,接下来看一看 avm 里都有哪些.c 或.S 文件,直接看 avm 下的 Makefile 文件。

```
obj-$(CONFIG_ISDN_DRV_AVMB1_B1ISA)        += b1isa.o b1.o
obj-$(CONFIG_ISDN_DRV_AVMB1_B1PCI)        += b1pci.o b1.o b1dma.o
obj-$(CONFIG_ISDN_DRV_AVMB1_B1PCMCIA)     += b1pcmcia.o b1.o
obj-$(CONFIG_ISDN_DRV_AVMB1_AVM_CS)       += avm_cs.o
obj-$(CONFIG_ISDN_DRV_AVMB1_T1ISA)        += t1isa.o b1.o
obj-$(CONFIG_ISDN_DRV_AVMB1_T1PCI)        += t1pci.o b1.o b1dma.o
obj-$(CONFIG_ISDN_DRV_AVMB1_C4)           += c4.o b1.o
```

从它的 Makefile 中可以看到,首先需要定义这些变量,然后才能生成.o 模块。

方法 2:obj-m 用来定义哪些文件被编译成可以加载的模块。

obj-m 中定义的.o 文件由当前目录下的.c 或.S 文件编译生成,它们不会被编进 built-in.o 中,而是被编译成可以加载的模块。一个模块可以由一个或几个.o 文件组成。对于只有一个源文件的模块,在 obj-m 中直接增加它的.o 文件即可。对于有多个源文件的模块,除在 obj-m 中增加一个.o 文件外,还要定义一个<module_name>-objs 变量来告诉 Makefile 这个.o 文件由哪些文件组成。这里仍以 ISDN 为例,如果在.config 文件中被定义为 m 时,avm 目录下的.c 或.S 文件将被先编译成.o 文件,最后被制作成.ko 模块。

方法 3:lib-y 用来定义哪些文件被编译成库文件。

lib-y 中定义的.o 文件由当前目录下的.c 或.S 文件编译生成,它们被打包成当前目录下的一个库文件:lib.a。同时出现在 obj-y、lib-y 中的.o 文件,不会被包含进 lib.a 中。

要把这个 lib.a 编译进内核中,需要在顶层 Makefile 中 libs-y 变量中列出当前目录。要编译成库文件的内核代码一般都在这两个目录下:lib/和 arch/$(ARCH)/lib/。

方法 4:obj-y、obj-m 还可以用来指定要进入的下一层子目录。

Linux 中一个 Makefile 文件只负责生成当前目录下的目标文件,子目录下的目标文件由子目录的 Makefile 生成。Linux 的编译系统会自动进入这些子目录调用它们的 Makefile,需要在这之前指定这些子目录。

2) 怎样编译这些文件

即编译选项、链接选项是什么。这些选项分为 3 类:全局的,适用于整个内核代码树;局部的,仅适用于某个 Makefile 中的所有文件;个体的,仅适用于某个文件。

全局选项在顶层 Makefile 和 arch/$(ARCH)/Makefile 中定义,这些选项的名称中含有下列字符:CFLAGS、AFLAGS、LDFLAGS、ARFLAGS,它们分别表示编译 C 文件的选项、编译汇编文件的选项、链接文件的选项、制作库文件的选项。

需要使用局部选项时,它们在各个子目录中定义,选项名称与上述全局选项类似,用途也相同。

另外,针对某些特定文件的编译选项,可以使用 CFLAGS_$@和 AFLAGS_$@。前者用于编译 C 文件,后者用来编译某个汇编文件,$@表示某个目标文件名。

3) 怎样链接这些文件,它们的顺序是什么

前面分析哪些文件编译进内核时,顶层 Makefile 和 arch/$(ARCH)/Makefile 定义了 6 类目录(或文件):head-y、init-y、drivers-y、net-y、libs-y 和 core-y。它们的内容在前面已经分析过,其中除 head-y 外,其余的 init-y、drivers-y 等都是目录名,在顶层 Makefile 中,这些目录名的后面直接加上 built-in.o 或 lib.a,表示要链接进内核的文件,如下所示(根目录 Makefile):

```
init-y      := $ (patsubst %/, %/built-in. o, $ (init-y))
core-y      := $ (patsubst %/, %/built-in. o, $ (core-y))
drivers-y   := $ (patsubst %/, %/built-in. o, $ (drivers-y))
net-y       := $ (patsubst %/, %/built-in. o, $ (net-y))
libs-y1     := $ (patsubst %/, %/lib. a, $ (libs-y))
libs-y2     := $ (patsubst %/, %/built-in. o, $ (libs-y))
libs-y      := $ (libs-y1) $ (libs-y2)
```

上面的 patsubst 是个字符串处理函数,它的用法如下:

$$\$ (patsubst \ pattern, replacement, text)$$

表示寻找 text 中符合格式 pattern 的字,用 replacement 替换它们。比如上面的 init-y 初值为 init/,经过 patsubst 函数处理后,init-y 变为 init/built-in. o。

从顶层 Makefile 中可以看到以上这些模块最终是怎么链接起来的。

```
export KBUILD_VMLINUX_INIT := $ (head-y) $ (init-y)
export KBUILD_VMLINUX_MAIN := $ (core-y) $ (libs-y) $ (drivers-y) $ (net-y)
export KBUILD_LDS := arch/ $ (SRCARCH)/kernel/vmlinux. lds
export LDFLAGS_vmlinux
#  used by scripts/pacmage/Makefile
export KBUILD _ ALLDIRS : = $ ( sort $ ( filter-out arch/%, $ ( vmlinux-alldirs )) arch
Documentation include samples scripts tools virt)

vmlinux-deps := $ (KBUILD_LDS) $ (KBUILD_VMLINUX_INIT) $ (KBUILD_VMLINUX_
MAIN)
```

可见最终是根据 arch/arm/kernel/vmlinux. lds(这里以 ARM 体系为例)这个链接脚本来组织链接的。这个脚本由 arch/arm/kernel/vmlinux. lds. S 文件生成,规则在 scripts/Makefile. build 中,如下所示:

```
$ (obj)/%. lds: $ (src)/%. lds. S FORCE
    $ (call if_changed_dep, cpp_lds_S)
```

下面是编译后生成的 lds 链接脚本:

```
...
493  /DISCARD/ : {
494    * (. ARM. exidx. exit. text)
495    * (. ARM. extab. exit. text)
496    * (. ARM. exidx. cpuexit. text)
497    * (. ARM. extab. cpuexit. text)
498
499
500    * (. exitcall. exit)
501    * (. alt. smp. init)
502    * (. discard)
503    * (. discard. *)
504  }
505  . = 0x80000000 + 0x00008000;
```

```
506    .head.text:{
507     _text=.;
508     *(.head.text)
509    }
510    .text:{/* Real text segment            */
511     _stext=.;/* Text and read-only data       */
512     __exception_text_start=.;
513     *(.exception.text)
514     __exception_text_end=.;
...
```

第 505 行为代码段的起始地址,另外从第 506 行可知内核是从 head. S 开始执行的。

下面对本节分析的 Makefile 的结果进行总结。

(1) 配置文件. config 中定义了一些列的变量,Makefile 将结合它们来决定哪些文件被编译进内核,哪些文件被编成模块以及涉及哪些子目录。

(2) 顶层 Makefile 和 arch/ $ (ARCH)/Makefile 决定根目录下哪些子目录,以及 arch/ $ (ARCH)目录下哪些文件和目录将被编译进内核。

(3) 最后,各级子目录下的 Makefile 决定所在目录下哪些文件将被编译进内核,哪些文件将被编成模块(即驱动程序),进入哪些子目录继续调用它们的 Makefile。

(4) 顶层 Makefile 和 arch/ $ (ARCH)/Makefile 设置了可以影响所有文件的编译、链接选项: CFLAGS、AFLAGS、LDFLAGS、ARFLAGS。

(5) 各级子目录下的 Makefile 中可以设置能够影响当前目录下所有文件的编译、链接选项;还可以设置可以影响某个文件的编译选项。

(6) 顶层 Makefile 按照一定的顺序组织文件,根据链接脚本 arch/%(ARCH)/kernel/vmlinux. lds 生成内核映像文件 vmlinux。

14. 1. 4　Linux 内核的 Kconfig 介绍

在内核目录下执行 make menuconfig 时,就会看到如图 14-2 所示的菜单配置界面,这就是内核的配置界面。通过配置界面,可以选择芯片类型、选择需要支持的文件系统,去除不需要的选项等,这就是所谓的内核配置。注意,也有其他形式的配置界面,比如 make config 命令启动字符配置界面,对于每个选项都会依次出现一行提示信息,逐个回答;make xconfig 命令启动 XWindows 图形配置界面。不过一般习惯性使用 make menuconfig 配置。

所有配置工具都是通过读取 arch/ $ (ARCH)/Kconfig 文件来生成配置界面,这个文件是所有配置文件的总入口,它会包含其他目录的 Kconfig 文件。

关于 Kconfig 文件的语法介绍可以参考帮助文件 Documentation/kbuild/kconfig-language. txt,下面介绍几个常用的语法。

1. Kconfig 文件的基本要素: config 条目(entry)

config 条目常被其他条目包含,用来生成菜单、进行多项选择等。

config 条目用来配置一个选项,或者说,它用于生成一个变量,这个变量会连同它的值

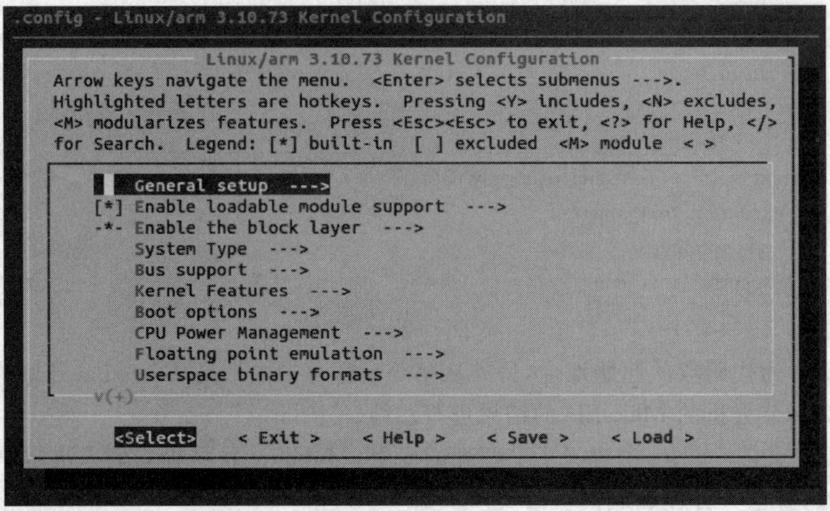

图 14-2　内核配置菜单界面

一起被写入配置文件 . config 中，比如有一个 config 条目用来配置 CONFIG_LEDS_
S5PV210。根据用户的选择，. config 文件中可能出现下面 3 种配置结果中的一个。

```
CONFIG_LEDS_S5PV210＝y          ＃ 对应的文件被编译进内核
CONFIG_LEDS_S5PV210＝m          ＃ 对应的文件被编译成模块
＃CONFIG_LEDS_S5PV210           ＃ 对应的文件没有被使用
```

以一个例子说明 config 条目格式，下面代码摘自 fs/Kconfig 文件，它用于配置
CONFIG_JFFS2_ZLIB 选项。

```
116 config JFFS2_ZLIB
117     bool "JFFS2 ZLIB compression support" if JFFS2_COMPRESSION_OPTIONS
118     select ZLIB_INFLATE
119     select ZLIB_DEFLATE
120     depends on JFFS2_FS
121     default y
122     help
123         Zlib is designed to be a free, general-purpose, legally unencumbered,
124         lossless data-compression library for use on virtually any computer
125         hardware and operating system. See <http://www.gzip.org/zlib/> for
126         further information.
127
128         Say 'Y' if unsure.
129
```

上述代码中几乎包含了所有的元素，下面一一说明。

第 116 行中 config 是关键字，表示一个配置选项的开始；紧跟着的 JFFS2_ZLIB 是配
置选项的名称，省略了前缀 CONFIG_。

第 117 行中 bool 表示变量类型，即 CONFIG_JFFS2_ZLIB 的类型。通常有 5 种类型：
bool、tristate、string、hex 和 int，其中的 tristate 和 string 是基本的类型，其他类型是它们的
变种。bool 变量值有两种：y 和 n；tristate 变量值有 3 种：y、n 和 m；string 变量值为字符

串；hex 变量值为十六进制的数据；int 变量值为十进制的数据。

bool 之后的字符串是提示信息，在配置界面中上下移动光标选中它时，就可以通过按空格或回车键来设置 CONFIG_JFFS2_ZLIB 的值。如果使用 if <expr>，则当 expr 为真时才显示提示信息。在实际使用时，prompt 关键字可以省略。提示信息的完整格式如下：

"prompt"<prompt>["if"<expr>]

第 118 行表示当前配置选项 CONFIG_JFFS2_ZLIB 被选中时，配置选项 ZLIB_INFLATE 也会被自动选中，格式如下：

"select"<symbol> ["if" <expr>]

第 120 行表示依赖关系，只有 CONFIG_JFFS2_ZLIB 配置选项被选中时，当前配置选项的提示信息才会出现，才能设置当前配置选项。注意，如果依赖条件不满足，则它取默认值。格式如下：

"depends on"/ "requires" <expr>

第 121 行表示默认值为 y，格式如下：

"default" <expr> ["if" <expr>]

第 122 行表示下面几行是帮助信息，帮助信息的关键字有如下两种，它们完全一样。当遇到一行的缩进距离比第一行帮助信息的缩进距离小时，表示帮助信息已经结束。比如 129 行的缩进距离比第 128 行的缩进距离小，帮助信息到第 128 行结束。

"help"或者"---help---"

2. menu 条目
menu 条目用于生成菜单，格式如下：

"menu" <prompt>
<menu options>
<menu block>
"endmenu"

它的实际使用并不如它的标准格式那样复杂，下面是一个例子。

Menu "Floating point emulation"
config FPE_NEFPE
...
config FPE_NEFPE_XP
    ...
endmenu

menu 之后的字符串是菜单名，menu 和 endmenu 之间有很多 config 条目。在配置界面上会出现如下字样的菜单，移动光标选中它后按回车键进入，就会看到这些 config 条目定义的配置选项。

Floating point emulation - - - >

3. choice 条目

choice 条目将多个类似的配置选项组合在一起,供用户单选或多选,格式如下:

```
"choice"
<choice options>
<choice block>
"endchoice"
```

实际使用中,也是在 choice 和 endchoice 之间定义多个 config 条目,比如 arch/arm/Kconfig 中有如下代码:

```
choice
    prompt "ARM system type"
    default ARCH_VERSATILE if !MMU
    default ARCH_MULTIPLATFORM if MMU

config ARCH_MULTIPLATFORM
    bool "Allow multiple platforms to be selected"
...
endchoice
```

prompt "ARM system type"给出提示信息"ARM system type",光标选中它后按回车键进入,就可以看到多个 config 条目定义的配置选项。

choice 条目中定义的变量类型只能有两种:bool 和 tristate,不能同时有这两种类型的变量。对于 bool 类型的 choice 条目,只能在多个选项中选择一个;对于 tristate 类型的 choice 条目,要么就把多个(可以是一个)选项都设为 m;要么就像 bool 类型的 choice 条目一样,只能选择一个。这是可以理解的,比如对于同一个硬件,它有多个驱动程序,可以选择将其中之一编译进内核(配置选项设为 y),或者把它们都编译为模块(配置选项设为 m)。

4. comment 条目

comment 条目用于定义一些帮助信息,它在配置过程中出现在界面的第一行,并且这些帮助信息会出现在配置文件中(作为注释),格式如下:

```
"comment" <prompt>
<comment options>
```

实际使用中也很简单,比如 arch/arm/Kconfig 中有如下代码:

```
menu "Floating point emulation"
comment "At least one emulation must be selected"
```

进入菜单"Floating point emulation--->"之后,在第一行会看到如下内容:

```
--- At least one emulation must be selected
```

而在.config 文件中也会看到如下内容:

```
#
# At least one emulation must be selected
#
```

5. source 条目

source 条目用于读入另一个 Kconfig 文件，格式如下：

"source" <prompt>

下面是一个例子，摘自 arch/arm/Kconfig，它读入 drivers/Kconfig 文件。

source "drivers/Kconfig"

6. 菜单形式配置界面操作方法

配置界面的开始几行就是它的操作方法说明，如图 14-3 所示。

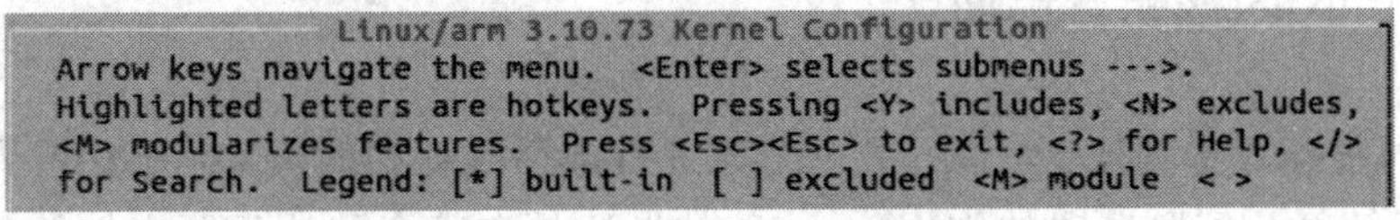

```
             Linux/arm 3.10.73 Kernel Configuration
Arrow keys navigate the menu. <Enter> selects submenus --->.
Highlighted letters are hotkeys. Pressing <Y> includes, <N> excludes,
<M> modularizes features. Press <Esc><Esc> to exit, <?> for Help, </>
for Search. Legend: [*] built-in [ ] excluded <M> module < >
```

图 14-3　菜单配置界面操作说明

内核 scripts/kconfig/mconf. c 文件中的注释给出了更详细的操作方法，讲解如下。

一些特殊功能的文件可以直接编译进内核中，或者编译成一个可加载模块，或者根本不使用它们。还有一些内核参数必须给它们赋一个值，可以是十进制数、十六进制数，或者一个字符串。

配置界面中，以[＊]、[M]或[]开头的选项表示相应功能的文件被编译进内核中、被编译成一个模块，或者没有使用。尖括号<>表示相应功能的文件可以被编译成模块。

要修改配置选项，先使用方向键高亮选中它，按 Y 键选择将它编译进内核，按 M 键选择将它编译成模块，按 N 键将不使用它；也可以按空格键进行循环选择，例如：Y—N—M—Y。

上/下方向键用来高亮选中某个配置选项，如果要进入某个菜单，先选中它，然后按回车键进入。配置选项的名字后有"--->"表示它是一个子菜单。配置选项的名称中有一个高亮的字母，被称为"热键"(hotkey)，直接输入热键就可以选中该配置选项，或者循环选中有相同热键的配置选项。

可以使用翻页键 PAGE UP 和 PAGE DOWN 来移动配置界面中的内容。

要退出配置界面，使用左/右方向键选中 Exit 按钮，然后按回车键。如果没有配置选项使用后面这些按键作为热键的话，也可以按两次 ESC 键或 E、X 键退出。

按 TAB 键可以在 Select、Exit 和 Help 这 3 个按钮中循环选中它们。

要想阅读某个配置选项的帮助信息，选中它之后，再选择 Help 按钮，按回车键；也可以选中配置选项后，直接按 H 或? 键。

对于 choice 条目中的多个配置选项，使用方向键高亮选中某个配置选项，按 S 或空格键选中它；也可以通过输入配置选项的首字母，然后按 S 或空格键选中它。

对于 int、hex 或 string 类型的配置选项，要输入它们的值时，先高亮选中它，按回车键，输入数据，再按回车键。对于十六进制数据，前缀 0x 可以省略。

配置界面的最下面，有如下两行：

Load an Alternate Configuration File

Save an Alternate Configuration File

前者用于加载某个配置文件,后者用于将当前的配置保存到某个配置文件中去。需要注意的是,如果不使用这两个选项,配置的加载文件的输出文件都默认为.config 文件;如果加载了其他的文件(假设文件名为 A),然后在它的基础上进行修改,则最后退出保存时,这些变动会保存到 A 中去,而不是.config。

当然,可以先加载(Load an Alternate Configuration File)文件 A,然后修改,最后保存(Save an Alternate Configuration File)到.config 中去。

14.1.5　Linux 内核配置选项

Linux 内核配置选项成千上万,一个个地进行选择既耗费时间,对开发人员的要求也比较高(需要了解每个配置选项的作用)。一般的做法是在某个默认配置文件的基础上进行修改,比如可以先加载源码里提供的配置文件,比如 arch/arm/configs/s5pv210_defconfig,然后再增加、去除某些配置选项。

下面分三部分介绍内核配置选项,先整体介绍主菜单的类别,然后分别介绍与移植系统比较密切的 System Type、Device Drivers 菜单。

1. 配置界面主菜单的类别

下面简单说明主菜单的类别。读者配置内核时,可以根据自己所要设置的功能进入某个菜单,然后根据其中各个配置选项的帮助信息进行配置,具体如表 14-4 所示。

表 14-4　Linux 内核配置界面主菜单说明

主菜单名称	描　述
General setup	常规设置。比如增加附加的内核版本号,支持内存页交换(swap)功能,System V 进程间通信等,除非很熟悉其中的内容,否则一般使用默认配置即可
Loadable module support	可以加载模块支持。一般都会打开可加载模块支持(enable loadable module support),允许卸载已经加载的模块(module unloading),让内核通过运行 modprobe 来自动加载所需要的模块(automatic kernel module loading)
Block layer	块设备层。用于设置块设备的一些总线参数,比如是否支持大于 2TB 的块设备,是否支持大于 2TB 的文件,设置 I/O 调度器等。一般使用默认配置
System Type	系统类型。选择 CPU 的架构、开发板类型等与开发板相关的配置选项
Kernel Features	用于设置内核的一些参数。比如是否支持内核抢占(这对实时性有帮助),是否支持动态修改系统时钟(timer tick)等
Bus support	PCMCIA/CardBus 总线的支持
Boot options	启动参数。比如设置默认的命令参数等,一般不用配置
Flaoting point emulation	浮点运算仿真功能。目前 Linux 还不支持硬件浮点运算,所以要选择一个浮点仿真器,一般选择 NWFPE math emulation
Userspace binary formats	可执行文件格式。一般都选择支持 ELF、a.out 格式
Power management options	电源管理选项

续表

主菜单名称	描述
Networking	网络协议选项。一般都选择 Networking support 以支持网络功能,选择 Packet socket 以支持 socket 接口的功能,选择 TCP/IP networking 以支持 TCP/IP 网络协议。通常可以在选择 Networking support 后使用默认配置
Device Drivers	设备驱动程序。几乎包含了 Linux 的所有驱动程序
File systems	文件系统。可以在里面选择要支持的文件系统,比如 EXT4、JFFS2 等
Profiling support	对系统的活动进行分析,仅供内核开发者使用
Kernel hacking	调试内核时的各种选项
Security options	安全选项。一般使用默认配置
Cryptographic options	加密选项
Library routines	库子程序。比如 CRC32 校验函数、zlib 压缩函数等。不包含在内核源码中的第三方内核模块可能需要这些库,可以全不选,内核中若有其他部分依赖它,则会自动选上

2. System Type 菜单

ARM 平台执行 make menuconfig 后在配置界面可以看到 System Type 字样,进去后得到另一个界面,如图 14-4 所示。

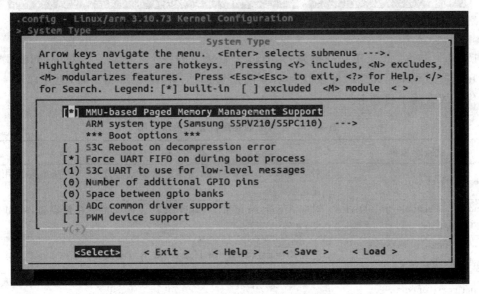

图 14-4　System Type 菜单配置界面

第一行 ARM system type 用来选择体系结构,进入之后选中 ARM system type (Samsung S5PV210/S5PC110)后可以选择目标的平台类型,这里由于直接使用 Linux 内核自带的配置文件,所以默认已经选好 S5PV210,同样,在配置文件.config 中一定有下面这个变量与之对应。

264 CONFIG_ARCH_S5PV210＝y

从第三行 Boot options 向下还有很多选项,开发人员可以根据实际情况选择相应的选项即可,这里使用默认配置。

3. Device Drivers 菜单

执行 make menuconfig 后在配置界面可以看到 Device Drivers 字样,选择它则进入如图 14-5 所示的界面。

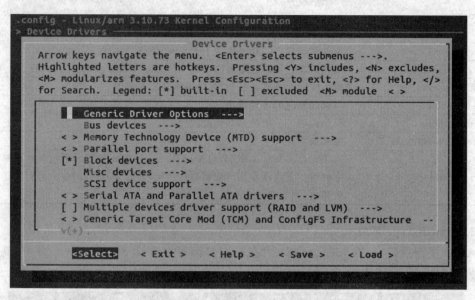

图 14-5 Device Drivers 菜单配置界面

图 14-5 中各个子菜单与内核源码 drivers/目录下的各个子目录一一对应,如表 14-5 所示。在配置过程中可以参考此表找到对应的配置选项;在添加新驱动时,也可以参考它来决定代码放在哪个目录下。

表 14-5 设备驱动程序配置子菜单说明

设备子菜单	描 述
Generic Driver Options	对应 Drivers/base 目录,这是设备驱动程序中一些基本和通用的配置选项
Memory Technology Device (MTD) support	对应 drivers/mtd 目录,用于支持各种新型的存储设备,比如 Nor、Nand 等
Connector-unified userspace <-> kernelspace linker	对应 drivers/connector 目录,一般不用设置
Parallel port support	对应 drivers/parport 目录,用于支持各种并口设备,在一般嵌入式开发板中用不到
Plug and Play support	对应 drivers/pnp 目录,支持各种"即插即用"的设备
Block devices	对应 drivers/block 目录,包括回环设备、RAMDISK 等的驱动
ATA/ATAPI/MFM/ RLL support	对应 drivers/ide 目录,用来支持 ATA/ATAPI/MFM/RLL 接口的硬盘、软盘、光盘等
SCSI device support	对应 drivers/scsi 目录,支持各种 SCSI 接口的设备
Serial ATA (prod) and Parallel ATA(experimental) drivers	对应 drivers/ata 目录,支持 SATA 与 PATA 设备
Multi-device support (RAID and LVM)	对应 drivers/md 目录,表示多设备支持(RAID 和 LVM)。RAID 和 LVM 的功能是使多个物理设备建成一个单独的逻辑磁盘

续表

设备子菜单	描　　述
Network device support	对应 drivers/net 目录,用来支持各种网络设备,比如 DM9000A 等
ISDN subsystem	对应 drivers/isdn 目录,用来提供综合业务数字网的驱动
Input device support	对应 drivers/input 目录,支持各类输入设备,比如键盘、鼠标等
Character devices	对应 drivers/char 目录,它包含各种字符设备的驱动程序。串口的配置 选项也是从这个菜单调用的,但是串口的代码在 drivers/serial 目录下
I2C support	对应 drivers/i2c 目录,支持各类 I2C 设备
SPI support	对应 drivers/spi 目录,支持各类 SPI 设备
Dallas's 1-wire bus	对应 drivers/w1 目录,支持一线总线
Hardware Monitoring support	对应 drivers/hwmon 目录,当前主板大多都有一个监控硬件健康的 设备用于监视温度/电压/风扇转速等,这些功能需要 I2C 的支持。 在嵌入式开发板上一般用不到
Misc devices	对应 drivers/misc 目录,用来支持一些不好分类的设备,称为杂项设备
Multifunction device drivers	对应 drivers/mfd 目录,用来支持多功能的设备,比如 SM501,它既可 用于显示图像,也可用作串口等
LED devices	对应 drivers/leds 目录,包含各种 LED 驱动程序
Multimedia devices	对应 drivers/media 目录,包含多媒体驱动,比如 V4L（Video for Linux）,它用于向上提供统一的图像、声音接口
Graphics support	对应 drivers/video 目录,提供图形设备/显卡的支持
Sound	对应 sound/目录（不在 drivers/目录下）,用来支持各种声卡
HID Devices	对应 drivers/hid 目录,用来支持各种 USB-HID 设备,或者符合 USB- HID 规范的设备,比如蓝牙设备,HID 表示 human interface device, 以及各种 USB 接口的鼠标、键盘、手写板等输入设备
USB support	对应 drivers/usb 目录,包括各种 USB Host 和 USB Device 设备
MMC/SD card support	对应 drivers/mmc 目录,用来支持各种 MMC/SD 卡
Real Time Clock	对应 drivers/rtc 目录,用来支持各种实时时钟设备

14.2　Linux 内核移植

本节将修改 linux-3.10.73 内核,使得它可以在 S5PV210 开发板上运行,修改相关驱动使它支持网络功能、JFFS2 文件系统等。在移植前首先分析一下内核的启动过程。

14.2.1　Linux 内核启动过程分析

在移植 Linux 之前先了解它的基本启动过程,Linux 的启动过程分为两部分: 架构/开发板相关的引导过程、后续的通用启动过程。如图 14-6 所示为 ARM 架构处理器上 Linux内核 vmlinux 的启动过程。之所以强调是 vmlinux,是因为其他格式的内核在进行与vmlinux 相同的流程之前会有一些独特的操作。比如对于压缩格式的内核 zImage,它首先进行自解压得到 vmlinux,然后执行 vmlinux 开始"正常的"启动过程。

引导阶段通常使用汇编语言编写,它首先检查内核是否支持架构的处理器,然后检查是

否支持当前开发板。通过检查后,就为调用下一阶段的 start_kernel 函数作准备了。主要分如下两个步骤:

(1) 链接内核时使用的虚拟地址,所以要设置页表、使用 MMU。

(2) 调用 C 函数 start_kernel 之前的常规工作,包括复制数据段、清除 BSS 段、调用 start_kernel 函数。

第二阶段的关键代码主要使用 C 语言编写,它完成内核初始化的全部工作,最后调用 rest_init 函数启动 init 过程,创建系统第一个进程:init 进程。在第二阶段仍有部分架构/开发板相关的代码,比如图 14-6 中的 setup_arch 函数用于进行架构/开发板相关的设置,比如重新设置页表、设置系统时钟、初始化串口等。

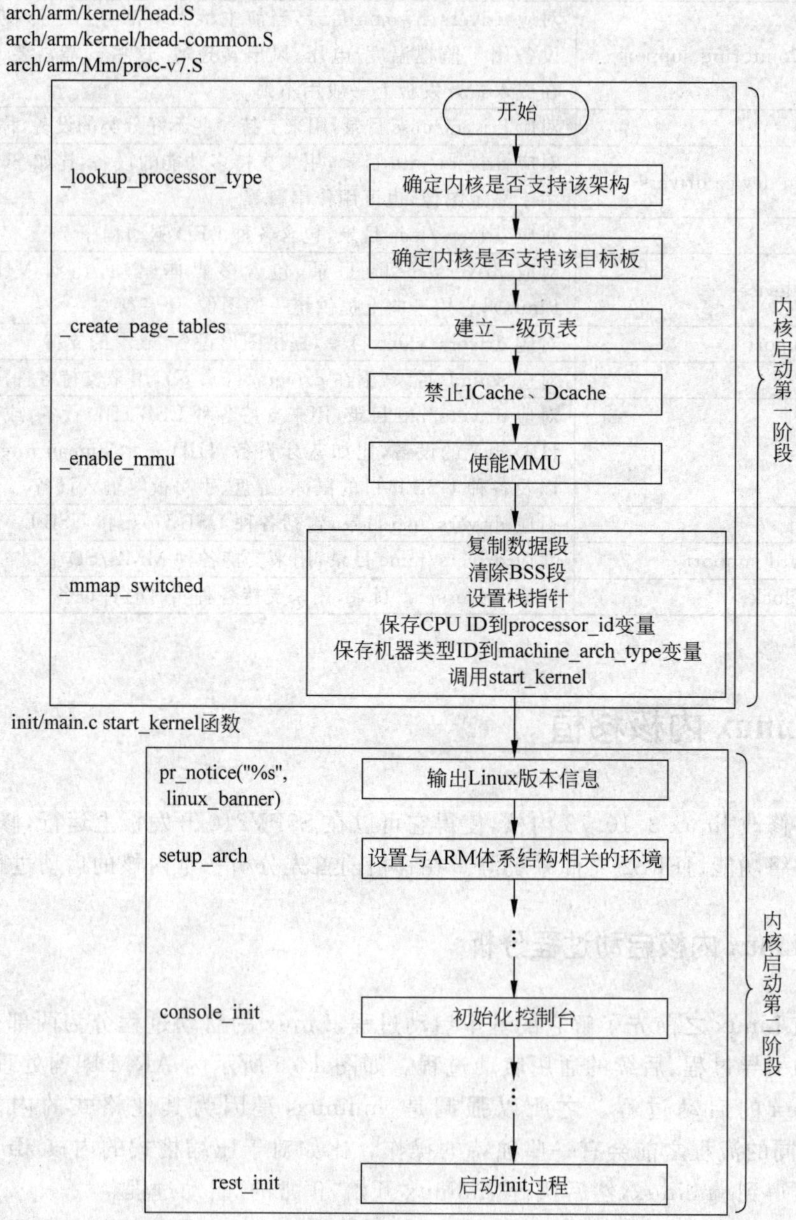

arch/arm/kernel/head.S
arch/arm/kernel/head-common.S
arch/arm/Mm/proc-v7.S

图 14-6　ARM 处理器下 Linux 的启动过程

14.2.2 修改内核支持 S5PV210 平台

首先配置、编译内核,确保内核可以正确编译。修改顶层 Makefile 如下所示:

```
194 # Note: Some architectures assign CROSS_COMPILE in their arch/ * /Makefile
195 ARCH        ? = arm
196 CROSS_COMPILE   ? = arm-linux-
197
```

第 195 行指定体系结构 ARCH 变量为 arm,第 196 行指定编译工具链 CROSS_COMPILE 为 arm-linux-,这里所用的交叉工具链仍然是本书开头介绍的工具链。

然后执行如下命令,使用 S5PV210 的默认配置文件(arch/arm/configs/s5pv210_defconfig)来生成默认的.config 配置文件,以后就可以使用 make menuconfig 打开配置图形界面来配置了。

```
$ make s5pv210_defconfig
#
# configuration written to .config
#
```

配置文件.config 里定义了一些变量,这些变量指定了哪些模块编译进内核,哪些模块作为模块加载到内核,以及哪些模块不需要,通常建议在配置完成后,将.config 文件进行备份以防以后.config 文件被破坏。下面内容摘自.config 文件:

```
264 CONFIG_ARCH_S5PV210 = y
265 # CONFIG_ARCH_EXYNOS is not set
266 # CONFIG_ARCH_SHARK is not set
267 # CONFIG_ARCH_U300 is not set
268 # CONFIG_ARCH_DAVINCI is not set
269 # CONFIG_ARCH_OMAP1 is not set
270 CONFIG_PLAT_SAMSUNG = y
271 CONFIG_PLAT_S5P = y
272
273 #
274 # Boot options
275 #
276 # CONFIG_S3C_BOOT_ERROR_RESET is not set
277 CONFIG_S3C_BOOT_UART_FORCE_FIFO = y
```

执行 make menuconfig 配置开发板的调试串口,在配置界面进入 System Type,如下所示:

```
System Type - - ->
    (1) S3C UART to use for low-level messages
```

可以看到默认是使用 UART1 作为调试串口用,而 S5PV210 开发板使用的是 UART0,所以这里要修改:

```
System Type - - ->
    (0) S3C UART to use for low-level messages
```

如果这里的调试串口不进行修改,那么当从 U-Boot 启动内核时,会停在"Starting Kernel…"处,因为内核中的启动信息是从 UART1 输出。

这里顺便修改下面这些内容,将一些与开发板无关的内容去掉。去掉 S5PC110 相关的内容,将[*]改为[ ]即可,如下所示:

```
S5PC110 Machines - - ->
        [ ] Aquila
        [ ] GONI
        [ ] SMDKC110
```

以上配置完成后,记得将配置内容保存到.config 配置文件,如图 14-7 所示。

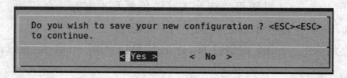

图 14-7　保存修改内容到配置文件

接下来可以输入 make uImage 来尝试编译内核,最终出现如下编译错误:

```
    UIMAGE arch/arm/boot/uImage
"mkimage" command not found - U-Boot images will not be built
make[1]: *** [arch/arm/boot/uImage] 错误 1
make: *** [uImage] 错误 2
```

因为想编译生成 uImage,即在 vmlinux 前面加上一些引导信息,以方便 U-Boot 加载 vmlinux。从错误提示可知缺少 mkimage 工具,这个工具是在编译 U-Boot 时产生的,其源代码和编译后的可执行文件都在 u-boot-2014.04/tools/目录下,所以只需要将此工具复制到交叉工具链的 bin 目录下,或者放到宿主机的 usr/bin/目录下。

再重新输入 make uImage 编译,最终看到如下编译成功信息:

```
    Kernel: arch/arm/boot/zImage is ready
    UIMAGE arch/arm/boot/uImage
Image Name:    Linux-3.10.73
Created:       Fri Apr 10 15:03:13 2015
Image Type:    ARM Linux Kernel Image (uncompressed)
Data Size:     1324960 Bytes = 1293.91 kB = 1.26 MB
Load Address: 20008000
Entry Point:   20008000
    Image arch/arm/boot/uImage is ready
```

在第 13 章讲解 U-Boot 移植时,已经修改了 U-Boot 下传递给内核的机器 ID 为 0x998,所以接下来直接将编译好的 uImage 通过 U-Boot 下的 tftpboot 命令烧写到内存的 0x20000000 处,如下所示:

```
TQ210 # tftpboot 20000000 uImage
dm9000 i/o: 0x88000000, id: 0x90000a46
DM9000: running in 16 bit mode
MAC: 11:22:33:44:55:66
```

```
WARNING: Bad MAC address (uninitialized EEPROM?)
operating at 100M full duplex mode
Using dm9000 device
TFTP from server 192.168.1.101; our IP address is 192.168.1.200
Filename 'uImage'.
Load address: 0x20000000
Loading: #################################################
         #################################################
         338.9 KiB/s
done
Bytes transferred = 1824880 (1bd870 hex)
TQ210 #
```

如果 U-Boot 下面的机器 ID 与内核不匹配,则运行内核代码会提示如下信息,并且内核停止继续往下执行。

```
TQ210 # bootm 20000000
## Booting kernel from Legacy Image at 20000000 ...
    Image Name:    Linux-3.10.73
    Image Type:    ARM Linux Kernel Image (uncompressed)
    Data Size:     1824816 Bytes = 1.7 MiB
    Load Address: 20008000
    Entry Point:   20008000
    Verifying Checksum ... OK
    Loading Kernel Image ... OK
Starting kernel ...
Uncompressing Linux... done, booting the kernel.
Error: unrecognized/unsupported machine ID (r1 = 0x00000722).
Available machine support:
ID (hex)        NAME
00000998        SMDKV210
Please check your kernel config and/or bootloader.
```

从上面的信息可知,内核支持的机器 ID 是 0x998,而 U-Boot 传递过来的机器 ID 是 0x722。

还记得在前面移植 U-Boot 时为加载 Linux 内核准备了一个启动菜单,现在将这个启动菜单的内容补齐,这样就不用像上面那样一个一个地输入命令去加载和执行了。修改如下所示:

```
TQ210 # setenv bootmenu_0 start kernel=tftp 20000000 uImage\;bootm 20000000
```

下次再启动时,U-Boot 就会自动加载内核到内存 0x20000000 地址,然后通过 bootm 命令跳过去执行。

让 U-Boot 加载内核,并跳转到内核中执行。通过上述分析,整个配置过程并不是很复杂,只是让内核被加载执行,仅是一个核,还做不了实际的工作,比如在上面运行应用程序等,这将是第 15 章要介绍的——在 Linux 上构建一个文件系统。

14.3　本章小结

　　本章基于内核 3.10.73 版本向读者介绍了 Linux 内核的基本特征、内核结构组成以及内核的 Kconfig、配置选项。最后基于 S5PV210 平台介绍了 Linux 内核的配置、编译方法和内核的启动过程，将编译好的内核映像烧写到 SDRAM 中执行。读者可以通过本章的系统学习 Linux 内核的移植过程，为以后独立移植其他内核打下坚实的基础。

第15章

构建 Linux 根文件系统

本章学习目标
- 了解 Linux 文件系统的工作原理和层次结构；
- 了解根文件系统下各目录的用途；
- 掌握构建根文件系统、移植 Busybox、制作 jffs2 文件系统等的方法。

15.1 Linux 文件系统概述

15.1.1 文件系统概述

1. 文件系统简介

文件系统是操作系统最为重要的一部分，它定义了磁盘上存储文件的方法和数据结构。文件系统是操作系统组织和存取信息的重要手段。每种操作系统都有自己的文件系统，如 Windows 所用的文件系统主要有 FAT、FAT32 和 NTFS，Linux 所用的文件系统主要有 ext2、ext3、ext4、jffs2、yffas2 和 btrfs 等。

一块磁盘要先分区，然后再格式化，否则就无法使用。而这个格式化的过程，就是文件系统创建的过程，也可以这样理解，磁盘上的一个分区，就是一个文件系统。这就像在使用 Windows 系统的时候，可以把磁盘分区格式化成 FAT32 或者 NTFS，但所格式化的文件系统必须是使用的系统所能识别出来的。这就是为什么 NTFS 的文件系统不能直接被 Linux 系统识别的原因。同样，Windows 也不能识别 ext3/ext4，这是一样的道理。

Linux 中并没有 C、D、E 等盘符的概念，它以树状结构管理所有的目录、文件，其他分区挂接在某个目录上，这个目录被称为挂接点或安装点(mount point)，然后就可以通过这个目录来访问这个分区上的文件了。比如，根文件系统被挂接在根目录"/"上后，在根目录下就有根文件系统的各个目录、文件了，比如/bin、/sbin、/mnt 等，再将其他分区挂接到/mnt 目录上，/mnt 目录下就有其他分区的各个目录、文件了。

文件系统有一些常用术语，读者可以了解一下。

(1) 存储介质：硬盘、光盘、Flash 盘、磁带、网络存储设备等。

(2) 磁盘的分区：这是针对大容量的存储设备来说的，主要是指硬盘；对于大硬盘，要合理地进行分区规划。

（3）文件系统的创建：这个过程是存储设备建立文件系统的过程，一般也被称为格式化或初始化。

（4）挂载（mount）：文件系统只有挂载才能使用，Linux 操作系统是通过 mount 进行挂载的，挂载文件系统时要有挂载点，比如在安装 Linux 的过程中，有时会提示用户分区，然后建立文件系统，接着是问挂载点是什么。在 Linux 系统的使用过程中，也会挂载其他的硬盘分区，同样也要选中挂载点，挂载点通常是一个空置的目录。

（5）文件系统结构：文件系统是用来组织和排列文件存取方式的一种组织形式，所以它是可见的，在 Linux 中，可以通过 ls 等工具来查看其结构。在 Linux 系统中，见到的都是树形结构。

2. Linux 常见文件系统格式介绍

ext1：第一个被 Linux 支持的文件系统是 Minix 文件系统。这个文件系统有严重的性能问题，因此出现了另一个 Linux 文件系统，即扩展文件系统。第一个扩展文件系统（ext1）由 Remy Card 设计，并于 1992 年 4 月引入到 Linux 中。ext1 文件系统是第一个使用虚拟文件系统（VFS）交换的文件系统，支持的最大文件系统为 2GB。

ext2：第二个扩展文件系统（ext2）也是由 Remy Card 设计实现的，并于 1993 年 1 月引入到 Linux 中。它借鉴了当时文件系统（比如 Berkeley Fast File System（FFS））的先进思想。ext2 支持的最大文件系统为 2TB，但是 Linux 2.6 内核将该文件系统支持的最大容量提升到 32TB。

ext3：第三个扩展文件系统（ext3）是 Linux 文件系统的重大改进，尽管它在性能方面逊色于某些竞争对手。ext3 文件系统引入了日志概念，可以在系统突然停止时提高文件系统的可靠性。虽然某些文件系统的性能更好（比如 Silicon Graphics 的 XFS 和 IBM Journaled File System（JFS）），但 ext3 支持使用 ext2 的系统进行就地（in-place）升级。ext3 由 Stephen Tweedie 设计实现，并于 2001 年 11 月引入到 Linux 中。

ext4：Linux 2.6.28 内核是首个稳定的 ext4 文件系统，在性能、伸缩性和可靠性方面进行了大量改进。最值得一提的是，ext4 支持 1EB 的文件系统。ext4 是由 Theodore Tso（ext3 的维护者）领导的开发团队设计实现的，并引入到 Linux2.6.19 内核中。ext4 在 2.6.28 内核中已经很稳定，目前 3.x 版本的内核还在使用。ext4 从竞争对手那里借鉴了许多有用的概念。例如，在 JFS 中已经实现了使用区段（extent）来管理块，另一个与块管理相关的特性（延时分配）已经在 XFS 和 Sun Microsystems 的 ZFS 中实现。在 ext4 文件系统中，可以发现各种改进和创新。这些改进包括新特性（新功能）、伸缩性（打破当前文件系统的限制）和可靠性（应对故障），当然也包括性能的改善。

swap：它是 Linux 中一种专门用于交换分区的文件系统。Linux 使用这整个分区作为交换空间。一般这个 swap 格式的交换分区是主内存的 2 倍，在内存不够时，Linux 会将部分数据写到交换分区中。

15.1.2　Linux 根文件系统目录结构

为了在安装软件时能够预知文件、目录的存放位置，让用户方便地找到不同类型的文件,在构造文件系统时,建议遵循文件系统目录标准(Filesystem Hierarchy Standard, FHS)。它定义了文件系统中目录、文件分类存放的原则,定义了系统运行所需的最小文件、目录的集合,并列举了不遵循这些原则的例外情况及其原因。FHS并不是一个强制的标准,但是大多的Linux、UNIX发行版本都遵循FHS。

本小节根据FHS标准描述Linux根文件系统的目录结构,并不深入介绍各个子目录的结构。子目录结构读者可以自行阅读FHS标准,FHS文档可以从网站 http://www.pathname.com/fhs/下载。

Linux根文件系统中一般有如图15-1所示的几个目录。下面依次介绍这几个目录的用途。

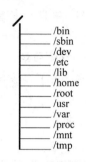

图15-1　Linux根文件系统结构

1. /bin目录

该目录下存放所有用户(包括系统管理员和一般用户)都可以使用的、基本的命令,这些命令在挂接其他文件系统之前就可以使用,所以/bin目录必须和根文件系统在同一个分区中。

/bin目录下常用的命令有 cat、chgrp、chmod、cp、ls、sh、kill、mount、umount、mkdir、mknod、test等。

2. /sbin目录

该目录下存放系统命令,即只有管理员能够使用的命令,系统命令还可以存放在/usr/sbin、/usr/local/sbin目录下。/sbin目录中存放的是基本的系统命令,它们用于启动、修复系统等。与/bin目录相似,在挂接其他文件系统之前就应该可以使用/sbin,所以/sbin目录必须和根文件系统在同一个分区中。

/sbin目录下常用的命令有 shutdown、reboot、fdisk、fsck等。

不是特别需要使用的系统命令存放在/usr/sbin目录下。需要安装的系统命令存放在/usr/local/sbin目录下。

3. /dev目录

该目录下存放的是设备文件。设备文件是Linux中特有的文件类型,Linux系统以文件的方式访问各种外设,即通过读/写某个设备文件操作某个具体硬件。比如通过/dev/ttySAC0文件可以操作串口0,通过/dev/mtdblock1可以访问MTD设备(Nand Flash、Nor Flash等Flash设备)的第2个分区(分区编号从0开始)。

设备文件有两种:字符设备和块设备。在宿主机上执行命令 ls /dev/ttySAC0 -l 可以看到如下结果:

crwxrwxr-x 1 root root 4, 64 Mar 15 2015 /dev/ttySAC0

其中字母c表示这是一个字符设备文件;"4,64"表示设备文件的主、次设备号;主设备号用来表示这是哪类设备,次设备号用来表示这是这类设备中的哪一个。对于块设备用字母b表示。

设备文件可以用 mknod 命令创建,比如:

mknod /dev/ttySAC0 c 4 64

可以在制作根文件系统的时候,就在/dev目录下创建好要使用的设备文件,比如 ttySAC0

等,不过手动方式并不是很方便的方法。

在实际文件系统构建中,使用 udev 的比较多。udev 是一个用户程序(u 是指 user space,dev 是指 device),它能够根据系统中硬件设备的状态更新设备文件,包括设备文件的创建、删除等。使用 udev 机制也不需要在/dev 目录下创建设备节点,它需要一些用户程序的支持,并且内核要支持 sysfs 文件系统。它的操作相对复杂,但是灵活性很高。在 busybox 中有一个 mdev 命令,它是 udev 命令的简化版本。

4. /etc 目录

该目录下存放各种配置文件,对于 PC 上的 Linux 系统,/etc 目录下的目录、文件非常多。这些目录和文件都是可选的,它们依赖于系统中所拥有的应用程序,依赖于这些程序是否需要配置文件。在嵌入式系统中,这些内容可以大为精减,如表 15-1 和表 15-2 所示。

表 15-1　/etc 目录下的子目录

目录	描述	目录	描述
Opt	用来配置/opt 下的程序(可选)	sgml	用来配置 SGML(可选)
X11	用来配置 X Window(可选)	xml	用来配置 XML(可选)

表 15-2　/etc 目录下的文件

文件	描述
export	用来配置 NFS 文件系统(可选)
fstab	用来指明当执行"mount -a"时,需要挂载的文件系统(可选)
mtab	用来显示已经加载的文件系统,通常是/proc/mounts 的链接文件(可选)
Ftpusers	启动 FTP 服务时,用来配置用户的访问权限(可选)
Group	用户的组文件(可选)
inittab	Init 进程的配置文件(可选)
ld. so. conf	其他共享库的路径(可选)
passwd	密码文件(可选)

5. /lib 目录

该目录下存放共享库和可加载模块(即驱动程序),共享库用于启动系统、运行根文件系统中的可执行程序,比如/bin、/sbin 目录下的程序。其他不是根文件系统所必需的库文件可以放在其他目录,比如/usr/lib、/usr/X11R6/lib、/var/lib 等。表 15-3 所示是/lib 目录中的内容。

表 15-3　/lib 目录下的目录和文件

目录/文件	描述
libc. so. *	动态链接 C 库(可选)
ld *	链接器、加载器(可选)
modules	内核可加载模式存放的目录(可选)

6. /home 目录

用户目录,它是可选的。对于每个普通用户,在/home 目录下都有一个以用户名命名的子目录,里面存放用户相关的配置文件。

7．/root 目录

根用户(用户名为 root)的目录,与此对应,普通用户的目录是/home 下的某个子目录。

8．/usr 目录

/usr 目录的内容可以存在另一个分区中,在系统启动后挂载到根文件系统中的/usr 目录下。该目录里面存放的是共享、只读的程序和数据,这表明/usr 目录下的内容可以在多个主机间共享,这些主机也是符合 FHS 标准的。/usr 中的文件应该是只读的,其他主机相关、可变的文件应该保存在其他目录下,比如/var。

/usr 目录通常包含如表 15-4 所示内容,在嵌入式系统中,这些内容可以进一步精减。

表 15-4　/usr 目录下的内容

目　　录	描　　述
bin	很多用户命令存放在此目录下
include	C 程序的头文件,在 PC 上进行开发时才用到,在嵌入式系统中不需要
lib	库文件
local	本地目录
sbin	非必需的系统命令(必需的系统命令存放在/sbin 目录下)
share	架构无关的数据
X11R6	XWindow 系统
games	游戏
src	源代码

9．/var 目录

与/usr 目录相反,/var 目录中存放可变的数据,比如 spool 目录(mail、news、打印机等用的)、log 文件、临时文件等。

10．/proc 目录

这是一个空目录,常作为 proc 文件系统的挂载点。proc 文件系统是个虚拟的文件系统,它没有实际的存储设备,里面的目录、文件都是由内核临时生成的,用来表示系统的运行状态,也可以操作其中的文件控制系统。

系统启动时,使用以下命令挂载 proc 文件系统(常在/etc/fstab 进行设置以自动挂载):

```
# mount -t proc none /proc
```

11．/mnt 目录

用于临时挂载某个文件系统的挂载点,通常是空目录;也可以在里面创建一些空的子目录,比如/mnt/cdrom、/mnt/hda1 等,用来临时挂载光盘、硬盘。

12．/tmp 目录

该目录用于存放临时文件,通常是空目录。一些需要生成临时文件的程序会用到/tmp 目录,所以/tmp 目录必须存在并可以访问。为减少对 Flash 的操作,当在/tmp 目录上挂载内存文件系统时,可使用命令如下:

```
# mount -t tmpfs none /tmp
```

15.1.3　文件系统工作原理

　　文件系统的工作与操作系统的文件数据有关,现在操作系统的文件数据除了文件实际内容外,通常含有非常多的属性,例如文件权限(rwx:读/写/执行)与文件属性(文件类型、所有者、用户级、时间参数等)。文件系统通常会将这两部分的数据分别存放在不同的区块,权限与属性放到 inode 中,数据则放到 block 区块中。另外,还有一个超级区块(super block)会记录整个文件系统的整体信息,包括 inode 与 block 的总量、使用量、剩余量等。

　　每个 inode 与 block 都有编号,这三种区块的意义可以简略说明如下。

　　(1) super block:记录文件系统的整体信息,包括 inode/block 的总量、使用量、剩余量以及文件系统的格式与相关信息等。

　　(2) inode:记录文件的属性,一个文件占用一个 inode,同时记录此文件的数据所在的block 号。

　　(3) block:实际记录文件的内容,若文件太大时,会占用多个 block。

　　由于每个 inode 与 block 都有编号,而每个文件都会占用一个 inode,inode 内则有文件数据放置的 block 号码,因此,如果能够找到文件的 inode 的话,自然就会知道这个文件所放置数据的 block 号码了,当然也就能够读出实际的数据了。这是比较有效率的方法,如此一来就能够在短时间内读取出磁盘全部的数据,读/写的效能比较高。

　　以上这种数据存取的方式就是通常所说的索引式文件系统,Linux 中的 ext2/3/4 都是索引式文件系统。通常索引式文件系统与 Windows 下的 FAT 文件系统最大的区别就是后者在使用过程中会产生大量的磁盘碎片,FAT 文件系统没有办法将一个文件的所有 block在一开始就读取出来,因为每一个 block 号码都记录在前一个 block 当中,所以如果写一个文件数据占用了多个 block,这些 block 可能分散在磁盘的多个地方,这样磁盘转一圈不一定就能写完数据,需要转好几圈才能把完整的文件数据写到磁盘上,这样就会产生碎片,这也就是为什么 FAT 格式的文件系统经常需要进行磁盘碎片整理的原因。

　　目录在 PC Linux 系统中使用 ext4 格式的文件系统比较多,但也有新的文件系统出现,比如 btrfs,这是一个更高效的文件系统。对于 btrfs 文件系统,这里不进行介绍,有兴趣的读者可以到 Linux 相关社区了解,而且在嵌入式系统中暂时也没有用到这些系统。

15.2　移植 Busybox

15.2.1　Busybox 介绍

　　Busybox 最初是由 Bruce Perens 在 1996 年为 Debian GNU/Linux 安装盘编写的,其目的是在一张软盘上创建一个可引导的 GNU/Linux 系统,以用作安装盘和急救盘。Busybox是一个遵循 GPL v2 协议的开源项目,它将众多的 UNIX 命令集合到一个很小的可执行程序中,可以用来替换 GNU fileutils、shellutils 等工具集。Busybox 中的各种命令与相应的GNU 工具相比,所能提供的选项较少,但是也能够满足一般应用了。Busybox 主要用于嵌入式系统。

　　Busybox 在编写过程中对文件大小进行了优化,并考虑了系统资源(比如内存等)有限的情况。与一般的 GNU 工具集动辄几 MB 的体积相比,动态链接的 Busybox 只有几百KB,即使是采用静态链接也只有 1MB 左右。Busybox 按模块设计,可以很容易地加入、去除某些命令或增减命令的某些选项。

　　在创建根文件系统的时候,如果使用 Busybox,只需要在/dev 目录下创建必要的设备节点,在/etc 目录下增加一些配置文件即可。当然,如果 Busybox 使用动态链接,则还需要在/lib 目录下包含库文件。

　　而所谓制作根文件系统,就是创建各种目录,并且在目录里创建相应的文件。例如,在/bin 目录下放置可执行程序,在/lib 下放置各种库等。

15.2.2　Busybox 的目录结构

　　Busybox 发展到现在,其功能也越来越强大,而且配置与编译的方式也与 Linux 越来越接近,所以很容易移植。下面介绍 Busybox 下一些主要的目录,如表 15-5 所示。

表 15-5　Busybox 目录结构

目　　录	描　　述
applets	很多用户命令存放在此目录下
applets_sh	C 程序的头文件,在 PC 上进行开发时才用到,在嵌入式系统中不需要
archival	与压缩有关的命令源文件,例如 bzip2、gzip 等
configs	自带的一些默认配置文件
console-tools	与控制台相关的一些命令,例如 setconsole
coreutils	常用的核心命令,例如 ls、cp、cat、rm 等
editors	常用的编辑命令,例如 vi、diff 等
findutils	常用的查找命令,例如 find、grep 等
init	init 进程的实现源文件
networking	与网络相关的命令,例如 telnet、arp 等
shell	与 shell 相关的实现,例如 ash、msh 等
util-linux	Linux 下常用的命令,主要是与文件系统相关的,例如 mkfs_ext2 等

15.2.3　内核 init 进程及用户程序启动过程

　　Busybox 中最重要的程序自然是 init,大家都知道 init 进程是由内核启动的第一个(也是唯一一个)用户进程(进程 ID 为 1),init 进程根据配置文件决定启动哪些程序,例如执行某些脚本、启动 shell 或运行用户程序等。init 是后续所有进程的发起者,例如,init 进程启动/bin/sh 程序后,用户才能够在控制台上输入各种命令。

　　init 进程的执行程序通常都是/sbin/init,上述讲到的 init 进程的作用只不过是/sbin/init 这个程序的功能。如果想让 init 执行自己想要的功能,那么有两种途径:第一,使用自己的 init 程序,这包括使用自己的 init 替换/sbin/下的 init 程序,或者修改传递给内核的参数,指定"init＝xxx"这个参数,让 init 环境变量指向自己的 init 程序;第二,就是修改 init 的配置文件,因为 init 程序很大一部分的功能都是按照其配置文件执行的。

一般而言,在 Linux 系统中有两种 init 程序:BSD init 和 System V init。BSD 和 System V 是两种版本的 UNIX 系统。这两种 init 程序各有优缺点,现在大多数 Linux 发行版本使用的都是 System V init。但在嵌入式系统中经常使用的则是 Busybox 集成的 init 程序,下面基于它进行介绍。

1. 内核如何启动 init 进程

内核启动的最后一步就是启动 init 进程,相关代码在 init/main.c 文件中,如下所示:

```
817 static int __ref kernel_init(void * unused)
818 {
819     kernel_init_freeable();
820     /* need to finish all async __init code before freeing the memory */
821     async_synchronize_full();
822     free_initmem();
823     mark_rodata_ro();
824     system_state = SYSTEM_RUNNING;
825     numa_default_policy();
826
827     flush_delayed_fput();
828
829     if (ramdisk_execute_command) {
830         if (!run_init_process(ramdisk_execute_command))
831             return 0;
832         pr_err("Failed to execute %s\n", ramdisk_execute_command);
833     }
834
835     /*
836      * We try each of these until one succeeds.
837      *
838      * The Bourne shell can be used instead of init if we are
839      * trying to recover a really broken machine.
840      */
841     if (execute_command) {
842         if (!run_init_process(execute_command))
843             return 0;
844         pr_err("Failed to execute %s. Attempting defaults...\n",
845             execute_command);
846     }
847     if (!run_init_process("/sbin/init") ||
848         !run_init_process("/etc/init") ||
849         !run_init_process("/bin/init") ||
850         !run_init_process("/bin/sh"))
851         return 0;
852
853     panic("No init found. Try passing init= option to kernel. "
854         "See Linux Documentation/init.txt for guidance.");
855 }
856
```

代码并不复杂,与 init 启动最为相关的就是 run_init_process 这个函数了,它运行指定的 init 程序。注意:一旦 run_init_process 运行创建进程成功,它将不会返回,而是通过操作内核栈进入用户空间。所以上面并不是运行了 4 个 init 进程,而是根据优先级,一旦某一个运行成功,就不往下继续执行了。

下面详细描述一下该函数的执行过程。

(1) 打开标准输入、标准输出和标准错误设备。

Linux 中最先打开的 3 个文件分别称作标准输入(stdin)、标准输出(stdout)和标准错误(stderr),它们对应的文件描述符分别是 0、1、2。所谓标准输入就是程序中使用 scanf()、fscanf(stdin,…)获取数据时,从哪个文件(设备)读取数据;标准输出、标准错误都是输出设备,前者对应 printf()、fprintf(stdout,…),后者对应 fprintf(stderr,…)。

第 819 行的 kernel_init_freeable 函数会尝试打开/dev/console 设备文件,如果成功,它就是 init 进程标准输入设备。

这个函数也是在 main.c 文件中定义的:

```
888      /* Open the /dev/console on the rootfs, this should never fail */
889      if (sys_open((const char __ user * ) "/dev/console", O_RDWR, 0) < 0)
890          pr_err("Warning: unable to open an initial console.\n");
891
```

(2) 如果变量 ramdisk_execute_command 为空,则将其指向/init 程序。如果该程序存在,则运行该程序,并且进程不会返回;如果该程序不存在,则置变量 ramdisk_execute_command 为 NULL。在 kernel_init_freeable 函数中有如下代码片段:

```
898
899      if (!ramdisk_execute_command) //ramdisk_execute_command 为空
900          ramdisk_execute_command = "/init";
901
902      if (sys_access((const char __ user * ) ramdisk_execute_command, 0) != 0)    {
903          ramdisk_execute_command = NULL;
904          prepare_namespace();
905      }
```

由于 rdinit_setup 这个函数没有执行,所以在第 899 行中 ramdisk_execute_command 为空,将/init 赋给它。第 902 行检查/init 程序是否存在,这里也不存在,所以最终 ramdisk_execute_command 为空。

(3) 如果变量 execute_command 指定了要运行的程序,则运行它,并且不会返回。

在 kernel_init 函数的第 835~846 行判定 execute_command 是否指向可执行程序,在 init/main.c 中,可以看到 execute_command 在 init_setup 函数中被初始化,通过跟踪代码发现 init_setup 函数并没有执行,所以这里 execute_command 也为空。

(4) 依次尝试几个常见的 init,一旦某一个成功,则不返回。

这里从第 847 行开始依次尝试执行,只要尝试成功,并不会返回。一般内核正常启动的情况下,永远不会执行到第 853 行。

2. Busybox init 进程的启动过程

Busybox init 程序对应的代码在 init/init.c 文件中,下面以 Busybox-1.23.2 为例进行讲解。

1) Busybox init 程序流程

程序流程图如图 15-2 所示,其中与构建根文件系统关系密切的是控制台的初始化、对 inittab 文件的解释及执行。

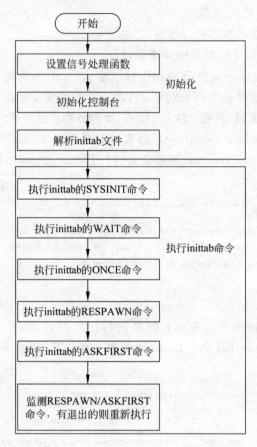

图 15-2　Busybox init 程序流程图

内核启动 init 进程的时候已经打开了/dev/console 设备作为控制台,一般情况下 Busybox init 程序就使用/dev/console。但是如果内核启动 init 进程的时候同时指定了环境变量 CONSOLE 或者 console,则 init 使用环境变量所指定的设备。在 Busybox 中还会检查这个指定的设备是否可以打开,如果不能打开,则使用/dev/null。

Busybox init 进程只是作为其他进程的发起者和控制者,并不需要控制台与用户交互,所以 init 进程会把控制台进程关掉,系统启动后运行命令"ls /proc/1/fd/"可以看到该目录为空。init 进程创建其他子进程的时候,如果没有指明该进程的控制台,则该进程也使用前面确定的控制台,至于怎么为进程指定控制台,则是通过 init 的配置文件实现的。

2) init 的配置文件

init 可以创建子进程,然而究竟应该创建哪些进程呢? 这是可以通过其配置文件定制的,init 的配置文件为/etc/inittab 文件。

inittab 文件的相关文档和示例代码都在 Busybox 的 examples/inittab 文件中,内容如下:

```
10 # Format for each entry: <id>:<runlevels>:<action>:<process>
11 #
12 # <id>: WARNING: This field has a non-traditional meaning for BusyBox init!
13 #
14 #   The id field is used by BusyBox init to specify the controlling tty for
15 #   the specified process to run on. The contents of this field are
16 #   appended to "/dev/" and used as-is. There is no need for this field to
17 #   be unique, although if it isn't you may have strange results. If this
18 #   field is left blank, then the init's stdin/out will be used.
19 #
20 # <runlevels>: The runlevels field is completely ignored.
21 #
22 # <action>: Valid actions include: sysinit, respawn, askfirst, wait, once,
23 #                                  restart, ctrlaltdel, and shutdown.
24 #
25 #   Note: askfirst acts just like respawn, but before running the specified
26 #   process it displays the line "Please press Enter to activate this
27 #   console." and then waits for the user to press enter before starting
28 #   the specified process.
29 #
30 #   Note: unrecognized actions (like initdefault) will cause init to emit
31 #   an error message, and then go along with its business.
32 #
33 # <process>: Specifies the process to be executed and it's command line.
```

第 10 行,是 inittab 文件中每一行内容的格式。inittab 文件中的每个条目用来定义一个子进程,并确定它的启动方法。每一行都分为 4 个字段,分别用“:”隔开,每个字段的意义如下。

① <id>:表示该子进程使用的控制台,如果该字段省略,则使用与 init 进程一样的控制台。

② <runlevel>:该进程的运行级别,Busybox 的 init 程序不支持运行级别这个概念,因此该字段无意义。如果要支持 runlevel,则建议使用 System V Init 程序。

③ <action>:表示 init 如何控制该进程,这是一个枚举量,可能的取值及相应的意义如表 15-6 所示。

表 15-6　action 取值及意义

action 取值	执 行 条 件	说　　明
sysinit	系统启动后最先执行	只执行一次,init 等它执行完后再执行其他动作
wait	系统执行完 sysinit 进程后	只执行一次,init 等它执行完后再执行其他动作
once	系统执行完 wait 进程后	只执行一次,init 进程不等它结束
respawn	启动完 once 进程后	init 进程监视发现子进程退出时,重新启动它
askfirst	启动完 respawn 进程后	与 respawn 类似,不过 init 进程先输出“please press Enter to active this console.”,等用户输入回车键之后启动子进程
shutdown	当系统关机时	即重启、关闭系统命令时
restart	Busybox 中配置了 CONFIG_FEATURE_USE_INITTAB,并且 init 进程接收到 SIGHUP 信号时	先重新读取、解析/etc/inittab 文件,再执行 restart 程序
ctrlaltdel	按下 Ctrl+Alt+Del 组合键时	—

④＜process＞：要执行的程序,可以为可执行程序也可以是脚本,如果＜process＞字段前面有"-"字符,则代表这个程序是可交互的,例如/bin/sh 程序。

　　3）/etc/inittab 文件内容实例

```
47 # Boot-time system configuration/initialization script.
48 # This is run first except when booting in single-user mode.
49 #
50 ::sysinit:/etc/init.d/rcS
51
52 # /bin/sh invocations on selected ttys
53 #
54 # Note below that we prefix the shell commands with a "-" to indicate to the
55 # shell that it is supposed to be a login shell. Normally this is handled by
56 # login, but since we are bypassing login in this case, BusyBox lets you do
57 # this yourself...
58 #
59 # Start an "askfirst" shell on the console (whatever that may be)
60 ::askfirst:-/bin/sh
61 # Start an "askfirst" shell on /dev/tty2-4
62 tty2::askfirst:-/bin/sh
63 tty3::askfirst:-/bin/sh
64 tty4::askfirst:-/bin/sh
65
66 # /sbin/getty invocations for selected ttys
67 tty4::respawn:/sbin/getty 38400 tty5
68 tty5::respawn:/sbin/getty 38400 tty6
69
70 # Example of how to put a getty on a serial line (for a terminal)
71 #::respawn:/sbin/getty -L ttyS0 9600 vt100
72 #::respawn:/sbin/getty -L ttyS1 9600 vt100
73 #
74 # Example how to put a getty on a modem line.
75 #::respawn:/sbin/getty 57600 ttyS2
76
77 # Stuff to do when restarting the init process
78 ::restart:/sbin/init
79
80 # Stuff to do before rebooting
81 ::ctrlaltdel:/sbin/reboot
82 ::shutdown:/bin/umount -a -r
83 ::shutdown:/sbin/swapoff -a
```

　　第 50 行是 init 进程启动的第一个子进程,它是一个脚本,可以在里面指定用户想执行的操作,比如挂接其他文件系统、配置网络等。第 60 行启动 shell,这里可以指定控制台,比如/dev/ttySAC0。第 81 行按下 Ctrl＋Alt＋Del 之后执行的程序,不过在串口控制台中无法输入 Ctrl＋Alt＋Del 组合键。第 82 行为重启、关机前的执行程序。

15.2.4　配置/编译/安装 Busybox

　　从这里开始讲解如何构建根文件系统,主要工作就是编译、安装 Busybox。首先到官网 http://www.busybox.net/downloads/下载相应版本的源代码,本书下载的版本是

busybox-1.23.2.tar.bz2。

使用如下命令解压得到 busybox-1.23.2 目录,里面就是所有的源码。

```
$ tar xjf busybox-1.23.2.tar.bz2
```

Busybox 集合了几百个命令,在一般系统中并不需要全部使用。可以通过配置 Busybox 来选择这些命令,定制某些命令的功能(选项),指定 Busybox 的连接方法(动态链接还是静态链接),指定 Busybox 的安装路径。

1. 配置 Busybox

在 busybox-1.23.2 目录下执行 make menuconfig 命令即可进入配置界面,如图 15-3 所示。

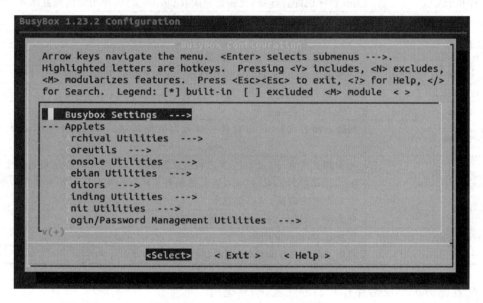

图 15-3 busybox-1.23.2 配置界面

Busybox 将所有配置分类存放,下面针对嵌入式系统介绍一些常用的配置选项,如表 15-7 所示,其他选项大家可以参照图 15-3 了解。

表 15-7 Busybox 配置选项分类

配置项类型	说 明
Busybox Settings-> General Configuration	一些通用的设置,一般不需要理会
Busybox Settings-> Build Options	连接方式、编译选项等
Busybox Settings-> Debugging Options	调试选项,使用 Busybox 时将打印一些调试信息,一般不选
Busybox Settings-> Installation Options	Busybox 的安装路径,不需设置,可以在命令行中指定
Busybox Settings-> Busybox Library Tuning	Busybox 的性能微调,比如设置在控制台上可以输入的最大字符个数,一般使用默认值即可

配置项类型	说　明
Archival Utilities	各种压缩、解压缩工具，根据需要选择相关命令
Coreutils	核心的命令，比如 ls、cp 等
Console Utilities	控制台相关的命令，比如清屏命令 clear 等。仅是提供一些方便而已，可以不理会
Debian Utilities	Debian 命令（Debian 是 Linux 的一种发行版本），比如 which 命令可以用来显示一个命令的完整路径
Editors	编辑命令，一般都选中 vi
Finding Utilities	查找命令，一般不用
Init Utilities	init 程序的配置选项，比如是否读取 inittab 文件，使用默认配置即可
Login/Password Management Utilities	登录、用户账号/密码等方面的命令
Linux Module Utilities	加载/卸载模块的命令，一般都选中
Linux System Utilities	一些系统命令，比如显示内核打印信息的 dmesg 命令、分区命令 fdisk 等
Linux Ext4 FS Progs	Ext4 文件系统的一些工具
Miscellaneous Utilites	一些不好分类的命令
Networking Utilities	网络方面的命令，可以选择一些可以方便调试的命令，比如 telnetd、ping、tftp 等
Process Utilities	进程相关的命令，比如查看进程状态的命令 ps、查看内存使用情况的命令 free、发送信号的命令 kill、查看最消耗 CPU 资源的前几个进程的命令 top 等。为方便调试，可以都选中
Shells	有多种 shell，比如 msh，ash 等，一般选择 ash
System Logging Utilities	系统日志（log）方面的命令
Ipsvd Utilities	监听 TCP、DPB 端口，发现有新的连接时启动某个程序

配置完 Busybox 后保存我们的配置，然后退出。

下面介绍一些常用的选项，方便读者参考。配置 Busybox 基本上都是选择某个选项，或者去除某个选项，比较简单。

1）指定交叉编译器和安装路径

```
Build Options - - ->
    (arm-linux-) Cross Compiler prefix
```

这里要指定的是 arm-linux-前缀的编译工具链，这个工具链就是前面制作好的工具链，所以在弹出的对话框中输入 arm-linux-即可。

```
Installation Options("make install" behavior) - - ->
    (./_install)Busybox installation prefix(NEW)
```

这里使用的是默认路径，如果要指定安装路径，则将"./_install"路径修改为指定的路径，比如/opt/mybusybox。

2）Linux Module Utilities 选项

如果在内核中需要动态加载模块，比如加载驱动模块，则下面这些配置选项要选上（主要是加载、卸载、显示模块相关命令等）。

［＊］insmod
［＊］rmmod
［＊］lsmod
［＊］modprobe
［＊］depmod

3）Linux System Utilities 选项

［＊］mdev
［＊］Support /etc/mdev.conf
［＊］Support command execute at device addition/removal
［＊］mount
［＊］Support mounting NFS file systems
［＊］umount
［＊］umount -a option

支持 mdev 可以方便构造/dev 目录,并且可以支持热插拔设备。另外,为方便调试,选中 mount、umount 命令,并让 mount 命令支持 NFS(网络文件系统)。

4）其他配置选项

Busybox Settings - - ->
　　General Configuration - - ->
　　　　［］Enable options for full-blown desktop systems

这个选项要去除,否则执行 ps 命令不会显示进程状态。

Init Utilities - - ->
　　［］Be_extra_quiet on boot

取消选中可以在系统启动时显示 Busybox 版本号加载。

2. 编译和安装

编译 Busybox,只需要在 busybox-1.23.2 目录下执行如下命令:

$ make

安装 Busybox,在 busybox-1.23.2 目录下执行下如下命令:

$ make install

安装成功后会看到如下信息:

./_install//usr/sbin/setlogcons -> ../../bin/busybox
./_install//usr/sbin/svlogd -> ../../bin/busybox
./_install//usr/sbin/telnetd -> ../../bin/busybox
./_install//usr/sbin/tftpd -> ../../bin/busybox
./_install//usr/sbin/ubiattach -> ../../bin/busybox
./_install//usr/sbin/ubidetach -> ../../bin/busybox
./_install//usr/sbin/ubimkvol -> ../../bin/busybox
./_install//usr/sbin/ubirmvol -> ../../bin/busybox
./_install//usr/sbin/ubirsvol -> ../../bin/busybox
./_install//usr/sbin/ubiupdatevol -> ../../bin/busybox
./_install//usr/sbin/udhcpd -> ../../bin/busybox

```
----------------------------------------------------
You will probably need to make your busybox binary
setuid root to ensure all configured applets will
work properly.
```

以上使用的是默认安装目录，即 busybox-1.23.2 目录下的_install 子目录，现在将此目录下的内容复制到一个新目录，即文件系统目录 rootfs 下，所以首先需要建立 rootfs 目录。整个操作过程如下所示：

```
qinfen@JXES:/opt/fs/busybox-1.23.2 $ cd ..
qinfen@JXES:/opt/fs $ cd ..
qinfen@JXES:/opt $ mkdir rootfs
qinfen@JXES:/opt $ cp fs/busybox-1.23.2/_install/ * rootfs/ -a
qinfen@JXES:/opt $ ls rootfs/
bin linuxrc sbin usr
```

将 busybox-1.23.2/examples/bootfloppy/etc/目录下的内容也复制到 rootfs 目录下：

```
qinfen@JXES:/opt $ cp fs/busybox-1.23.2/examples/bootfloppy/etc/ rootfs/ -r
```

接下来制作系统的用户账号、密码相关的内容，直接将宿主机 ubuntu 系统下面相应的配置文件复制到这里来，具体操作如下：

```
qinfen@JXES:/opt $ cd rootfs/
qinfen@JXES:/opt/rootfs $ sudo cp /etc/passwd etc/
qinfen@JXES:/opt/rootfs $ sudo cp /etc/group etc/
qinfen@JXES:/opt/rootfs $ sudo cp /etc/shadow etc/
```

注意：上面在 cp 命令前用了 sudo 命令，因为这里复制的内容是与操作系统相关的文件，需要有管理员 root 的权限，这里 sudo 命令就是赋予 root 权限的。

修改上面复制过来的配置文件如下：

```
qinfen@JXES:/opt/rootfs $ sudo vi etc/passwd
  1 root:x:0:0:root:/root:/bin/ash
```

这里需要把 ubuntu 用的 shell 程序/bin/bash 修改成 busybox 的 shell，即改成/bin/ash。如果不对这个 shell 程序做修改，当用户登录或用 telnet 命令时，都会出现"cannot run/bin/bash：No such file or directory"的错误。

15.2.5　构建根文件系统

前面介绍了如何编译、安装 Busybox，建立了相关的目录，且已经构建了一个最小的根文件系统，下面介绍剩下的部分。

在构建根文件系统前，通常需要在根目录下为文件系统创建下面这些子目录：

```
$ mkdir dev mnt proc var tmp sys root lib
```

1. 构建/etc 目录

init 进程是根据/etc/inittab 文件来创建其他子进程的，比如调用脚本文件配置 IP 地址,挂接其他文件系统,最后启动 shell 等。/etc 目录下的内容取决于要运行的程序,本小节只需要创建 etc/inittab、etc/init. d/rcS、etc/fstab、etc/profile 文件。

1) 创建 etc/inittab 文件

在 Busybox 的 examples/inittab 文件下有范例,可以直接基于范例进行如下修改:

```
qinfen@JXES:/opt/rootfs $ sudo vi etc/inittab
 1 ♯ /etc/inittab
 2 ♯ This is run first except when booting in single-user mode.
 3 ::sysinit:/etc/init.d/rcS
 4
 5 ♯ Note below that we prefix the shell commands with a "-" to indicate to the
 6 ♯ shell that it is supposed to be a login shell
 7
 8 ♯ Start an "askfirst" shell on the console(whatever that may be)
 9 ::askfirst:-/bin/sh
10
11 ♯ Start an "askfirst" shell on /dev/tty2
12 ♯tty2::askfirst:-/bin/sh
13
14 ♯ Stuff to do before rebooting
15 ::ctrlaltdel:/sbin/reboot
16 ::shutdown:/bin/umount -a -r
```

2) 创建 etc/init. d/rcS 文件

这是一个脚本文件,可以在里面添加想自动执行的命令。以下命令挂接/etc/fstab 指定的文件系统。

```
qinfen@JXES:/opt/rootfs $ sudo vi etc/init.d/rcS
 1 ♯! /bin/sh
 2
 3 ♯ This is the first script called by init process
 4
 5 mount -a
```

这是一个脚本文件,用/bin/sh 解析,这里的“mount -a”用来挂接/etc/fstab 文件指定的所有文件系统。另外,如果想在系统启动时自动配置好指定的 IP 地址,可以在这个配置文件中加入如下命令行:

```
ifconfig eth0 192.168.1.106
```

3) 创建 etc/fstab 文件

前面执行“mount -a”命令后要挂接 proc、tmpfs 文件系统。

```
qinfen@JXES:/opt/rootfs $ sudo vi etc/fstab
 1 ♯ device   mount-point  type     options   dump   fsck order
 2 proc        /proc       proc     defaults   0        0
 3 tmpfs       /tmp        tmpfs    defaults   0        0
```

/etc/fstab 文件被用来定义文件系统的静态信息,这些信息被用来控制 mount 命令的行为。文件各字段意义如下。

① device：要挂接的设备，比如/dev/mtdblock1 等设备文件，也可以是其他格式。对于 proc 文件系统，这个字段没有意义，可以是任意值，对于 NFS 文件系统，这个字段为<host>：<dir>。

② mount-point：挂接点。

③ type：文件系统类型，比如 proc、jffs2、yaffs2、ext4、nfs 等，也可以是 auto，表示自动检测文件系统类型。

④ options：挂接参数，以逗号隔开。

/etc/fstab 的作用不仅仅是用来控制"mount -a"的行为，即使是一般的 mount 命令也受它控制，这可以从表 15-8 的参数看到。除与文件系统类型相关的参数外，常用的还有表 15-8 中给出的几种取值。

表 15-8 Busybox 配置选项分类

参 数 名	说 明	默 认 值
auto/noauto	决定执行 mount -a 时是否自动挂接。 auto：自动挂接；noauto：不自动挂接	auto
user/nouser	user：允许普通用户挂接设备 nouser：只允许 root 用户挂接设备	nouser
exec/noexec	exec：允许运行所挂接设备上的程序 noexec：不允许运行所挂接设备上的程序	exec
ro	以只读方式挂接文件系统	—
rw	以读/写方式挂接文件系统	—
sync/async	sync：修改文件时，它会同步写入设备中 async：不会同步写入	sync
default	rw、suid、dev、exec、auto、nouser、async 等的组合	—

⑤ dump 和 fsck order：用来决定控制 dump、fsck 程序的行为。

dump 是一个用来备份文件的程序，fsck 是一个用来检查磁盘的程序。要想了解更多信息，请阅读它们的帮助文档。

dump 程序根据 dump 字段的值决定这个文件系统是否需要备份，如果没有这个字段，或其值为 0，则 dump 程序忽略这个文件系统。

fsck 程序根据 fsck order 字段来决定磁盘的检查顺序，一般来说，对于根文件系统这个字段设为 1，其他文件系统设为 2。如果设为 0，则 fsck 程序忽略这个文件系统。

4）创建 etc/profile 文件

这个文件主要用来设置用户登录时需要运行的环境变量和用 EXPORT 导出环境变量等，比如这里指定主机名 hostname 为 qinfen。

```
qinfen@JXES:/opt/rootfs $  sudo vi etc/profile
1 #!/bin/sh
2 # /etc/profile: system-wide .profile file for the Bourne shells
3
4 'hostname qinfen'
5 HOSTNAME= 'hostname'
6 USER= 'id-un'
```

```
 7 LOGNAME= $ USER
 8 HOME= $ USER
 9 PS1="[\u@ $ \h:\W]\ # "
10 PATH=/bin:/sbin:/usr/bin:/usr/sbin
11 LD_LIBRARY_PATH=/lib:/usr/lib: $ LD_LIBRARY_PATH
12 export PATH LD_LIBRARY_PATH HOSTNAME USER PS1 LOGNAME HOME
13 alias||="ls -l"
14
15 echo
16 echo -n "Processing /etc/profile... "
17 # no-op
18 echo "Done"
19 echo
```

2. 构建/dev 目录

在用 Busybox 制作根文件系统时,/dev 目录是必须构建的一个目录,这个目录对所有的用户都十分重要,因为在这个目录中包含了所有 Linux 系统中使用到的外部设备,即所有的设备节点。通常构建/dev 目录有两种方法:静态构建和 mdev 设备管理工具构建。

1) 静态构建

此种方法就是根据预先知道的要挂载的驱动,逐个用 mknod 命令创建它们的设备节点。这种方法现在用得不是很多,并且不支持热插拔设备,所以逐渐被 mdev 设备工具所取代。根据系统启动过程需要的最少设备,我们至少需要创建下面这些设备节点,才可以满足基本系统启动的需求。

```
cd rootfs/dev
sudo mknod console c 5 1
sudo mknod null c 1 3
sudo mknod ttySAC0 c 204 64
sudo mknod mtdblock0 b 31 0
sudo mknod mtdblock1 b 31 1
sudo mknod mtdblock2 b 31 2
```

2) mdev 动态创建

mdev 是 udev 的简化版本,通过读取内核的相应信息来动态创建设备文件或设备节点,主要功能有初始化 dev 目录,动态更新,支持热插拔。要使用 mdev 设备管理系统,需要内核支持 sysfs 文件系统,为了减少 Flash 的读/写频率,还要支持 tmpfs 文件系统。通常默认的内核配置都是支持这些需求的,可以检查内核有没有配置 CONFIG_SYSFS、CONFIG_TMPFS 项。

关于 mdev 命令的详细用法这里不进行介绍,读者可以参考 man 帮助文档。下面使用 mdev 构建 dev 目录。首先在 etc/init.d/rcS 文件中添加如下内容:

```
6 mkdir /dev/pts
7 mount -t devpts devpts /dev/pts
8 echo /sbin/mdev > /proc/sys/kernel/hotplug
9 mdev -s
```

第 7 行的 devpts 是用来支持外部网络连接(telnet)的虚拟终端;第 8 行设置内核当有

设备插拔时调用/bin/mdev 程序；第 9 行在/dev 目录下生成内核支持的所有设备的节点。

最后，在 etc/fstab 文件里添加如下内容：

```
4 sysfs        /sys       sysfs defaults    0    0
5 tmpfs        /dev       tmpfs defaults    0    0
```

第 4 行是为使用 mdev 而准备的文件系统，第 5 行，tmpfs 是为了减少对 Flash 的读/写而挂载的文件系统。

3. 准备 glib 库

大家知道嵌入式系统最终是为应用程序服务的，而应用程序必定需要一些库的支持，所以这里将前面制作交叉工具链时生成的库直接拿过来用即可。

```
$ cd /opt/rootfs
$ cp ../tools/ crosstool/arm-cortex_a8-linux-gnueabi/arm-cortex_a8-linux-gnueabi/sysroot/lib
/ * lib/ -a
```

到这里，制作的/opt/rootfs 这个目录就是一个文件系统，只是这个文件系统还没有办法烧写到 Flash 上，不过它目前可以用作网络文件系统，可以在 U-Boot 下设置传递给内核的命令行参数，这样在内核启动时就会加载这个网络文件系统。U-Boot 下命令参数设置如下：

```
set bootargs root=/dev/nfs nfsroot=192.168.1.106:/opt/rootfs ip=192.168.1.200 console=ttySAC0,115200
```

其中 nfsroot 指定了服务器的 IP 地址和根文件系统在服务器的路径，而 ip 指定了开发板中 Linux 内核的 IP 地址。

4. 制作 jffs2 文件系统

为了能使前面制作好的文件系统可以直接烧写到 Flash 上对应的文件系统分区，需要制作这个根文件系统映像。而所谓的文件系统映像文件，就是将一个目录下的所有内容按照一定的格式存放到一个文件中，这个文件可以直接烧写到存储设备。当系统启动后挂接这个设备，就可以看到与原来目录一样的内容。而制作文件系统需要相应的制作工具，对于 jffs2 文件系统的制作，需要使用 mtd-utils 工具，在宿主机 Ubuntu 下用如下命令来安装 mtd-utils 工具：

```
$ sudo apt-get install mtd-utils
```

安装完成后，就可以用如下命令将前面 rootfs 目录下的所有内容制作成一个文件系统映像：

```
$ cd /opt/rootfs
$ mkfs.jffs2 -d rootfs -o rootfs.jffs2 -s 2048 -e 0x20000 -n
```

上面命令中的"-d"表示根文件系统目录，即前面制作的 rootfs 目录，"-o"表示输出的映像文件名，"-s"指定 Flash 的一页大小为 2048 字节（根据实际使用的 Nand Flash 指定，本书所用 Nand 的一页大小是 2048 字节），"-e"指定一个擦除块的大小为 0x20000，即 128KB（同理，由实际使用的 Nand Flash 决定），"-n"表示不要在每个擦除块上都加上清除标志。

将制作好的 rootfs.jffs2 放到 tftp 服务器目录，然后使用 U-Boot 将其烧写到 Nand 的文件系统分区。

```
TQ210 # tftpboot 20000000 rootfs.jffs2
TQ210 # nand erase.part rootfs
TQ210 # nand write 20000000 rootfs $filesize
```

上面使用到 U-Boot 下 Nand 的擦除、烧写命令，这些在 Nand 驱动移植时再详细介绍。

对于 Nand Flash，除 jffs2 文件系统外，最有名气的还算 yaffs2 文件系统，它是一个专门为 Nand 而设计的文件系统，支持损耗平衡和掉电保护机制，可以有效地避免意外掉电对文件系统一致性和完整性的影响。通常对大于 64MB 的 Nand Flash 可以考虑用 yaffs2 文件系统。这里对 yaffs2 文件系统的制作不作介绍，有兴趣的读者可以下载 yaffs2 文件系统，编译其源码时会生成相关的制作工具，具体制作方法与 jffs2 类似，只是使用了不同的制作工具。

15.3　本章小结

本章基于 busybox-1.23.2 版本向读者介绍了如何为嵌入式系统构建根文件系统。首先介绍了 Linux 的文件系统特点、结构、工作原理，以及 Busybox 的基本结构、编译和安装方法，然后用 Busybox 构建了一个根文件系统；最后还介绍了 jffs2 文件系统的制作过程。读者通过本章的学习可以独立完成文件系统的制作。

第16章

驱动相关移植

本章学习目标
- 了解 Linux 下驱动工作原理；
- 了解 Nand、网卡等驱动的一般移植方法；
- 掌握 S5PV210 平台下的驱动移植。

16.1 Linux 驱动程序概述

16.1.1 驱动程序、内核和应用程序之间的关系

嵌入式系统在日常生活中使用很多，比如手机、平板、智能电视等。人们看到的系统其实是系统上运行的一个应用程序，但应用程序离不开下面的操作系统（内核），这就好比鱼与水的关系，而操作系统怎么与应用程序打交道，应用程序怎么去控制硬件？这就需要操作系统中的驱动程序来帮忙了，当应用程序需要访问某个硬件时，比如网卡，应用程序会发出请求，操作系统收到请求后触发对应的驱动程序，驱动程序就会初始化对应的硬件设备，并且封装一些接口函数给上层应用使用。这里还需要注意的是，上层应用并不是直接访问驱动程序提供的接口，而是调用相应的库，比如 C 库。在这些库中定义了一些通用接口函数，比如 fopen、fread、fclose、open、write、close 等，当应用程序调用某个库函数时，就会发出一个SWI 命令通知内核。SWI 是操作系统的一个软件异常处理指令，当操作系统收到这个指令后，就会去调用对应的驱动程序提供的接口函数，最终访问到最下层的硬件设备。

通常驱动程序工作是被动的，也就是说有需要时才被唤醒，比如上面介绍的，有应用程序请求访问时。驱动程序加载进内核时，只是告诉内核我在这里，我能做哪些工作，至于这些工作何时开始，取决于应用程序。当然这不是绝对的，比如用户完全可以写一个由系统时钟触发的驱动程序，让它自己根据时钟自动唤醒工作。

在 Linux 系统中，应用程序运行于用户空间，拥有 MMU 的系统能够限制应用程序的权限，比如将它限制于某个内存块中，这可以避免应用程序的错误使整个系统崩溃。而驱动程序运行于内核空间，它是系统信任的一部分，驱动程序的错误有可能导致整个系统崩溃。

16.1.2 驱动程序分类

Linux 的外设可以分为三类：字符设备（character device）、块设备（block device）和网络接口（network interface）。

字符设备是能够像字节流一样被访问的设备，比如文件，对它读/写就是以字节为单位的；比如串口，在进行收发数据时就是一个字节一个字节进行的。可以在驱动程序内部使用缓冲区来存放数据以提高效率，但是串口本身对此并没有要求。字符设备的驱动程序中实现了 open、close、read、write 等系统调用，应用程序可以通过设备文件，比如/dev/ttySAC0 等来访问字符设备。

块设备上的数据以块的形式存放，比如 Nand Flash 上的数据就是以页为单位存放的。块设备驱动程序向用户层提供的接口与字符设备一样，应用程序也可以通过相应的设备文件（比如/dev/mtdblock0 等）来调用 open、close、read、write 等系统调用，与块设备传送任意的数据。对用户而言，字符设备和块设备的访问方式没有差别。块设备驱动程序的特别之处如下。

（1）操作硬件的接口实现方式不一样。

块设备驱动程序先将用户发来的数据组织成块，再写入设备；或从设备中读出若干块数据，再从中挑出用户需要的。

（2）数据块上的数据可以有一定的格式。

通常在块设备中按照一定的格式存放数据，不同的文件系统类型就是用来定义这些格式的。内核中，文件系统的层次位于块设备的块驱动程序上面，这意味着块设备驱动程序除了向用户提供与字符设备一样的接口外，还要向内核的其他部件提供一些接口，这些接口用户是看不到的。这些接口使得可以在块设备上存放文件系统，挂载（mount）块设备。

网络接口同时具有字符设备、块设备的部分特点，无法归入这两类中。如果说它是字符设备，它的输入/输出却是有结构的、成块的（报文、包、帧）；如果说它是块设备，它的块又不是固定大小的，大到数百甚至数千字节，小到几字节。UNIX 式的操作系统访问网络接口的方法是给它们分配一个唯一的名字，比如 eht0，这是个符号名称，它保存在文件中，所以在/dev 目录下不存在对应的节点项。应用程序、内核和网络驱动程序间的通信完全不同于字符设备、块设备，库、内核提供了一套和数据包传输相关的函数，而不是 open、read、write 等。

16.1.3 驱动程序开发步骤

Linux 内核是由各种驱动组成的，内核源代码中有大约 85% 是各种驱动程序的代码。内核中驱动程序种类齐全，可以在同类型驱动的基础上进行修改以符合具体目标板的需要。

编写驱动程序的难点并不是硬件的具体操作，而是弄清楚现有驱动程序的框架，在现有框架中加入这个硬件。比如，x86 架构的内核对 IDE 硬盘的支持非常完善。首先通过 BIOS 得到硬盘的信息，或者使用默认 I/O 地址去枚举硬盘，然后识别分区、挂载文件系统。对于其他架构的内核，只要指定了硬盘的访问地址和中断号，后面的枚举、识别和挂载的过程完全是一样的。修改的代码也许不超过 10 行，花费精力的地方在于了解硬盘驱动架构，找到修改的位置。

　　编写驱动程序还有很多需要注意的地方,比如驱动程序可能同时被多个进程使用,这就要考虑并发的问题;又比如要尽可能发挥硬件的作用以提高性能,如在硬盘驱动程序中既可以使用 DMA 也可以不用,使用 DMA 时程序比较复杂,但是可以提高效率;此外还要处理硬件的各种异常情况,否则出错时可能导致整个系统崩溃。

　　一般来说,编写一个 Linux 设备驱动程序的大致流程如下。

　　(1) 查看原理图、数据手册,了解设备的操作方法。

　　(2) 在内核中找到相近的驱动程序,以它为模板进行开发,有时候需要从零开始。

　　(3) 实现驱动程序的初始化,比如向内核注册这个驱动程序,这样应用程序传入文件名时,内核才能找到相应的驱动程序。

　　(4) 设计所要实现的操作,比如 open、close、read、write 等函数。

　　(5) 实现中断服务(中断并不是每个设备驱动所必需的)。

　　(6) 编译该驱动程序到内核中,或者用 insmod 命令加载。

　　(7) 测试驱动程序。

16.1.4　驱动程序的加载和卸载

　　可以将驱动程序静态编译进内核中,也可以将它作为模块在使用时再加载。在配置内核时,如果某个配置项被设为 m,就表示它将会被编译成一个模块。从 2.6 版本内核开始,模块的扩展名为.ko,可以使用 insmod 命令加载,使用 rmmod 命令卸载。使用 lsmod 命令可查看内核中已经加载了哪些模块。

　　当使用 insmod 加载模块时,模块的初始化函数被调用,它用来向内核注册驱动程序;当使用 rmmod 卸载模块时,模块的清除函数被调用。在驱动代码中,这两个函数要么取固定的名字:init_module 和 cleanup_module,要么使用以下两行来标记它们(假设初始化函数和清除函数分别为 my_init 和 my_clean):

```
module_init(my_init)
module_exit(my_clean)
```

16.2　网卡驱动移植

16.2.1　DM9000 网卡特性

1. 概述

　　DM9000 是一款完全集成的单芯片以太网 MAC 控制器与一般处理器接口,包括一个 10/100Mbps 自适应的 PHY 和 4KB DWORD 值的 SRAM。它的目标是为了实现低功耗和高性能、I/O 引脚 3.3V 与 5V 的兼容。

　　DM9000 还提供了介质无关的接口,来连接所有提供支持介质无关接口功能的家用电话线网络设备或其收发器。DM9000 支持 8 位、16 位和 32 位接口访问内核存储器,以支持不同的处理器,DM9000 物理层协议接口完全支持使用 10Mbps 下 3 类、4 类、5 类非屏蔽双绞线和 100Mbps 下 5 类非屏蔽双绞线,这完全符合 IEEE 802.3u 标准;它的自动协调功能将自动完成配置,以最大限度地适合其线路带宽;还支持 IEEE 802.3x 全双工流量控制。

2. 特点

DM9000 网卡有如下特点:

(1)支持处理器读/写内部存储器的数据操作命令,以字节/字/双字的长度进行。

(2)集成 10/100Mbps 自适应收发器。

(3)支持介质无关接口。

(4)支持背压模式半双工流量控制模式。

(5)支持唤醒帧,链路状态改变和远程的唤醒。

(6)4KB 双字 SRAM。

(7)支持自动加载 EEPROM 里面生产商 ID 和产品 ID。

(8)支持 4 个通用输入/输出口。

(9)超低功耗模式。

(10)功率降低模式。

(11)电源故障模式。

(12)兼容 3.3V 和 5.0V 输入/输出电压。

(13)100 脚 CMOS LQFP 封装工艺。

16.2.2 DM9000 驱动移植

在前面移植 U-Boot 时,已经对网卡驱动移植进行了详细说明,因此这里对网卡工作原理相关不再说明。在 arch/arm/mach-s5pv210/mach-smdkv210.c 中已经配置了 DM9000 平台设备的相关内容,所以只需要对其稍作修改即可,具体修改内容可以参考前面 U-Boot 中的网卡移植。

```
121
122 static struct resource smdkv210_dm9000_resources[] = {
123     [0] = DEFINE_RES_MEM(S5PV210_PA_SROM_BANK5, 1),
124     [1] = DEFINE_RES_MEM(S5PV210_PA_SROM_BANK5 + 2, 1),
125     [2] = DEFINE_RES_NAMED(IRQ_EINT(9), 1, NULL, IORESOURCE_IRQ \
126             | IORESOURCE_IRQ_HIGHLEVEL),
127 };
128
129 static struct dm9000_plat_data smdkv210_dm9000_platdata = {
130     .flags = DM9000_PLATF_16BITONLY | DM9000_PLATF_NO_EEPROM,
131     .dev_addr = { 0x00, 0x09, 0xc0, 0xff, 0xec, 0x48 },
132 };
133
134 static struct platform_device smdkv210_dm9000 = {
135     .name = "dm9000",
136     .id = -1,
```

```
137    .num_resources = ARRAY_SIZE(smdkv210_dm9000_resources),
138    .resource = smdkv210_dm9000_resources,
139    .dev = {
140        .platform_data = &smdkv210_dm9000_platdata,
141    },
142 };
```

在移植 U-Boot 时可知开发板上的 DM9000 网卡接在 BANK1,而第 123 行和 124 行指定的是 BANK5,跟踪宏定义代码,需要在 arch/arm/mach-s5pv210/include/mach/map. h 中定义 S5PV210_PA_SROM_BANK1 的基地址。具体定义如下:

```
20
21 //added by gary l
22 #define S5PV210_PA_SROM_BANK1    0x88000000   //BANK1 对应的地址
23 #define S5PV210_PA_SROM_BANK5    0xA8000000   //BANK5 对应的地址
```

另外,开发板上 DM9000 使用了外部中断 10,它的地址线和数据线对应的地址按照前面 U-Boot 中的移植方法,修改如下:

```
122 static struct resource smdkv210_dm9000_resources[] = {
123    [0] = DEFINE_RES_MEM(S5PV210_PA_SROM_BANK1, 4),
124    [1] = DEFINE_RES_MEM(S5PV210_PA_SROM_BANK1 + 4, 4),
125    [2] = DEFINE_RES_NAMED(IRQ_EINT(10), 1, NULL, IORESOURCE_IRQ \
126            | IORESOURCE_IRQ_HIGHLEVEL),
127 };
```

在同一个文件中,Linux 内核会调用这里面的平台初始化函数 smdkv210_machine_init,而此函数会首先调用 DM9000M 网卡初始化函数,这里可以将其屏蔽掉,因为在移植的 U-Boot 中已经对 DM9000 网卡做过初始化。当然,这里也可以再次重复初始化 DM9000,只是需要修改 smdkv210_dm9000_init 这个函数的内容,修改方法与 U-Boot 相类似,这里不重复说明。

```
296 static void __init smdkv210_machine_init(void)
297 {
298    s3c_pm_init();
299
300    //Marked by gary l
301    //smdkv210_dm9000_init();
302
```

关于 DM9000 网卡驱动相关的代码已修改完成,由于默认. config 文件中没有配置 DM9000 网卡,所以下面设置配置文件,输入 make menuconfig 命令修改配置如下:

```
[*] Networking support - - ->
    Networking options - - ->
        <*> Packet socket
        <*> Packet: sockets monitoring interface
        <*> UNIX domain sockets
        <*> UNIX: socket monitoring interface
        [*] TCP/IP networking
        [*] IP: multicasting
```

```
    [ * ] IP: advanced router
    [ * ] IP: kernel level autoconfiguration
    [ * ] IP: DHCP support
    [ * ] IP: BOOTP support
    [ * ] IP: RARP support
Device Drivers - - ->
    [ * ] Networking device support - - ->
        [ * ] Ethernet driver support(NEW) - - ->
            < * > DM9000 support
```

注意,在 Ethernet driver support(NEW)下只保留 DM9000 一个网卡的驱动,其他类型的网卡驱动都去掉。

输入 make uImage 编译内核,然后烧写到开发板,由于现在还没有文件系统,还没有办法在 kernel 下面执行 ping 命令测试网络,下面挂载上一章制作的网络文件系统,如果挂载成功,说明网卡驱动移植是成功的。

在制作文件系统时,已经介绍过如何在 U-Boot 下设置传递给内核的命令行参数,下面还需要配置 Linux 来支持 NFS 网络文件系统,执行 make menuconfig 命令修改配置如下:

```
File systems - - ->
    [ * ] Network File Systems(NEW) - - ->
        < * > NFS client support
        [ * ] Root file system on NFS
```

执行 make uImage 重新编译 Linux 内核生成 uImage 映像,然后将 uImage 拷贝到 tftp 服务器目录下。

最后还需要在宿主机上开启 NFS 服务,执行 Ubuntu 的 apt-get install 命令安装 NFS 服务:

```
$ sudo apt-get install nfs-kernel-server
```

配置 NFS 服务:

```
$ sudo vi /etc/exports
/opt/rootfs * (rw,sync,no_root_squash)
```

其中/opt/rootfs 为根文件系统的路径,如果不指定 no_root_squash 选项,那么客户端(开发板)没法修改网络文件系统的内容,需要 root 权限。

最后一定要重启 NFS 服务,否则 NFS 网络不可使用:

```
$ sudo /etc/init.d/nfs-kernel-server restart
```

现在可以查看宿主机系统对外共享目录:

```
$ showmount -e
Export list for JXES:
/opt/rootfs *
```

下面简单概括一下制作网络文件系统的步骤:

(1) 在 U-Boot 下设置 Linux 的命令行参数 bootarg。

```
set bootargs root=/dev/nfs nfsroot=192.168.1.106:/opt/rootfs ip=192.168.1.200 console=ttySAC0,115200
```

（2）修改 Linux 下的网卡驱动。

（3）修改 Linux 的配置选项，添加网卡支持和网络文件系统支持。

（4）在宿主机上安装 NFS 服务。

现在按照第 14 章启动 Linux 内核的方式重新启动内核，当内核被加载后就会自动挂接网络文件系统，下面是部分内核启动信息：

```
...
eth0: dm9000b at c085a000, c085c004 IRQ 42 MAC: 00:09:c0:ff:ec:48 (platform data)
mousedev: PS/2 mouse device common for all mice
TCP: cubic registered
NET: Registered protocol family 17
VFP support v0.3: implementor 41 architecture 3 part 30 variant c rev 2
dm9000 dm9000 eth0: link down
dm9000 dm9000 eth0: link down
IP-Config: Guessing netmask 255.255.255.0
IP-Config: Complete:
     device=eth0, hwaddr=00:09:c0:ff:ec:48, ipaddr=192.168.1.200, mask=255.255.255.0,
gw=255.255.255.255
     host=192.168.1.200, domain=, nis-domain=(none)
     bootserver=255.255.255.255, rootserver=192.168.1.106, rootpath=
dm9000 dm9000 eth0: link up, 100Mbps, full-duplex, lpa 0x4DE1
VFS: Mounted root (nfs filesystem) on device 0:9.
Freeing unused kernel memory: 136K (80361000 - 80383000)
init started: BusyBox v1.23.2 (2015-04-10 16:55:09 CST)

Please press Enter to activate this console.
Processing /etc/profile...
Done
[root@ $jxes:]#
```

看到以上这些信息，说明网络驱动移植是成功的。从内核启动信息可以清楚看到前面设置的命令行参数内容，加载的文件系统是基于 BusyBox v1.23.2 制作，最后是根文件系统下的命令行提示符[root@ $jxes：]#，提示符内容可以参考前面的配置文件/etc/profile。

16.3 Nand 驱动移植

16.3.1 S5PV210 平台 Nand 驱动移植

关于 Nand Flash 相关的介绍，在前面讲解 Nand 的裸机程序时都有分析，而且对 S5PV210 的 Nand 控制器也进行了讲解，所以这里不再重复，下面只对 S5PV210 平台下 Nand 驱动的移植进行介绍。

使用的内核版本为 3.10.73，里面关于三星的 Nand Flash 驱动只提供了 S3C2410/2440/2412 的驱动，对应的驱动源码在/drivers/mtd/nand/s3c2410.c 下，没有直接支持开发板 S5PV210 平台，所以需要修改。

1）添加 Nand 控制器相关的寄存器定义

在 arch/arm/plat-samsung/include/plat/regs-nand.h 中添加如下寄存器的定义：

```
121 # define S5PV210_NFCONF          S3C2410_NFREG(0x00)
122 # define S5PV210_NFCONT          S3C2410_NFREG(0x04)
123 # define S5PV210_NFCMD           S3C2410_NFREG(0x08)
124 # define S5PV210_NFADDR          S3C2410_NFREG(0x0C)
125 # define S5PV210_NFDATA          S3C2410_NFREG(0x10)
126 # define S5PV210_NFSTAT          S3C2410_NFREG(0x28)
127
128 # define S5PV210_NFECC           S3C2410_NFREG(0x20000)
129 # define S5PV210_NFECCCONF       S3C2410_NFREG(0x00) + (S5PV210_NFECC)
130 # define S5PV210_NFECCCONT       S3C2410_NFREG(0x20) + (S5PV210_NFECC)
131 # define S5PV210_NFECCSTAT       S3C2410_NFREG(0x30) + (S5PV210_NFECC)
132 # define S5PV210_NFECCSECSTAT    S3C2410_NFREG(0x40) + (S5PV210_NFECC)
133 # define S5PV210_NFECCPRGECC0    S3C2410_NFREG(0x90) + (S5PV210_NFECC)
134 # define S5PV210_NFECCPRGECC1    S3C2410_NFREG(0x94) + (S5PV210_NFECC)
135 # define S5PV210_NFECCPRGECC2    S3C2410_NFREG(0x98) + (S5PV210_NFECC)
136 # define S5PV210_NFECCPRGECC3    S3C2410_NFREG(0x9C) + (S5PV210_NFECC)
137 # define S5PV210_NFECCERL0       S3C2410_NFREG(0xC0) + (S5PV210_NFECC)
138 # define S5PV210_NFECCERL1       S3C2410_NFREG(0xC4) + (S5PV210_NFECC)
139 # define S5PV210_NFECCERL2       S3C2410_NFREG(0xC8) + (S5PV210_NFECC)
140 # define S5PV210_NFECCERL3       S3C2410_NFREG(0xCC) + (S5PV210_NFECC)
141 # define S5PV210_NFECCERP0       S3C2410_NFREG(0xF0) + (S5PV210_NFECC)
142 # define S5PV210_NFECCERP1       S3C2410_NFREG(0xF4) + (S5PV210_NFECC)
143
```

2）在 s3c2410.c 中添加对 S5PV210 平台的支持

在 drivers/mtd/nand/s3c2410.c 中添加对 S5PV210 平台的支持：

```
 81 enum s3c_cpu_type {
 82     TYPE_S3C2410,
 83     TYPE_S3C2412,
 84     TYPE_S3C2440,
 85 /* 支持 S5PV210 平台 */
 86     TYPE_S5PV210,
 87 };
...
1318 /* driver device registration */
1319
1320 static struct platform_device_id s3c24xx_driver_ids[] = {
1321     {
1322         .name          = "s3c2410-nand",
1323         .driver_data   = TYPE_S3C2410,
1324     }, {
1325         .name          = "s3c2440-nand",
1326         .driver_data   = TYPE_S3C2440,
1327     }, {
1328         .name          = "s3c2412-nand",
1329         .driver_data   = TYPE_S3C2412,
1330     }, {
```

```
1331          .name       = "s3c6400-nand",
1332          .driver_data = TYPE_S3C2412, /* compatible with 2412 */
1333      }, {
1334          .name       = "s5pv210-nand",
1335          .driver_data = TYPE_S5PV210, /* 支持 S5PV210 平台 */
1336      },
1337      { }
1338 };
```

3) 修改 drivers/mtd/nand/Kconfig 以支持 S5PV210 选项

在 drivers/mtd/nand/Kconfig 中添加 ARCH_S5PV210,这样在配置 Linux 内核选项时就可以看到 S5PV210 选项。

```
190 config MTD_NAND_S3C2410
191     tristate "NAND Flash support for Samsung S3C SoCs"
192     depends on ARCH_S3C24XX || ARCH_S3C64XX || ARCH_S5PV210
193     help
194         This enables the NAND flash controller on the S3C24xx and S3C64xx
195         SoCs
```

4) 配置 Nand 控制器的时钟频率和 Nand 控制器的基地址

在 arch/arm/mach-s5pv210/clock.c 中没有针对 Nand 定义时钟,所以需要添加 Nand 相关的时钟,在 init_clocks_off 数组里如下添加:

```
...
485     }, {
486         .name       = "nand",
487         .parent     = &clk_hclk_psys.clk,
488         .enable     = s5pv210_clk_ip1_ctrl,
489         .ctrlbit    = (1 << 24),  //查看 S5PV210 手册时钟对应的章节
490     },
491 };
...
```

在三星的平台设备定义文件 arch/arm/plat-samsung/devs.c 中定义了 Nand 平台如下相关的设备:

```
921 #ifdef CONFIG_S3C_DEV_NAND
922 static struct resource s3c_nand_resource[] = {
923     [0] = DEFINE_RES_MEM(S3C_PA_NAND, SZ_1M),
924 };
925
926 struct platform_device s3c_device_nand = {
927     .name           = "s3c2410-nand",
928     .id             = -1,
929     .num_resources  = ARRAY_SIZE(s3c_nand_resource),
930     .resource       = s3c_nand_resource,
931 };
```

第 921 行,用了一个宏 CONFIG_S3C_DEV_NAND 来决定是否包含进内核,所以下面需要在 arch/arm/mach-s5pv210/Kconfig 定义这个宏。第 927 行,指定默认是 s3c2410-

nand 平台,所以需要在调用 S5PV210 的 Nand 驱动前先设置这个 name 属性为 s5pv210-nand。

宏定义如下:

```
...
169     select SAMSUNG_DEV_ADC
170     select SAMSUNG_DEV_BACKLIGHT
171     select SAMSUNG_DEV_IDE
172     select SAMSUNG_DEV_KEYPAD
173     select SAMSUNG_DEV_PWM
174     select SAMSUNG_DEV_TS
175     select S3C_DEV_NAND
176     help
177           Machine support for Samsung SMDKV210
...
```

在 arch/arm/mach-s5pv210/mach-smdkv210.c 中的 S5PV210 平台初始化函数 smdkv210_machine_init 里调用 s3c_nand_setname 函数:

```
524 static void __init smdkv210_machine_init(void)
525 {
526     s3c_pm_init();
527
528     //Marked by gary l
529     //smdkv210_dm9000_init();
530
531     /* 设置 Nand 的 name 属性 */
532     s3c_nand_setname("s5pv210-nand");
...
```

5) 配置 Nand 分区和 Nand 控制器的时序参数

在 arch/arm/mach-s5pv210/mach-smdkv210.c 中添加 mtd 相关的头文件:

```
53 # include <plat/nand-core.h>
54 # include <linux/platform_data/mtd-nand-s3c2410.h>
55 # include <linux/mtd/partitions.h>
```

同时在此文件中添加 Nand 分区配置信息:

```
224 static struct mtd_partition smdk_default_nand_part[] = {
225     [0] = {
226         .name   = "bootloader",          //分区名
227         .size   = SZ_256K,
228         .offset = 0,
229     },
230     [1] = {
231         .name   = "params",
232         .offset = MTDPART_OFS_APPEND,     //紧接着上一个分区后面
233         .size   = SZ_128K,
234     },
235     [2] = {
```

```
236        .name   = "logo",
237        .offset = MTDPART_OFS_APPEND,
238        .size   = SZ_2M,
239    },
240    [3] = {
241        .name   = "kernel",
242        .offset = MTDPART_OFS_APPEND,
243        .size   = SZ_1M + SZ_2M,
244    },
245
246    [4] = {
247        .name   = "rootfs",
248        .offset = MTDPART_OFS_APPEND,
249        .size   = MTDPART_SIZ_FULL,        //Nand 的剩余空间
250    }
251 };
```

注意，Nand 分区信息要与 U-Boot 下的分区一致。

还是在此文件中配置 Nand 的时序信息：

```
279 static struct s3c2410_platform_nand smdk_nand_info = {
280    .tacls    = 12,
281    .twrph0   = 12,
282    .twrph1   = 5,
283    .nr_sets  = ARRAY_SIZE(smdk_nand_sets),
284    .sets     = smdk_nand_sets,
285 };
```

6）配置 Nand 控制器引脚

在 arch/arm/mach-s5pv210/include/mach/map.h 中指定本书开发板上 Nand 所选用的 BNAK 地址，以及 S5PV210 的 Nand 控制器的基地址：

```
22 #define S5PV210_PA_SROM_BANK1        0x88000000
23 #define S5PV210_PA_SROM_BANK5        0xA8000000
24
25 #define S5PV210_PA_NAND              0xB0E00000
26 #define S3C_PA_NAND                  S5PV210_PA_NAND
```

在 arch/arm/mach-s5pv210/mach-smdkv210.c 中配置用于 Nand 控制的 GPIO 引脚：

```
287 static void s5pv210_nand_gpio_cfg(void)
288 {
289    volatile unsigned long * mp01;
290    volatile unsigned long * mp03;
291    volatile unsigned long * mp06;
292
293    mp01 = (volatile unsigned long * )ioremap(0xE02002E0, 4);
294    mp03 = (volatile unsigned long * )ioremap(0xE0200320, 4);
295    mp06 = (volatile unsigned long * )ioremap(0xE0200380, 4);
296
297    * mp01 &= ~(0xFFFF << 8);
```

```
298     * mp01 |= (0x3333 << 8);
299     * mp03 = 0x22222222;
300     * mp06 = 0x22222222;
301
302     iounmap(mp01);
303     iounmap(mp03);
304     iounmap(mp06);
305 }
```

7）在 S5PV210 设备列表中添加 Nand 支持

在 arch/arm/mach-s5pv210/mach-smdkv210. c 的 smdkv210_devices 结构体中添加
Nand 设备支持：

```
445     &samsung_device_keypad,
446     &smdkv210_dm9000,
447     &smdkv210_lcd_lte480wv,
448     &s3c_device_nand, //Nand 设备
```

8）修改 Linux 配置选项以支持 Nand Flash

```
Device Drivers - - ->
    < * > Memory Technology Device(MTD) support - - ->
        < * > Caching block device access to MTD devices
        < * > NAND Device Support - - ->
            < * > NAND Flash support for Samsung S3C SoCs
```

9）执行 make uImage 命令编译内核，然后用 tftp 下载到内存并运行

如果 Nand 分区成功，在内核启动时会看到如下启动信息：

```
s3c24xx-nand s5pv210-nand: Tacls=2, 14ns Twrph0=2 14ns, Twrph1=1 7ns
s3c24xx-nand s5pv210-nand: NAND hardware ECC
NAND device: Manufacturer ID: 0xec, Chip ID: 0xd3 (Samsung NAND 1GiB 3, 3V 8-bit),
1024MiB, page size: 2048, OOB size: 64
Scanning device for bad blocks
Bad eraseblock 3431 at 0x00001ace0000
Creating 5 MTD partitions on "NAND":
0x000000000000-0x000000040000 : "bootloader"
0x000000040000-0x000000060000 : "params"
0x000000060000-0x000000260000 : "logo"
0x000000260000-0x000000560000 : "kernel"
0x000000560000-0x000040000000 : "rootfs"
dm9000 dm9000: read wrong id 0x01010101
eth0: dm9000b at 8885a000,8885c004 IRQ 42 MAC: 00:09:c0:ff:ec:48 (platform data)
```

以上信息只能表明 Nand 驱动移植没有问题，而且 Nand 分区也成功了，但我们移植
Nand 的目的是让系统可以从 Nand 启动，这就需要将 U-Boot、内核映像和文件系统烧写到
Nand 对应的分区，并且使开发板上电从 Nand 启动。下面一节就开始介绍如何使开发板从
Nand 启动。

16.3.2 8 位硬件 ECC 和 Nand 启动

1. 支持 Nand 的 8 位硬件 ECC

在 Nand 的裸机程序章节,详解讲解了 Nand 的 ECC 校验支持,这里只针对 Linux 内核的 Nand 驱动结构,介绍如何使内核支持 ECC 校验功能。

1) 构建 OOB 布局

在 Linux 内核下面有一个 nand_oob_64 结构体,首先要定义 OOB 布局来构建这个结构体(arch/arm/mach-s5pv210/mach-smdkv210.c):

```
253 static struct nand_ecclayout nand_oob_64 = {
254     .eccbytes = 52,      /* 2048 / 512 * 13 */
255     .eccpos = { 12, 13, 14, 15, 16, 17, 18, 19, 20, 21,
256                 22, 23, 24, 25, 26, 27, 28, 29, 30, 31,
257                 32, 33, 34, 35, 36, 37, 38, 39, 40, 41,
258                 42, 43, 44, 45, 46, 47, 48, 49, 50, 51,
259                 52, 53, 54, 55, 56, 57, 58, 59, 60, 61,
260                 62, 63},
261              /* 0 和 1 用于保存坏块标记,12~63 保存 ecc,剩余 2~11 为 free */
262     .oobfree = {
263             {.offset = 2,
264              .length = 10}
265         }
266 };
267
268 static struct s3c2410_nand_set smdk_nand_sets[] = {
269     [0] = {
270         .name          = "NAND",
271         .nr_chips      = 1,
272         .nr_partitions = ARRAY_SIZE(smdk_default_nand_part),
273         .partitions = smdk_default_nand_part,
274         .disable_ecc = 0,
275         .ecc_layout = &nand_oob_64,
276     },
277 };
```

要支持 ECC,还需要将头文件 linux/mtd/mtd.h 添加到 mach-smdkv210.c 文件的前面。

2) 添加 ECC 校验函数接口

在 drivers/mtd/nand/s3c2410.c 文件中添加如下内容,有关 ECC 的基本原理可以参考前面 Nand 相关的裸机程序介绍以及 S5PV210 手册,这里不再介绍,下面的实现代码与裸机程序部分基本类似。

```
488 /* ECC handling functions */
489
490 #ifdef CONFIG_MTD_NAND_S3C2410_HWECC
491 /* 使能硬件 ECC */
```

```
492 static void s5pv210_nand_enable_hwecc(struct mtd_info * mtd, int mode)
493 {
494     struct s3c2410_nand_info * info = s3c2410_nand_mtd_toinfo(mtd);
495     u32 cfg;
496
497     if (mode == NAND_ECC_READ)
498     {
499         /* set 8/12/16bit Ecc direction to Encoding */
500         cfg = readl(info->regs + S5PV210_NFECCCONT) & (~(0x1 << 16));
...
530     /* Unlock Main area ECC */
531     cfg = readl(info->regs + S5PV210_NFCONT) & (~(0x1 << 7));
532     writel(cfg, info->regs + S5PV210_NFCONT);
533 }
...
535 /* ECC 计算 */
536 static int s5pv210_nand_calculate_ecc(struct mtd_info * mtd, const u_char * dat,
537                         u_char * ecc_calc)
538 {
539     u32 cfg;
540     struct s3c2410_nand_info * info = s3c2410_nand_mtd_toinfo(mtd);
541     u32 nfeccprgecc0 = 0, nfeccprgecc1 = 0, nfeccprgecc2 = 0, nfeccprgecc3 = 0;
...
577     return 0;
578 }
...
580 /* ECC 校验 */
581 static int s5pv210_nand_correct_data(struct mtd_info * mtd, u_char * dat,
582                         u_char * read_ecc, u_char * calc_ecc)
583 {
584     int ret = 0;
585     u32 errNo;
586     u32 erl0, erl1, erl2, erl3, erp0, erp1;
...
621     default:
622         ret = -1;
623         printk("ECC uncorrectable error detected:%d\n", errNo);
624         break;
625     }
626
627     return ret;
628 }
629
630 /* 读页,同时进行 ECC 校验 */
631 static int s5pv210_nand_read_page_hwecc(struct mtd_info * mtd, struct nand_chip * chip,
632                         uint8_t * buf, int oob_required, int page)
633 {
634     int i, eccsize = chip->ecc.size;
...
663     }
664     return 0;
665 }
```

3）修改 Linux 配置选项支持 Nand 的 ECC 功能（硬件 ECC）

```
Device Drivers - - ->
    <*> Memory Technology Device(MTD) support - - ->
        <*> NAND Device Support - - ->
            [*] Samsung S3C NAND Hardware ECC
```

2. 支持 Nand 启动

在制作根文件系统一章（第 14 章），已经制作好了 jffs2 文件系统映像，下面需要使用 U-Boot 下的 Nand 烧写命令将 U-Boot、内核和 jffs2 文件系统都烧写到 Nand 上对应的分区。

- U-Boot 映像对应 Bootloader 分区；
- 内核对应 kernel 分区；
- 文件系统对应 rootfs 分区。

在烧写之前，先从 SD 卡启动进入 U-Boot 的命令行提示符下，同时检查网络是否接通，具体烧写过程如下（仅以烧写文件系统为例，U-Boot 和内核的烧写操作类似，只是 Nand 分区不同）。

（1）下载文件系统映像 rootfs.jffs2 到内存的 0x20000000 处，在 U-Boot 的命令行提示符下输入 tftpboot 20000000 rootfs.jffs2，回车执行命令，可以在串口控制台上看到如下信息：

```
TQ210 # tftpboot 20000000 rootfs.jffs2
dm9000 i/o: 0x88000000, id: 0x90000a46
DM9000: running in 16 bit mode
MAC: 11:22:33:44:55:66
WARNING: Bad MAC address (uninitialized EEPROM?)
operating at 100M full duplex mode
Using dm9000 device
TFTP from server 192.168.1.101; our IP address is 192.168.1.200
Filename 'rootfs.jffs2'.
Load address: 0x20000000
Loading: #################################################
        ######################################### transmission timeout
#####
        ######################################### transmission timeout
#
        ### transmission timeout
#############################################
        ## transmission timeout
##
        121.1 KiB/s
done
Bytes transferred = 3869932 (3b0cec hex)
```

（2）擦除 rootfs 文件系统分区，执行 nand erase.part rootfs。

```
TQ210 # nand erase.part rootfs
NAND erase.part: device 0 offset 0x560000, size 0x3faa0000
```

Skipping bad block at 0x1ace0000
Erasing at 0x3ffe0000 -- 100% complete.
OK

（3）烧写 rootfs. jffs2 到 rootfs 分区，执行 nand write 20000000 rootfs $ filesize。

TQ210 # nand write 20000000 rootfs $ filesize

NAND write: device 0 offset 0x560000, size 0x3b0cec
3869932 bytes written: OK
TQ210 #

（4）修改启动行参数。
在此之前的文件系统都是网络文件系统，所以这里需要修改 Linux 启动的命令行参数
bootarg 如下：

TQ210 # set bootargs root=/dev/mtdblock4 rootfstype=jffs2 console=ttySAC0,115200
TQ210 # saveenv
Saving Environment to NAND...
Erasing NAND...
Erasing at 0x40000 -- 100% complete.
Writing to NAND... OK
TQ210 #

/dev/mtdblock4 对应的是 Nand 的 rootfs 分区，rootfstype=jffs2 指定了文件系统的类
型是 jffs2。在 U-Boot 下修改环境变量后一定要记得保存，否则修改的内容不会保存到
Nand 的 param 分区。
（5）效果测试。
在 U-Boot、kernel 和文件系统都烧写成功后，将开发板上的拨码开关拨到 Nand 启动，
重新上电，开发板就会从 Nand 启动了。如果启动成功，在串口控制台可以看到下面信息：

Bad eraseblock 3431 at 0x00001ace0000
Creating 5 MTD partitions on "NAND":
0x000000000000-0x000000040000 : "bootloader"
0x000000040000-0x000000060000 : "params"
0x000000060000-0x000000260000 : "logo"
0x000000260000-0x000000560000 : "kernel"
0x000000560000-0x000040000000 : "rootfs"
eth0: dm9000b at c08a8000,c08aa004 IRQ 42 MAC: 00:09:c0:ff:ec:48 (platform data)
mousedev: PS/2 mouse device common for all mice
TCP: cubic registered
NET: Registered protocol family 17
VFP support v0.3: implementor 41 architecture 3 part 30 variant c rev 2
VFS: Mounted root (jffs2 filesystem) on device 31:4.
Freeing unused kernel memory: 136K (8037c000 - 8039e000)
init started: BusyBox v1.23.2 (2015-04-10 16:55:09 CST)

Please press Enter to activate this console.
Processing /etc/profile...
Done

〔root@ \$jxes:〕#

从启动信息可以看到文件系统为 jffs2 filesystem,不再是之前的网络文件系统。至此,整个 Nand 的移植就完成了,以后就可以对 Nand 进行访问操作了,比如下载应用程序到 Nand 等。

16.4 LCD 驱动移植

16.4.1 LCD 驱动概述

前面一直使用串口作为控制台和终端,本节介绍的 LCD 同样也可以作为终端使用。对 LCD 的操作可以像串口一样,通过终端设备层的封装(/dev/tty * 设备)来输出内容,也可以通过 frame buffer(/dev/fb * 设备)直接在显存上绘制图像。

frame buffer 即帧缓冲,是一种独立于硬件的抽象图形设备,它使得应用程序可以通过一组定义良好的接口访问各类图形设备,不需要了解低层硬件的细节。从用户的角度来看,frame buffer 设备与/dev 目录下其他设备没有区别,通过/dev/fb * 设备文件来访问(fb0 表示第一个 frame buffer 设备、fb1 表示第二个……)

frame buffer 设备提供了一些 ioctl 接口来查询、设置图形设备的属性,比如分辨率、像素位宽等。另外,它属于"普通的"内存设备,可以读(read)、写(write)、移动访问位置(seek)以及将"这块内存"映射给用户。不同的是,frame buffer 的内存不是所有的内存,而是显卡专用的内存。应用程序可以直接更改 frame buffer 内存中的数据,效果立刻就可以在显示器上表现出来。

16.4.2 LCD 驱动移植

有关 S5PV210 LCD 控制器的介绍在前面讲解裸机程序时已经详细介绍过,这里不再重复,这里主要介绍本书内核下面的 LCD 驱动。需要注意的是,在新版本的 LCD 驱动中增加了一个 platform_lcd. c 的文件(drivers/video/backlight/platform_lcd. c),它主要用来控制 LCD 的背光。

本书 TQ210 开发板的 LCD 背光控制引脚为 GPD0_0,同时在 arch/arm/mach-s5pv210/mach-smdkv210.c 中定义了 smdkv210_lte480wv_set_power 函数,用来初始化 GPIO 引脚,现在对其修改如下:

```
156 static void smdkv210_lte480wv_set_power(struct plat_lcd_data * pd,
157                     unsigned int power)
158 {
159     if (power) {
160 # if !defined(CONFIG_BACKLIGHT_PWM)
161         gpio_request_one(S5PV210_GPD0(0), GPIOF_OUT_INIT_HIGH, "GPD0");
162         gpio_free(S5PV210_GPD0(0));
163 # endif
```

```
164 #if 0 //在我们的开发板上不需要
165        /* fire nRESET on power up */
166        gpio_request_one(S5PV210_GPH0(6), GPIOF_OUT_INIT_HIGH, "GPH0");
167
168        gpio_set_value(S5PV210_GPH0(6), 0);
169        mdelay(10);
170
171        gpio_set_value(S5PV210_GPH0(6), 1);
172        mdelay(10);
173
174        gpio_free(S5PV210_GPH0(6));
175 #endif
176     } else {
177 #if !defined(CONFIG_BACKLIGHT_PWM)
178        gpio_request_one(S5PV210_GPD0(0), GPIOF_OUT_INIT_LOW, "GPD0");
179        gpio_free(S5PV210_GPD0(0));
180 #endif
181     }
182 }
```

在 Linux 3.10.73 的内核中已经对 S5PV210 的 LCD 驱动有很好的支持,相关驱动代码主要在 drivers/video/s3c-fb.c 中,通过这个文件可以看到它支持多种 CPU 架构,其中也有 S5PV210,如下所示:

```
2000 static struct platform_device_id s3c_fb_driver_ids[] = {
2001     {
2002         .name        = "s3c-fb",
2003         .driver_data = (unsigned long)&s3c_fb_data_64xx,
2004     }, {
2005         .name        = "s5pc100-fb",
2006         .driver_data = (unsigned long)&s3c_fb_data_s5pc100,
2007     }, {
2008         .name        = "s5pv210-fb",
2009         .driver_data = (unsigned long)&s3c_fb_data_s5pv210,
2010     }, {
2011         .name        = "exynos4-fb",
2012         .driver_data = (unsigned long)&s3c_fb_data_exynos4,
2013     }, {
...
```

S5PV210 的 LCD 驱动移植比较简单,主要是将 LCD 控制配置相关的参数填写到对应的 LCD 驱动结构体内即可。另外,需要注意的是,相关参数设置为何值,需要参考 LCD 芯片手册和 S5PV210 芯片手册。下面是相关参数的设置:

```
194 static struct s3c_fb_pd_win smdkv210_fb_win0 = {
195     .max_bpp     = 32,
196     .default_bpp = 24,
197     .xres        = 800,
198     .yres        = 480,
199 };
```

```
200
201 static struct fb_videomode smdkv210_lcd_timing = {
202     .left_margin    = 46,
203     .right_margin   = 8,
204     .upper_margin   = 23,
205     .lower_margin   = 22,
206     .hsync_len      = 2,
207     .vsync_len      = 2,
208     .xres           = 800,
209     .yres           = 480,
210 };
```

在所有驱动代码修改完成后，接下来就是配置内核选项以支持 LCD，具体配置如下：

```
Device Drivers - - ->
    Graphics support - - ->
        < * > Support for frame buffer devices - - ->
            < * > Samsung S3C framebuffer support
        [ * ] Backlight & LCD device support - - ->
            < * > Lowlevel LCD controls
            < * > Platform LCD controls
            < * > Lowlevel Backlight controls
            < * > Generic(aka Sharp Corgi)Backlight Driver
    Console display driver support - - ->
        < * > Framebuffer Console support
    [ * ] Bootup logo - - ->
```

如果选中 Bootup logo 配置选项，那么在开机后 LCD 屏幕上就会显示一个企鹅的图标。输入 make uImage 重新编译一下内核，然后按前面介绍的方法下载到开发板上测试。如果要让控制台输出到 LCD，而不是从串口输出，则需要在文件系统下的配置文件/etc/inittab 中添加一行"tty1::askfirst:-/bin/sh"，这样控制台信息就会从 LCD 输出了，有兴趣的读者可以在/etc/inittab 中添加测试一下。

16.5　其他驱动移植

16.5.1　支持 SD 卡驱动

有关 SD 卡的驱动，在 Linux 3.10.73 内核下，只需要如下配置内核选项，然后重新编译内核即可支持 SD 卡。

内核配置如下：

```
Device Drivers - - ->
    < * > MMC/SD/SDIO card support - - ->
        < * > Secure Digital Host Controller Interface support
        < * > SDHCI platform and OF driver helper
        < * > SDHCI support on Samsung S3C SoC
        [ * ] DMA support on S3C SDHCI
```

编译烧写到开发板上测试,当插入 SD 卡后,查看 SD 卡的分区信息,如下所示:

```
[root@ $ jxes: ]# cat /proc/partitions
major minor  # blocks name

  31       0            256 mtdblock0
  31       1            128 mtdblock1
  31       2           2048 mtdblock2
  31       3           3072 mtdblock3
  31       4        1043072 mtdblock4
 179       0         247424 mmcblk0
 179       1         247373 mmcblk0p1
[root@ $ jxes: ]#
```

最后两行即为 SD 卡的分区信息,同样,当拔出 SD 卡后,系统会发送一个警告信息表示 SD 卡移除成功:

```
[root@ $ jxes: ]# mmc0: card 0001 removed
```

16.5.2　LED 子系统驱动移植

Linux 内核支持各种子系统,其中 LED 子系统就是一个例子,下面移植 LED 子系统来控制 LED 灯的点亮和熄灭过程。

在前面讲解 GPIO 裸程序时,大家知道开发板上的 LED 是由 GPC0_3 和 GPC0_4 所控制的,所以接下来需要在 arch/arm/mach-s5pv210/mach-smdkv210.c 中添加 LED 子系统相关的头文件 linux/leds.h,同时定义 LED 相关的结构体,并对结构体中的成员进行初始化配置:

```
318 static struct gpio_led leds[] = {
319    [0] = {
320        .name = "led0",
321        .default_trigger = "heartbeat",
322        .gpio = S5PV210_GPC0(3),
323        .active_low = 0,
324        .default_state = LEDS_GPIO_DEFSTATE_OFF,
325    },
326    [1] = {
327        .name = "led1",
328        .gpio = S5PV210_GPC0(4),
329        .active_low = 0,
330        .default_state = LEDS_GPIO_DEFSTATE_OFF,
331    },
332 };
333
334 static struct gpio_led_platform_data tq210_leds_pdata = {
335    .num_leds = ARRAY_SIZE(leds),
336    .leds = leds,
337 };
```

```
338
339 static struct platform_device tq210_leds = {
340     .name = "leds-gpio",
341     .dev = {
342         .platform_data = &tq210_leds_pdata,
343     },
344     .id = -1,
345 };
```

其中指定 LED0 为"heartbeat"，这是 LED 子系统的一个默认配置，简单地说这就是一个定时触发器，最终效果就是 LED 灯会交替地亮和灭。另外，TQ210 开发板上是在 GPIO 引脚输出高电平时有效，所以上面的 active_low 被置 0。

还需要把 LED 子系统的平台设备添加到 S5PV210 的设备列表中（即 smdkv210_device 结构体中）：

```
...
448     &s3c_device_nand,
449     &s3c_device_timer[1],
450     &tq210_beeper,
451     &tq210_leds, /* LED 设备 */
...
```

最后修改内核配置选项如下：

```
Device Drivers - - ->
    [*] LED Support - - ->
        <*> LED Class Support
        <*> LED Support for GPIO connected LEDs
        [*] LED Trigger support - - ->
            <*> LED Heartbeat Trigger
```

输入 make uImage 命令重新编译内核并烧写到开发板上测试，可以看到其中一个 LED 灯在闪烁，这就是上面 heartbeat 的效果。

16.5.3　支持 RTC 驱动

本书介绍的内核中已经默认支持 RTC 设备，打开 arch/arm/mach-s5pv210/mach-smdkv210.c 可以看到 S5PV210 的设备列表中默认有如下定义：

```
418 static struct platform_device * smdkv210_devices[] __initdata = {
419     &s3c_device_adc,
420     &s3c_device_cfcon,
421     &s3c_device_fb,
422     &s3c_device_hsmmc0,
423     &s3c_device_hsmmc1,
424     &s3c_device_hsmmc2,
425     &s3c_device_hsmmc3,
426     &s3c_device_i2c0,
427     &s3c_device_i2c1,
```

```
428        &s3c_device_i2c2,
429        &s3c_device_rtc,
430        &s3c_device_ts,
...
```

所以这里只需配置内核选项,然后重新编译内核即可。内核配置如下:

```
Device Drivers - - ->
    [*] Real Time Clock - - ->
        < * > Samsung S3C series SoC RTC
```

重新编译内核烧写到内核测试,可以使用 date 命令设置系统时钟,然后将其写入硬件 RTC 中保存,最后再用 date 命令查看系统时间与开始设置的是否基本相同(在设置与查看时间间隔很短的情况下,通常只有 ms 段不同)。

```
[root@ $ jxes: ] # date -s 2015.4.11-22:53:00       //设置为 2015.4.11-22:53:00
Sat Apr 11 22:53:00 UTC 2015
[root@ $ jxes: ] # hwclock -w                        //写入硬件 RTC
[root@ $ jxes: ] # date                              //查看系统时钟
Sat Apr 11 22:53:25 UTC 2015
[root@ $ jxes: ] # hwclock                           //查看硬件 RTC
Sat Apr 11 22:53:37 2015 0.000000 seconds
[root@ $ jxes: ] #
```

16.5.4 支持 1-wire 单总线驱动

Dallas 1-wire 是 Dallas 公司的单总线设备,最具代表性的就是 DS18B20 温度传感器,只需要一根线即可操作。对于单总线早在 2.6 的内核中就开始支持,所以使用的 3.10 内核也不例外,对 1-wire 都有很好支持。

Linux 内核自带 Dallas 1-wire 设备驱动,路径为 drivers/w1。此类驱动分 Master/Slave 模式,Master 目录下为主控制器相关的驱动,本书用到的是 w1-gpio.c,Slave 目录下是从设备相关驱动,这里使用的是 DS18B20 温度传感器,所以使用 w1-therm.c 这个驱动即可。其中 w1-gpio.c 是单总线的 I/O 操作方法,用于模拟单总线时序,w1-therm.c 是 DS18B20 的内部操作方法,主要是针对 DS18B20 内部寄存器的读/写操作,与 I/O 时序无关。所以,可以简单地将 w1-therm 看做是挂接在 w1-gpio 总线上,由 w1-gpio 控制 w1-therm 工作,这就是所谓的单总线。

在 TQ210 开发板上,温度传感器的接线图如图 16-1 所示。

从图 16-1 可知,XEINT8 对应的 GPIO 为 GPH1_0,接下来需要修改 w1-gpio 对应的配置参数,对应的结构体定义在 linux/w1-gpio.h 中,所以需要在 smdkv210_devices 设备列表中添加对 1-wire 的支持,同时将 1-wire 相关的头文件包含进来。下面是修改后的结构体参数定义(arch/arm/mach-s5pv210/mach-smdkv210.c):

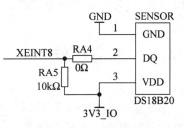

图 16-1 传感器接线图

```
406 static struct w1_gpio_platform_data ds18b20_pdata = {
407     .pin = S5PV210_GPH1(0),
408     .is_open_drain = 0,
409     .ext_pullup_enable_pin = -1,
410 };
411
412 static struct platform_device ds18b20_device = {
413     .name = "w1-gpio",
414     .id = -1,
415     .dev.platform_data = &ds18b20_pdata,
416 };
```

在 Linux 配置选项中添加 1-wire 的支持：

```
Device Drivers - - ->
    < * > Dallas's 1-wire support - - ->
        1-wire Bus Masters - - ->
            < * > GPIO 1-wire busmaster
        1-wire Slaves - - ->
            < * > Thermal family implementation
```

重新编译内核测试：

```
[root@ $ jxes: ]# ls sys/devices/w1_bus_master1/
28-0000060f41f1           w1_master_attempts        w1_master_search
driver                    w1_master_max_slave_count w1_master_slave_count
power                     w1_master_name            w1_master_slaves
subsystem                 w1_master_pointer         w1_master_timeout
uevent                    w1_master_pullup
w1_master_add             w1_master_remove
[root@ $ jxes: ]# ls sys/devices/w1_bus_master1/28-0000060f41f1/
driver    id      name      power      subsystem uevent    w1_slave
[root@ $ jxes: ]# cd sys/devices/w1_bus_master1/28-0000060f41f1/
[root@ $ jxes: 28-0000060f41f1]# cat w1_slave
3b 01 4b 46 7f ff 05 10 54 : crc=54 YES
3b 01 4b 46 7f ff 05 10 54 t=19687
```

在 sys/devices/w1_bus_master1 下查看到设备 28-0000060f41f1，即对应的温度传感器，这里的 28 代表传感器的型号，即 DS18B20，后面接的一串数字和字母是它的 ID 号，用来识别不同的设备，也是独一无二的。进入这个目录，里面的 w1_slave 文件就是它的设备文件，查看这个文件中的内容即可知道它的温度值。上面 t=19687 代表温度，将这个值除以 1000 即为最终实际的温度。

16.6 本章小结

本章基于 Linux 3.10.73 内核，移植和修改了 Nand、DM9000 网卡、LCD、SD 卡、RTC等设备的驱动。同时介绍了 Linux 驱动与内核、应用程序之间的关系，以及 Linux 驱动的基本开发步骤和加载、卸载驱动的一般方法。通过本章的学习读者可以完成常用内核的移植任务，并可以开发相关设备的驱动程序。

参 考 文 献

[1] 毛德操,胡希明.Linux 内核源代码情景分析[M].杭州：浙江大学出版社,2001.

[2] 杜春雷.ARM 体系结构与编程[M].北京：清华大学出版社,2003.

[3] 韦东山.嵌入式 Linux 应用开发完全手册[M].北京：人民邮电出版社,2008.

[4] 刘洪涛.ARM 体系结构与接口技术[M].北京：人民邮电出版社,2009.

[5] ARM. cortex_a8_r3p2_trm. pdf,2006.

[6] ARM. ATPCS 规则,2000.

[7] ARM. Cortex-A Series Programmer's Guide,2014.

[8] ARM. CortexA8TechRefManul. pdf,2006.

教 学 资 源 支 持

敬爱的教师：

感谢您一直以来对清华版计算机教材的支持和爱护。为了配合本课程的教学需要，本教材配有配套的电子教案（素材），有需求的教师请到清华大学出版社主页（http://www.tup.com.cn）上查询和下载，也可以拨打电话或发送电子邮件咨询。

如果您在使用本教材的过程中遇到了什么问题，或者有相关教材出版计划，也请您发邮件告诉我们，以便我们更好地为您服务。

我们的联系方式：

地　　　址：北京海淀区双清路学研大厦 A 座 707

邮　　　编：100084

电　　　话：010－62770175－4604

课件下载：http://www.tup.com.cn

电子邮件：weijj@tup.tsinghua.edu.cn

作者交流论坛：http://itbook.kuaizhan.com/

教师交流 QQ 群：136490705　　　微信号：itbook8　　　QQ：883604

（申请加入时，请写明您的学校名称和姓名）

用微信扫一扫右边的二维码，即可关注计算机教材公众号。